MANUEL PRATIQUE
DES
JARDINS ET DES CHAMPS

POUR LE

SUD-OUEST DE LA FRANCE

1° La Culture des Fleurs;
2° La Culture des Oignons à fleurs;
3° La Culture maraîchère;
4° Notions agricoles et description des Plantes fourragères;
5° Notes sur la formation des Gazons;
6° Notes sur les meilleurs Arbres fruitiers;
7° Enumération de quelques Plantes officinales;
8° Notions utiles d'Horticulture,

PAR

CATROS-GÉRAND et JOSEPH DAUREL

TROISIÈME ÉDITION

BORDEAUX

CATROS-GÉRAND	FERET et FILS
Marchand-Grainier	Libraires
25, ALLÉES DE TOURNY, 25	15, COURS DE L'INTENDANCE, 15

PARIS

Librairie Agricole de la Maison Rustique	LIBRAIRES ASSOCIÉS, Éditeurs
26, RUE JACOB, 26	13, RUE DE BUCI, 13

MANUEL PRATIQUE

DES

JARDINS ET DES CHAMPS

POUR LE

SUD-OUEST DE LA FRANCE

MANUEL PRATIQUE

DES

JARDINS ET DES CHAMPS

POUR LE

SUD-OUEST DE LA FRANCE

1° La Culture des Fleurs ;
2° La Culture des Oignons à fleurs ;
3° La Culture maraîchère ;
4° Notions agricoles et description des Plantes fourragères ;
5° Notes sur la formation des Gazons ;
6° Notes sur les meilleurs Arbres fruitiers ;
7° Enumération de quelques Plantes officinales ;
8° Notions utiles d'Horticulture,

PAR

CATROS-GÉRAND et JOSEPH DAUREL

TROISIÈME ÉDITION

BORDEAUX

CATROS-GÉRAND	FERET et FILS
Marchand-Grainier	Libraires
25, ALLÉES DE TOURNY, 25	15, COURS DE L'INTENDANCE, 15

PARIS

Librairie Agricole de la Maison Rustique	LIBRAIRES ASSOCIÉS, Éditeurs
26, RUE JACOB, 26	13, RUE DE BUCI, 13

Cet Ouvrage a obtenu plusieurs Médailles d'or

de la

Société d'Agriculture et de la Société d'Horticulture

de la Gironde.

Diplôme d'Honneur à l'Exposition de Bordeaux

de la

Société Philomathique 1895.

AVIS

En publiant cette *troisième édition,* nous avons voulu répondre au bon accueil que les jardiniers et les amateurs ont fait à ce résumé de la culture et de la description des plantes de nos jardins et de nos champs. Aussi avons-nous augmenté ce traité en y décrivant des plantes nouvelles ou peu connues, en donnant des détails de culture plus précis ou plus pratiques.

Nous avons eu pour but, non de publier un ouvrage d'érudition, ces ouvrages scientifiques existent, et nous y avons puisé une bonne direction; nous avons surtout voulu propager un enseignement simple et facile d'Horticulture et d'Agriculture pour notre région du Sud-Ouest.

Ce manuel est divisé en trois parties principales : 1° les Fleurs de pleine terre et Oignons à fleurs; 2° les Légumes; 3° les Plantes fourragères. Faire connaître, en les décrivant, les plantes les plus belles, les meilleures et les plus utiles, dire le terrain qui leur convient, déterminer l'époque des semis la plus favorable, telle a été notre intention.

Si nous avons accompli le programme que nous nous étions tracé, nous en serons récompensés largement, car nous aurons contribué par nos indications à faire mieux apprécier combien il y a de charme à cultiver son jardin et à essayer dans nos champs des végétaux qu'on ne connaissait pas et qui peuvent, au point de vue économique, rendre des services.

MANUEL PRATIQUE

DES

JARDINS ET DES CHAMPS

POUR LE

SUD-OUEST DE LA FRANCE

PREMIÈRE PARTIE

Notes sur les Semis de Graines de Fleurs.

Les graines de fleurs étant plus difficiles à faire germer que la plupart des graines potagères, il faut plus de soin qu'on n'en met ordinairement; et si ces graines ne lèvent pas bien, c'est presque toujours la faute de celui qui les sème.

Non seulement la terre doit être bien labourée, bien ameublie, nivelée et dégagée de tous les corps étrangers, tels que cailloux, racines, etc., mais il faut faire les semis de manière à ne pas trop couvrir les graines fines et à couvrir celles qui sont plus grosses, avec la terre tamisée au crible fin et répandue avec la main. Voici comment on opère :

Lorsque la terre est bien nivelée, on répand les graines avec précaution, on applique une petite planche sur le sol afin de presser la terre, y faire adapter les graines et obtenir une surface parfaitement unie. Alors on recouvre le semis avec de la terre tamisée bien finement, en ayant soin de ne mettre qu'une légère épaisseur sur les graines fines (environ un millimètre), et un peu plus sur les grosses semences, en raison de leur grosseur et de leur dureté.

Dès que le semis est recouvert de terre, il est essentiel de répandre dessus une légère couche de paille hachée, ou du fumier qui ne soit pas trop décomposé, ou de la mousse très divisée ; cette couverture est nécessaire pour empêcher l'évaporation trop prompte des arrosements et entretenir une douce fermentation.

Les arrosements doivent être pratiqués copieusement avec la pomme d'un arrosoir percée finement ; on entretient cette humidité par de légers bassinages répétés souvent. L'arrosoir est, entre les mains de l'amateur, l'instrument de vie ou de mort. Il faut veiller attentivement à la manière de répandre l'eau ; car il est aussi nuisible d'en donner trop que de laisser dessécher la terre au moment de la germination.

Lorsque les graines sont bien levées, on les dégage de la couverture de paille ou de mousse et on continue les arrosements suivant la température.

Les plantes sont annuelles, bisannuelles ou vivaces.

Les *plantes annuelles* sont celles qui, dans le courant d'une année, germent, fleurissent, portent graines et meurent.

Les *plantes bisannuelles* durent deux ans avant de porter graines et de mourir. La plupart de ces plantes se sèment en juin-juillet, en pépinière, à l'ombre, en pots ou en terrines, pour être plantées à demeure en septembre.

Les *plantes vivaces* sont des plantes herbacées qui durent plusieurs années, sans conserver cependant leurs tiges qui reparaissent tous les ans au printemps. Les racines des plantes vivaces persistent en pleine terre, les tiges se renouvellent en repoussant tous les ans.

La plupart de ces plantes se sèment d'avril en juillet; elles servent beaucoup à l'ornementation des jardins.

Époque des semis. — Les semis de graines de fleurs se font principalement au printemps et à l'automne : 1° en pépinière, en pots ou en terrines sur couches; 2° en pépinière en pleine terre, à l'air libre, ou en pots, terrines ou caisses; 3° sur place.

On entend par *couche*, du fumier neuf mis en tas et d'une assez forte épaisseur pour qu'on puisse atteindre 30° ou 35° de chaleur.

On fait aussi des couches avec des amas de fumier neuf qu'on mélange avec des feuilles, des herbages, des pailles avariées et qu'on place à un endroit bien exposé et abrité des grands vents. Ces couches sont tassées de manière à bien égaliser ces lits successifs qu'on recouvre d'un châssis ou panneau vitré.

MULTIPLICATION DES PLANTES

Semis sur couches. — De tous les moyens de multiplication, celui-ci est le plus efficace, le plus productif, le seul par lequel on puisse obtenir de nombreuses variétés et surtout des plantes franches de pied et vigoureuses.

Une couche est donc indispensable pour notre climat, si l'on veut jouir d'une foule de plantes des pays chauds, annuelles ou bisannuelles, dont le semis fait en place, à l'air libre, ne leur permettrait pas d'accomplir, dans notre trop courte belle saison, l'évolution complète de leur végétation, laquelle, chez nous, ne peut guère dépasser le mois d'octobre, en raison de l'imminence des premières gelées.

Semis des graines. — Les semis se font de deux manières : 1° à même sur la couche dans le terreau préparé dont on a recouvert le fumier; 2° en pots ou terrines que l'on enfonce dans ce même terreau. Avant d'opérer le semis, il est indispensable de tasser légèrement toute la surface de la terre, pour qu'étant moins pénétrée par l'air extérieur, elle soit moins sujette à se dessécher, et conserve plus longtemps et d'une manière plus uniforme l'humidité nécessaire à la stratification et à la levée des graines.

Les semis en pots se font à l'éparpillé, et on recouvre ensuite d'une quantité de terre voulue pour mettre les graines à la profondeur indiquée plus haut.

On couvrira de châssis ou de cloches, et l'on maintiendra l'humidité du sol jusqu'à la levée des graines.

Semis en plein air. — Si on ne pouvait ou si on ne voulait pas construire une couche, on pourrait en quelque sorte y suppléer de la manière qui suit : le long d'un mur, au midi, à l'exposition la plus chaude du jardin, on défonce, à l'époque indiquée ci-dessus, au printemps en avril, ou en septembre à l'automne, une plate-bande à 30 ou 40 centimètres de profondeur, pour en remplacer la terre par le compost indiqué pour la couche; on sème, on couvre de châssis ou de cloches : le tout vient encore à bien, plus lentement, il est vrai, et avec plus ou moins de pertes, selon que la saison est plus ou moins favorable; du reste, mêmes soins, mêmes précautions, mais plus de surveillance, pour empêcher les limaçons et les cloportes de venir ravager les jeunes plants surtout au moment de la première foliation.

Le **repiquage** consiste à lever les jeunes plants et à les replanter à quelques centimètres les uns des autres, afin qu'ils se fortifient, jusqu'à ce qu'on les mette définitivement en place.

Nous ne saurions trop recommander, si on veut avoir de belles plantes bien développées, de les repiquer souvent : soit sur couche pour certaines variétés, soit en pleine terre. Cette opération favorise et hâte la croissance des jeunes semis. Il y a des jardiniers qui se contentent de repiquer une fois, deux fois; ce n'est pas toujours suffisant : certaines plantes aiment à être repiquées trois et quatre fois. Ce mode de culture est le meilleur qu'on puisse pratiquer pour avoir des plantes bien vigoureuses et bien développées. On repique soit à racines nues, soit avec la motte, ce qui est préférable, surtout pour les plantes délicates. Quand ces plantes sont vigoureuses et munies de feuilles, on les *transplante* en place dans une terre bien préparée. Ce travail doit se faire autant que possible le soir ou par un temps couvert et nuageux. Après la transplantation, il faut avoir soin d'arroser, et si le temps est sec, garantir les jeunes plantes des rayons du soleil.

Bouturage. — Après le semis, le *bouturage* est le plus certain et le meilleur mode de multiplication. Par lui, on reproduit exactement, identiquement, la plante que l'on veut propager; tandis que par le semis on ne l'obtient fort souvent qu'avec des modifications, des altérations plus ou moins prononcées.

Une *bouture* est une ramule ou très petite portion de branche que l'on détache de la plante mère, soit en la coupant horizontalement à une hauteur quelconque, soit à son point d'insertion sur une branche. Il est nécessaire, dans les deux cas, que l'amputation soit faite avec un instrument bien affilé, afin que la jeune écorce, encore à l'état herbacé, ne se trouve blessée en aucun point.

Éclatage. — Ce mode de multiplication est particulièrement usité pour les plantes vivaces, à racines fibreuses et chevelues, telles que Aster, Monarde, Dracocéphale, Silphium, etc., et à racines tuberculeuses, telles que Iris, Funkia, Hémérocalle, etc. On le pratiquera de préférence à la fin de l'automne, parce que, comme chacun le sait, si l'hiver suspend la végétation sur terre, celle-ci néanmoins ne laisse pas de subsister en dessous; les racines se placent et s'allongent, les yeux se forment, etc. Nous ajouterons que chaque nouvelle touffe devra conserver un certain nombre d'yeux.

On peut encore opérer au printemps, de février à avril; mais alors la végétation des plantes opérées en sera retardée, la reprise moins certaine. On n'appliquera, autant que possible, ce retard qu'aux plantes délicates ou rares, à celles de terre de bruyère spécialement.

Marcottage. — C'est un mode de bouturage par lequel la ramule n'est détachée de la plante mère qu'après son enracinement particulier. Le rameau appelé marcotte continue à tirer, comme les autres, sa nourriture de la tige, ce qui assure sa conservation, tandis que sa portion externe prend racine sous l'action de l'humidité.

Une fois l'enracinement terminé on sèvre la marcotte, c'est-à-dire, on la coupe en arrière des racines, et l'on a ainsi une plante isolée et susceptible de vivre par elle-même.

Le marcottage couché consiste à abaisser dans le sol, soit à même le sol, soit dans des pots qu'on y plonge, toutes les fois qu'on peut le faire sans les rompre, les rameaux d'un arbrisseau. Si on couche dans le sol la branche entière d'un arbrisseau ou d'une plante, tous les nœuds peuvent fournir des racines et constituer, une fois enracinés, et séparés ensuite, des sujets complets.

Greffage. — On entend par greffage l'opération qui consiste à enter sur un végétal donné un végétal qui lui est étranger et qu'on veut lui substituer. Le premier prend le nom de sujet, le second celui de greffe.

Le greffage est donc l'union intime et forcée de deux plantes naguères isolées, et vivant désormais d'une vie unique et commune. Il ne peut avoir lieu qu'entre des plantes botaniquement très voisines entre elles, appartenant au même genre, au moins à la même famille ; mais, dans ce dernier cas, l'union est rarement d'une longue durée.

La **stratification** est un moyen de hâter la germination de quelques graines en les mettant en automne dans du sable et en les plaçant ensuite dans une cave. On emploie surtout la stratification pour la germination des noyaux. Ces graines germent pendant l'hiver et au printemps; lorsqu'on les met en place, elles ont déjà développé leur radicule, ce qui, le plus ordinairement, avance la végétation d'un an. Mettre les pépins de vignes, un mois avant de les semer, dans du sable humide, c'est préparer une bonne réussite.

Le **compost** indique des mélanges de terre, d'engrais et de différentes substances, suivant les espèces de culture. Un bon compost doit être fait au moins un an à l'avance et être placé dans un endroit à l'abri de la pluie.

On entend par compost un mélange de terre franche, de fumier et de matière minérale. On peut y mettre 70 à 75 % de terre franche et gazon décomposé, et le reste en crottin de mouton, déchets d'abattoir, fumier de vache additionné d'un peu de marne argileuse ou calcaire, de chaux ou d'argile, suivant le cas. Les vases d'étangs ou de mares peuvent être avantageusement employées.

Engrais. — Toute matière animale ou végétale, solide ou liquide, est un engrais. Tous les engrais sont d'une grande ressource et donnent la richesse au sol que l'on cultive. Il y a peu ou pas de mauvais terrains quand on possède du fumier à discrétion. Aussi en horticulture il ne faut pas regarder à la dépense pour se procurer de l'engrais. A cet élément, ajoutez de l'eau, et vous aurez de belles fleurs, de beaux arbres et de gros légumes. On doit rechercher les engrais qui s'assimilent le mieux aux plantes que l'on cultive; c'est ainsi que la plume est un excellent engrais pour les choux; la cendre et la potasse pour les pommes de terre; la poudrette et la colombine sont très favorables à toutes les plantes herbacées de nos parterres, Zinnias, Reines-Marguerites, Phlox, etc.; aux oignons, aux épinards et aux poireaux. Aussi, on a créé des engrais chimiques qui rendent aux plantes les éléments qui leur conviennent et qu'elles ont enlevés au sol; nous recommandons, pour la culture des fleurs, le *Floral Régénérateur des plantes*; cet engrais composé donne aux plantes une végétation rapide et luxuriante.

Les engrais chimiques ont cet avantage de présenter une grande quantité de principes fertilisants sous un petit volume, d'agir rapidement, grâce à leur solubilité presque immédiate, et de permettre au jardinier de ne donner aux plantes que celui des éléments fertilisants qui leur manque;

De permettre au jardinier d'employer séparément l'azote, l'acide phosphorique ou la potasse, selon que c'est l'un ou l'autre de ces agents qui fait défaut.

Il faut, quand on veut planter ou ensemencer une terre, tenir compte à la fois de la nature du sol, de ses besoins et de ceux de la plante qu'on y cultivera.

Terre franche. — C'est celle où l'argile, le calcaire, le sable et l'humus se trouvent mêlés en de justes proportions; c'est la plus favorable pour les jardins. Le fond d'un bon pré est une terre franche.

Terre légère ou siliceuse. — C'est une terre meuble et poreuse, exempte d'argile et contenant beaucoup de sable; elle laisse échapper rapidement les eaux d'arrosement.

Terre forte. — C'est celle où l'argile domine; elle présente ordinairement une couleur grisâtre. La nature de cette terre est froide, tenace; elle se travaille difficilement.

Terre de bruyère. — C'est le produit de la décomposition des végétaux et des animaux; on la trouve dans les landes et aux endroits où les bruyères croissent abondamment. On l'emploie pure ou mélangée avec de la terre ordinaire.

Terre calcaire. — Elle est froide et peu fertile si elle contient 70 à 80 % de calcaire; mais si elle ne contient que 40 à 50 % de chaux, elle est excellente pour toutes les branches du jardinage; elle se laboure très facilement en toute saison et se dessèche moins vite que la terre siliceuse.

Terreau. — Terre mêlée de fumier pourri, fréquemment employée en jardinage; le fumier de couche, au bout de deux ans, forme un excellent terreau.

Nous croyons utile de donner ici l'analyse chimique des principales terres :

TERRE FRANCHE		TERRE SILICEUSE		TERRE CALCAIRE	
Silice	15	Silice	55	Silice	13
Alumine	60	Alumine	20	Alumine	15
Chaux	12	Chaux	15	Chaux	65
Humus	8	Humus	5	Humus	5
Fer	5	Fer	5	Fer	2
	100		100		100

Avant de commencer la description des fleurs de pleine terre, qui sont sans contredit les moins connues et qui cependant méritent tant de l'être, nous avons cru bien faire de les classer par ordre alphabétique pour rendre les recherches plus faciles. Cependant, nous expliquerons aussi clairement que possible si les plantes dont nous parlons sont des plantes annuelles, bisannuelles ou vivaces et l'époque de semis qui leur convient.

Nous le répétons, il est essentiel pour les graines de bien choisir le moment le plus convenable pour les confier à la terre. Ainsi, pour les graines de fleurs, nous ne saurions trop engager à semer beaucoup de plantes à l'automne : on obtiendra non seulement des fleurs pour décorer les jardins à la fin de l'hiver et au premier printemps, mais ces plantes seront plus vigoureuses, plus belles, leurs fleurs seront plus grandes et de couleurs plus vives.

DESCRIPTION SOMMAIRE

DES

FLEURS DE PLEINE TERRE

ABRONIA umbellata.

(*Famille des Nyctaginées.* — *Originaire de Californie.*)

Syn. latin. Tricratus admirabilis.

Plante *annuelle* (*vivace* en serre), portant de jolies fleurs d'un rose vif, réunies en bouquet. Ses rameaux, qui se couvrent de fleurs de juillet en octobre, sont allongés, flexibles, traînants sur le sol; si on les dirige, ils sont grimpants et peuvent atteindre 1^m,50 de hauteur. On peut alors utiliser l'Abronia à l'ornementation des fenêtres, des balcons, des terrasses; on s'en sert aussi pour orner des murs, des treillages ou des berceaux. Cette plante est assez rustique, elle aime un sol léger à une exposition chaude. Les graines peuvent se semer à l'automne ou au printemps. Si on sème en août en pépinière, on repique les jeunes plants en pots que l'on hiverne sous châssis et on les met en place à la fin de mai, en les espaçant de 50 à 60 centimètres les uns des autres. On fait aussi les semis sous châssis au mois de mars et on repique en avril; la floraison sera alors plus tardive.

ACANTHE épineuse. — ACANTHE molle.

(Fam. des Acanthacées. — Originaire de l'Europe méridionale.)

Syn. angl. Acanthus. — **All.** Barentklau.
Ital. Carcioferraccio.

Vivace. — Tige de 80 centimètres de hauteur. Cette plante est remarquable par la beauté de son feuillage, qui est groupé en large touffe retombante; aussi l'Acanthe est très pittoresque; placée isolément sur les pelouses, elle produit le plus bel effet. Elle donne la deuxième année du semis des fleurs d'un blanc rosé ou lilacé. On sème l'Acanthe pendant tout le printemps dans une terre franche, argilo-siliceuse, profonde, et à une exposition ombragée; on repique ensuite les jeunes plants en pleine terre ou en pots, en les couvrant pendant l'hiver, et on les met à demeure en mars. Les Acanthes se multiplient par bouture de tronçons de racine.

ACHILLEA. — ACHILLÉE de Clavenna.

(Fam. des Composées. — Originaire des Alpes.)

Syn. latin. Ptarmica Clavennæ.

Vivace. — Plante couverte d'un duvet soyeux argenté; tiges peu rameuses élevées d'environ 25 centimètres. Fleurs en capitules d'un blanc jaunâtre. L'Achillée produit assez d'effet dans les rochers ou sur les talus rocailleux. Sa multiplication s'opère par éclats ou division des pieds à la fin de l'été ou au printemps. On peut la semer aussi de mai en juin en pépinière à l'ombre; on repique le plant en pépinière et on le met en place à l'automne ou au printemps.

Les *Achillées mille feuilles à fleurs roses* et *à fleurs blanches* sont des plantes indigènes très rustiques, réussissant dans les terrains secs, dans les jardins au bord de la mer et sur les sables des dunes où elles forment de très jolis tapis et même des pelouses.

Pour conserver leur fraîcheur même en été dans les sols arides, maigres et desséchés, il faut empêcher les tiges florales de se développer, en les tondant fréquemment avec la faux. Dans le commerce, on trouve à se procurer facilement cette graine, qu'on ensemence à raison de 8 à 10 kilos par hectare. Il est nécessaire de très peu la recouvrir; après l'avoir semée très uniformément, on se contentera d'un simple coup de rouleau. Les fleurs coupées conviennent pour la confection des bouquets.

ACONIT napel.

(*Aconitum napellus.* — *Fam. des Renonculacées.*)

Syn. fr. Casque de Jupiter; Char de Vénus. — **Angl**. Monk's Hood. — **All**. Eisenhut.

Indigène; vivace. — Racine tubéreuse en forme de navet, venant très bien à l'ombre. On sème l'Aconit de mars en juillet en terrine, pour le repiquer dans une terre douce, sableuse, pierreuse et sèche; la deuxième année, en juin-juillet, il donnera de belles fleurs bleues en forme de casque. Quoique les Aconits soient des plantes de premier mérite pour l'ornementation des parterres, des parcs et des bosquets, ils sont tous à différents degrés vénéneux; aussi devra-t-on les placer hors de la portée des enfants. Leur action paraît se porter spécialement sur le système nerveux.

Variétés. — *Aconit paniculé.* — *A. du Japon.* — *A. lycoctonum* (*tue-loup*). Fleurs d'un jaune soufre. — *A. rubicond.* Exigeant la terre de bruyère. — *A. d'automne.* Fleurs bleu pâle lavé de lilas.

ACROCLINIUM roseum.

(*Fam. des Composées.* — *Originaire du Texas.*)

Annuel. — C'est une graminée ornementale qui ressemble à une Immortelle. Sa tige atteint 30 centimètres.

Les semis se font à l'automne en pépinière; le plant est alors hiverné sous châssis, et on sème aussi en avril sur place en terre légère au midi, pour faire des massifs ou des bordures. Suivant l'époque du semis, les fleurs en panicule, d'un joli rose satiné avec disque d'or, se succèdent de mai en août.

Les fleurs coupées jeunes avant leur entier épanouissement et desséchées rapidement conservent leur forme et leur couleur comme celles des Immortelles.

ADONIDE d'été.

(Adonis æstivalis. — Fam. des Renonculacées.)

Syn. fr. Goutte de sang. — **Angl.** Flos Adonis. — **Ital.** Planta malanni; Occhie di Diavolo.

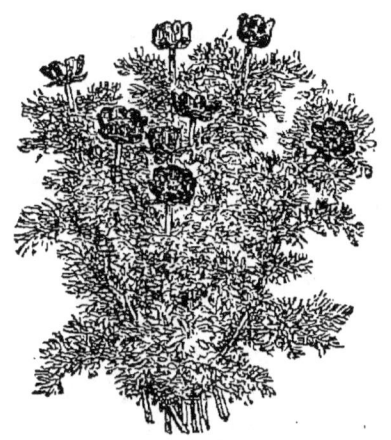

Adonide d'été.

Annuelle; indigène. — Se sème en place de septembre en novembre dans une terre légère; donne en mai-juin des fleurs d'un rouge vif, noirâtre au centre; hauteur de 35 centimètres. Cette plante convient pour former des massifs et garnir des plates-bandes. Si on la sème au mois d'avril, elle fleurit en juin-juillet.

VARIÉTÉS. — *Adonide d'automne*, dont les fleurs sont rouge vermillon, quelquefois jaunes. — *A. vernalis* (de *printemps*). *Vivace*, à fleurs jaunes. Cette variété orne très bien les rocailles et les rochers factices. Il faut les semer en avril-mai en terre de bruyère, en terrines qu'on place à l'ombre.

AGÉRATE naine à fleurs bleues. — AGÉRATE du Mexique (*tige, 0ᵐ,50*).

(*Ageratum cæruleum. — Fam. des Composées.*)

Syn. fr. Eupatoire bleue. — **Angl.** Flos Adonis.

Annuelle (*vivace* en serre).— Plante très rustique; fleurs d'un bleu pâle lilacé, durant une partie de l'année; produisent un joli effet dans les bouquets. Semer en mars sur couche et en avril en pleine terre; repiquer en terre substantielle avec la motte dans le mois de mai, en espaçant les pieds de 30 à 40 centimètres. L'Agérate réclame des arrosements fréquents; on l'emploie pour l'ornementation des plates-bandes, la garniture des corbeilles et des massifs. — L'*A. de Wendland*, compacte naine à variété bleue et blanche, est plus compacte et plus prolifère que les anciennes espèces; elle est très belle et très élégante, se prête très bien, comme toutes les Agérates naines, à la formation de bordures. — *A. du Mexique naine jaune soufré*. Plante régulière et compacte à fleurs d'un jaune pâle. — *A. impériale naine* à grande fleur bleu d'azur. Variété tout à fait naine à grandes fleurs se dégageant bien du feuillage. — *A. très naine multiflore blanche*. Produit un très joli effet en la mélangeant avec l'*Agérate bleue*. — *A. de Lasseaux*. Nouveauté à fleurs roses.

AGROSTIS nebulosa. — AGROSTIS elegans.

(*Originaire d'Espagne. — Fam. des Graminées.*)

Syn. latin. Agrostis capillaris. — **Angl.** Bentgrass.

Annuelle. — Cette graminée ornementale se sème de septembre en octobre, dans une terre substantielle et à une bonne exposition; avoir soin de très peu recouvrir la graine qui est très fine. L'Agrostis desséché sert à la confection des bouquets perpétuels; on teint ces graminées de diverses couleurs. Cette plante peut se semer aussi en avril-mai sur place en laissant entre chaque pied, lorsqu'on éclaircira, un espacement d'environ 10 centimètres. La floraison a lieu deux mois plus tard que si on semait en septembre de l'année précédente, et les plantes ne sont pas aussi fortes.

ALISMA. (Voir *Plantain d'eau*.)

ALONSOA Warsewiczii.

(*Fam. des Scrofularinées. — Originaire du Chili.*)

Syn. latin. Hemimeris urticæfolia. — **All.** Halbblume.

Annuel (*vivace* en serre). — Semer sur couche en mars, repiquer en pot sous châssis ou sur couche; replanter en mai à 40 centimètres de distance. La tige élevée de 75 centimètres donne de juillet en septembre des fleurs en grappes, tachetées d'un rouge vermillon clair. Pour obtenir des plantes plus ramifiées, plus trapues et une floraison plus abondante, il sera bon de faire subir un pincement à l'extrémité de la tige principale, lorsque les plants auront atteint 15 centimètres environ.

Variété. — *Alonsoa à feuilles incisées*, à ramifications buissonnantes; tige de 30 à 50 centimètres.

ALSTROËMÈRE du Chili.

(*Alstrœmeria pulchella. — Fam. des Amaryllidées.*)

Plante *vivace* à jolies fleurs blanches, teintes de pourpre et rayées. Tige cylindrique, pleine, raide, élevée d'environ 30 centimètres à 1 mètre. Semer sous châssis, en pot, de mars en mai, repiquer en mai en pleine terre légère:

exige peu d'arrosements; couvrir la plante avec de la litière pendant l'hiver.

ALYSSE odorante.

(*Alyssum odoratum.* — *Clypeola maritima.* — *Fam. des Crucifères.*)

Syn. fr. Alysse maritime; Corbeille d'Argent. — **Angl.** Alysson Sweet. **Esp.** Aliso. — **All.** Steinkraut.

Indigène; annuelle (*vivace* en serre par bouturage). — Semer dans une terre douce, à toute exposition, d'août en octobre. Herbe très rameuse à ramification étalée, atteignant de 20 à 25 centimètres; fleurit en mai; les fleurs sont blanches. Cette plante est très convenable pour la formation des bordures et des corbeilles et pour garnir les plates-bandes. Après le semis, on peut repiquer l'Alysse odorante dans tous les terrains; elle est très rustique et croît très bien dans les jardins, au bord de la mer et jusque sur les dunes. Cette plante est remontante, et lorsqu'on a le soin de la couper dès que la première floraison est passée, elle repousse et peut continuer à fleurir jusqu'en novembre.

ALYSSE Corbeille d'Or.

(*Fam. des Crucifères.* — *Originaire de Crète et d'Allemagne.*)

Syn. fr. Alysse des Rochers; Thlaspi jaune. — **Latin.** Alyssum saxatile.

Plante *vivace*, venant très bien dans les terres sèches et pierreuses; s'emploie en bordure comme l'Alysse odorante et pour garnir les rochers, les rocailles; on sème en été et en automne pour repiquer dans une terre sèche et pierreuse et à toute exposition. Floraison la deuxième année d'avril en mai; fleurs nombreuses mais petites, d'un jaune éclatant. Cette espèce est au printemps un des plus jolis et des plus utiles ornements de nos parterres.

AMARANTE célosie.

(Celosia cristata. — Fam. des Amarantacées. — Originaire des Indes Orientales.)

Syn. fr. Crête de Coq; Célosie Crête de Coq; Passe-Velours.
Angl. Cock's Comb. — **All.** Hahnenkamm. — **Ital.** Nappe di Cardinale.

Plante *annuelle*, donnant de superbes fleurs jaunes, rouges ou violettes, de juin en septembre; elles sont formées par la réunion d'un grand nombre de petites fleurs disposées en forme de crête. Semer sur couche en avril, et si on veut obtenir des plantes très développées, repiquer en pots plusieurs fois les jeunes plants sous châssis; les mettre ensuite en place avec la motte.

Variété. — *Crête de coq panachée du Japon.* Belle variété naine; crêtes petites réunies en bouquets et panachées jaune et rouge.

AMARANTE à feuilles rouges.

(Amarantus paniculatus vel sanguineus.)
Syn. angl. Prince Feather.

AMARANTE tricolore.

(Amarantus tricolor.)
Syn. angl. Joseph's Coat. — **Ital.** Meraviglie.

Annuelle. — Tige de 75 centimètres à 1 mètre. Ces deux variétés sont annuelles, ornementales et rustiques; les feuilles sont d'une coloration très jolie et très remarquable. La beauté de la panachure de ces espèces est parfois subordonnée à la température; plus il fait chaud, plus leur coloris est panaché. Semer en terrine en mars-avril ou en pleine terre en mai; repiquer ensuite à 40 centimètres de distance pour la décoration des grands massifs.

Célosie à panache.

VARIÉTÉS. — *Amarante queue de renard.* — *A. gigantesque.* — Ces deux plantes, qui sont dans toute leur beauté de juillet en septembre, conviennent principalement à l'ornementation des grandes corbeilles et des plates-bandes. Plus ces plantes sont ramifiées et vigoureuses, plus elles sont belles et décoratives, aussi il leur faut beaucoup d'engrais, d'air et d'espace. — *A. mélancolique.* Cette plante est intéressante par la coloration de son feuillage qui est d'un rouge rosé vif; elle est plus trapue, plus ramifiée que l'Amarante à feuille rouge; elle peut être employée comme plante de haut ornement. — *A. à feuille de coleus.* Haute de 1 mètre et plus, à grand et beau feuillage cordiforme, gaufré, rouge sombre, bordé de vert clair. — *A. atropurpureus nanus*, à feuilles et fleurs rouge foncé. — *A. ruber*. Plante à grand effet, d'un coloris excessivement remarquable et très voyant. - *A. éclatante*. Plante vigoureuse atteignant jusqu'à 1^m,40; feuillage panaché de brun, vert foncé, rouge et jaune d'or.

AMARANTOÏDE violette. — AMARANTOÏDE orange.

(Gomphrena globosa. — Fam. des Amarantacées. — Originaire des Indes Orientales.)

Syn. fr. Immortelle à bouquets. — **Esp.** Perpetua. — **Ang.** Globe-Amaranth. — **All.** Kugel-Amaranth. — **Ital.** Perpetuini.

Tige de 30 centimètres. Plantes *annuelles* précieuses pour la confection des bouquets et l'ornementation des corbeilles et des plates-bandes; on en fait aussi de jolies potées. Les fleurs coupées et desséchées, la tête en bas et à l'ombre, conservent très bien leur couleur, et leur durée presque indéfinie leur a fait donner le nom d'Immortelles. Semer fin mars sur couche; repiquer sur couche et l'on plante à demeure fin mai à 25 ou 30 centimètres de distance dans un sol léger, riche en humus et à une exposition chaude. La floraison commence en juin et dure jusqu'en septembre; les fleurs sont d'un rouge violet, jaunes, blanches, panachées. — *Amarantoïde naine violette compacte*. Touffes compactes de 15 centimètres de hauteur.

AMMOBIUM ailé.

(Ammobium alatum. — Fam. des Composées. — Originaire de la Nouvelle-Hollande.)

Annuelle. — Tige de 50 centimètres. Plante rustique, demandant peu de soins; elle donne une floraison abondante et continue de fleurs jaunes mêlées de blanc. La fleur se dessèche et on la fait entrer dans la confection des bouquets perpétuels. Les semis se font en mars sur couche;

on repique sur couche et l'on plante à demeure en mai dans un terrain sec et léger, de préférence sablonneux, pour la formation des massifs, des plates-bandes et des corbeilles.

ANCOLIE aquilegia. — ANCOLIE des Jardins.

(*Aquilegia vulgaris*. — Fam. des Composées. — Originaire de Sibérie.)

Syn. fr. Gant de Notre-Dame. — **Esp.** Pajarila. — **All.** Akeley. **Angl.** Columbine. — **Ital.** Amornascoto.

Annuelle. — Plante rustique, croissant à l'ombre. Tige de 80 centimètres. On sème les différentes variétés d'Ancolie de mars en mai, en pépinière; on les repique en terre substantielle; l'humidité leur est nuisible; elles fleurissent la deuxième année, de mars en juin; les fleurs sont pendantes, rouges, bleues ou roses, panachées. Beaucoup d'horticulteurs sèment les Ancolies en pépinière à l'ombre aussitôt que les graines sont mûres.

Les Ancolies sont remarquables par la singulière disposition de leurs fleurs et par leurs feuilles qui avant d'être entièrement développées, forment une espèce de cornet où la rosée et la pluie séjournent.

Cette plante, fort élégante, convient pour la formation des massifs; on peut aussi les planter en planche ou en lignes pour la décoration de préférence des plates-bandes.

Variétés. — *Ancolie du Canada*. Tige s'élevant à 50 centimètres; feuilles petites; fleurs rouge safrané. Charmante plante très curieuse par la coloration de ses fleurs qui se succèdent de mai en juin. — *A. des Alpes.* Tige de 30 centimètres, peu rameuse; les fleurs de cette espèce sont bleues et se succèdent de juillet en août. — *A. de Skinner.* Une des plus belles et des plus curieuses du genre; fleurit de mai en juillet; et si après la première floraison on rabat les tiges, il n'est pas rare de la voir refleurir une seconde fois en septembre-octobre.

— *A. bleue* (*Aquilegia cærulea*). Bonne espèce, florifère, haute d'environ 1 mètre, à fleurs grandes et d'un beau bleu clair. Excellente plante pour l'ornementation des jardins au printemps; elle est vivace et forme dès la deuxième année des touffes fortes et très florifères. — *A. jaune d'or de printemps*. Charmante plante vivace, très précoce. — *A. d'hiver naine blanche*. Excellente variété; recommandable surtout pour la culture forcée et en pots.

ANÉMONE des Fleuristes.

(*Fam. des Renonculacées.*)

Syn. ital. Anemolo.

Indigène. — Très belle fleur, *vivace* par ses tubercules ou pattes et s'épanouissant de la mi-avril à la fin mai. Il y a de nombreuses variétés d'Anémones toutes ornées des plus brillantes couleurs. C'est par les semis qu'on obtient de nouvelles variétés; ils se font au printemps en pots, en terrines ou en pépinière bien exposée, dans une terre douce et légère; on recouvre très peu la graine avec du terreau; la floraison a lieu la deuxième année.

Variété. — *Anémone à fleur simple de Caen*. Cette race se distingue par l'ampleur et la richesse de coloris de ses fleurs.

ANTHÉMIS d'Arabie.

(*Cladanthus proliferus.* — *Fam. des Composées.* — *Originaire d'Algérie.*)

Syn. fr. Cladanthe prolifère.

Annuel. — Tige rameuse, atteignant environ 50 centimètres de hauteur; fleurs odorantes, de couleur mordoré brun, au début de la floraison; se panachant de jaune par la suite. Les semis se font en avril sur place.

Variété. — *Anthémis des Teinturiers*. Cette plante *vivace* qui porte des fleurs en capitules d'un jaune soufre, parfois d'un beau jaune vif à disque de même couleur, convient à l'ornement des grandes corbeilles et des terrains arides et accidentés des jardins paysagers. On doit semer cette plante tous les ans d'avril en juillet en pépinière; on met les plantes en place au printemps à 50 ou 60 centimètres de distance. La floraison s'opère de juin-juillet en août.

ARABIS arenosa. — ARABETTE des Sables.

(Fam. des Crucifères. — Originaire des Alpes.)

Syn. lat. Arabis verna. — **Fr.** Arabette printanière. — **All.** Gansekraut. — **Angl.** Wall Cress.

Vivace. — Petite plante formant des touffes gazonnantes de 10 à 20 centimètres qui donnent à partir du mois de mars-avril des fleurs blanches et lilas rosé très abondantes. Semer en août-septembre, repiquer en octobre en tout terrain pour orner les rochers, glacis, retenir les dunes, ou pour faire de jolies bordures au printemps en espaçant les pieds d'environ 30 à 40 centimètres. On sème aussi d'avril en juillet, on repique en pépinière et on met le plant en place de préférence en automne. Se multiplie aussi par la division des touffes lorsque la floraison est passée; on met alors les fragments détachés de la touffe en pépinière jusqu'à l'automne, époque à laquelle ils doivent être mis en place.

En juillet-août, il convient de tondre les Arabis pour les empêcher de trop s'étaler.

Variétés. — *Arabette des Alpes*. Très florifère. — *Corbeille d'Argent*. — *A. du Caucase*. Moins florifère que la variété précédente. — *A. Alpina naine compacte*. Plus compacte et plus touffue que la Corbeille d'Argent, comme aussi à fleurs plus grandes, et d'un blanc très pur.

ARGÉMONE à grandes fleurs.

(*Fam. des Papavéracées. — Originaire du Mexique.*)

Syn. fr. Pavot épineux.

Annuelle. — Plante rustique, produisant tout l'été un très bel effet en massif, avec ses fleurs d'un blanc pur; tige de 1 mètre environ. Semer en mars sur couche, repiquer en pots sous châssis, pour mettre en place vers le 15 mai à environ 40 à 50 centimètres de distance. Les semis se font aussi sur place en avril-mai. Cette plante se ressème parfois d'elle-même.

Variété. — *Argémone du Mexique.* Tige moins ramifiée que la précédente et ne s'élevant que de 60 à 80 centimètres.

ARMERIA (Statice Armeria).

(*Fam. des Plombaginées. — Indigène.*)

Syn. latin. Armeria maritima et vulgaris. — **Fr.** Gazon d'Olympe; Gazon de Hollande; Gazon d'Espagne.

Vivace. — Plante gazonnante, à feuilles petites et nombreuses; s'emploie essentiellement pour faire des bordures très naines, jolies et durables. La tige du Statice Armeria est de 10 centimètres; les fleurs sont rosées ou rouges, remontant facilement plusieurs fois dans l'année et formant de petites têtes arrondies. Les semis se font en mars sur couche ou de mai en juin en pépinière, en terrines ou en pots, et mis en place en octobre ou en mars. De bonne heure au printemps, ou en août-septembre, le Gazon d'Olympe se reproduit très bien par éclats ou divisions des pieds et par boutures; chaque fragment s'enracine facilement et promptement, et arrive au bout de l'année à former des touffes assez volumineuses. Ce gazon croît à peu près en tous terrains légers et sains, mais plus particulièrement dans ceux qui sont sablonneux et un peu frais. Cette plante peut gazonner les talus, les glacis; on peut s'en servir pour décorer les rocailles; elle peut jusqu'à un certain point maintenir les sables des dunes.

ASCLEPIAS tuberosa (*vivace*). — ASCLEPIAS curassavica (*annuelle*).

(*Fam. des Asclépiadées. — Originaire de l'Amérique septentrionale.*)

Syn. fr. Herbe à ouate; Herbe à coton. — **Angl.** Swallow-Wort. — **All.** Seidenpflanze. — **Esp.** Ernabello.

L'Asclepias tuberosa qui est *vivace* se sème en terre de bruyère un peu tourbeuse, depuis avril jusqu'en juillet; repiquer en terrains meubles, frais et substantiels. Ses fleurs en ombelles de couleur rouge orangé, très éclatantes, s'épanouissant de juillet, août, septembre, font un très bel effet dans les plates-bandes et les massifs. L'Asclepias tuberosa est, on peut le dire, une des plus belles plantes vivaces de pleine terre.

L'*Asclepias curassavica*, qui est *annuelle* en pleine terre et *vivace* en serre, se sème en mars sur couche; on repique en terre fraîche, légère, pour orner les grands massifs, à exposition autant que possible au midi; tout l'été cette plante donne abondamment des fleurs d'un rouge safrané, écarlate et cocciné.

Variétés. — *Asclepias cornuti.* — *A. incarnata.*

ASTER des Alpes.

(*Aster alpinus.* — *Fam. des Composées.*— *Originaire des Pyrénées.*)

Syn. angl. Star Flower.

Vivace. — Tige de 20 centimètres; l'Aster se multiplie de graines que l'on sème en terrine de mars jusqu'en juillet; repiquer en terre franche et légère; en juillet, fleurs grandes, violettes à disque jaune. Cette variété d'Aster est la plus jolie, la plus florifère, et celle que l'on emploie le plus souvent pour la confection des bouquets. Il y a un grand nombre de variétés d'Aster; on multiplie certaines espèces vivaces qui ne donnent que peu de graines fertiles par la division des pieds ou par drageons. La séparation des touffes peut se faire en septembre-octobre ou en février-mars. Un des grands mérites des Asters est de pouvoir être très facilement levés en pleine végétation sans qu'ils en souffrent beaucoup. Dès que les tiges des Asters s'allongent de 10 à 15 centimètres, on pince leur extrémité pour les faire ramifier. Par ce procédé on obtient des touffes trapues et généralement plus garnies de fleurs.

VARIÉTÉS. — *Aster Œil du Christ*, à rayons d'un beau bleu et disque jaune. — *A. des Pyrénées*. (Ces deux variétés sont des espèces européennes.) — *A. gazonnant*. — *A. à grandes fleurs*. — *A. rose*. — *A. multicolore*. — *A. repertus*. — *A. versicolor*. — *A. bicolor*. — *A. Amelle*. Ancienne plante très rustique, fleur violette à centre jaune, durant très longtemps et produisant un très joli effet pendant tout l'été. — *A. lisse*. — *A. ptarmicoïdes*. Curieuse espèce naine à fleurs nombreuses, d'un blanc laiteux, se succédant tout l'été.

AUBERGINE à fruit écarlate. — AUBERGINE blanche.

(*Solanum ovigerum*. — *Fam. des Solanées*. — *Originaire de l'Amérique méridionale*.)

Syn. latin. Solanum melongena. — **Fr.** Morelle; Plante aux Œufs. **Angl.** Egg Plant. — **All.** Eierpflanze.

Ces plantes sont *annuelles* et se sèment sur couche en février-mars; repiquer en terre fumée fraîche à bonne exposition, ou en pots. Ces variétés sont cultivées pour la singularité de leurs fruits qui ressemblent, à s'y méprendre, à un œuf de poule.

AUBRIETIE deltoïde.

(*Alyssum deltoideum.* — *Fam. des Crucifères.* — *Originaire de l'Italie et de la Grèce.*)

Syn. fr. Alysse deltoïde, Petit Bleu.

Plante *vivace* rustique; forme des bordures et des tapis d'un très joli effet, avec ses fleurs en grappes d'un bleu lilacé. Semer d'avril en mai en terre légère; repiquer en pépinière en terrain sain et sec; fleurit abondamment dès le printemps de la deuxième année, parfois dès le mois de mars, et sa floraison se prolonge d'avril en juin.

Variétés. — *Aubriétie pourpre.* Jolie petite plante pour bordures tout à fait basse, tapis et rocailles. — *A. deltoïde à feuilles panachées.* Petite plante rustique à fleurs rouge vif.

AURICULE.

(*Primula Auricula.* — *Fam. des Primulacées.* — *Indigène; originaire des Alpes.*)

Syn. ital. Orrecchie d'Orso.

Vivace. — Odorante. Semer sur couche depuis décembre jusqu'en mars; recouvrir à peine les graines; repiquer en pépinière, en pots ou en terrines; on lève les plantes en motte pour les mettre en place dans une terre consistante, franche et légère, à l'exposition du nord. La deuxième année, en avril-mai, cette plante donne des fleurs très variées de couleurs; la floraison recommence parfois, mais partiellement, en automne. Les Auricules ont été divisées en quatre classes : 1° les pures ou ordinaires à une seule couleur, les nuances les plus estimées sont le bleu, le brun noir ou velouté et le feu; les plantes de cette section sont les plus rustiques; 2° les ombrées ou liégeoises à deux couleurs; 3° les anglaises ou poudrées sont remarquables par la poussière blanchâtre et granuleuse qui couvre la plante; les fleurs de cette section sont panachées, rarement ombrées; les nuances sont le vert olive, le brun pourpre et chamois; 4° les doubles comprennent les variétés dont les fleurs sont formées au moins de deux corolles ou plus, emboîtées; les plantes à fleurs doubles sont peu estimées; elles sont délicates et d'une conservation difficile.

BALISIER.

(Canna indica. — Fam. des Cannacées. — Originaire de l'Inde.)

Syn. fr. Canne d'Inde; Faux Sucrier. — **Angl.** Indian Shoot.
All. Blumenrohr. — **Esp.** Cana corro. — **Ital.** Cannacoro.

Vivace. — Les semis se font clair sur couche depuis février jusqu'en avril; on repique le plant en mai en terre douce, fraîche et substantielle. Cette plante vivace et bulbeuse, haute de 75 centimètres à 2 mètres, a un beau feuillage ornemental vert ou pourpre, avec des fleurs écarlates ou jaunes; elle demande des arrosements abondants. Les Balisiers sont des plantes d'ornement du premier mérite avec lesquelles on forme, pendant une partie de l'été et tout l'automne, des massifs d'un effet grandiose et majestueux, surtout dans les jardins paysagers. Les Cannas cultivés en pots et rentrés l'hiver en serre chaude, y donnent une floraison abondante, car à leur feuillage déjà très ornemental par lui-même, les Balisiers joignent le plus souvent des épis de fleurs remarquables par leurs dimensions et leurs coloris, ce qui augmente encore le mérite de ces plantes. Les Cannas se multiplient aussi par la séparation des tubercules qu'on relève à l'automne pour les replanter au printemps en ayant bien soin de les mettre pendant l'hiver dans un endroit à l'abri de la gelée et surtout de l'humidité.

Variétés. — *Balisier à fleurs d'iris*. Un des plus beaux du genre; ses fleurs s'épanouissent de mai en juin; sa culture diffère un peu des autres variétés; en octobre, il faut lever le pied de la pleine terre et le planter dans de grands pots qu'on place dans une serre chaude; la végétation ne se ralentit point, au contraire, en l'arrosant modérément, il donne des fleurs au printemps suivant. — *B. gigantesque.* — *B. discolor.* — *B. orange.* — *B. écarlate.* — *B. du Népaul.* — *B. à fleurs flasques.*— *B. de Warscewicz.* — *B. à fleurs bordées.* — *B. à grandes fleurs.* — Très florifères, obtenus depuis peu et qui sont remarquables par la richesse de leur coloris.

BALSAMINE.

(*Impatiens Balsamina.* — Fam. des Balsaminées. — Originaire des Indes Orientales.)

Syn. fr. Bellesamine. — **Angl.** Balsam. — **Esp.** Nicaragua. **Ital.** Begliomini.

Annuelle. — Les Balsamines se sèment en mars sur couche, plus tard en pleine terre; elles demandent beaucoup de chaleur et se mettent en place avec la motte. Cette plante très adoptée dans les jardins à cause de sa rusticité, de sa beauté et de la facilité de sa culture, est employée à former des massifs, des corbeilles, des bordures, à orner ces plates-bandes aussi bien en plein soleil qu'à l'ombre. On peut transplanter les Balsamines en tout temps, même pendant la floraison, en ayant soin de tenir le terrain frais par des arrosements fréquents.

Les Balsamines présentent des coloris très variés: tantôt leurs fleurs ont des coloris uniformes; tantôt elles sont diversement et également panachées, marbrées, jaspées et ponctuées. La culture a fait doubler ces plantes et a créé des variétés nouvelles très remarquables. Nous citerons les *Balsamines camellias* ou extra-doubles, les *Balsamines doubles à fleurs de rose*, etc.

Variétés. — *Balsamine naine.* — *B. glandilugère.* — *B. à trois cornes.* — *B. N'y touchez pas.* — *B. réticulée.*

BARBEAU-BLUET. (Voir *Centaurée Bluet des jardins.*)

BASILIC.

(*Ocimum basilicum.* — *Fam. des Labiées.* — *Originaire de l'Inde.*)

Syn. fr. Herbe royale; Oranger de Savetier. — **Angl.** Basil Sweet. **Esp.** Albahaca.

Annuel. — Plante odorante, qu'on sème sous châssis de février en mars et de mars en avril en pleine terre; on recouvre légèrement les graines; lorsque le jeune plant est assez fort, on le lève avec la motte et on le met en place dans un bon terrain mélangé par moitié avec une bonne terre de jardin bien ameublie, à une exposition chaude. Les Basilics sont cultivés surtout pour leur odeur aromatique; ils forment de petits buissons arrondis, très touffus; on peut en faire des bordures, ou les cultiver en pots dans du bon terreau; on en garnit souvent aussi les caisses d'orangers.

Variétés. — *Basilic frisé.*— *B. violet nain compact.* Très recommandable pour la culture en pots. — *B. à feuilles de laitue.* — *B. fin vert nain compact.* Bonne plante pour la culture en pots. — *B. à odeur anisée.* — *B. en arbre.*

BÉGONIA tuberculeux.

(*Fam. des Bégoniacées.* — *Originaire du Pérou.*)

Plante vivace rustique, à très beau feuillage et à grandes fleurs abondantes. Les semis se font de février en mai en terre de bruyère, en pots ou en terrines, en serre ou sur couches chaudes, en recouvrant très peu les graines. On repique d'abord les jeunes plants en terrines, puis en pots; on les met ensuite en place dès juin à mi-ombre, de préférence en terre de bruyère ou autre terre substantielle et saine, additionnée d'un peu de terreau de feuilles si c'est possible. Le Bégonia tuberculeux fleurit de juillet en octobre; on le cultive aussi en pots pour garnir les jardinières d'appartement. Il faut hiverner les tubercules en lieu sain.

Bégonia discolor. Originaire de Chine, *vivace*, rustique ; très employé pour l'ornement des plates-bandes et des corbeilles à l'ombre, soit dans les cours et les jardins des villes, soit dans des parties ombragées, derrière des murailles au nord. Cultivé en pots, le Bégonia discolor forme de belles touffes couvertes de fleurs qui servent à orner les appartements. Lorsque l'hiver survient, les tiges meurent et tombent en se désarticulant, mais les rhizomes étant persistants repoussent au printemps et donnent chaque année des tiges nouvelles.

Cette plante se multiplie par séparation des rhizomes au printemps ou par bulbilles que l'on trouve aux aisselles des feuilles, ainsi que par boutures de tige ou de feuilles que l'on applique sur la terre humide, après avoir cassé les nervures de distance en distance ; chaque cassure produit des bourgeons que l'on rempote et que l'on traite, une fois repris, comme des plantes adultes. Les bulbilles qui sont à l'aisselle des feuilles tombent naturellement sur la terre, et si on a eu le soin de couvrir le sol de feuilles, de paille ou de mousse, elles poussent au printemps et fleurissent la même année.

Bégonia semperflorens. Plante *vivace*, donnant des fleurs blanches en petits panicules durant tout l'été. Les tiges meurent en hiver ; mais les rhizomes repoussent au printemps. Les semis se font au printemps en serre en recouvrant très peu les graines, ou sur couche chaude. Repiquer le plant en terrines de terre de bruyère ou de terre sableuse.

Variétés. — *Bégonia superflorens rosea*. Superbe race très recommandable qui se distingue du type par des fleurs d'un beau rose, nombreuses et disposées en petits panicules. — *B. hybrida erecta superba*. Cette race, à très grandes fleurs sortant bien du feuillage, se recommande pour la plantation en massifs ; ses fleurs d'un beau rouge, variant fort peu de nuance, font un effet magnifique. — B. *Vernon* à fleurs pourpre foncé; ses tiges et ses feuilles sont très fortement teintées de pourpre bronzé; ses fleurs d'un beau rouge vif sont très nombreuses et se succèdent fort longtemps.—B. *à feuilles marbrées*.Variétés hybrides. — B. *rex. Vivace.* Cette belle plante reste en végétation durant toute l'année; on la rentre l'hiver en serre tempérée. Le Bégonia Rex a donné par le semis un grand nombre de variétés qui sont encore supérieures au type; il a été croisé avec d'autres plantes, entre autres avec le *Bégonia discolor.*

Les semis se font de février en mai en terre de bruyère, en pots ou en terrines, sur couche ou bien en serre, en recouvrant très peu les graines. Repiquer en pots, mettre les jeunes plants en place l'été en bonne terre substantielle, à mi-ombre.

BELLE-DE-JOUR.

(Convolvulus. — Fam. des Convolvulacées. — Originaire de l'Europe méridionale.)

Syn. fr. Liseron tricolore. — **Ang.** Convolvulus minor.
Esp. Don Diego de Dia.

Annuel. — Plante très florifère; les tiges sont très rameuses, étalées sur le sol, puis dressées, s'élevant à environ 30 à 35 centimètres; les fleurs ont le limbe du plus beau bleu, blanches au milieu et jaunes à la gorge; elles se succèdent sans interruption de juin en septembre.

La Belle-de-Jour tire son nom de la particularité que présentent ses fleurs de s'ouvrir avec le jour et de se fermer pendant la nuit.

Cette plante, qui se recommande par sa rusticité et l'élégance de ses fleurs, se sème d'avril en mai-juin, sur place de préférence, car la transplantation fatigue beaucoup la Belle-de-Jour, ou bien en pépinière; dans ce cas, on met les plants à demeure dès qu'ils se sont suffisamment développés, en les espaçant de 30 centimètres.

On sème aussi les Belles-de-Jour de septembre en novembre dans une terre légère bien fumée et à bonne exposition; alors, au printemps, on obtient des fleurs tricolores de coloris très gai et très frais. Il existe des variétés à fleurs panachées, violettes, blanches, et même à fleurs doubles, blanches ou bleu foncé, pourpres.

BELLE-DE-NUIT des Jardins.

(*Mirabilis Jalapa*. — *Fam. des Nyctaginées*. — *Originaire du Pérou*.)

Syn. fr. Faux Jalap. — **Esp.** Don Diego de Noche.
Ital. Gelsomino di Notte.

Annuelle et vivace. — La racine de la Belle-de-Nuit est vivace; la rusticité de cette plante est très grande; on la rencontre fréquemment poussant dans des décombres, au pied des murailles, entre les pavés des cours et contre les maisons, aussi bien à l'ombre qu'en plein soleil. Dans les grands jardins on en forme des corbeilles, on en décore les plates-bandes, on en entoure des massifs d'arbustes.

Les Belles-de-Nuit se sèment en plein air sur place de mars en mai, dans une terre légère et substantielle; en ayant soin d'éclaircir le plant, leur tige atteint 70 centimètres de hauteur. Si on sème les Belles-de-Nuit en pépinière en avril, on repique les plants en place fin mai en espaçant les pieds de 40 à 60 centimètres. En juillet, ces plantes donnent des fleurs en bouquets, rouges, jaunes, blanches ou panachées, ne s'ouvrant que depuis le coucher du soleil jusqu'à la matinée. La *Belle-de-Nuit odorante* est une des variétés qu'on doit planter de préférence près des habitations; elle a l'avantage sur les autres espèces d'exhaler un parfum plus suave.

Variétés. — *Belle-de-Nuit naine à feuilles panachées*. Nouvelle race très jolie et très décorative, à fleurs très variées de couleurs, plante buissonnante de 30 centimètres de hauteur.

BENOITE.

(Geum. — Fam. des Rosacées. — Originaire de l'Orient et de la Grèce.)

Syn. fr. Benoîte du Chili; Benoîte écarlate. — **All.** Nelkenwurz.
Esp. Cariofilata.

Vivace. — Cette plante est robuste et rustique; ses tiges dressées s'élèvent de 40 à 50 centimètres; elle aime les terrains secs et ensoleillés; ses fleurs varient parfois du rouge orangé au rouge écarlate; elles produisent un joli effet dans les corbeilles, les massifs et les plates-bandes; elles s'épanouissent la deuxième année après le semis, d'avril en juin. On sème la Benoîte de mars en mai en plein air en exposition chaude, en espaçant les pieds de 30 à 40 centimètres. On peut également la multiplier par la division des pieds, soit au printemps, soit à la fin de l'été, après la maturité des graines; mais il est préférable de la ressemer chaque année.

Variétés. — *Benoîte des Montagnes.* — *B. rampante.* — *B. des Ruisseaux.* — Ces diverses variétés viennent très bien dans les montagnes, jusque dans les terres tourbeuses; aussi elles réussissent parfaitement pour la décoration des rocailles, talus, rochers factices, pour garnir à l'ombre les anfractuosités de rochers.

BRACHYCOME à feuilles d'ibéride (Iberidifolia).

(Famille des Composées. — Originaire de la Nouvelle-Hollande.)

Annuel. — Les Brachycomes sont des plantes précieuses et des plus recommandables pour la formation des bordures, des corbeilles et des massifs; ils conviennent aussi pour l'entourage des groupes de plantes vivaces. Leurs fleurs qui s'épanouissent en grand nombre à la fois forment un tapis d'une rare beauté; leur tige rameuse dès la base, à ramifications étalées sur le sol, s'élève d'environ 20 à 40 centimètres. Cette charmante plante peut être semée à trois époques : 1° en septembre, en pépinière, dans une terre légère bien exposée ; on repique les jeunes plants en pots qu'on hiverne sous châssis ; 2° en mars, sur couche ; on repique en avril-mai en pleine terre ; en juillet on obtient des fleurs bleues, tachetées de blanc ; 3° fin avril-mai, on peut semer sur place ; les fleurs apparaissent alors en août et se prolongent jusqu'en octobre. Des graines de ces plantes semées en juillet en place arrivent encore à donner une floraison automnale abondante.

Variété. — *Brachycome triloba* ou *Vittadinia triloba*.

BRIZE à gros épillets.

Syn. fr. Tremblette.

BRIZE à grandes fleurs.

(*Briza maxima.* — *Fam. des Graminées.* — *Indigène.*)

Syn. angl. Quaking Grass. — **All.** Zittergras.

Graminée *annuelle* d'ornement, qui, une fois desséchée, la tête en bas et dans un lieu obscur, avant complète maturité, se conserve longtemps. On la sème en septembre en pépinière ; les plants repiqués sous châssis y passent l'hiver. On fait des semis de cette plante en plein air sur place en avril dans une terre légère, sableuse, à bonne exposition. En juin, on obtient des fleurs disposées en épillets d'un blanc jaunâtre qui conviennent tout particulièrement pour la confection des bouquets de graminées et la garniture des vases d'appartement. Les tiges ou chaumes s'élèvent en touffe d'environ 30 à 50 centimètres.

Les semis d'automne donnent des plantes plus vigoureuses et en abondance des chaumes dont les fleurs se succèdent de mai en juillet.

Variété. — *Brize à petits épis.* Diffère de la précédente par sa taille qui n'excède pas 25 à 30 centimètres, par la teinte vert blond de ses feuilles et des inflorescences.

BROWALLIE.

(*Browallia elata* (Browallie élevée). — *Fam. des Scrofularinées. Originaire des Indes Occidentales.*)

Syn. fr. Browallie double bleue.

Annuelle (*vivace* en serre). — Plante d'un vert intense; la tige s'élève de 40 à 50 centimètres; fleurs disposées en cyme au sommet des rameaux, d'une couleur bleue intense. Il y a une variété à fleurs blanches.

Variétés. — *Browallie droite compacte bleue.* Belle variété, très florifère; employée en bordure, pour la culture en pots et dans les mosaïques. — *B. de Czerwiakoskii.* Les fleurs sont plus grandes que dans les autres variétés, d'un bleu plus foncé avec une tache à la gorge; elle est aussi plus rustique; son feuillage est plus ample et d'un vert plus gai. Semer en avril sur couche, fin mai en place. Dans le premier cas, la floraison a lieu de juin en septembre; dans le deuxième, à la fin de l'été et jusqu'aux gelées.

CACALIE.

(*Cacalia.* — *Fam. des Composées.* — *Originaire des Indes Orientales.*)

Syn. fr. Cacalie écarlate. — **Angl.** Tassel Flower.

Annuel. — Les Cacalies sont de charmantes plantes qui réussissent à peu près en tous terrains sains et bien exposés, et qui sont très convenables pour la formation des corbeilles et la décoration des plates-bandes; les tiges s'élèvent de 35 à 50 centimètres. Les fleurs d'un rouge vif en capitules ressemblent à des roses pompons, et se succèdent depuis le commencement de juillet jusqu'aux gelées; elles sont très employées pour la confection des bouquets. Les graines de Cacalie doivent être semées d'avril en mai, soit en place, soit en pépinière; dans le dernier cas, on repique le plant à demeure dès qu'il est suffisamment développé, en l'espaçant d'environ 20 centimètres. En semant en place au mois de juin, on obtient en automne une floraison abondante pleine d'intérêt.

VARIÉTÉ. — *Cacalie à fleurs orange.*

CALANDRINIE.

(*Calandrinia elegans* (*Calandrinie élégante*). — Fam. des Portulacées. Originaire du Chili.)

Annuelle (*vivace* en serre). — Tige herbacée, rameuse, à ramifications étalées puis dressées, haute de 30 à 40 centimètres.

Les semis se font en avril-mai, sur place; fleurs en automne, rose violacé, rouge brique, rouge, violet foncé.

CALCÉOLAIRE variée.

(*Calceolaria hybrida vel herbacea* (de *calceolus*, petit sabot, de la forme des fleurs). — Fam. des Scrofularinées. — Originaire du Chili.)

Plante *bisannuelle* de serre, haute de 30 à 40 centimètres. Les semis se font de juin en août, en terre de bruyère, en pots ou en terrines drainés qu'on place à demi-ombre, sous châssis ou en serre tempérée. On repique les jeunes plants en pots qu'on hiverne sous châssis ou en serre tempérée, et on laisse fleurir en pots, sous verre. Pour avoir de belles plantes, il faut multiplier les rempotages. Les Calcéolaires donnent en mai-juin des fleurs remarquables par leurs formes bizarres et par des coloris excessivement nombreux, sur lesquels tranchent ordinairement des marbrures, des ponctuations et des dispositions de couleurs très originales et variant à l'infini. On connaît le rôle important que les Calcéolaires peuvent jouer dans l'ornementation des serres tempérées, des jardins d'hiver, des orangeries, des serres d'appartement. Elles sont moins délicates qu'on le suppose généralement; elles aiment l'humidité; le grand soleil leur est nuisible. Les Calcéolaires sont sujettes à être envahies par les pucerons; on les débarrasse assez facilement de ces insectes par des fumigations de tabac plusieurs fois répétées.

Calcéolaire variée.

Variétés. — *Calcéolaire hybride naine variée choix extra.* Race perfectionnée extrêmement remarquable par la beauté des fleurs et le port trapu et compact de toute la plante; elle ne dépasse pas en hauteur 25 à 30 centimètres, et donne des fleurs très grandes. — *C. à feuilles rugueuses.* — *C. à feuilles de plantain.* — *C. à feuilles de scabieuse.* — *C. Le Vésuve.* Coloris écarlate intense et éclatant. — *C. hybride anglaise naine variée.* Fleurs plus petites, à coloris fond jaune moucheté de rouge. — *C. à feuille entière* (Calcéolaire ligneuse). *Vivace*; porte de nombreuses fleurs, petites, jaunes; tige de 70 centimètres à 1 mètre. — *C. en corymbe* (Calcéolaire ligneuse). *Vivace*; sous-arbrisseau produisant des tiges annuelles qui se couvrent de petites fleurs jaunes. Ces deux dernières variétés se multiplient de semis comme les Calcéolaires à tiges herbacées, mais préférablement de boutures faites en août-septembre ; on les fait hiverner sous châssis ou en serre tempérée, même en serre froide, près de la lumière, et on les plante à demeure au printemps.

CALLIRRHOË.

(*Fam. des Malvacées. — Originaire de l'Arkansas.*)

Syn. latin : Nuttalia pedata.

Callirrhoë naine.

Annuel. — Jolie plante de 60 centimètres de hauteur, très propre à l'ornementation des plates-bandes et des massifs ; sa floraison s'opère de juillet en octobre ; les fleurs sont d'un pourpre brillant avec une tache blanche au centre. Les semis se font en pépinière, au commencement d'avril ; on repique ensuite à la mi-mai, à demeure, dans un terrain léger, exposé au midi, en espaçant les plants d'environ 40 à 50 centimètres les uns des autres.

Variétés. — *Callirrhoé à feuilles pédalées.* — *C. à involucre.* — *C. pedata nana compacta.* Jolie plante à rameaux traînants, très florifère, de couleur rose violet vif ; est déjà plus répandue dans les jardins que l'autre type anciennement cultivé.

CALTHA.

(*Caltha des marais (C. palustris)*. — *Fam. des Renonculacées.* — *Indigène.*)

Syn. fr. Cocusseau; Souci d'eau; Populage.

Vivace. — Les graines doivent être semées aussitôt mûres dans des pots dont on maintient la base plongée dans l'eau; elles ne lèvent souvent qu'au printemps suivant. Les fleurs sont larges, d'un jaune vernissé et brillant. La floraison a lieu de la fin avril en mai et se prolonge quelquefois jusqu'en juin. Les variétés à fleurs *doubles* ou *pleines* qui ne donnent pas de graines, se multiplient aisément par la division des touffes, ou par éclats, au printemps ou à la fin de l'été.

CALYSTÉGIE.

(*Calystegia pubescens*. — *Fam. des Convolvulacées.* — *Originaire de la Chine.*)

Vivace. — Rhizome très traçant; tiges volubiles s'élevant environ à 1 mètre et plus. Cette plante est très rustique, peut très bien garnir les treillages ou la base des murs. Ses nombreuses et élégantes fleurs, parfaitement pleines, d'un rose tendre ou carné, tournant au rose vif, se succèdent de mai en septembre.

On la multiplie au printemps par la division de ses racines (rhizomes) qui sont très traçantes.

CAMPANULE à grandes fleurs.

(*Campanula grandiflora*. — *Fam. des Campanulacées.* — *Originaire de Sibérie.*)

Syn. angl. Bell Flower. — **All.** Glockenblume. — **Ital.** Campanella.

Plante vivace. — La tige atteint 50 centimètres de hauteur; les semis doivent se faire à l'ombre en pots ou sous châssis de juillet en août, en terre légère. En juin, la deuxième année, on obtient des fleurs très grandes et très belles; les grappes sont paniculées, d'un bleu vernissé et blanches.

Les Campanules sont de superbes plantes dont on a eu tort d'abandonner la culture pour d'autres plantes qui sont bien loin d'avoir leur mérite ornemental et leur rusticité. Cette espèce est, de toutes les Campanules cultivées dans les jardins, celle dont les fleurs sont les plus grandes et les plus jolies.

Campanule blanche.

Variétés. — *Campanule naine et à grosses fleurs.* Plante trapue et ramifiée; fleurs nombreuses, très grandes, du plus bel effet. — *C. Carpatica bleue* et *blanche.* Ce sont de charmantes plantes basses et touffues, donnant une floraison abondante et de longue durée. — *C. Miroir de Vénus variée.* Belle race à touffes larges, à petites fleurs, extrêmement florifère. Il y a dans cette variété une nouvelle espèce à fleurs doubles. — *C. Vidalii.* Hampes florales ramifiées en candélabre et garnies de fleurs pendantes en clochettes d'un blanc pur.

CAMPANULE pyramidale.

(Campanula pyramidalis. — Fam. des Campanulacées. — Originaire de la Syrie.)

Bisannuelle. — Tige de 1^m,20 à 1^m,30. Cette belle plante rustique se plaît aux expositions chaudes et sèches, dans les sols légers et pierreux ; elle donne en juillet et septembre des fleurs bleues disposées en grappes et en bouquets. Sa floraison commence en juillet et se prolonge jusqu'en septembre. Elle est propre à l'ornementation des plates-bandes et des lieux rocailleux ; on la cultive aussi fréquemment en pots pour la décoration des fenêtres et des habitations : ses longs rameaux, qui sont assez flexibles, se courbent aisément et peuvent prendre toutes les formes désirables. Durant la floraison, cette plante réclame des arrosements abondants, et il faut la garantir d'un soleil trop vif. La Campanule pyramidale se sème d'avril en juin en pépinière, en recouvrant à peine la graine, qui est très fine ; on repique les plants en pépinière et on les met en place en automne ou au printemps, en les espaçant d'environ 50 centimètres.

On peut la multiplier aussi de boutures de racines qui se font en petits pots ou en terrines au printemps. La division des pieds quoique possible est peu usitée.

Variétés. — *Campanule pyramidale à fleurs blanches.* — *C. retrorsa.* Belle variée nouvelle formant des touffes de 25 centimètres de hauteur, couvertes de grandes fleurs lilas.

CANTUA. (Voir *Ipomopsis*.)

CAPUCINE grande variée.

(Tropœolum majus. — Fam. des Tropœolées. — Originaire du Pérou.)

Syn. fr. Cresson du Pérou. — **Angl.** Cress Indian.
Esp. Capuchinas. — **Ital.** Cardamindo.

Plante *annuelle* grimpante qu'on sème en place en pleine terre ordinaire en avril ; les fleurs d'un rouge pourpre ornent tout l'été les murs, les treillages et les berceaux; on les associe souvent aux Haricots d'Espagne, aux Pois de senteur et Volubilis, etc. Tige de 1ᵐ,50. Quoiqu'on sème généralement des Capucines naines pour bordures ou massifs, on peut employer au même usage les Capucines grandes en faisant courir les branches sur la terre; on les dirige et on les fixe avec de petits supports de bois en forme de fourchettes. Les Capucines aiment la chaleur, le grand air, une terre légère et bien fumée; elle réussissent cependant à l'exposition du Nord. Par le semis on obtient de très belles variétés de Capucines. On orne les salades avec les fleurs; on cueille les graines avant leur maturité pour les faire confire au vinaigre et s'en servir en guise de câpres; on fait également confire les fleurs à peine formées.

Variétés. — *Capucine brune*. — *C. panachée*. — *C. Canaries*. Une des plus jolies et des plus intéressantes espèces de Capucines grimpantes, se couvrant d'une multitude de fleurs curieuses et délicates de juillet en novembre; les fleurs qui s'épanouissent à l'arrière-saison sont d'une couleur plus foncée que celles qui viennent en été. Cette variété a un élégant feuillage; elle se cultive comme les autres espèces; elle préfère une terre franche et légère, mais exige une exposition fraîche. — *C. hybride de Madame Gunter*. Nouvelle race, de 1ᵐ,20 à 1ᵐ,50 de hauteur, bien supérieure aux autres comme richesse et variété de coloris; floraison abondante.

CAPUCINE naine.

(Tropœolum nanum.)

Cette jolie plante, haute de 30 centimètres, produit un bel effet en bordures avec ses fleurs d'un jaune orangé maculé de pourpre, qui durent très longtemps. Elle convient très bien pour former des groupes ou corbeilles et des massifs, égarés çà et là sur les pelouses, à cacher la terre autour de quelques arbres et arbustes; elle peut être élevée en pots. Toutes les variétés de Capucines naines sont rustiques et ne paraissent pas souffrir des fortes chaleurs ni de la sécheresse; cependant elles s'accommodent d'arrosements fréquents pendant l'été. Les semis se font en plein air en place pendant tout le printemps.

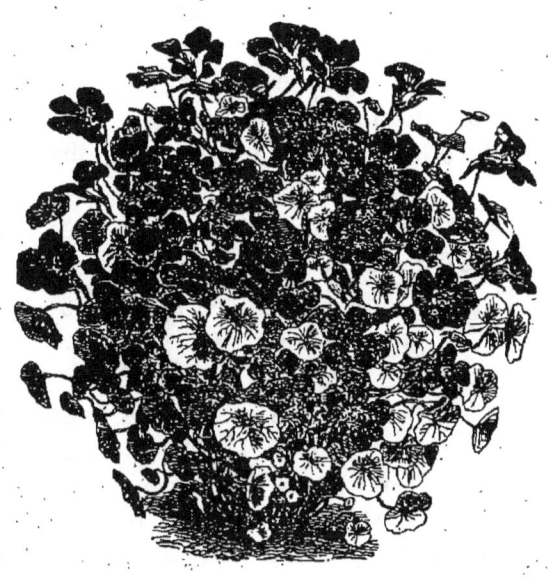

Capucine naine.

VARIÉTÉS. — *Capucine petite*. — *C. naine*. — *C. Tom-Pouce*. Charmante variété formant des touffes feuillues, compactes, accompagnées de fleurs très nombreuses aux couleurs vives et qui tranchent agréablement sur le fond vert clair du feuillage. Il y a dans les Capucines Tom-Pouce des coloris de fleurs d'un blanc jaunâtre, jaune très pâle, rouge écarlate intense et velouté, rouge rosé ou rose saumoné. — *C. naine Aurore*. Coloris délicat, nankin, panaché, orangé. — *C. naine Impératrice des Indes*. Rouge cuivre foncé, velouté, feuillage très foncé.

CAPUCINE hybride de Lobb.

Une des plus belles variétés, d'une végétation luxuriante, *vivace*, très grimpante et très florifère, donnant en serre des fleurs abondantes pendant tout l'hiver; elle est d'un grand secours dans cette saison pour la confection des bouquets.

Variétés. — *Capucine hybride de Lobb marron*. Remarquable race par son coloris, par la vigueur de sa végétation, la beauté de ses fleurs, l'abondance et la durée de sa floraison. — *Capucine de Lobb Spit-Fire*. Plante magnifique, très florifère, de couleur rouge feu éclatant.

CARACOLE grimpante.

(*Phaseolus caracalla*. — *Fam. des Papillonacées*. — *Originaire de l'Amérique du Sud*.)

Plante *vivace*, grimpante, haute de 3 mètres; on la sème clair sur couche en mars; on la repique en pot pour la mettre en place en mai à bonne exposition; on la cultive aussi en vase. La Caracole donne en juin-juillet des fleurs magnifiques contournées en spirales d'un blanc rosé. Tous les ans, à l'automne, on relève la plante pour lui faire passer l'hiver en lieu sec et tempéré; on la replante au printemps. La Caracole se multiplie aussi par boutures.

CARTHAME.

(*Carthamus tinctorius*. — *Fam. des Composées*. — *Originaire de l'Orient*.)

Syn. fr. Carthame officinal, Safran bâtard; Graine de Perroquet; Vermillon de Provence.

Annuel. — Le Carthame réussit à peu près en tous terrains chauds; il doit être semé en place en avril-mai.

Ses fleurs d'une couleur remarquable font un assez bon effet dans les plates-bandes et les corbeilles. Elles se succèdent d'août en septembre. Le Carthame s'élève de 60 à 80 centimètres.

CASSE.

(*Cassia.* — *Casse du Maryland.* — *Fam. des Césalpinées.*)

Vivace. — Souche dure à racines fasciculées noirâtres. Tige pouvant atteindre 1 mètre à 1^m,50. Fleurs d'un jaune vif en grappes. Fruit en gousse comprimée, un peu velue.

La Casse du Maryland se prête bien à l'ornementation des plates-bandes des grands jardins; elle fleurit pendant tout l'été.

On la multiplie d'éclats au printemps, ou bien de graines que l'on sème d'avril-mai en juin en pépinière, bien exposées. On met les plants en place au printemps, à l'exposition du midi de préférence, en espaçant les pieds de 50 à 60 centimètres.

CÉLOSIE à panache. (Voir *Amarante célosie.*)

CENTAURÉE musquée.

(*Amberboa moschata.* — *Fam. des Composées.* — *Originaire de l'Orient.*)

Syn. fr. Ambrette musquée; Barbeau musqué; Bleuet du Levant. **Angl.** Sultan Sweet. — **All.** Flokenblume. — **Esp.** Ambarrilla. **Ital.** Ciuffetti.

Annuelle. — Tige de 50 centimètres. Cette Centaurée est très ornementale; on l'emploie avantageusement pour la décoration des plates-bandes, des massifs, et pour la confection des bouquets. La Centaurée musquée se sème en pépinière en automne, et on hiverne les plants sous châssis pour les mettre en place au premier printemps. Mais il est préférable de semer en avril-mai sur place, ou bien en pépinière; dans ce cas, on met le plant en place en mai-juin en l'espaçant de 40 à 45 centimètres. Ces plantes donnent des fleurs jaunes, blanches ou purpurines, de juin-juillet en septembre.

VARIÉTÉS. — *Centaurée d'Amérique.* — *C. odorante.* — *C. musquée à fleurs blanches.*

CENTAURÉE Bleuet des Jardins.
(*Centaurea Cyanus.*)

Syn. fr. Barbeau panaché; Barbeau; Bleuet; Bluet. — **Angl.** Blue Bottle. **All.** Kornblume. — **Esp.** Aciano. — **Ital.** Battisegola.

Indigène; annuelle et bisannuelle. — Les Bluets sont un des ornements de fond de tous les jardins; ils sont rustiques, se plaisent dans tous les terrains, à toutes les expositions aérées et éclairées, et ils ne demandent pour ainsi dire aucun soin. Le Bluet produit un charmant effet en massifs; sa tige s'élève de 40 à 60 centimètres; on le sème en place depuis septembre jusqu'en novembre ou au printemps; en été il donne des fleurs bleues, rouges, lilas, violettes, portées sur de longs pédoncules filiformes; conviennent particulièrement pour la confection des bouquets.

VARIÉTÉS. — *Centaurée déprimée. Annuelle,* très élégante et très florifère; les fleurs sont bleu foncé — *C. à grosses têtes.* — *C. plumeuse.* — *C. de Babylone.* — *C. Bleuet des Montagnes.* Plante trapue, ramassée, à très grandes et belles fleurs, recherchée pour bouquets. — *C. de Raguse.* (Ces quatre dernières variétés sont *vivaces.*) — *C. Marguerite. Nouveauté* à fleur blanc pur. — *C. Barbeau (bluet) nain compact Victoria.* Très ramifié et très compact; race précieuse pour potées et bordures.

CENTRANTHUS macrosiphon. (Voir *Valériane macrosiphon.*)

CHENOSTOMA multiflor.

(*Famille des Scrofularinées. — Originaire du Cap.*)

Annuel (vivace en serre). — Par l'abondance et la légèreté de leurs fleurs, les Chenostomas peuvent être employées pour former d'élégantes corbeilles et des bordures fort jolies. Les tiges sont rameuses dès la base, à ramifications étalées, puis dressées, hautes de 20 à 30 centimètres, visqueuses. On sème les Chenostomas de mi-août en septembre en pépinière; les graines étant très fines ne doivent pas être recouvertes ou seulement l'être très peu. Le plant hiverné sous châssis sera mis en place fin avril à 20 ou 25 centimètres de distance; il donnera de mai à fin juillet des fleurs nombreuses couleur lilas avec gorge jaune.

On peut semer aussi fin mars sur couche; on repique sur couche et on replante à demeure fin mai; la floraison aura lieu alors de juillet en octobre. En avril-mai, on peut effectuer des semis sur place et en touffes qui viendront presque sans culture et produiront le meilleur effet comme décoration des plates-bandes.

Variété. — *Chenostoma fastigiée.* Porte des fleurs plus petites, de juillet en octobre, de couleur rose ou rougeâtre, en grappes assez serrées, longues de 15 à 25 centimètres.

CHOUX frisés panachés.

(*Brassica oleracea. — Fam. des Crucifères.*)

Syn. esp. Berza. — **All.** Kohl.

Annuel et bisannuel. — Ces variétés de Choux, par l'élégance de leurs feuilles et par leur port ornemental, concourent très bien à l'ornement des jardins paysagers, en formant des corbeilles très jolies en pleine terre pendant l'hiver, et peuvent être cultivées en pots pour décorer les habitations et parfois aussi les serres et orangeries. Leurs feuilles sont employées pour orner les tables ou pour confectionner des bouquets, et elles sont d'autant plus précieuses que c'est d'octobre en février qu'elles acquièrent toute leur beauté, lorsque les premières gelées ont rendu plus vives leurs teintes et fait ressortir leurs panachures; leur floraison s'effectue de février-mars en avril.

Les semis se font en mai en pépinière; on repique en place à 50 centimètres de distance ou en pots, et pour avoir des plantes plus vigoureuses, il est préférable de les repiquer tout d'abord en pépinière.

Variétés. — *Chou frisé vert à pied court.* — *C. frisé rouge.* — *C. Palmier.* — *C. prolifère ou à aigrette.* — *C. frisé de Naples.*

CHRYSANTHÈME d'été ou des Jardins double à carène.

(*Chrysanthemum coronarium.* — *Fam. des Composées.* — *Originaire de l'Europe méridionale.*)

Syn. all. Goldwucherblume. — **Ital.** Bambagella.

Annuel. — Cette plante est très rustique et vient à peu près sans soin dans tous les terrains et à toutes les expositions, surtout au soleil; elle est très florifère et convient particulièrement pour garnir les grands jardins. Elle végète aussi avec vigueur en pots et fait l'ornement des balcons, des terrasses et des fenêtres exposés au plein soleil. Elle réussit même dans les jardins au bord de la mer et jusque sur les dunes. Sa floraison se prolonge de juin jusqu'en septembre et même jusqu'aux gelées. La tige de ce Chrysanthème annuel est de 35 centimètres; les fleurs sont grandes, à disque brun et à rayons blancs teintés de jaune à leur base; d'autres sont jaune d'or et ce sont les plus belles. Les semis se font sur place ou bien en pépinière d'avril en mai. Dans ce cas, le plant est levé en motte fin mai pour être mis en place. Pour avoir une floraison très abondante, il est bon dans nos contrées de semer le Chrysanthème annuel en été en juillet-août pour repiquer les plants en automne en tout terrain.

Par la culture, cette plante a produit des variétés plus trapues, plus ligneuses et à fleurs doubles.

Variétés. — *Chrysanthème à carène hybride de Burridge variée.* — *C. Éclipse.* Superbe race, fleurs larges à disque noir, onglet jaune, couronne violet noirâtre, extrémité jaune d'or. — *C. multicaule.* — *C. des lacs.* — *C. rose.* — *C. frutescent étoile d'or.* — *C. double blanc de neige.* Donne des fleurs très doubles en forme de pompon, blanc très pur; excellente plante pour bouquets. — *C. des prés à grandes fleurs (Leucanthemum), Grande Marguerite blanche.* Cette plante très répandue dans les prés peut être utilisée avec avantage pour orner les jardins.

CHRYSANTHÈME de l'Inde.

(*Chrysanthemum indicum.*)

Syn. fr. Anthémis; Chrysanthème de Chine; Chêne vert; Chrysanthème d'automne; Chrysanthème à grandes fleurs; Pyrèthre de la Chine.

Plante *vivace*. Originaire des Indes Orientales, Chine, Japon; s'accommodant de tout terrain; les Chrysanthèmes préfèrent cependant un terrain argilo-calcaire, un peu fumé, et si l'on peut donner de fréquents arrosements dans les temps secs et chauds, les fleurs n'en seront que plus vigoureuses et plus belles. La beauté de ces plantes, leur rusticité, le nombre des variétés qu'on en possède, permettent d'en orner toutes les parties d'un jardin. Les Chrysanthèmes se prêtent très bien à la culture en pots, et peuvent concourir à l'ornementation des jardinières, des balcons, des fenêtres; les fleurs coupées sont aussi très convenables pour la confection des bouquets et la garniture des vases. Leur tige s'élève de 50 ou 60 centimètres à un mètre. Leurs coloris sont très variés; aussi ces plantes groupées en grand nombre et ensemble produisent des contrastes du plus bel effet; c'est par le croisement qu'elles ont produit ces innombrables variétés qui font les délices de nos jardins, après que toutes les fleurs ont disparu, et qui bravent les neiges et les gelées jusqu'à la fin de décembre. Toutefois, pour jouir entièrement de leurs belles fleurs, il faut les relever avant les gelées pour les rentrer en orangerie ou en appartement; alors leur floraison se prolonge jusqu'en janvier.

Les Chrysanthèmes du Japon se multiplient par éclats et par boutures. Ce dernier mode donne les plus belles fleurs; il consiste à couper un jeune bourgeon de 10 centimètres environ; chaque bourgeon est mis dans des petits godets de deux pouces que l'on place sous châssis, en ayant bien soin d'enterrer le pot. On arrose si le temps est sec, mais on les prive d'air pendant une huitaine. La meilleure époque pour faire les boutures est du 15 février à la fin mars.

Vers la fin d'avril, si le temps est beau, il faudra préparer dans le jardin, en plein soleil, une plate-bande bien amendée avec d'excellent terreau et fumier décomposé, de 30 centimètres au moins de profondeur. Il faudra ensuite enlever chaque plant de son pot et les placer à 50 ou 60 centimètres l'un de l'autre.

Dès que la plantation sera faite, il sera indispensable de couper les tiges à 10 centimètres du sol.

On continuera les pincements à mesure que les jeunes tiges auront atteint 10 à 12 centimètres; mais on ne dépassera pas le 15 août, sous peine de compromettre la floraison.

Du 10 au 15 août, on pourra mettre en pot les plants que l'on voudra conserver en serre jusqu'à la fin de l'année. On les plantera dans des pots de 12 à 15 centimètres que l'on placera à l'ombre une huitaine de jours, afin de faciliter la reprise.

Enfin on enterrera les pots, soit en massifs, soit en plates-bandes, à la distance de 60 à 80 centimètres.

On enlèvera les drageons jusqu'au moment de la floraison; puis on fera tomber une grande partie des boutons. Ces deux opérations contribueront à faire produire des fleurs d'une grandeur au dessus de la moyenne.

Quinze jours après la mise en pots, on arrosera avec quelques engrais liquides. On renouvellera cette opération tous les dix ou douze jours; cela n'empêchera pas les arrosements abondants à l'eau ordinaire. Les meilleurs engrais sont le guano, le jus de fumier, la fiente de pigeon, l'engrais Boutin.

Le mode de culture pour obtenir de grandes fleurs consiste à cultiver les plantes sur une tige jusqu'à la mi-mai, époque à laquelle on les étête. Il se forme alors diverses pousses; on choisit les trois meilleures. Dès leur apparition, on enlève les pousses latérales et on pince les premiers boutons. Ce système permet aux variétés de conserver leur port naturel; les tiges se solidifiant, les plantes peuvent pousser franchement et sans interruption jusqu'à la première pousse, qui se produit plus ou moins rapidement, selon que l'on a bouturé tôt ou tard.

Après avoir choisi les boutons, on devra enlever les autres, ainsi que les branches inutiles; on concentre ainsi toutes les forces de la plante sur les trois branches que l'on a choisies après la première pousse.

Pour avoir des plantes qui ne soient pas très élevées, on fera bien de les étêter assez bas.

Au dernier rempotage, on emploiera des pots de 20 à 22 centimètres; au premier et au second rempotage, on prendra des pots qui ne soient pas trop grands.

Il arrive souvent que les pucerons envahissent les jeunes plants de Chrysanthèmes. Il faudra s'en assurer de temps en temps et les détruire immédiatement avec une solution de jus de tabac projetée avec une seringue. Un litre de jus de tabac à dix degrés est suffisant pour dix litres d'eau.

Il sera bon aussi d'arroser trois ou quatre fois dans le cours de la végétation avec une solution de sulfate de fer à la dose de 1 gramme par litre d'eau pour obtenir un feuillage vert foncé.

Par le semis on a obtenu et on obtient tous les ans des variétés nouvelles très variées de coloris. Maintenant, on recherche beaucoup les *Chrysanthèmes japonais*, très remarquables par l'extrême développement de leurs fleurs.

Variété. — *Chrysanthème de Chine, pompon varié.* Variété très estimée, *vivace*, très rustique et très recommandable ; a des fleurs nombreuses qui durent longtemps et des tiges élevées. Par le croisement, le Chrysanthème de l'Inde et le Chrysanthème de Chine ont produit d'innombrables variétés.

CINÉRAIRE hybride variée de choix.

(Cineraria cruenta. — Fam. des Composées. — Originaire des Canaries.)

Plante *bisannuelle* et *vivace* de serre tempérée, fleurissant de janvier en mai. Les principales nuances des fleurs sont le lilas, le violet, le violet rougeâtre, le bleu tendre, le bleu d'azur et le bleu indigo, puis le carmin, le pourpre et enfin le blanc ; il arrive aussi quelquefois que la fleur est bicolore ou même multicolore. Les tiges s'élèvent de 50 à 60 centimètres.

Les semis de Cinéraire se font de juin en août, en espaçant les graines, en terrines ou en pépinière, dans un sol léger, à demi ombragé. On repique le jeune plant en godets qu'on place en automne sous châssis ou même en serre tempérée, mais toujours le plus près possible de la lumière. Pendant l'hiver, on rempote les plantes deux ou trois fois en leur donnant chaque fois des pots plus grands, dans une terre de bruyère mélangée de terreau et de terre franche. A défaut de terre de bruyère on peut employer un sable gras. — Les Cinéraires redoutent l'humidité ; aussi il faut drainer le fond des pots et éviter de mouiller les feuilles en arrosant avec ménagement ; il faut leur donner de l'air le plus souvent possible et beaucoup de lumière. Elles sont aussi très sensibles au froid; il faut les en préserver, car la moindre gelée suffirait pour les faire périr.

Variétés. — *Cinéraire hybride naine à grande fleur variée.* Race nouvelle extrêmement remarquable par la beauté et la largeur de ses fleurs ainsi que par son port nain et trapu qui ne dépasse pas 20 à 30 centimètres de hauteur. — *Cinéraire hybride double.* Le semis ne produit qu'une très faible proportion de plantes à fleurs doubles. — *C. hybride variée, race du Marché.* Race vigoureuse à port rigide, de coloris brillant et bien tranché; très bonne plante. — *C. hybride pyramidale variée.* Plante vigoureuse, pyramidale, fleurs nombreuses, larges et de tons très vifs.

CINÉRAIRE maritime.

(*Cineraria maritima.* — *Fam. des Composées.* — *Originaire de la France méridionale.*)

Plante *vivace* et rustique, à feuilles blanchâtres et découpées, très usitée pour faire des effets de contrastes dans les massifs et bordures, résistant tout l'été à la chaleur avec peu d'arrosements; s'emploie avantageusement pour entourer les massifs et les corbeilles. La tige s'élève de 40 à 60 centimètres de hauteur. Les semis se font sous châssis au printemps ou à l'automne; en mars-avril lorsque le plant a obtenu cinq ou six feuilles, on le repique, en petit godet en serre ou sous châssis, et une fois que la saison le permet, on repique le plant en place à demeure. La deuxième année, en août-septembre, la Cinéraire maritime donne des fleurs d'un jaune vif : mais c'est surtout pour son feuillage ornemental qu'on cultive cette plante. Par le pincement des tiges on obtient des plantes beaucoup plus feuillées, très ramifiées et trapues.

CLARKIA.

(Clarkia pulchella. — Clarkia elegans. — Fam. des Onagriées. Originaire de Californie.)

Les Clarkias sont des plantes *annuelles* charmantes, dont on ne saurait trop recommander la culture pour bordures, corbeilles ou massifs; tige de 40 à 50 centimètres de hauteur. Il faut les semer en place en mars-avril et mieux en septembre; la floraison de ces plantes est alors plus abondante au printemps suivant et elles sont plus vigoureuses. On doit cueillir la graine du Clarkia aussitôt que les capsules sont mûres, sans quoi elles s'échappent et se perdent.

Clarkia pulchella. Jolie plante très florifère d'un port élégant; convient très bien pour la décoration des jardins; on en fait aussi de jolies potées; et on en orne le dessus des caisses d'orangers. La tige de cette variété atteint 45 à 60 centimètres de hauteur; fleurs nombreuses d'un joli rose tendre, blanches ou pourpres, se succédant de mai en juillet.

Clarkia élégant. Ses fleurs sont plus grandes que la variété précédente, lilas, roses et blanches à pétales en croix. Ces Clarkias sont d'un bel effet et durent tout l'été; on ne cultive plus dans ces variétés que les espèces à fleurs doubles; elles sont plus belles, plus larges et plus étoffées.

Clarkia integripetala limbata. Jolie petite race de *Clarkia pulchella nain*, compacte à pétales entiers de couleur rouge foncé bordés de blanc. On pourra utiliser avantageusement cette espèce pour la culture en pots, soit en massifs, soit en plates-bandes. — *C. pulchella nain double.* La fleur en est très double, d'un violet bien tranché.

CLÉMATITE à feuilles entières.

(Clematis integrifolia. — Fam. des Renonculacées. — Originaire de l'Allemagne, de l'Autriche et de l'Espagne.)

Plante *vivace*, grimpante, haute de 3 mètres. Ce genre contient un grand nombre d'espèces dont la plupart sont grimpantes et produisent de nombreuses fleurs dont la plupart sont odorantes. On sème en plein air d'avril en mai dans un sol léger pour mettre en place ensuite à 50 centimètres de distance dans une terre franche, légère et à une exposition chaude. Les Clématites se multiplient aussi par la division des touffes qui se fait tous les trois ans en automne, mais de préférence au printemps. La deuxième année après les semis, de juin-juillet en août, les Clématites donnent des fleurs panachées d'un bleu foncé et pâle, veloutées et blanchâtres en dessous. Les Clématites peuvent se cultiver en pots ou s'emploient pour former des grands massifs et pour orner des plates-bandes.

VARIÉTÉS. — *Clématite droite. — C. verticillée. — C. des montagnes. — C. de David. — C. du Mogol. — C. à fleurs pleines. — C. d'Henderson. — C. étalée. — C. de Virginie. — C. amplexicaule. — C. tubuleuse.*

CLÉOME violet.

(Cléome pungens. — Fam. des Capparidées. — Originaire de l'Amérique méridionale.)

Annuel et bisannuel. — Les Cléomes, bien que susceptibles, étant élevés en pots et entrés en serre chaude, de se conserver plusieurs années, ne doivent être cultivés que comme plantes annuelles. Ils produisent beaucoup d'effet sur les plates-bandes ou disséminés dans les jardins paysagers de loin en loin. Leur tige est robuste et rameuse et s'élève de 1 mètre à 1^m,20. Les semis se font sur couche et on les met définivement en place à 40 ou 50 centimètres de distance, vers la fin de mai, en terre saine et riche en humus. Semés en place en avril-mai à bonne exposition, les Cléomes réussissent ordinairement très bien. La graine de Cléome est quelquefois d'une germination difficile, lente et capricieuse. Aussi il faut attendre sans se presser de condamner le semis qui ne lève pas tout d'abord. Les fleurs sont violacées.

Variété. — *Cléome épineux* ou *Cléome superbe* à fleurs plus grandes; couleur rose vif.

CLIANTHE.

(*Clianthus Dampierii*. — *Fam. des Papillonacées*. — *Originaire d'Australie.*)

Annuel; vivace. — Bel arbrisseau d'environ 30 centimètres de hauteur, portant de grandes fleurs d'un beau rouge orange se succédant de mai en juin ou d'août à la fin de septembre. Peut passer l'hiver en pleine terre, à l'abri d'un mur.

Semer en février-mars en serre ou sur couche chaude; repiquer en pots sous châssis sitôt la germination; mettre en place en terre légère mais substantielle; n'arroser que par bassinage.

CLINTONIA pulchella.

(*Fam. des Lobéliacées*. — *Originaire de Californie.*)

Les Clintonias sont de jolies petites plantes *annuelles* délicates dont les fleurs disposées en grappes d'un bleu tendre ou rose durent longtemps. Cette plante aime l'ombre ou une terre légère, ou bien le plein soleil à condition que la terre reste constamment fraîche; elle peut former d'élégantes bordures; sa tige s'élève de 10 à 15 centimètres.

Les graines sont très fines; il faut les mêler à la terre sans les recouvrir, les semer sur couche en mars, les repiquer en mai en pleine terre. On peut aussi faire les semis en mai-juin en place et mieux en pépinière; on obtiendra de cette façon une floraison à l'automne, ou bien on sèmera en septembre en terre de bruyère pour repiquer et hiverner en pépinière sous châssis.

Variété. — *Clintonia elegans*. D'un bleu lilacé clair.

COBÉE grimpante.

(*Cobœa scandens*. — *Fam. des Polémoniacées.* — *Originaire du Mexique.*)

Plante *anuelle* en France, *vivace* en serre, très ornementale et formant des guirlandes du plus bel effet, très prompte à garnir; sa tige peut prendre dans l'année un développement de 6 à 7 mètres. Sa végétation est très vigoureuse et produit un grand nombre de rameaux et de grandes fleurs campanulées d'un superbe violet, de juillet-août en octobre.

La Cobée est précieuse pour garnir les berceaux, les treillages, les balcons et les fenêtres. On doit semer les graines sur couche et sous cloche dès le mois de mars; en avril, on plante le jeune plant dans de petits pots pour le mettre en place au commencement de mai. La Cobée vient à peu près dans tous les terrains et à toutes les expositions; cependant elle réussira mieux contre un mur au nord ou à l'est et dans une terre légère et riche en humus; il conviendra en outre de l'arroser fréquemment en été.

COLEUS.

(*Fam. des Labiées.* — *Originaire de Java.*)

Annuel (*vivace* en serre). — Feuillage très varié de coloris et très décoratif. Par le semis on a obtenu et on obtient tous les ans de nouvelles et superbes variétés.

Semer les graines en terrines, sous châssis ; repiquer en serre ou sous châssis les plants dans de petits pots ; puis mettre en place en juin-juillet, pour la formation de bordures ou de massifs.

COLLINSIA bicolor.

(Fam. des Scrofularinées. — Originaire de la Californie.)

Les Collinsias bicolores sont de charmantes plantes annuelles à fleurs excessivement abondantes et gracieuses qui n'ont qu'un défaut, celui de ne pas durer longtemps. La tige de cette plante est de 25 centimètres ; on l'emploie beaucoup pour la décoration des jardins et en bordures ; elle demande une terre légère et fertile ; toute exposition lui convient ; elle donne au printemps des fleurs bicolores, lilas et blanches. On la sème en pleine terre de septembre en novembre, ou bien en mars ; il est bon d'espacer les semis à cette époque pour en jouir plus longtemps et pour avoir une floraison d'été. Il faut avoir le soin de surveiller la maturité des capsules, si on ne veut pas perdre les graines.

Variétés. — *Collinsia printanière* (*C. verna*). Fleurit de très bonne heure au printemps ; mais il faut semer cette variété à l'automne pour obtenir une bonne floraison. — *C. à grandes fleurs*. Très rustique, ne gelant jamais. — *Collinsia violacea*. Fleurs violettes très abondantes dès la fin de l'hiver pour les semis effectués en automne. Semé au printemps, il fleurit dix à douze semaines après le semis.

COLLOMIE écarlate.

(Collomia coccinea. — Fam. des Polémoniacées. — Originaire du Chili et de Californie.)

Cette plante *annuelle*, à tige de 20 à 30 centimètres, produit un bon effet cultivée en bordures, en massifs, ou disséminée dans les plates-bandes. Ses nombreuses fleurs, suivant l'époque du semis, se succèdent de juin en septembre. On doit la semer en septembre sur place ou en pépinière; dans ce cas, le plant est repiqué en pépinière au midi et mis à demeure fin mars-avril, en l'espaçant de 25 à 30 centimètres. Ce semis a l'avantage d'avancer la floraison d'un mois. On peut semer aussi en plein air sur place de mars en mai dans toute terre et à toute exposition; en juin, fleurs d'un rouge écarlate. On la sèmera aussi au printemps en pots, pour l'ornementation des fenêtres et des balcons.

Variété. — *Collomie à grandes fleurs.* Fleurs d'un rouge saumoné.

COMMELINE tubéreuse.

(*Commelina tuberosa.* — *Fam. des Commelinées.* — *Originaire du Mexique.*)

Vivace. — La Commeline tubéreuse donne, de juin en septembre, des fleurs d'un beau bleu. Les tiges sont charnues, noueuses, élevées de 40 à 60 centimètres. Les semis se font sur couche, de mars en avril; on la transplante à demeure fin mai, en espaçant les plants d'environ 25 centimètres, dans une terre légère, à une exposition chaude.

Les tubercules arrachés en octobre et stratifiés dans du sable ou placés dans un lieu sec à l'abri de la gelée peuvent se conserver tout l'hiver et être replantés au printemps suivant.

Variété à fleurs blanches et à fleurs panachées de blanc et de bleu.

COQUELICOT double varié.

(*Papaver rhœas.* — *Fam. des Papavéracées.* — *Indigène.*)

Syn. fr. Pavot Coquelicot; Pavot Coq. — **Ital.** Rosolaccio. **Esp.** Adormideira. — **Angl.** French Poppy. — **All.** Ranunkel Mohn.

Cette jolie plante, *annuelle* et rustique, aux fleurs doubles, ponceau, roses, rouges, écarlates ou panachées, se sème en place de septembre en novembre ou bien de mars en avril en tout terrain, et forme d'éclatants massifs pendant les mois de mai et de juin.

Variétés. — *C. japonais.* Pompon varié, fleurs plus petites mais plus doubles que dans l'ancienne race. — *C. à grande fleur simple varié.* Grandes et belles fleurs bien variées, soit unicolores, soit nuancées de divers coloris vifs ou tendres.

COQUELOURDE des Jardins.

(*Agrostemma coronaria.* — *Coquelourde rose du Ciel* (*Agrostemma cœli rosa*). — *Lychnis coronaria.* — *Lychnide des Jardins.* — Fam. des Caryophyllées. — Originaire de l'Europe méridionale.)

Syn. fr. Rose du Ciel. — **Angl.** Rose of Heaven. — **All.** Himmelsröschen.

Cette plante, *vivace*, de culture facile, rustique, qui est un des plus beaux ornements de nos jardins, se sème de juin jusqu'en octobre en recouvrant très peu les graines; se repique ensuite dans une terre légère. La floraison a lieu l'année suivante, de mai en juin; les fleurs sont simples ou doubles, variant du blanc au rouge. Elles sont utilisées pour bouquets et garnitures de vases. On peut multiplier les Coquelourdes d'éclats à la fin de l'été ou mieux, au printemps; mais il vaut mieux n'employer ce moyen que pour la variété à fleurs doubles qui ne donne pas de graines et semer les autres. Les semis de Coquelourde peuvent s'effectuer aussi en avril-mai sur place ou bien en pépinière, pour repiquer les plants à 15 ou 20 centimètres; mais les semis d'automne produisent de plus fortes touffes de fleurs.

Variétés. — *Coquelourde Rose du Ciel. Annuelle.* — *C. Fleur de Jupiter. Vivace*; originaire de la Suisse; donnant des fleurs de mai en juin, d'un rouge vif en dessus, blanches en dessous. — *C. Rose du Ciel naine frangée rose.* Variété d'un aspect délicat et gracieux.

CORBEILLE D'ARGENT. (Voir *Alysse, Arabis, Cynoglosse* et *Thlaspi.*)

CORBEILLE D'OR. (Voir *Alysse.*)

CORÉOPSIS ÉLÉGANT.

(*Coreopsis tinctoria.* — Fam. des Composées. — Originaire de l'Amérique septentrionale.)

Syn. all. Schœngesicht.

Annuel et bisannuel. — Le Coréopsis élégant et ses variétés sont à juste titre très répandus dans les jardins; ce sont des plantes de fond; ils viennent presque sans soins; l'abondance de leur floraison et leurs coloris très voyants rendent d'éminents services. Ils doivent être disséminés dans les corbeilles ou dans les plates-bandes et leurs fleurs coupées sont très convenables pour entrer dans la confection des bouquets. Les semis de Coréopsis se font sur couche fin mars, ou en place en avril-mai. Les semis d'automne donnent de plus belles fleurs; on sème alors les graines en septembre en pépinière; on repique en planche abritée au midi, et l'on plante à demeure au printemps, soit en massif, soit en bordure. De juin en octobre, les Coréopsis donnent des fleurs jaunes à disque brun ou pourpre.

La floraison des variétés naines se maintient d'ordinaire plus longtemps que celle des grandes variétés.

Variétés. — *Coréopsis auriculé.* Un des plus beaux de l'Amérique septentrionale; *vivace.* — *C. très nain pourpre.* — *C. d'Ackerman.* — *C. de Drummond.* — *C. nain compacte*. Cette nouveauté est excessivement jolie; elle convient particulièrement pour faire des bordures en espaçant les plants, en les mettant en place, de 20 à 25 centimètres les uns des autres. — *C. hybride semi-double varié*. Fleurs écarlate vif et jaunes, pétales roulés en tubes ouverts seulement à l'extrémité.

COSMIDIUM de Buridge.

(*Cosmidium Buridgeanum. — Fam. des Composées. — Originaire du Texas.*)

Annuel. — Le Cosmidium se sème en septembre en pépinière; on repique en pot sous châssis, à l'approche de l'hiver, en aérant le plus possible et en évitant l'humidité, et on met les jeunes plants en place en avril-mai, en les espaçant de 40 à 50 centimètres. Les semis se font aussi sur couche de mars en avril; on repique sur couche et on met les plants à demeure en mai. La tige de cette plante s'élève de 70 à 80 centimètres; les fleurs sont pourpres noires et se succèdent de juin en septembre. Le Cosmidium est remarquable par l'élégance de son feuillage et la beauté de ses fleurs, qui servent très bien à l'ornementation des plates-bandes et des massifs.

Le Cosmidium, à première vue, a la plus grande analogie avec le Coréopsis élégant, aussi bien par le port que par la couleur des fleurs. La culture est la même; cependant, le Cosmidium ne serait pas tout à fait aussi rustique.

COSMOS bipinné à grandes fleurs.

(*Cosmos bipinnatus. — Fam. des Composées. — Originaire du Mexique.*)

Annuel. — Port remarquable, feuillage gracieux, fleurs belles et élégantes, coloris agréable, tout se trouve réuni chez cette plante, qui fleurit de juin-juillet jusqu'en octobre. Elle est très propre à la décoration des jardins et à la confection des bouquets; sa tige s'élève jusqu'à 1^m,20; ses fleurs sont d'un rouge violacé rose et blanc. Le Cosmos doit être semé en avril sur couche ou le plus souvent en pépinière, et l'on repique en pépinière ou en place en mai, en espaçant les plants de 50 à 60 centimètres. Cette plante au port élevé produit le meilleur effet comme perspective, groupée ou isolée sur les pelouses dans les grands jardins.

COURGE-COLOQUINTE.

(Cucurbita. — Fam. des Cucurbitacées. — Plusieurs de ces variétés sont originaires de l'Inde.)

Syn. fr. Coloquinte orange. — **Latin.** Cucurbita aurantia.

Plante *annuelle* grimpante, haute de 3 mètres, produisant des fruits d'ornement, très variés de forme et de grosseur. Ces Courges-Coloquintes garnissent très bien les treilles et les berceaux; dans les jardins paysagers on fait courir et grimper leurs branches sur les arbres. Les semis se font en plein air pendant tout le printemps, sur place, dans des fosses placées à un mètre de distance, dont le fond est rempli de bon terreau, où la terre doit être humide et l'exposition chaude.

VARIÉTÉS. — *Courge bouteille ou pèlerine. — C. poire à poudre. — C. plate de Corse. — C. siphon. — C. massue d'Hercule. — C. oviforme ou en œuf. — C. vivace. — Coloquinte bicolore à anneau vert. — C. galeuse. — C. orange. — C. pomme hâtive. — C. oviforme blanche. — C. poire rayée. — C. plate rayée.*

CRÉPIS annuel des Jardins.

*(Crepis rubra (Crépide rose ou rouge). — Crepis barbata (Crépide barbue).
Fam. des Composées. — Originaire de l'Europe méridionale.)*

Syn. fr. Crépide rouge. — **Angl.** Hankweed. — **All.** Christusauge.

Annuel. — Cette plante se sème en place ou en pépinière, en tout terrain à une exposition chaude, à l'automne ou au printemps; les semis de printemps sont préférables pour cette espèce. De juin en août, on obtient des fleurs roses, blanches, grandes et jolies, à coloris très gai; sa tige de 25 centimètres de haut fait qu'on emploie le plus souvent le Crépis en bordure; elle forme aussi en plein soleil d'élégantes corbeilles.

VARIÉTÉ. — *Crépis barbu jaune d'or.* Fleurissant de juin en septembre. Les fleurs coupées font très bien pour la garniture des vases et la confection des bouquets. Ces plantes, pour bien épanouir leurs fleurs, demandent le grand soleil. Pour cette variété, on peut pratiquer avec succès les semis d'automne. — *C. barbu nain compact.* Fleurs d'un jaune plus foncé que le précédent; très florifère, s'emploie très bien en massifs ou bordures.

CROIX DE JÉRUSALEM ou LYCHNIS.

*(Lychnis chalcedonica. — Fam. des Caryophyllées. — Originaire
de la Russie méridionale et de l'Asie.)*

Syn. fr. Lychnide Croix de Malte. — **Angl.** Jov's Flower.
Esp. Colleja.

Plante *vivace*, tige de 60 centimètres, portant de nombreuses fleurs simples ou doubles agglomérées au sommet de la tige en grappes corymbiformes, formant de très jolis pompons du rouge le plus éclatant, quelquefois blancs. La floraison a lieu en juin-juillet. Belle et bonne plante, beaucoup trop délaissée, qu'on devrait rencontrer dans tous les jardins où le terrain est d'une nature sableuse ou argilo-sableuse conservant un peu la fraîcheur.

Les graines de Croix de Jérusalem se sèment en février-mars sur couche et sous châssis ; et en avril, en plein air, en pépinière, pour repiquer le plant en place, dès qu'il est suffisamment fort, dans une terre humide, substantielle et à une bonne exposition. Par ce mode, on obtient des plantes qui fleurissent un peu à l'automne de la même année. Les semis se font aussi en pépinière à l'automne pour mettre à demeure avant l'hiver, ou au printemps en place, en espaçant les pieds de 40 à 50 centimètres. Les Croix de Jérusalem peuvent se multiplier au printemps ou à l'automne par la division des pieds.

Variétés. — *Lychnis visqueuse.* — *L. viscaria.* Plante gazonnante, fleurs en faisceaux d'un rose ou rouge purpurin ; cette espèce se multiplie de graines semées d'avril en juin en pépinière, ou bien par la division des pieds qui se fait à la fin de l'été ou au printemps. — *L. des Alpes.* Très gazonnante, élevée de 8 à 10 centimètres, fleurs petites, d'un beau rose ; semer d'avril en juin ; la floraison a lieu de mars en mai ; convient très bien pour la décoration des rochers et des rocailles. — *L. de Haage.* Très belle espèce, aux fleurs grandes variant du rouge cocciné au rouge brun et à l'orange. — *Variété de Haage hybride naine.* Ne diffère de la précédente que par sa tige moins élevée. — *L. à grandes fleurs.* — *L. fleurs de coucou.* — *L. de Presle.* — *L. éclatante.* — *L. de Bunge.*

CUPHÆA pourpre.

Cuphæa lanceolata purpurea. — Fam. des Lythrariées. — Originaire du Mexique.)

Annuel. — Cette espèce donne, de juin en octobre, de jolies fleurs rouge vermillon, à limbe noir ; on peut s'en servir pour la décoration des corbeilles, des massifs et des plates-bandes. Les tiges, qui s'élèvent de 40 à 50 centimètres de hauteur, forment de jolies touffes continuellement en fleurs. La variété de *Cuphœa pourpre nain* s'emploie très bien pour former de charmantes bordures. On sème en mars sur couche pour repiquer en mai dans une terre légère et fraîche; ou, à la fin d'avril, on fait les semis en plein air, en pépinière : la floraison aura lieu alors en juillet-août, jusqu'en septembre.

Variétés. — *Cuphœa à port de silène. Annuel.* — *Cuphœa large éperon.* — *C. striguleux*. Ces deux dernières variétés forment des touffes très élégantes qui se couvrent de longues grappes de charmantes fleurs d'un rouge violacé. Ces deux Cuphæa peuvent être cultivés en pots et fleurissent alors tout l'hiver en orangerie ou en serre tempérée. — *C. du Mont Jorullo*. Plante d'un vert gris ou blanchâtre à tiges rameuses, buissonnantes, hautes d'environ 50 centimètres; fleurs d'un jaune vermillon; la floraison de ce joli Cuphæa commence fin août et se prolonge jusqu'aux gelées.

Ces trois dernières variétés sont *vivaces*; on les sème ordinairement à l'automne en les hivernant sous châssis et en les mettant en place en mai. On les cultive aussi en semant les graines en mars sur couche; dans ce cas, elles fleurissent à l'automne.

CUPIDONE bleue.

(*Catananche. — C. Cœrulea. — Fam. des Composées.*)

Indigène; bisannuelle et vivace. — Quoique vivace, on ne doit la cultiver le plus souvent que comme plante bisannuelle, car les vieilles souches fondent sous l'influence de l'humidité; la Cupidone la redoute beaucoup. C'est une bonne plante pour les terrains forts, secs et calcaires, pour les jardins situés sur le penchant d'un coteau ou exposés en plein soleil. Elle vient parfaitement dans les jardins au bord de la mer et sur les falaises arides. On la sème de mai en juillet en pépinière; on transplante le jeune plant, fort jeune, en pépinière exposée au midi et on le met en place à l'automne ou au printemps, en l'espaçant de 50 centimètres; la tige peut atteindre 60 à 70 centimètres de hauteur. On sème aussi la Cupidone fin mars sur couche; on repique sur couche et l'on plante à demeure en mai; alors elle fleurit parfois la même année, en septembre-octobre. Les fleurs ont la propriété de se fermer entre midi et une heure et de se rouvrir le matin.

Variété. — *Cupidone à fleurs blanches*, simples ou doubles.

CYCLAMEN varié.

(*Cyclamen d'Europe* (*C. Europæum*). — *Fam. des Primulacées.*)

Syn. fr. Pain de Pourceau.

Indigène; vivace. — Les Cyclamens aiment l'ombre, l'exposition du nord et la terre de bruyère ou le terreau de bois et de feuilles. Ils fleurissent de fin août en octobre et peuvent former de charmantes bordures et de jolis groupes dans des parcs, dans des bosquets sous bois. Leur multiplication s'opère habituellement par semis, qui doit être fait dès que les graines sont mûres, ou bien en avril-mai. On sème en terre de bruyère dans des pots ou des terrines qu'on enterre à l'ombre et que l'on relève à l'automne pour les hiverner sous châssis; au printemps suivant, chaque petit pied ou tubercule gros comme un pois sera mis séparément en pot, ou repiqué en pépinière sous châssis. Plus tard, on les met en place à 25 centimètres de distance; ils ne commencent à donner de belles fleurs que vers la quatrième année, après quoi leur beauté va toujours en augmentant.

Les fleurs de Cyclamen sont pourpres, blanches, tigrées, panachées, inclinées vers la terre, odorantes; les feuilles sont ovales, teintées d'un vert foncé en dessus, rougeâtres en dessous; les pédoncules sont longs de 12 centimètres.

Variétés. — *Cyclamen de Naples.* Fleurs blanches, roses ou rouges, à odeur suave. — *C. de Cilicie.* Une des plus jolies espèces. — *C. de Perse.* Donne en mars des fleurs rouges odorantes. Il y a une variété de Cyclamen de Perse qui porte des fleurs très grandes de coloris variés. — *C. de Perse à fleur monstrueuse.* Race se distinguant de celle à grande fleur par son feuillage plus ample, ferme et luisant, et ses fleurs encore plus grandes, bien érigées, à pétales plus nombreux. — *C. recourbé.* — *C. repandum ou à feuilles sinueuses.* Tubercule petit; porte en avril des fleurs blanc rosé. — *C. alepicum.* Donne en mars des fleurs blanches. — Ces dernières espèces sont un peu plus délicates que les précédentes; il faudra leur donner, l'hiver, une couverture de litière, ou mieux les cultiver en pots ou en terrines à fond drainé et les rentrer en orangerie ou les mettre sous châssis. On peut en former des massifs en pleine terre légère, à mi-soleil.

CYCLANTHÈRE.

(*Cyclanthera pedata.* — *C. à feuilles digitées.* — *Concombre grimpant.* Fam. des Cucurbitacées. — Originaire de l'Amérique septentrionale.)

Annuelle. — Plante à tiges grimpantes et rameuses, hautes de 4 à 5 mètres, ornementale par sa vigueur et son feuillage abondant, élégamment découpé et d'un beau vert; elle est curieuse par ses fruits ressemblant à des cornichons, mais garnis d'aiguillons mous et appliqués. Les semis s'effectuent en avril dans des fosses garnies de terreau.

Les fruits cueillis jeunes et confits au vinaigre passent pour être un mets excellent.

CYNOGLOSSE à feuille de lin.

(Cynoglossum linifolium.— Fam. des Borraginées.— Originaire d'Europe.)

Syn. fr. Argentine ; Corbeille d'Argent. — **Angl.** Venus ; Navelwort.
Esp. Viniella.

Annuelle. — La Cynoglosse est un des plus jolis ornements de nos parterres, où elle est cultivée en massifs ou en bordures. Ses fleurs, suivant l'époque du semis, peuvent se succéder de mai en septembre dans les pays du Nord. Ses tiges de 30 centimètres portent dans le Bordelais, en avril-juin, des fleurs blanches en panicules ; les semis se font en place en tout terrain, de préférence en automne ou en février-mars-avril. Si la terre était trop compacte, trop argileuse, on pourrait lui associer du terreau, ou l'alléger au moyen de sable maigre. Si le terrain est fort et calcaire, il est préférable de ne semer qu'après les gelées. La Cynoglosse vient très bien contre les murailles, auprès des maisons ; elle réussit également bien dans les jardins au bord de la mer et jusque sur les dunes. Du reste, pour la Cynoglosse, les semis d'automne ou de premier printemps sont les meilleurs pour nos contrées, car les plus belles fleurs s'épanouissent en mai-juin ; la chaleur trop forte de juillet arrête plus tard la floraison.

Variétés. — *Cynoglosse printanière (Cynoglossum omphalodes verna). Vivace* ; on l'emploie beaucoup en bordures ; ses fleurs ressemblent à celles du myosotis, elles sont en grappes d'un joli bleu azuré.

DAHLIA double varié.

(Dahlia.— Dahlia des Jardins.— Dahlia variabilis. — Fam. des Composées. Originaire du Mexique; tubercule vivace.)

Syn. ital. Georgina.

Il est peu de plantes à la fois plus belles, plus répandues dans nos jardins et plus faciles à cultiver. Son introduction en Europe date de 1790 et sa culture en France de 1802. Le Dahlia aime une terre profondément ameublie, légère et substantielle, une exposition chaude et aérée. Lorsque la plante a de 20 à 30 centimètres de hauteur, on pratique autour de chaque pied un petit bassin que l'on remplit de fumier à demi consommé et l'on arrose abondamment pendant l'été.

La meilleure méthode consiste à maintenir le Dahlia sur une seule tige et à supprimer la majeure partie des branches latérales inférieures. Comme les tiges du Dahlia sont cassantes, il faut donner de forts tuteurs à ces plantes. De juillet en octobre, les Dahlias restent fleuris et donnent de magnifiques fleurs, passant par toutes les nuances du blanc, du jaune, du rouge et du violet, selon la variété, la couleur bleue exceptée. C'est par milliers que l'on compte aujourd'hui les variétés. Aussi cette plante contribue puissamment à l'ornementation des jardins, où on l'emploie à former des massifs, à orner les plates-bandes, et en combinant les couleurs des diverses variétés, on peut obtenir des effets qu'aucune autre plante ne saurait surpasser. Le Dahlia se prête volontiers à la culture en pots et ses fleurs sont très propres à former des bouquets et à orner surtout les vases d'appartement. Dans nos contrées, il est d'usage de planter en pleine terre les tubercules de Dahlias en avril, et les boutures faites en serre ou sous châssis se mettent en place en mai. Lorsque les premières gelées blanches ont détruit la tige et les fleurs, on coupe la tige à 15 centimètres environ au dessus de la racine et on laisse la plante en terre jusqu'à l'approche des fortes gelées, pour lui laisser mûrir complètement ses tubercules.

Par une journée sèche, autant que possible, on enlève les tubercules avec précaution, car ils sont très fragiles ; on les laisse se ressuyer à l'air quelques heures et après les avoir nettoyés et avoir enlevé la terre qui les entoure, on les rentre dans un lieu sain, obscur de préférence, à l'abri de la gelée et des excès de sécheresse ou d'humidité. On pourrait laisser les tubercules l'hiver en pleine terre, en les garantissant du froid par de la litière. Ce procédé n'est pas ordinairement employé, les Dahlias conservés ainsi étant moins beaux la seconde année que lorsqu'on les relève tous les ans.

On multiplie les Dahlias : 1° par tubercules ; 2° par semis ; 3° par boutures, et 4° par greffe.

1° *Tubercules*. En mars, lorsque les œilletons du collet des tubercules commencent à pointer, on divise les touffes en laissant au moins un œil à chaque tubercule et on les place sur couche ou sur châssis pour hâter la végétation. Si on n'a pas de couche à sa disposition, on met les tubercules de Dahlias en terre lorsque les gelées ne sont plus à craindre. Il ne faut jamais planter la touffe entière ; il est préférable de diviser les tubercules.

2° *Semis*. On sème en mars ou en avril en terre légère et substantielle, dans des terrines qu'on place sur couche et sous châssis. Le semis est le meilleur moyen pour obtenir des variétés nouvelles ; alors on repique le plant avec la motte sur couche lorsqu'il a quatre ou cinq feuilles ; on l'arrose fréquemment en été et on choisit les pieds que l'on désire conserver. La floraison a lieu la première année du semis ; on peut ensuite enlever de terre les racines.

3° *Boutures*. On multiplie par boutures les variétés dont on ne possède pas de tubercules ; ces boutures doivent être faites en terre substantielle, tamisée, dans des godets placés sur couche tiède ; on les prive d'air jusqu'à ce qu'elles aient pris racine. Ensuite on les change de pots et on ne les met en place que lorsque le beau temps est assuré. Pour que ces boutures forment d'assez gros tubercules dans l'année, et pour qu'elles ne fondent pas pendant l'hiver qui suivra, il faut les effectuer en février-mars, jusqu'au 15 avril.

4° *Par greffe*. On peut aussi conserver une belle variété en plaçant une greffe herbacée en fente sur le côté d'un tubercule, que l'on enterre jusqu'à la greffe sur une couche en recouvrant d'une cloche ; la greffe émet des racines au dessus de l'insertion et produit des tubercules qui multiplient et conservent la variété.

VARIÉTÉS. — *Lilliput*. Variété *naine*, haute de 50 à 75 centimètres et à petites fleurs. — Le *Dahlia à fleur de cactus double* est une variété nouvelle, ornementale et très jolie, variant du rouge cocciné au jaune ; fleurit tout l'été de l'année du semis. — *Dahlia simple*. Les Dahlias simples sont très décoratifs et très variés de coloris ; on les sème en mars-avril en pépinière ; on repique le plant avec la motte. La floraison a lieu la première année du semis ; elle est très abondante. — *D. simple nain Jules Chrétien*. Jolie variété d'un rouge minium intense. — *D. simple nain compact, panaché et varié*. Race hâtive, haute de 40 à 50 centimètres, couverte, de mai jusqu'aux gelées, de jolies fleurs de coloris très variés.

DATURA fastuosa.

(*Datura d'Égypte.* — *Stramonium fastuosum.* — *Fam. des Solanées. Originaire des Indes.*)

Syn. fr. Pomme épineuse d'Égypte ; Stramoine d'Égypte. — **Esp.** Dutroa ; Estramonio. — **Ital.** Noce spinosa. — **Angl.** Trompet Flower. — **All.** Stechapfel.

Annuel. — Le Datura d'Égypte est une des plantes les plus jolies et les plus curieuses que l'on puisse obtenir dans les jardins, où l'on devrait le rencontrer plus souvent et plus abondamment.

Cette plante *annuelle*, de haut ornement pour les parterres, donne de juillet en octobre de belles fleurs doubles, d'un blanc violacé ou blanches, qui exhalent une odeur des plus suaves.

Sa tige atteint 70 centimètres de hauteur. Il faut au Datura une terre légère et riche en humus, ainsi qu'une exposition chaude. Les semis se font à l'abri, en pleine terre, de mars en mai ; on repique ensuite le plant en place, en lui donnant pendant tout l'été de fréquents arrosements.

Variétés. — *Datura humilis à fleurs jaunes doubles.* Il est *vivace* en serre, réussit très bien dans les jardins au bord de la mer. — *D. metel.* Cultivée en pots, cette variété peut vivre plusieurs années. — *D. cornu* à fleurs très grandes, en forme de trompette, blanches en dedans, légèrement teintées de rose violacé en dehors, sur les angles ; elles s'ouvrent le soir vers cinq heures et répandent une odeur fort agréable ; elles se ferment le matin ; ces fleurs sont de peu de durée, mais elles se succèdent jusqu'aux gelées. — *D. meteloïdes.* Donnant d'énormes et grandes fleurs. Sa racine tubéreuse et charnue se traite et peut se conserver à peu près de la même façon que celle du Dahlia ; mais il vaut mieux traiter cette plante comme annuelle et la ressemer chaque année ; on obtient des fleurs plus grandes et plus abondantes.

DIDISCUS cæruleus.

(*Hugelia cærulea.* — *Fam. des Ombellifères.* — *Originaire de la Nouvelle-Hollande.*)

Syn. fr. Hugélie à fleur bleue.

Annuel. — Cette plante est la seule de la famille des Ombellifères qui présente des fleurs bleues. Ses nombreuses inflorescences en font une jolie plante ; malheureusement elle est un peu délicate ; elle craint surtout l'humidité stagnante. Il faudra donc la cultiver dans une terre saine et légère ; autrement, pour que l'eau s'écoule facilement, on devra drainer l'endroit où on la mettra en place. Les semis se font en avril, en place (et plutôt sur couche), en terre légère, et on repique de bonne heure les jeunes plants, à une exposition chaude, en les abritant contre les pluies du printemps ; ménager cependant les arrosements, car la fraîcheur artificielle est nécessaire à cette plante. Sa tige atteint 60 centimètres de hauteur ; elle donne de juillet en septembre des fleurs abondantes d'un bleu clair en ombelles d'un joli effet.

DIGITALE variée.

(*Digitalis.* — *Fam. des Scrofularinées.* — *Indigène.*)
Syn. ang. Fox Glove. — **All.** Fingerhut. — **Esp.** Dedalara.

Digitale pourpre.

Bisannuelle, parfois *vivace*; tige de 1 mètre. — La Digitale aime les lieux accidentés, secs et sablonneux, mais elle réussit cependant en toutes terres saines de jardin. C'est une des plus belles plantes pour l'ornement des plates-bandes et des massifs des grands parterres.

Les semis se font d'avril en mai-juin en pépinière; on repique le plant en été ou en automne, en l'espaçant de 50 à 60 centimètres; alors la Digitale fleurira de juin en août l'année suivante; les fleurs sont pendantes, pourpres, roses, blanches, jaunes. La Digitale se sème aussi en automne, se repique au printemps en terrain sec et sablonneux, pour l'ornement des massifs et des plates-bandes.

VARIÉTÉS. — *Digitale à grandes fleurs.* Très belle plante, très florifère. — *D. ferrugineuse.* Réclame surtout un terrain très sec. — *D. laineuse* ou *cotonneuse.* Porte des fleurs brunes veinées et ponctuées de pourpre.

DOLIQUE d'Égypte.

*(Dolique Lablab. — Lablab vulgaris. — Fam. des Papilionacées.
Originaire des Indes Orientales.)*

Syn. angl. Bean.

Plante *annuelle*, grimpante, atteignant 3 mètres de hauteur ; se sème en place en tout terrain, grain à grain comme les haricots ; on doit cependant rechercher une exposition chaude. Les fleurs se succèdent de septembre en octobre ; elles sont violettes ou blanches. La Dolique convient très bien à l'ornementation des murailles, des berceaux et treillages ; la variété naine peut être cultivée dans les massifs et plates-bandes, et au moyen du pincement on obtient de jolis résultats.

Variété. — *Dolique naine à fleurs blanches.* Cette dernière variété n'est pas grimpante, et sa tige ne s'élève guère à plus de 70 à 80 centimètres.

DRACOCÉPHALE.

(Dracocephalum. — Fam. des Labiées.)

Syn. angl. Balm. — **All.** Drachenkopf.

Vivace et annuelle. — Très belle plante, très florifère de juin à la fin de septembre ; fleurs d'un bleu tendre violacé, d'un effet charmant, surtout au soleil. Plante à ramifications tortueuses étalées puis dressées, hautes de 30 centimètres.

Les semis se font en pépinière ou sur place d'avril en mai. Si on sème de juin en juillet en pépinière et si l'on plante à demeure en automne ou au printemps, dans ce cas la floraison a lieu de juin à la fin de juillet.

ECCREMOCARPUS grimpant.

(*Eccremocarpus scaber.* — *Fam. des Bignoniacées.* — *Originaire du Chili.*)

Syn. all. Hängefrucht; Schönrebe.

Plante *vivace* grimpante à tige de 4 ou 5 mètres. Les semis se font de juin en août en pots ou en terrines remplis de bon terreau; on repique les jeunes plants en pots pour les hiverner sous châssis et on les met en place au printemps à une exposition chaude. De juin en septembre, elle porte des fleurs en grappes d'un rouge orangé. On peut semer aussi l'Eccremocarpus en mars sur couche et l'on repique également en pots qu'on laisse sur la couche jusqu'en mai. Ce dernier semis a l'avantage de donner des fleurs dans la même année vers l'automne. Cette plante fait un très bon effet tapissée contre un mur sur un treillage; dans nos contrées, elle vit plusieurs années et prend quelquefois un grand développement.

ENOTHÈRE.

(*Œnothera.* — *Fam. des Onagrariées.* — *Originaire du Chili.*)

Syn. angl. Evening Primrose. — **All.** Nachtkerze. — **Ital.** Rapunzia.

Plante *bisannuelle*, rustique, ornementale, fleurissant de juillet en octobre; sa tige atteint ordinairement de 75 centimètres à 1 mètre de hauteur; elle porte des fleurs jaunes très grandes. Les semis se font en place en tout terrain de septembre en novembre. On peut semer aussi en mars-avril à l'abri, on repique en place en mai; dans ce dernier cas les fleurs se succéderont de septembre en octobre.

Variétés. — *Enothère à feuilles de pissenlit.* — *Œnothera taraxacifolia.* Cette espèce convient parfaitement pour orner les corbeilles et les plates-bandes, où ses fleurs, qui se succèdent longtemps, font un assez bon effet. —

E. blanche. — *E. tetraptera.* Plante formant de très jolies bordures et donnant des fleurs très odorantes; très rustique, tige élevée de 25 à 30 centimètres. — *E. à gros fruits (macrocarpa).* Très belle variété donnant des fleurs d'un jaune doré; elle est très bonne à orner les talus, les plates-bandes et les lieux rocailleux. — *E. élégante.* Plante très traçante, rustique, portant des fleurs d'un blanc rosé à odeur suave. — *E. tardive.* Très florifère; *vivace*; se multiplie aussi d'éclats à l'automne et au printemps, ou bien de graines que l'on sème d'avril en juin en pépinière; on repique en pépinière, et l'on plante à demeure à l'automne ou au printemps à 40 ou 50 centimètres. — *E. glauque.* Tige s'élevant de 40 à 50 centimètres; fleurs jaunes très grandes. — *E. de Fraser.* — *E. rose.* Vient bien dans les lieux rocailleux, humides et ombragés. — *E. de Drummond. Annuelle et bisannuelle.* C'est la variété la plus cultivée; elle fleurit très longtemps. — *E. à grandes fleurs.* Très florifère; les fleurs restent épanouies du soir au matin et se succèdent pendant tout l'été et une partie de l'automne. — *E. de Lamark.* Forme de très fortes touffes, fleurs jaunes plus nombreuses et plus grandes que dans l'*E. odorante.* — *E. de Selow. Annuelle,* à fleurs très larges, d'un jaune clair et brillant.

ÉPERVIÈRE.

(*Hieracium.* — *Epervière des Alpes.* — *Epervière orangée.*
Fam. des Composées. — *Indigène.*)

Syn. all. Habichtskraut.

Vivace. — Cette plante est intéressante par la couleur de ses fleurs qui se succèdent de juin-juillet en septembre; elle est particulièrement propre à la décoration des rochers factices et pour former de jolies bordures dans les lieux demi-ombragés et frais. Une terre ordinaire, un peu siliceuse, lui convient. Souche radicante d'où s'élèvent des tiges peu feuillées, peu rameuses, hautes de 15 à 30 centimètres. Fleurs d'un jaune doré, puis orangé presque pourpre, à capitules terminaux disposés en grappes corymbiformes lâches. Semer d'avril en juillet en pépinière, mettre les plants en place en automne ou en mars à 25 centimètres de distance. On la multiplie aussi très facilement d'éclats que l'on fait à la fin de l'été ou au printemps.

ERAGROSTIS. (Voir *Agrostis*.)

ERYNGIUM.

(*Panicaut. — Fam. des Ombellifères. — Indigène.*)

Syn. all. Mannstreu.

Vivace. — Les fleurs se conservent coupées et prennent en se desséchant une teinte grisâtre métallique. Les semis se font d'avril en août en pépinière ou en pots drainés; mise en demeure en février-mars pour l'ornementation des grands jardins.

Ces plantes craignent l'humidité, mais elles végètent bien en terre légère et sablonneuse, ou même en terre calcaro-siliceuse et saine.

ERYSIMUM.

(*Erysimum Petrowskianum. — Fam. des Crucifères. — Originaire de l'Afghanistan.*)

Syn. all. Hederich.

Annuel. — Tiges peu rameuses, droites, élevées de 40 à 50 centimètres; fleurs odorantes, orangées, en épi d'un bel effet, portées sur des pédicelles longs de 4 à 5 millimètres et disposées en grappes terminales. Par la vive et rare coloration de ses fleurs, cette plante produit un très bon effet dans les corbeilles et les plates-bandes; toutefois, comme elle est un peu maigre, elle a besoin d'être plantée ou semée dru et serré, ou bien en touffes, ou mieux repiquée plusieurs pieds ensemble.

Les fleurs qui se succèdent de mai en août sont convenables pour la confection des bouquets.

Semer au printemps ou en été, de préférence en place; n'aime pas à être déplantée; elle préfère un sol léger et une exposition aérée.

Variété. — *E. pulchellum.* Plante très basse, à fleurs jaunes très abondantes, propre aux bordures, pelouses et rocailles.

ERYTHINE Crête de Coq.

(*Erythina Crista Galli.* — *Fam. des Papilionacées.* — *Originaire de l'Amérique du Sud.*)

Vivace. — Arbrisseau de 1^m,25, portant de superbes grappes de grandes fleurs rouges. Les semis se font sous châssis en février-mars; on peut mettre cet arbrisseau en plein air dans une terre substantielle au commencement de mai; mais on le rentre avant les gelées pour le conserver dans un endroit abrité, en serre, en orangerie par exemple; on le replante ensuite au printemps.

ESCHSHOLTZIE de Californie.

(*Eschsholtzia Californica.* — *Fam. des Papavéracées.* — *Originaire de Californie.*)

Syn. angl. California Poppy.

Annuel, bisannuel et souvent vivace; tige de 40 centimètres. — L'Eschsholtzie est très rustique, très convenable, par la longue durée de ses fleurs, pour la formation des corbeilles et la décoration des talus et des plates-bandes; il vient dans tous les terrains secs et sablonneux, et forme de très larges touffes qui donnent des fleurs jaunes ou blanches depuis la mi-mai ou le mois de juin jusqu'en octobre. Les semis se font en place au printemps ou bien à l'automne; il est préférable d'éclaircir le plant plutôt que de le repiquer.

Nous recommandons une nouvelle variété de l'Eschsholtzie de Californie: c'est l'*Eschsholtzia crocea*, très belle race à fleurs d'un jaune orange safran très éclatant.

Variétés. — *Eschsholtzie à feuilles menues.* — Cette charmante petite espèce est très propre à former des bordures et à orner les rocailles; on la sème ordinairement en avril en place, en laissant ensuite entre les plants un espace de 15 à 20 centimètres. — *E. de Californie mandarin rose.* Belle variété à boutons rose foncé et à fleurs d'un blanc rose; excellente pour la confection des bouquets.

EUCHARIDIUM à grandes fleurs.

(*Eucharidium grandiflorum.* — *Fam. des Onagrariées.* — *Originaire du Chili.*)

Plante annuelle à tige de 20 à 25 centimètres, pouvant servir à l'ornementation des massifs, des corbeilles, des plates-bandes, des bordures, et à garnir le dessus des caisses d'orangers et autres poteries; on en fait même d'assez jolies potées. Les Eucharidium ressemblent beaucoup aux Clarkias, quoique plus petits de taille; comme eux ils forment des touffes larges de plus de 25 centimètres et sont très florifères; leur floraison commence en juin et se continue jusqu'à la fin de juillet; les fleurs sont d'un beau rose carmin pourpré, quelquefois striées de taches blanches. Les semis se font en avril en place, en éclaircissant les plants, de manière qu'ils soient espacés d'environ 15 centimètres. Ils aiment un sol léger, riche en humus, et craignent beaucoup l'humidité.

Variété. — *Eucharidium elegans.* Très florifère.

EUPATOIRE. (Voir *Agérate.*)

EUPHORBE panaché.

(*Euphorbia variegata.* — *Fam. des Euphorbiacées. Originaire de la Louisiane.*)

Plante *annuelle* dont la tige atteint 50 centimètres de hauteur; on la cultive à cause de ses feuilles qui en sont toute la partie ornementale et forment un contraste agréable avec celles des plantes voisines; elles deviennent d'autant plus jolies et plus panachées, que cette plante se trouve placée à une exposition plus chaude. Les panachures ou marbrures des feuilles commencent à se montrer en juillet, et elles deviennent de plus en plus prononcées à mesure qu'on avance en saison. Les semis doivent se faire en avril-mai en place, en terre riche et à une exposition chaude; on doit laisser entre les pieds un espacement de 25 à 30 centimètres. Cette plante réclame peu d'arrosements.

Le genre Euphorbe comprend plus de 300 espèces, les unes frutescentes, les autres herbacées, et dont la plupart ont des propriétés âcres et vénéneuses.

EUTOCA visqueux.

(*Eutoca viscida.* — Fam. des *Hydrophyllées.* — Originaire de *l'Amérique Nord-Ouest.*)

Plante *annuelle* faisant très bien en massifs avec ses fleurs abondantes d'un bleu intense à centre blanc et violet; sa tige s'élève de 50 à 60 centimètres. On sème en plein air sur place, de mars en avril, en laissant un intervalle de 15 à 20 centimètres entre les plants.

Variété. — *Eutoca de Menziès.* Formant une touffe épaisse se couvrant de jolies fleurs bleues campanulées; tige un peu rameuse de 25 centimètres de hauteur.

FICOÏDE.

(*Mesembrianthemum.* — Fam. des *Mésembrianthémées.* Originaire du Cap.)

Syn. fr. Glaciale. — **Ital.** Erba cristallina. — **All.** Eiskraut. **Angl.** Ice Plant.

Cette jolie plante *annuelle* à tiges rameuses s'emploie pour massifs, suspensions ou bordures; les fleurs sont blanches ou roses. On sème les Ficoïdes sur couche en février et on repique en avril en terre légère, au midi autant que possible, ou en pots pour suspension.

Variétés. — *Ficoïde cristalline ou glaciale.* — *Mesembrianthemum cristallinum.* — Plante plus connue que jolie, à tige et rameaux charnus, couverte sur toutes ses parties de mamelons cristallisés et transparents qui la font paraître comme couverte de glace. La Glaciale exige le soleil le plus ardent pour fleurir; on la cultive ordinairement en pots ou en pleine terre le long d'un mur au midi. Cette variété qui jusqu'ici n'avait été cultivée que pour une particularité très curieuse de ses tiges, est en train de passer à l'état de légume usuel. On la sème au printemps sur terreau; on repique ensuite les plants au potager, avec tout l'espace voulu pour qu'ils puissent taller tout à leur aise. Quand les branches ont de 25 à 30 centimètres de longueur, on les cueille, on les blanchit à l'eau bouillante. On n'emploie que la feuille qui donne une pulpe verte légèrement acide, un peu plus que le pourpier, un peu moins que l'oseille. Nous croyons qu'on peut se servir des feuilles de *Glaciale* aux mêmes usages que l'épinard dont elle nous semble être un succédané. — *F. tricolore.* Ses fleurs ne s'épanouissent bien qu'au soleil de onze heures du matin à deux heures du soir. — *F. tricolore blanche.* Une des plus jolies plantes annuelles pour bordures ou pelouses en plein soleil. — *F. de l'après-midi.* Tige couverte de poils blancs, feuilles larges, fleurs grandes, jaunes; une des plus jolies petites plantes pour faire des bordures ou des tapis en plein soleil. — *F. à fleurs capitées (capitatum).* Cette espèce se multiplie de boutures et est vivace en serre; mais il vaut mieux pratiquer encore le semis à cause de la difficulté de conserver en hiver ce genre de plantes et aussi parce que les plantes qui en proviennent sont plus jolies de formes, plus florifères et plus vigoureuses.

FRAXINELLE variée.

(*Dictamnus.* — *Fam. des Rutacées.* — *Indigène.*)

Syn. lat. Dictamnus albus. — **Fr.** Dictame blanc. — **All.** Diptam. **Ital.** Limonella.

Vivace. — Plante à odeur forte, couverte de poils glanduleux, surtout à l'extrémité des tiges qui sont simples, roides, hautes de 50 à 60 centimètres et réunies en touffes. La Fraxinelle est très curieuse; les parties aériennes, surtout au moment de la floraison, dégagent une huile volatile, laquelle s'enflamme dès qu'on approche une bougie allumée et sans que la plante paraisse en souffrir. On recueille les graines avant l'ouverture des capsules; autrement celles-ci en s'entr'ouvrant lancent au loin la graine qui se trouve ainsi perdue. On sème en mars en terrine dans une terre de bruyère sableuse, ou bien on effectue le semis aussitôt que les graines sont mûres; elles ne lèvent généralement qu'au printemps suivant; on repique ensuite les plants en plein air, en terre légère et fraîche, mêlée d'un bon terreau de couche non usé, à bonne exposition. La Fraxinelle donne la deuxième année seulement, et le plus souvent la troisième année, des grappes de fleurs pourpres rayées de blanc ou de noir. On la multiplie aussi d'éclats en mars; on ne rajeunit les touffes que tous les huit ou dix ans. Les graines de Fraxinelle sont employées en médecine comme sudorifique et vermifuge.

FREESIA. (Voir *Oignons à fleurs.*)

GAILLARDE peinte.

(*Gaillardia picta.* — *Fam. des Composées.* — *Originaire du Mexique.*)

Plante *annuelle*, *bisannuelle* et *vivace*, donnant tout l'été des fleurs larges de deux pouces, d'un rouge cramoisi bordé de jaune ; elle est très ornementale et très décorative. Sa tige très rameuse atteint 40 à 60 centimètres de hauteur. On cultive la Gaillarde en terre légère un peu sablonneuse, mélangée avec du bon terreau de couche ; l'hiver on lui donnera une bonne couverture de feuilles, tout en évitant l'humidité.

On la multiplie par le semis, de la fin mars à la mi-avril sur couche ; on repique sur couche, et l'on plante à demeure en mai. Dans ce cas, les premières fleurs se montrent en juillet et se succèdent jusqu'en septembre. La Gaillarde se sème aussi fin août en pépinière ; on repique en pots qu'on hiverne sous châssis et l'on met en place fin avril à 40 ou 50 centimètres de distance. Cette plante se multiplie facilement par la séparation des touffes ou des souches au printemps ; de boutures sous cloche en terre sableuse au mois de juin. Ce procédé n'est généralement employé que pour les variétés qui ne se reproduisent pas facilement par le semis. Les variétés de *Gaillarde de Drummond* et de *Gaillarde à grandes fleurs* se multiplient et se conservent plus facilement par boutures. Il y a une variété de *Gaillarde naine* à tige trapue qui est très florifère ; sa tige atteint 25 centimètres de hauteur ; elle est très convenable pour former des corbeilles et des massifs.

Ces plantes sont très variables ; par le semis on a obtenu tout récemment dans les cultures des variétés intéressantes ; nous citerons : la *Gaillarde peinte à fleur double variée* (*Gaillardia picta Lorenziana flore pleno*), nouveauté très intéressante formant de belles et grosses fleurs variées de couleurs et d'une floraison très prolongée ; la *Gaillarde peinte aurore boréale*, variété curieuse par la forme de ses pétales qui sont tuyautés et assez profondément dentés à leur extrémité ; c'est une très belle plante d'un grand effet décoratif. — *G. amblyodon rouge vif*. Fleurs très larges à pétales dentés. — *G. vivace à grandes fleurs*. Magnifique plante rustique de grand effet.

GALANE. — CHELONE.

(Galane oblique. — Galane barbue. — Fam. des Scrofularinées. Originaire de l'Amérique septentrionale.)

Syn. latin. Chelone glabra. — **All.** Schildblume.

Vivace. — La Galane barbue à une tige élevée de 70 centimètres; fleurs blanches ou pourpres à épis courts. Semer sous châssis ou en pépinière de mai en août (quelquefois les graines ne germent qu'au printemps). Repiquer en pots qu'on hiverne en orangerie. On met le plant en place fin mai-avril; il fleurit d'août en septembre.

GAURA Lindheimeri.

(Gaura de Lindheimer. — Fam. des Onagrariées. — Originaire de l'Amérique septentrionale.)

Syn. all. Prachtkerze.

Plante *bisannuelle*, des plus recommandables pour l'ornementation des plates-bandes, des massifs et des clairières avec sa tige de $1^m,20$ et ses rameaux larges et flexibles, couverts de juillet en août de nombreuses fleurs blanches à l'intérieur et rouge carmin à l'extérieur. On peut les employer à la garniture des vases d'appartement et à la confection des bouquets; les boutons continuent à s'épanouir dans l'eau. Cette élégante plante fleurit déjà la première année du semis, en août, lorsqu'on a effectué les semis sur place en mars-avril dans une terre perméable à exposition chaude; mais la floraison est plus belle l'année suivante. Aussi il est préférable de semer en septembre; on repique le plant en pépinière à bonne exposition, en le couvrant avec de la litière ou des feuilles pendant les fortes gelées, et on le met en place en avril.

GAZANIE.

(Gazania splendens (Gazanie éclatante). — Fam. des Composées. Originaire du Cap.)

Vivace. — Plante à tiges rameuses étalées sur le sol; est employée avec succès pour la formation de bordures. La floraison dure de juin en septembre et même octobre. Les fleurs, qui sont d'un beau jaune orange vif éclatant, ne s'épanouissent bien qu'au soleil. Le Gazania aime les sols légers à bonne exposition. On le multiplie facilement par le bouturage des tiges qu'on peut faire toute l'année et particulièrement d'août en septembre; on hiverne les plants sous châssis, et on les met en place à demeure en mai.

GENTIANE à grandes fleurs.

(Gentiana acaulis (Gentiane sans tige). — Fam. des Gentianées. Indigène.)

Syn. all. Enzian.

Vivace. — Plante basse et gazonnante ne dépassant pas 10 centimètres de hauteur; remarquable par la grandeur et la beauté de ses fleurs d'un bleu d'azur parsemé de points d'or et qui couvrent toute la plante d'avril en juin. Toutes les Gentianes sont de très jolies plantes particulièrement propres à l'ornementation des parties ombragées des rochers; elles exigent des soins assez délicats; il leur faut une culture un peu spéciale. Les semis se font de mars en avril en terre de bruyère et en pots à fond drainé que l'on place à l'ombre; il faut recouvrir très peu les graines qui ne germent ordinairement que dans le courant de l'année suivante; on repique alors les jeunes plants en pots ou dans un sol argilo-calcaire ou argilo-sableux, meuble, profond et surtout très sain.

Trois ans après la germination, le plant commence à devenir fort : mais ce n'est que la quatrième ou cinquième année qu'il est de force à fleurir. On peut multiplier aussi les Gentianes par l'éclat des vieux pieds au printemps.

Variétés. — *Gentiane des Alpes.* Ressemble beaucoup à la Gentiane à grandes fleurs. — *G. à port d'asclépiade.* Haute de 35 centimètres; fleurs campanulées, d'un beau bleu. — *G. lutea* (à fleurs jaunes). Haute de 1m,50; sa racine est employée en médecine. — *G. croisette.* Haute d'environ 20 à 25 centimètres; fleurs d'un bleu gris extérieurement, d'un beau bleu intérieurement. — *G. à fleurs pourpres.* Porte en juillet des fleurs campanulées jaunes pointillées de pourpre. — *G. pneumonanthe* ou *Pulmonaire des marais.* Fleurs d'un beau bleu; exige une terre de bruyère tourbeuse et humide.

GERANIUM zonale.

(*Pelargonium.* — *Fam. des Géraniacées.* — *Originaire du Cap.*)

Syn. angl. Crane's bill. — **All.** Storchschnabel. — **Esp.** Jerenio.

Plante *vivace* à tige sous-ligneuse; c'est un arbuste de serre froide. On sème le Géranium sur couche lorsque les froids ne sont plus à craindre; on repique les jeunes plants en pots ou en terre douce, légère et un peu fraîche. Les Pélargoniums zonales sont très employés pour la décoration des jardins pendant l'été ; par le semis on a obtenu des variétés de coloris très remarquables. Dans les Géraniums, les fleurs sont disposées en ombelles, d'un rose vif, rose, blanc pur, écarlate.

GILIA.

(*Fam. des Polémoniacées.* — *Originaire de la Californie.*)

Les Gilias sont de charmantes plantes *annuelles*, formant des touffes basses, de 40 centimètres de hauteur, compactes, qui font le meilleur effet en massifs ou en bordures ; elles sont très florifères ; les fleurs sont en corymbes nuancés de bleu, de jaune et de pourpre. Les semis se font en place en mars-avril-mai, en laissant entre les pieds un espacement de 10 à 15 centimètres, et leur floraison s'effectue de juillet en août.

On sème aussi les Gilias sur place à l'automne, en bonne terre bien défoncée; les premières fleurs dans ce cas commencent à se montrer en mai et se succèdent jusqu'en juillet.

Variétés. — *Gilia tricolor*. Très jolie plante à fleurs grandes, tube jaune, gorge pourpre et centre blanc; il y a une variété à fleurs blanches ou carnées. — *G. à feuilles laciniées*. Donne des fleurs nombreuses d'un coloris très foncé; est un peu moins élancée que la précédente. — *G. à fleurs en tête*. Remarquable par son feuillage très joli et élégamment découpé, et surtout par ses nombreuses fleurs d'un bleu clair réunies en boules. — *G. à fleurs denses* (*Leptosiphon densiflorus*). Tige diffuse de 30 centimètres; fleurs d'un blanc pur, puis rosées et enfin violet bleuâtre. — *G. dichotoma*. Jolie petite plante compacte à grandes et belles fleurs blanc pur, pour former des corbeilles et des bordures.

GIROFLÉE annuelle ou Quarantaine.

(*Cheiranthus annuus. — Fam. des Crucifères. — Indigène.*)

Syn. fr. Giroflée d'été; Violier d'été.
Lat. Matthiola annua. — **Angl.** German Stock. — **All.** Sommer Levkoye.
Esp. Aleli. — **Ital.** Violaciocca.

Les diverses races de Giroflées conviennent parfaitement à l'ornementation des jardins pour une partie de l'année. Ces plantes s'élèvent à environ 30 centimètres de hauteur. On sème les Giroflées quarantaine sur couche en mars-avril ; on repique à une bonne exposition dans une terre franche bien amendée ; pour obtenir des fleurs bien doubles, on repique une seconde fois en pépinière pour mettre plus tard à demeure. Les Giroflées donnent en juin des fleurs blanches, roses, rouges, violettes, lilas et brunes. On sème aussi en avril-mai, en plein air, en place ou en pépinière; la floraison a lieu de juillet en septembre. Si on veut avoir une floraison précoce au printemps, on fait des semis en automne, on repique les jeunes plants en pépinière sous châssis ou dans des pots, pour passer l'hiver, et on les plante à demeure en avril.

Variétés. — *Giroflées anglaises à grandes fleurs*. Superbe race ; les feuilles sont plus larges, et d'un vert plus blanchâtre que dans les autres variétés. — *G. quarantaine à rameaux*. Les tiges sont garnies de rameaux très fournis; les plantes de cette section sont très vigoureuses. — *G. q. naine ou lilliputienne*, dont la tige ne dépasse pas 20 à 25 centimètres en hauteur; dans cette charmante section, on obtient une proportion plus grande de sujets à fleurs doubles. — *G. q. à feuilles de chêne*. — *G. q. pyramidale*, à rameaux compacts; belle race très vigoureuse. — *G. grecque* ou *kiris*, de couleurs très variées, mais donnant plus rarement des fleurs doubles que les Giroflées quarantaine anglaises. — *G. q. d'Erfurt*. Sous-variété de quarantaine anglaise, à rameaux relativement courts et à fleurs plus compactes. En semant de mois en mois, de février en octobre, par exemple, on en a toujours en fleurs. — *G. q. cocardeau* ou *des fenêtres*. Superbe race donnant de très larges fleurs odorantes se reproduisant franchement par la voie du semis. Il est préférable de la cultiver comme plante *bisannuelle*; on la sème en automne et on la repique en pots sous châssis; à la fin de mars, elle commence à fleurir. Si cependant on la sème de bonne heure au printemps, elle fleurit dans la même année, mais elle n'est pas aussi belle. C'est cette race de Giroflée que les jardiniers cultivent en pots pour la porter sur les marchés ; ce sont surtout les variétés blanches et rouges qui sont les plus appréciées. — *G. cocardeau blanche*. Cette belle nouveauté se reproduit exactement par le semis et produit des plantes à fleurs doubles (dans la proportion de 40 pour 100), très grandes, d'un blanc pur, formant un épi floral d'une grande beauté. — *G. Victoria rouge sang foncé*. Le port très ramifié de cette race la rend précieuse pour la culture en pots et pour la confections des bouquets. — *G. quarantaine parisienne rouge sang*. Nouvelle variété très florifère de couleur rouge intense. — *G. d'hiver blanche de Nice*. Race très recommandable pour la culture forcée. Cultivée sous le climat de Nice, la floraison a lieu de décembre en février.

GIROFLÉE jaune.

(Cheiranthus cheiri. — Indigène.)

Syn. fr. Violier jaune ; Violier des murailles ; Ravenelle. — **All.** Goldlack. **Angl.** Wallflower. — **Ital.** Viola gialla.

Bisannuelle. — Les Giroflées jaunes sont le principal ornement des jardins, qu'elles embaument au printemps. Tous les terrains leur conviennent, pourvu qu'ils ne soient pas humides. Cette plante croît naturellement sur les vieux murs, et la culture en a obtenu une foule de variétés. Peu de plantes s'accommodent aussi bien de la culture des fenêtres, des terrasses, des balcons, et supportent aussi facilement à tout âge la transplantation. Les Giroflées font très bien dans la garniture des vases et pour la confection des bouquets. Leurs tiges s'élèvent de 45 à 60 centimètres de hauteur.

On sème en place ou en plates-bandes, en avril ou, après la floraison, en août, ou sur couche dès le mois de mars, pour repiquer en mai les jeunes plants, en les espaçant environ de 40 à 50 centimètres. Les Giroflées jaunes fleurissent au printemps qui suit le semis.

Pour conserver les variétés doubles, il faut les multiplier de boutures de préférence après la floraison, avec les jeunes rameaux stériles qui se développent sur la tige ; on les éclate et on les plante en pépinière, en pleine terre saine, en pots ou en terrines. L'hiver, il faudra les envelopper de litière ou les couvrir d'une cloche pour les garantir contre les grandes gelées.

Variétés. — *Giroflée des jardins*. Fleurissant très longtemps ; convient très bien pour la culture en pots. — *G. jaune allemande* ou *G. jaune d'Erfurt*. Très belle race, mais un peu délicate pour passer l'hiver en pleine terre ; il faut l'abriter, la couvrir de litière et même la cultiver en pots. — *G. jaune Rameau d'or* ou *Bâton d'or*. ancienne variété qui ne se propage qu'au moyen des bouturages. — *G. parisienne très hâtive*. Race remarquablement précoce, se cultivant comme plante annuelle. — *G. double naine à fleur violette*. Jolie plante ne dépassant pas 35 à 40 centimètres de haut ; très recommandable pour la culture en pots.

GLACIALE. (Voir *Ficoïde*.)

GLOXINIA.

(Fam. des Gesneriacées. — Originaire de l'Amérique du Sud.)

Plante *vivace* de serre, à rhizomes écailleux qui se lèvent de terre et se replantent tous les ans en pots au printemps. Les semis se font en serre chaude, au mois de février, dans du terreau ou dans de la terre de bruyère ; ces plantes demandent de fréquents arrosements en été. Les Gloxinias donnent des fleurs terminales d'un bleu lilacé, rouge, blanc, rose, violet, avec des macules cramoisi foncé avec cercles concolores ; les corolles sont en forme d'entonnoirs ou de clochettes et elles sont entourées par de belles feuilles en cœur gaufrées, luisantes, très épaisses. On sème aussi les Gloxinias en juillet ; ils fleurissent l'année suivante.

Variétés. — *Gloxinia maculé*. — *G. Roezlii*. — *G. hybride à fleurs piquetées et tigrées (race Vallerand)*. — *G. hybride crassifolia Patrie bordé blanc*. — *G. hybride crassifolia à grande fleur, Roi des rouges*. Feuillage ample, à fleurs larges d'un rouge intense.

GODETIE.

(Godetia. — Fam. des Onagrariées. — Originaire de Californie.)

Syn. fr. Enothère pourpre.

Godetie Lady Albermarle.

Plante *annuelle* extrêmement florifère, formant des touffes compactes qui se couvrent de fleurs très élégantes, de couleurs claires et presque carnées, avec macule rose carminé de pourpre clair. Les tiges s'élèvent de 50 à 70 centimètres de hauteur. Ces plantes sont employées avec succès pour former des bordures autour des grands massifs, pour garnir des corbeilles et pour la décoration des massifs et des plates-bandes; on en fait aussi de jolies potées.

Les semis se font, en plein air et sur place, dans un sol léger et riche en humus, en avril-mai, et la floraison a lieu alors de juillet en septembre. Si on sème en automne en place, les Godeties fleurissent au printemps suivant, de mai en juillet. Comme cette plante est d'une végétation rapide, il arrive que les semis d'automne poussent trop avant l'hiver; alors, il faut arracher et repiquer plusieurs fois les jeunes plants.

Variétés. — *Godetia Lady Albermarle*. Très belle nouveauté à grandes fleurs, extrêmement florifère; cette plante est basse, très trapue et est très précieuse pour faire des bordures et des corbeilles. — *G. rubiconde*. Donne de mai à septembre des fleurs en épis d'un rouge foncé. — *G. de Lindley*, à fleurs blanc rosé; très fraîche; s'emploie beaucoup pour former des massifs et des bordures; sa tige s'élève de 20 à 40 centimètres de hauteur. — *G. de Romanzow*. Très employée en bordures. — *G. Whitneyi flammea*. Très jolie variété naine de Godetie, à grandes fleurs blanches, roses, marquées d'une large tache carmin pourpré sur chaque pétale. De même taille que la Godetie Lady Albermarle, elle pourra être associée à cette remarquable variété, et produire des effets charmants pour la décoration des jardins. — *G. double rubicunda splendens*. Se distingue de la Godetie double rubicunda par une grande macule pourpre qui couvre en partie chaque pétale, ce qui rend la plante plus riche comme coloris. — *G. Whitneyi brillant*. Superbe variété formant des plantes naines compactes, hautes d'environ 30 centimètres et se couvrant d'une multitude de fleurs d'un rouge vif brillant. — *G. Whitneyi grandiflora maculata*. Fleurs larges de 10 centimètres, blanc carné maculé de rouge vif; très recommandable. — *G. Whitneyi pyramidalis carmin*. Larges fleurs rouge carmin brillant. — *G. bijou naine*. Belle variété à fleurs blanches maculées de rouge foncé à la base des pétales. — *G. Whitneyi Duchesse de Fife*. Fleurs blanc carné satiné maculé de rouge vif à la base des pétales; très jolie variété. — *G. Whitneyi grandiflora maculata naine*. Fleurs maculées rouge sur fond carné. — *G. Whitneyi Lady Albermarle*. Très belle variété à grandes fleurs; plante basse.

GYNERIUM argenteum.

(Gynerium argenté. — Fam. des Graminées. — Originaire du Paraguay.)

Syn. fr. Herbe géante des Pampas; Herbe à plumets; Roseau à plumes.
All. Pampasgras.

Vivace. — Graminée formant de grosses touffes de feuilles retombantes, bordées de dentelures très fines et piquantes; portant au centre de grandes panicules de fleurs soyeuses, argentées, d'un très bel effet sur les pelouses et dans les jardins. En outre, les panicules ont la faculté de se conserver longtemps à l'état sec avec toute leur beauté. Aussi cette plante est-elle très recherchée pour la décoration des appartements.

Le Gynerium aime les terres sèches, sablonneuses et arides; néanmoins, il croît vigoureusement en terre profonde et saine. Généralement, en France, le Gynerium passe l'hiver en pleine terre sans souffrir du froid.

On multiplie le Gynerium d'éclats au printemps.

Les semis se font en février, sur couche, en terrines; on repique sur couche et l'on met en place fin mai; par ce moyen, on obtient quelques pieds qui fleurissent dès l'automne de la première année.

On peut semer à la fin du printemps et en été en pépinière. On réussit très bien en semant en terrines ou en pots les graines aussitôt mûres.

Les semis ont produit plusieurs variétés, les unes plus naines, les autres à feuilles plus étroites ou moins hautes. Il y a une variété à panicules roses appelée *Gynerium purpureum*; enfin, on connaît une ou deux variétés à feuilles *rubanées* de *blanc* et de *vert*.

GYPSOPHILE élégant.

(Gypsophila elegans. — Fam. des Caryophyllées. — Originaire du Caucase.)

Syn. all. Gypskraut.

Gypsophile à grands rameaux.

Plante *annuelle* très élégante, à petites fleurs nombreuses en panicules blanches ou violettes formant des touffes gracieuses par le nombre infini des ramifications de sa tige, qui s'élève à 40 ou 50 centimètres. Ces fleurs sont très employées par les fleuristes, car elles font très bien dans les bouquets auxquels elles donnent de la gaîté; cette plante se cultive aussi en pots et elle est très appréciée sur les marchés.

Les semis se font en place en terre légère, en septembre; ils fleurissent l'année suivante, en mai. On sème aussi en avril-mai, sur place de préférence; alors la floraison a lieu de juillet en septembre.

Variétés. — *Gypsophile visqueux annuel.* — *G. paniculé.* Plante *vivace* de Sibérie ; les touffes ne sont belles qu'à partir de la troisième année, après quoi elles ne font qu'augmenter en beauté et en volume. On la sème d'avril en juin en pépinière ; on repique en pépinière et l'on plante à demeure en automne ou au printemps, en espaçant les pieds de 60 à 70 centimètres. — *G. à feuilles de scorsonère.* — *G. rampant. Vivace* et rustique, garnissant très bien les terrains inclinés rocailleux et accidentés. — *G. des murs. Annuel,* très convenable pour faire des bordures, surtout dans les jardins en terrain argilo-calcaire et argilo-siliceux, qui sont ceux qu'il paraît préférer.

HARICOT d'Espagne.

(*Phaseolus multiflorus*. — *Fam. des Papilionacées.* — *Originaire de l'Amérique méridionale.*)

Syn. fr. Haricot à bouquets. — **Angl.** Scarlet-Runner Bean.
Esp. Faseolo. — **Port.** Feijão.

Annuel. — Ce Haricot grimpant est très vigoureux, très florifère et très ornemental, et c'est certainement une des plantes grimpantes les plus précieuses que nous ayons pour notre climat. On le sème en place à la fin de mars et ses tiges, de 2 à 3 mètres, se garnissent rapidement de belles fleurs rouges, écarlates, blanches ou tricolores. C'est une des meilleures plantes grimpantes pour garnir, en juin, juillet et août, les murs, berceaux, grilles et balcons.

Variétés. — *H. Dolique.* — *H. d'Égypte.* — *H. Lablab.*

HÉLÉNIE.

(Helenium automnale (H. d'Automne). — Fam. des Composées. Originaire de l'Amérique septentrionale.)

Vivace. — Arbrisseau rustique de 1 à 2 mètres, produisant assez d'effet dans les corbeilles et les plates-bandes des grands jardins avec ses larges fleurs en capitules d'un jaune pâle, fleurissant d'août en octobre.

Multiplication d'éclats en février-mars, et quelquefois en septembre et octobre.

Les graines doivent être semées d'avril en juin, en pépinière; on repique en pépinière, et l'on met en place en automne ou au printemps, à environ 60 centimètres et même 1 mètre de distance.

Variété. — *Hélénie de Bolander*. Très rustique et très florifère; capitules terminaux grands de 5 à 6 centimètres, à rayons d'un jaune vif; elle fleurit de juin en août, et l'on peut même l'avoir en fleurs jusqu'à l'arrière-saison en coupant la plante à un pied de terre, de façon à l'empêcher de former des graines.

HELIANTHUS. (Voir *Soleil*.)

HÉLIOTROPE varié.

(Heliotropium. — Fam. des Borraginées. — Originaire du Pérou.)

Syn. all. Sonnenröschen; Sonnenwende.

Annuel (vivace en serre). — L'Héliotrope est une de plantes d'ornement les plus précieuses que nous ayons et une des plus généralement cultivées. Cet arbrisseau peut atteindre 1 mètre à 1^m,50 de hauteur. Ses fleurs bleuâtres se succèdent abondamment pendant une grande partie de l'année et même toute l'année lorsqu'on cultive cette plante en serre; l'odeur de vanille de ces plantes est très agréable et elles conviennent très bien à la confection des bouquets.

L'Héliotrope est ordinairement cultivé comme une plante de serre; cependant on le sème sur couche en février, en le repiquant sur couche; on met ensuite les jeunes plants en pots ou en pleine terre, dans un sol meuble et frais, à une bonne exposition, en donnant pendant l'été des arrosements fréquents. De cette façon, on obtient une floraison en automne la première année des semis; voilà pourquoi nous disons que l'Héliotrope peut être cultivé comme une plante annuelle. L'Héliotrope craint le froid et surtout l'humidité et aime la lumière; dans la serre ou sous châssis, il faut le placer près du verre, au grand jour, et en pleine terre, le planter en plein soleil.

La germination des graines d'Héliotrope étant assez capricieuse, on le multiplie en automne avec des boutures faites sous cloches ou sous châssis; à cette époque de l'année, on fait les boutures avec les parties ligneuses et aoûtées des rameaux; au printemps, on se sert des parties herbacées du sujet qu'on fait pousser sous châssis ou en serre. Pour donner de la végétation à ces boutures, on pince les extrémités des rameaux; cette opération facilite la reprise des sujets, en même temps qu'elle les fait ramifier. Le semis est cependant préférable; les plants qui en proviennent sont plus vigoureux et plus florifères.

Variétés. — *Héliotrope du Pérou*. Très odorant. — *H. à grandes fleurs*. — *H. Triomphe de Liège*. Variété très belle à fleurs grandes. — *H. de Volterra*. Très vigoureux, à feuilles d'un vert sombre, à fleurs très nombreuses, très grandes, très foncées et très odorantes. — *H. Roi des Noirs*. — *H. d'Hiver* ou *Tussilage odorant*. Très rustique; aime les endroits abrités; ses fleurs se succèdent de novembre en février. — *H. Madame Bruant*. De taille moyenne, vigoureuse, ramifiée, très florifère et bien odorante, cette variété est d'au moins trois semaines plus précoce que les autres. Elle donne pendant la bonne saison de nombreux et beaux épis d'un coloris violet, et sa floraison se prolonge pendant tout l'hiver, si on la rentre en serre. Se reproduit assez fidèlement de semis. Très bonne plante pour décorer les massifs et pour la confection des bouquets.

HÉLIOTROPE faux. (Voir *Tournefortie.*)

HIBISCUS. (Voir *Ketmie.*)

HORDEUM jubatum.
(Fam. des Graminées. — Originaire de l'Amérique septentrionale.)

Syn. fr. Orge à épi en crinière.

Cette belle graminée *annuelle*, à tige de 50 à 60 centimètres, s'emploie avantageusement pour la formation des bordures ou pour faire des groupes dans les endroits élevés ; ses épis ondulés, de 10 à 12 centimètres de long, sont d'un effet des plus pittoresques. Les fleurs coupées conviennent très bien pour bouquets et garnitures de vases. Cette plante se sème en septembre, en pépinière ; on repique les jeunes plants au pied d'un mur au midi dans un sol léger et on les met en place en avril, en laissant entre les pieds un espacement de 30 à 40 centimètres, On peut aussi semer cette graminée en avril, en place ou bien en pépinière ; on éclaircit les plants ensuite, laissant entre eux une distance de 20 centimètres environ. Les semis d'automne sont préférables : les plantes sont plus vigoureuses et le complet développement des épis a lieu alors de juin jusqu'en octobre. La floraison des plantes semées au printemps n'a lieu qu'en août et se prolonge jusqu'au milieu de l'automne.

HOUBLON.
(Humulus. — Houblon du Japon. — Fam. des Cannabinées. — Originaire du Japon septentrional.)

Annuel. — Plante vigoureuse à tige robuste rameuse dépassant souvent 5 mètres de hauteur ; les fleurs sont disposées en grappes rameuses; végétation très rapide. On doit la semer en pleine terre en pépinière dès le printemps après la récolte des graines. Les plants sont mis en place dès qu'ils sont suffisamment développés.

HUGÉLIE. (Voir *Didiscus cœruleus.*)

IMMORTELLE.

(Hélichryse. — Helichrysum bracteatum. — Fam. des Composées. Originaire de la Nouvelle-Hollande.)

Syn. fr. Immortelle de la Malmaison. — **Esp.** Siempreviva encarnada. — **Angl.** Eternal Flower. — **All.** Strohblume. — **Ital.** Perpetuini. — **Port.** Perpetua larga.

Immortelle à bractées double.

Plante *annuelle* d'ornement, donnant des fleurs variées de couleurs, qui se succèdent à profusion pendant tout l'été et jusqu'aux gelées; sa tige s'élève de 80 centimètres à 1 mètre et plus. Les semis se font en septembre en pépinière; on repique et on hiverne en mars-avril, à 35 centimètres de distance, dans un terrain léger et, autant que possible, en plein soleil. En juin, les plantes commencent à fleurir abondamment. On sème aussi sous châssis en mars, pour mettre en place en mai, ou bien les semis se font en pleine terre en hiver; on repique ensuite le plant dans une terre ordinaire à bonne exposition. En faisant sécher les fleurs la tête en bas dans un lieu obscur, elles se conservent pendant plusieurs années avec leurs couleurs, et entrent dans la confection des bouquets de graminées.

Variétés. — *Immortelle naine de la Malmaison*. Plante très florifère, trapue, à tige ramifiée s'élevant à 40 centimètres. — *I. à bractées* ou *de la Malmaison*. Plante très vigoureuse, haute de 1 mètre, à capitules volumineux et très larges. — Nous recommandons l'*Immortelle double naine jaune cuivrée*. Variété naine de l'Immortelle à bractées, double ou monstrueuse; plante trapue, ramifiée, ne s'élevant guère au delà de 30 centimètres; très convenable pour bordures. — *I. Brachyrhynque*. Se sème ordinairement en août-septembre; demande plus particulièrement un terrain léger et sain et une exposition chaude; sa tige s'élève à 30 centimètres. Les fleurs coupées avant leur épanouissement complet et séchées se conservent parfaitement et sont très propres à la confection des bouquets d'hiver. — *I. d'Orient* ou *I. jaune* (*Gnaphalium orientale*). Généralement employée pour les bouquets et les couronnes funéraires; elle est cultivée pour ces derniers objets en grand à Ollioules, dans le Var. Cette Immortelle jaune exige l'orangerie l'hiver. Elle ne donne pas de graines et se multiplie d'éclats et de boutures; elle est d'une conservation difficile dans nos contrées, car elle redoute extrêmement l'humidité. On peut la cultiver en pots à fond drainé qu'on abrite l'hiver en serre ou en orangerie sur des tablettes le plus près possible de la lumière.

IMMORTELLE annuelle.

(*Xeranthemum annuum.* — *Fam. des Composées.* — *Originaire de l'Europe méridionale.*)

Syn. fr. Immortelle de Belleville.

Par l'élégance et surtout la durée de leurs fleurs, ces plantes méritent avoir une bonne place dans les jardins ; leur tige atteint 60 centimètres de hauteur ; les fleurs sont purpurines ou blanches, simples ou doubles, et fleurissent du mois de juin en octobre, conservent leur forme et leurs couleurs, quand elles sont desséchées. On les sème en place en septembre en pépinière ; on repique le plant à bonne exposition pour le garantir des grands froids avec de la litière et on le met en place en avril dans une terre légère et à exposition chaude. On peut semer aussi ne place ou en pépinière, en avril ; dans ce cas on repique toujours les plants avec la motte.

Variétés. — *Immortelle superbe blanche* et *superbe violette*. Race très belle et très propre à la confection des bouquets.

IMPATIENTE.

(*Impatiens Sultani.* — *Fam. des Balsaminées.* — *Originaire de l'Afrique tropicale.*)

Syn. fr. Balsamine de Zanzibar.

Annuelle (*vivace* en serre). — Plante d'une beauté exceptionnelle, portant des fleurs d'un rouge carminé brillant. Quoique ces plantes exigent la serre chaude sous notre climat, il n'en est pas moins vrai que nous pouvons les utiliser, pendant les cinq mois les plus chauds de l'année, à la formation de corbeilles, à une exposition demi-ombragée. Elles réclament un sol léger, bien terreauté. Leur multiplication s'opère facilement par boutures de rameaux, prises sur des pieds cultivés en serre chaude. Les plantes relevées de la pleine terre, mises en pots, en serre chaude, continueront à fleurir tout l'hiver.

Les semis se font en mars-avril sur couche ou en serre ; on repique de même en serre, en habituant peu à peu le plant à la température extérieure.

IONOPSIDIUM acaule.

(*Fam. des Crucifères. — Originaire de l'Algérie.*)

Syn. latin. Cochlearia acaulis. — **Angl.** Violet Cress.

Plante *annuelle* très gracieuse, qui s'emploie soit en bordure, soit pour garnir des vases, des rocailles, des terrains sous bois ; vient sur les dunes, au bord de la mer et dans des terrains sableux. Nous ne saurions dire assez combien cette plante s'accommode de tous les sols et de toutes les expositions. L'Ionopsidium réussira très bien dans les endroits humides et ombragés, dans les cours et jardins de ville, qui ne sont jamais visités par les rayons du soleil ; dans les grands jardins, il ornera les clairières, les massifs sous l'ombre des arbres.

Les semis se font en août-septembre en place, en recouvrant très peu les graines ; la floraison commence en novembre et continue jusqu'en mars-avril. Dans nos contrées, en semant en janvier-février-mars, à l'abri, on obtient une jolie floraison pendant tout le printemps. L'Ionopsidium forme de très jolies petites touffes basses de 12 à 15 centimètres de hauteur, se couvrant de fleurs petites, élégantes, d'une teinte violacée ou blanc lilas ; les fleurs sont en si grand nombre que les feuilles en sont presque cachées. Le principal mérite de cette plante est de croître rapidement, de fleurir cinq à six semaines après le semis et de venir dans les endroits ombragés où les autres plantes fleuries ne peuvent pas réussir.

IPOMÉES variées.

(Ipomœa volubilis. — Fam. des Convolvulacées. — Originaire de l'Amérique méridionale.)

Syn. fr. Volubilis; Liseron. — **Angl.** Convolvulus major; Morning Glory. **Ital.** Campanella. — **Port.** Corriola.

Plantes *annuelles* et grimpantes, à végétation très rapide, garnissant et ornant très bien les treillages, berceaux et murailles. Leurs tiges atteignent 2^m,50 à 3 mètres. Il faut les semer au printemps en place, en terre légère et substantielle et à exposition chaude et ensoleillée. Pour hâter la croissance et la végétation, donner de fréquents arrosements. Les Ipomées Volubilis commencent à donner en juin et pendant tout l'été, jusqu'aux premiers froids de l'automne, des fleurs en forme de clochettes : bleues, blanches, rouges, jaunes, violet foncé, écarlates.

Variétés. — *Ipomée pourpre.* — *I. à feuille de lierre marbrée.* Fleurs bleues ou fond blanc sablé de rouge. — *I. à limbes bordés.* Superbe variété vigoureuse à feuillage ample, à fleurs pourpre violacé, largement bordées de blanc. — *I. remarquable (Bona nox).* Cette dernière variété, à la tige volubile élevée de 3 mètres, est de plus garnie d'aspérités qui la rendent épineuse; elle demande beaucoup de chaleur et une exposition bien ensoleillée; il ne faut pas la semer en place avant le mois d'avril; attendre le moment où les gelées ne sont plus à craindre. Cette espèce est aussi remarquable par son beau feuillage que par la forme et la couleur de ses fleurs, qui passent du rose tendre ou lilacé satiné au rouge violet. Les fleurs s'épanouissent ordinairement l'après-midi ou au soleil couchant et restent ouvertes jusqu'au matin.

IPOMÉE du Mexique.

(Mexicana grandiflora alba.)

Syn. angl. Moonflower.

Annuelle (*vivace* en serre et dans les pays chauds). — Superbe espèce qui se distingue des variétés précédentes par ses fleurs très grandes, blanches et très odorantes. Il faut à cette espèce un climat très chaud; sa tige est *annuelle*; mais sa racine est vivace dans nos contrées où on peut la laisser dehors l'hiver, pourvu qu'on l'abrite par une légère litière pendant les grands froids. Il faut la semer fin avril en place, en terre légère, à bonne exposition. Si on observe toutes ces conditions de chaleur, on obtiendra une plante vigoureuse, donnant des fleurs en abondance, garnissant et ornant très bien les murailles, terrasses, grilles et balcons.

Variétés. — *Ipomée Nil* ou *Liseron de Michaux*. — *I. à feuilles de lierre*. — Ces deux variétés se ressemblent beaucoup; elles donnent des fleurs moyennes d'un bleu azur très gai; elles sont moins frileuses et moins délicates que l'Ipomée du Mexique.

IPOMÉE QUAMOCLIT.

Syn. fr. Jasmin rouge de l'Inde; Quamoclit commun. — **Lat.** Convolvulus pennatus; Quamoclit vulgaris.

Il est peu de plantes *annuelles* grimpantes aussi élégantes que cette Ipomée. Tige volubile de 2 à 3 mètres. Sa végétation est très rapide et elle produit pendant très longtemps des grappes de fleurs nombreuses, petites, écarlates et pourpre vif. Faire les semis clairs en mars-avril, sur couche et en pots; mettre ces plants en place en mai, en terre légère et à une exposition chaude.

Variété. — *Ipomée quamoclit cardinal*. Fleurs d'un écarlate très vif ou blanches.

IPOMOPSIDE élégante.

(*Ipomopsis elegans*. — *Fam. des Polémoniacées*. — *Originaire de l'Amérique boréale*.)

Syn. latin. Cantua picta. — **Angl.** Standing Cypress.

Bisannuelle. — L'Ipomopside est une des plus charmantes plantes que l'on puisse voir avec sa tige droite de

1 mètre à 1m,50, garnie de nombreux rameaux qui se couvrent, en juillet-août-septembre, de grappes de fleurs écarlates, ponctuées intérieurement de pourpre brun; la floraison commence par le sommet des rameaux et continue en descendant. Les semis se font en place ou en pépinière, en août-septembre; on abrite le plant pendant l'hiver avec de la litière ou des feuilles; on le transplante au printemps en place dans une terre saine, légère et substantielle en même temps, en recherchant autant que possible une exposition chaude, car cette plante redoute beaucoup l'humidité et les gelées blanches. En pinçant l'extrémité de la tige avant que les boutons ne commencent à se montrer, on obtiendra des plantes ramifiées au sommet et formant un candélabre du plus bel effet.

VARIÉTÉS. — *Ipomopside de Beyrich*. Les fleurs de cette espèce sont d'un beau rouge écarlate. — *I. jaune*. Les fleurs sont jaune nankin. — *I. superbe*. Fleurs plus grandes et d'un rouge vif.

JULIENNE des Jardins.

(*Hesperis matronalis.* — *Fam. des Crucifères.* — *Indigène.*)

Syn. fr. Cassolette; Julienne des Dames. — **Ital.** Violacciocco forastiero.
Angl. Rocket. — **All.** Nachtviole. — **Esp.** Hespero.

Cette plante *vivace* croît communément à l'état sauvage dans les taillis et les buissons des bois et des grands parcs; la culture l'a perfectionnée et elle est très répandue dans les jardins pour l'arome suave et puissant de ses fleurs simples, blanches ou violettes. La culture de la Julienne des Jardins doit être encouragée; c'est une belle plante très rustique et très facile à cultiver si on la traite par le semis comme plante *bisannuelle*.

Assez délicate, elle veut une exposition chaude et une terre franche, substantielle et conservant de la fraîcheur; dans ces conditions, la Julienne atteint rapidement un très beau développement; sa tige qui est rameuse s'élève de 50 à 75 centimètres. Les Juliennes à fleurs simples se sèment de mars en juillet, et on repique les plants en place à la fin de l'été ou en automne, ou bien au printemps suivant, à 40 ou 50 centimètres de distance. La floraison a lieu au mois de mai suivant et se prolonge jusqu'à la fin de juillet. — *Julienne des Jardins simple naine blanc pur*. Très florifère, excellente pour bouquets. — Nous recommandons une nouvelle variété : la *Julienne des Jardins simple naine violette*, qui est une excellente plante *vivace*, haute de 50 centimètres, formant des touffes larges, compactes et garnies d'une multitude de fleurs violettes de la même teinte que la Julienne des Jardins ordinaire. Aussi rustique que cette dernière, elle lui est préférable par sa taille basse qui la rend plus propre pour former des massifs ou garnir des plates-bandes. Par la culture on a obtenu des variétés à fleurs doubles, carnées ou violettes.

Les *Juliennes doubles* ne donnent pas de graines; on les multiplie par la division des pieds qui se fait soit de bonne heure au printemps, soit, et mieux, en été, après la floraison; on lève le pied, on éclate les rejetons et les rameaux inférieurs que l'on coupe aux articulations, en laissant à chacun deux ou trois yeux; on les plante comme des boutures dans une bonne terre, à l'ombre, en ayant bien soin d'abriter les plants jusqu'à l'enracinement de ces boutures, qui donneront des fleurs l'année suivante au printemps. Les fleurs de Julienne double ou pleine sont recherchées pour la garniture des vases et la confection des bouquets. Cette plante est aussi particulièrement propre pour l'ornementation des plates-bandes et des massifs de presque toutes les parties des jardins. Le chevelu abondant dont les racines de Julienne sont pourvues permet de les transplanter presque toute l'année, même au moment de la floraison, sans qu'elles paraissent en souffrir.

JULIENNE de Mahon.

(Hisperis maritima. — Fam. des Crucifères. — Indigène.)

Syn. fr. Giroflée de Mahon; Gazon de Mahon. — **Lat**. Cheiranthus maritimus; Malcolmia maritima. — **Angl**. Virginian Stock. — **All**. Meerlevkoye. — **Esp**. Hespero. — **Ital**. Violacciocchino di Mare.

La Julienne de Mahon est une des plantes d'ornement les plus répandues et les plus populaires que l'on retrouve sur les fenêtres et dans les appartements; dans le plus petit comme dans le plus grand jardin; elle semble affectionner particulièrement le voisinage des habitations et le pied des murailles; elle forme de très jolies bordures qui durent très longtemps; on fait avec cette plante de jolis massifs qui, en touffes égarées sur les pelouses, produisent un très joli effet. Les semis de Julienne se font toute l'année dans notre région, en tout terrain; mais ordinairement ils se font en septembre ou en mars-avril en place, en laissant entre les pieds un espacement de 10 centimètres lorsqu'on éclaircit les plants. Leurs fleurs sont de couleur lilas, violettes, blanches ou rouges. Les tiges atteignent 20 à 30 centimètres de hauteur.

La *Julienne de Mahon à fleurs blanches*, placée à côté de la variété à fleurs roses, fait un mélange de couleurs qui plaît.

Variétés nouvelles que nous recommandons : *Julienne de Mahon d'un rose vif*. Très florifère et de floraison prolongée. Cette variété est très ramassée et très touffue. — *J. de Mahon à grandes fleurs blanches*. Les fleurs sont plus larges que dans les autres variétés; d'un blanc pur à leur épanouissement, elles prennent une teinte rosée en vieillissant. Excellente plante pour être cultivée en pots ou pour faire des bordures.

A Paris on cultive beaucoup en pots les Juliennes de Mahon. Nous sommes étonnés qu'on ne pratique pas davantage ce mode de culture dans notre région. Ces plantes en pots durent longtemps et produisent un très joli effet.

KETMIE.

(Hibiscus. — Fam. des Malvacées. — Originaire de l'Amérique septentrionale.)

Syn. all. Eibisch.

Vivace. — Grande plante portant en juillet des fleurs très grandes, blanches à onglets bruns, qui durent quelquefois jusqu'en octobre. Les semis se font en mars-avril, en pépinière ou en terrines, ou bien en pots que l'on hiverne sous châssis. On met ensuite les plants en place en avril-mai, de 75 centimètres à 1 mètre de distance, en terre franche et profonde, en ayant soin d'arroser ces plants pendant l'été. Les Ketmies sont des plantes à rameaux étalés puis dressés s'élevant à environ 50 centimètres.

Variétés. — *Hibiscus roseus.* Fleurs très grandes d'un beau rose. — *Ketmie militaire.* Tiges de 1^m,30; fleurs d'un beau rose foncé. — *K. de Thunberg.* Cette plante peut être cultivée comme plante *annuelle.* — *K. des Marais* ou *palustre.* Les fleurs sont d'un blanc légèrement carné entouré d'un cercle purpurin; demande un sol profond et sec.

KETMIE d'Afrique à grandes fleurs.

(Hibiscus Africanus. — Fam. des Malvacées. — Originaire de l'Afrique australe.)

Syn. latin : Hibiscus grandiflorus.

Annuelle. — Cette plante doit être très employée pour former des massifs, garnir des plates-bandes et des corbeilles; elle produit un fort bon effet. Cette espèce diffère de la précédente par ses feuilles qui sont plus profondément lobées et par ses fleurs qui sont sensiblement plus grandes. On la sème pendant tout le printemps en place, en terre douce et à exposition ombragée; la corolle de la fleur est d'un jaune nankin avec une tige noire, pourpre à la base des pétales. Sa tige s'élève à environ 50 centimètres; la floraison se prolonge du mois de juillet à la fin de septembre. On peut la semer sous châssis en mars, pour la repiquer en pleine terre en mai. Ces Ketmies produisent un bon effet dans les parterres, on les emploie de préférence pour orner les plates-bandes.

Variété. — *Ketmie vésiculeuse. Annuelle;* fleurs en forme de cloche d'un jaune nankin, tachetées de noir pourpre ou velouté à la base. La floraison a lieu de juillet en septembre.

LAGURUS ovatus.

(*Lagure à épi ovale. — Gros Minet. — Fam. des Graminées.*)

Syn. ang. Harl's Tail Grass. — **All.** Sammetgras.

Indigène; annuelle et bisannuelle. — Graminée d'ornement, à épis laineux; cette plante fait bien dans les plates-bandes et en bordures, avec ses touffes élégantes s'élevant de 25 à 30 centimètres. Les semis se font en septembre en pots; on les hiverne sous châssis et on les transplante à demeure en avril, à 40 centimètres de distance. On sème aussi en avril en place, en terre légère et à bonne exposition. Cette graminée s'emploie beaucoup pour la confection des bouquets d'hiver et perpétuels.

LAMARKIA doré.

(*Fam. des Graminées. — Originaire de l'Europe méridionale.*)

Syn. latin. Chrysurus cynosuroïdes.

Annuelle. — Graminée ornementale atteignant 20 à 25 centimètres de hauteur; très bonne pour la formation des bordures dans les terres sèches et légères. Cette plante est garnie de feuilles planes et forme de petites touffes, portant des épillets qui jaunissent et deviennent luisants et soyeux. Semer en place, en avril-mai.

LANTANA Camara.

(*Fam. des Verbénacées.* — *Originaire de l'Amérique du Sud.*)

Arbrisseau *vivace*, ligneux, de 1^m,30 de hauteur, de serre tempérée, donnant avec profusion des fleurs blanches, jaunes ou rouges depuis le milieu de mai jusqu'à la fin de septembre, et jusqu'en octobre, s'il ne survient pas de gelées blanches trop précoces à l'arrière-saison. Les semis peuvent se faire sous châssis, sur couche, en février-mars, ou bien en terre de bruyère dans des terrines placées dans la serre froide. Le jeune plant se met à fleurir presque immédiatement; cependant, les fleurs ne sont vraiment belles que la deuxième année après le semis. On rentre à la fin de septembre quelques touffes de Lantana dans la serre froide; elles continuent à fleurir et fournissent des boutures pour la multiplication, au printemps de l'année suivante. Le bouturage des Lantanas se fait en serre chaude et sous cloche du 15 février en avril; si on l'effectue plus tard on le fera sur couche seulement. Dès que ces boutures faites en godets sont enracinées, on les sort de la serre pour les rempoter dans des vases plus grands. Le plant obtenu de boutures de Lantana fleurit immédiatement comme celui de semis. On mélange dans les massifs les variétés à fleurs jaunes, couleurs de feu, roses, lilas et blanches. Cultivés en pots, ils fleurissent tout l'été en plein air, et rentrés en orangerie ou en serre tempérée, ils continuent tout l'hiver à donner des fleurs.

VARIÉTÉS. — *Lantana du Mexique.* — *L. odorant.* — *L. à fleurs blanches.* — *L. de Sellow.* — *L. bicolor.*

LARME DE JOB

(*Coix lacryma.* — *Fam. des Graminées.* — *Originaire des Indes.*)
Syn. fr. Herbe à Chapelet. — **Angl.** Job's Tears. — **All.** Thränengrass.
Esp. Lagrimas de Moises.

Annuel; vivace. — Chaumes touffus rameux, élevés de 80 centimètres à 1 mètre; les feuilles sont planes, larges, rubanées à la façon de celles du maïs; à cause de son feuillage, cette plante fait assez bien pour l'ornement des pelouses dans les grands jardins paysagers. Cependant, c'est surtout à cause de la singularité de ses fruits que cette plante a été introduite dans les jardins. Avec les graines de cette graminée, on confectionne des chapelets et des colliers. Les branches feuillées sont très recommandables pour garnitures de vases. Les semis se font en place en avril-mai, dans un sol léger et à bonne exposition; pendant l'été, la Larme de Job réclame de fréquents arrosements.

On la cultive comme plante annuelle; elle est même vivace en pleine terre dans les départements de l'extrême Midi.

Variétés. — *Coix exaltata.* — *C. élevé,* à tiges plus élevées, plus nombreuses et plus touffues que dans le *C. Lacryma,* mais à grain plus petit, moins joli et de maturité plus tardive.

LAVATÈRE à grandes fleurs.

(*Lavatera trimestris.* — *Fam. des Malvacées.* — *Originaire de l'Europe méridionale.*)
Syn. fr. Mauve fleurie. — **Angl.** Tree-Mallow. — **All.** Malve.

Annuel. — Jolie plante rustique, ornementale, aux fleurs roses ou blanches avec une tache violette à la base. Les tiges sont rameuses, hautes de 80 centimètres à 1 mètre. Les Lavatères devraient se trouver dans tous les jardins, car elles sont d'une culture facile et sont très précieuses pour l'ornementation des plates-bandes et des corbeilles où leur floraison se prolonge depuis le mois de juin jusqu'en septembre.

Les Lavatères se sèment en plein air et sur place pendant tout le printemps, dans une terre substantielle et fraîche, à toute exposition; il faut arroser fréquemment durant les sécheresses.

Lavatère à grandes fleurs.

Variétés. — *Lavatère en arbre* ou *Mauve en arbre*. Grande plante *vivace* dans nos contrées, très ramifiée, ayant le pied d'un petit arbre; vient dans tous les terrains. — *L. d'Hyères. Vivace*; tige de 1ᵐ,50. Cette variété demande beaucoup de chaleur; ses feuilles sont persistantes; elle donne en juin-août de nombreuses fleurs roses. On peut la cultiver comme plante annuelle, ou autrement il faut la rentrer l'hiver en orangerie. — *L. en arbre à feuille panachée*. Feuillage vert franc, taché et marbré de jaune ou blanc jaunâtre.

LAYIA.

(*Layia elegans*. — *Fam. des Composées*. — *Originaire de Californie*.)

Syn. latin. Madaraglossa elegans.

Annuel. — A tiges très rameuses et à ramifications très étalées, hautes de 30 à 40 centimètres, formant une touffe bien garnie sans être trop compacte; les fleurs ont des ligules jaune d'or, légèrement bordé de blanc, avec disque jaune. Les plantes se plaisent dans les sols calcaires, sablonneux, et ne craignent pas le grand soleil.

Les semis s'exécutent en mars-avril, sur couche ou en pépinière, et on plante fin mai; la floraison a lieu de juillet en septembre.

On peut semer le Layia en juillet-août; repiquer sous châssis; floraison l'année suivante de mai en juillet.

LEPTOSIPHON Androsace.

(Leptosiphon Androsaceus. — Fam. des Polémoniacées. — Originaire de Californie.)

Délicieuse petite plante *annuelle* dont la tige atteint 15 à 30 centimètres de hauteur et qui forme des touffes charmantes gazonnantes, d'un vert brillant et foncé rappelant un peu l'aspect d'une mousse et se couvrant pendant tout l'été d'une quantité innombrable de petites fleurs en corymbes rose tendre, violacées, blanches ou jaunes. Avec cette plante on fait de charmantes bordures, de beaux massifs en plein soleil, ce qui est nécessaire pour le complet épanouissement de ces plantes.

Les Leptosiphons se sèment sur place en plein air pendant tout le printemps, en laissant entre chaque pied, lors de l'éclaircissage, un espacement de 15 centimètres. On effectue aussi les semis en automne en pépinière; on repique ensuite et on hiverne les jeunes plants sous châssis pour les mettre en place définitivement en mars. La floraison aura lieu en mai-juin.

Variétés. — *Leptosiphon à grandes fleurs*. Très élégante variété, formant des touffes compactes, très ramifiées et d'une élégance exceptionnelle. — *L. jaune d'or*. Plante très petite formant de jolies bordures par la quantité de fleurs d'un jaune doré dont elle se couvre en juillet-août; cette couleur brillante la fait ressembler à une mousse. — *L. jaune*. Les fleurs sont d'une coloration d'un jaune plus pâle que la précédente variété. — *L. hybride*. Race curieuse à floraison excessivement abondante ; fleurs en forme d'étoile de très belle couleur. — *L. roseus*. Très jolie espèce. — *L. nain*. Jolie variété très rameuse et très florifère, à rameaux plus courts et plus compacts que dans les espèces décrites plus haut, ce qui la rend très convenable pour la formation des bordures. — *L. hybride blanc*. Jolie variété très naine pour bordures.

LIMNANTHE.
(*Limnanthe de Douglas à grandes fleurs. — Fam. des Limnanthées. Originaire de Californie.*)

Syn. all. Sumpfblume.

Annuel. — Plante gazonnante propre à faire des bordures, n'excédant pas 15 à 20 centimètres de hauteur ; fleurs d'un blanc transparent lamé et strié de gris de lin, jaunâtre à la base. Semer en septembre en pépinière, hiverner les plants sous châssis, les repiquer en plein air en février à une exposition abritée, pour les mettre en place en avril à environ 30 centimètres ; ou bien semer en mars-avril, sur place, en terrain frais ; éclaircir les plants. Floraison de mai en juin dans le premier cas et de juin en août dans le second.

LIN à grandes fleurs.
(*Linum grandiflorum. — Fam. des Linées. — Originaire de l'Algérie.*)

Esp. Lino. — **All**. Flachs. — **Angl**. Flax. — **Port**. Linho.

Annuel. — Par l'abondance de ses fleurs, par leur beauté, par leur coloris et surtout par la durée de sa floraison, le Lin à grandes fleurs rouge éclatant ou roses est une des plantes les plus recommandables pour la décoration des jardins, soit qu'on la cultive en bordures (usage auquel elle est particulièrement convenable), soit qu'on en fasse des massifs ou des groupes. La tige atteint 30 centimètres au plus en hauteur. Les semis se font en septembre, en pépinière; on repique le plant à l'abri, pour passer l'hiver, dans une terre franche, autant que possible sablonneuse; mais bien fumée. La floraison aura lieu d'avril en juillet. On sème aussi en plein air sur place, d'avril en mai, dans une terre meuble, bien fumée, en laissant entre les pieds, lors de l'éclaircissage, un espacement environ de 15 à 20 centimètres. Le Lin fleurira alors de juin-juillet jusqu'en septembre-octobre.

Lin à grandes fleurs rouges.

Le *Lin à grandes fleurs roses* est une variété très recommandable nouvellement introduite dans les cultures; elle produit le plus joli effet pour la décoration des corbeilles et des massifs.

LIN vivace.

(*Linum perenne.* — Fam. des Linées. — Originaire de Sibérie.)

Le Lin vivace a une tige grêle de 40 à 50 centimètres de haut, garnie de mai en septembre de jolies fleurs d'un bleu céleste. On le sème de mars en avril, pour le repiquer de préférence dans un bon terrain sableux situé à une exposition chaude et bien aérée; il exige, pendant la floraison qui est abondante, des arrosements fréquents.

Cette plante est *vivace*; elle use promptement le terrain; il faut la changer de place ou de terre chaque année après la floraison. On peut également la multiplier par la division des pieds à la fin de l'été ou au printemps; mais le procédé de multiplication par le semis est bien préférable; on obtient des sujets plus vigoureux et plus florifères.

Variétés. — *Lin à fleurs campanulées*. Cette variété craint l'humidité; il faut la couvrir de litière l'hiver ou la rentrer en serre froide. — *L. de Sibérie*. Sa tige atteint jusqu'à 80 centimètres de hauteur. — *L. de Lewis panaché*. Cette variété a des fleurs bleues panachées de blanc, qui ne sont pas de longue durée; mais elles se succèdent abondamment depuis mai jusqu'à la fin de juillet.

LINAIRE.

(*Linaria.* — *Linaire pourpre.* — *Linaria bipartita.* — Fam. des Scrofularinées. — Originaire d'Algérie.)

Syn. fr. Linaire à fleur d'Orchis. — **Angl.** Snap Dragon. **All.** Leinkraut.

Annuelle. — La Linaire est une charmante plante beaucoup trop délaissée; elle convient très bien pour bordures ou massifs, et tout particulièrement pour la confection des bouquets. On sème en plein air en place, de mars en mai, dans toute terre de jardin à une bonne exposition; sa tige atteint de 20 à 30 centimètres de hauteur. En juin, la Linaire donne des fleurs en grappes ou en épis pourpre violacé et blanches. Il y a dans les Linaires annuelles plusieurs plantes nouvelles très recommandables : la *Linaire du Maroc hybride variée*, belle plante basse, haute de 30 centimètres, à ramifications effilées et dressées; les fleurs, variant du rose au rouge et du lilas au violet, ont généralement la lèvre inférieure blanche, ce qui les distingue complètement des autres Linaires du Maroc.

VARIÉTÉS. — *Linaria multipunctata.* Jolie petite plante *annuelle*, haute de 10 à 15 centimètres, à fleurs jaunes très finement ponctuées de noir ; la floraison se prolonge pendant tout l'été ; cette variété est particulièrement précieuse pour faire des tapis ou des bordures. — *L. multipunctata erecta.* Charmante sous-variété de la précédente espèce, d'un port plus érigé, plus trapu et de forme plus compacte. Plante très recommandable pour bordures ; se couvre d'une quantité de petites fleurs jaunes, parsemées de taches pourpres ; la floraison dure très longtemps. — *L. aparinoïdes* hybride varié. Fleurs variant du rose au violet en passant par toutes les couleurs intermédiaires. — *L. aparinoïdes splendens.* Fleurs violet bronzé à partie inférieure tachée de jaune ; plante naine, très florifère. — *Linaire à grandes fleurs. Bisannuelle* et *vivace*. Cette belle variété donne, de juin en septembre, des fleurs en thyrse d'un bleu violacé ; elle aime les terrains secs et pierreux et craint l'humidité. On la sème à deux époques : en juin-juillet ou en avril-mai. On couvre le jeune plant pendant les gelées ou on l'hiverne sous châssis.

LINAIRE cymbalaire.

(*Linaria cymbalaria.*)

Syn. fr. Lierre des murailles ; Lierre fleuri. — **Angl.** Kenilworth Ivry. — **All.** Frauenflachs.

Vivace. — Cette plante aime les lieux rocailleux, les murailles, les ruines où elle se ressème naturellement ; elle croît à toutes les expositions, mais elle semble affectionner l'ombre. Elle convient très bien à l'ornementation des rocailles et des rochers factices, et pour mettre dans des vases à suspension. Sa tige s'élève à une hauteur de 30 centimètres environ.

On la sème sous châssis en mars, dans une terre légère bien drainée ; ou en pleine terre, d'avril en juin, dans une terre légère, sableuse et à l'abri des eaux stagnantes, en recouvrant très peu les graines ; l'année suivante, en août, elle donne des fleurs petites, de couleur lilas et jaune. La Linaire cymbalaire se multiplie aussi par la séparation des touffes.

LIPPIE.

(Lippia. — Lippia filiformis. — Lippie blanchâtre. — Lippie canescens. Fam. des Verbénacées. — Originaire du Pérou.)

Syn. latin. Lippia repens.

Vivace. — Plante rampante, formant de très beaux tapis de gazon dans le midi de la France. Le Lippia est très rustique; il vient dans tous les terrains bien disposés au soleil, se couvre de très petites fleurs d'un lilas clair, qui commencent à s'épanouir en juin-juillet et se succèdent abondamment jusqu'aux gelées. Cette plante ne donne pas de graines; mais se multiplie avec une facilité extrême au printemps, en été ou en automne, de boutures de ses rameaux qui s'enracinent très facilement, ou par la division des pieds, qui doit être pratiquée au printemps.

LIS. (Voir *Oignons à fleurs.*)

LOASA orangé.

(Loasa aurantiaca. — Fam. des Loasées. — Originaire du Chili.)

Syn. latin. Cajophora lateritia.

Plante *vivace* du Chili; *annuelle* en pleine terre. — Sous notre climat, des pieds élevés en pots et rentrés en serre peuvent vivre plusieurs années. Le Loasa est une plante grimpante pouvant s'élever à 2 ou 3 mètres et plus; les feuilles sont piquantes comme des orties et leur piqûre peut occasionner des pustules. Par sa végétation rapide, l'abondance et la durée de sa floraison et surtout par la conformation et la couleur exceptionnelles de ses fleurs, d'un rouge orangé brique, le Loasa orangé et le Loasa panaché sont deux de nos plus jolies plantes grimpantes, en même temps que des plus curieuses. Les semis se font en pépinière, en septembre-octobre, en terrain sain, en recouvrant très peu la graine ; on repique le plant en pots à fond drainé qu'on hiverne sous châssis froid ou en serre tempérée jusqu'à la plantation à demeure qui a lieu en avril-mai, contre un mur à bonne exposition, en ayant soin de laisser entre les pieds un espacement de 60 à 75 centimètres.

La floraison a lieu dans ces conditions tout l'été, de juin en octobre. On peut aussi semer sur couche en mars-avril, on repique en pots qu'on laisse sous châssis et on met les plants à demeure en mai; la floraison n'a lieu alors que d'août en octobre.

Variétés. — *Lobelia d'Herbert*, à fleurs plus grandes et d'un coloris rouge vif, plus foncé et plus intense. — *L. vulcanica* ou *L. Wallisii*, espèce nouvelle découverte par M. Ed. André, dans les montagnes de l'Amérique du Sud. Bonne acquisition.

LOBÉLIE érine. — LOBÉLIE rameuse.

(*Lobelia erinus*. — *Lobelia ramosa*. — *Fam. des Lobéliacées*. — *La Lobélie érine est originaire de l'Afrique australe*. — *La Lobélie rameuse est originaire de la Nouvelle-Hollande.*)

Syn. angl. Cardinal Flower. — **Ital.** Fior di Cardinale. — **Esp.** Escurripa.

Annuelle (*vivace* en serre). — 1° La *Lobélie érine* est une charmante petite plante à fleurs axillaires, petites, d'un bleu vif avec une aréole blanche à la gorge. Les tiges ne dépassent pas en hauteur 10 à 15 centimètres; cette plante est très touffue. On en fait des bordures, on en orne les rocailles et les bords des bassins dans les serres ou dans les jardins.

On en connaît plusieurs variétés :

Lobelia grandiflora. Cette variété est très méritante, très trapue et très florifère, aime beaucoup la terre de bruyère. — *L. Lindleyana.* Fleur d'un rose violacé, à gorge blanche sans macule. C'est une très jolie variété. — *L. erinus, Crystal Palace.* Magnifique espèce, à fleurs bleu foncé, feuilles et tiges d'une couleur violacée à reflets bronzés. — *L. compacta Kermesiana.* Variété très recommandable donnant des plantes naines, trapues et compactes, se couvrant d'une multitude de fleurs d'un coloris rose frais et vif dont la floraison se succède toute la belle saison. Cette plante est précieuse pour la culture en bordures et, employée à cet usage, elle fait un effet ravissant; cultivée en pots, on en obtient des potées magnifiques; enfin, en l'associant aux autres coloris de ce genre, on peut en faire des corbeilles de toute beauté. —*L. erinus nain double.* Nouvelle race naine très intéressante, formant de jolis tapis et des touffes qui ne dépassent pas 10 centimètres de hauteur. — *L. gracilis erecta alba.* Plante naine touffue, très florifère.

2° *Lobélie rameuse.* Plante annuelle à ramifications parfaitement régulières, formant des touffes très ramassées; les tiges sont grêles, étalées puis dressées, hautes de 15 à 25 centimètres, et les fleurs larges, d'un bleu céleste, bordées de blanc à l'extérieur. (Il y a dans cette espèce des variétés à fleurs blanches et à fleurs roses.)

La Lobélie rameuse est très florifère, mais elle est un peu délicate; elle exige un sol léger et perméable et cependant qui conserve la fraîcheur pendant l'été; aussi il est bon de couvrir le terrain, autour de ces plantes, d'un lit de mousse ou d'un paillis de feuilles mortes qui y entretient la porosité et la fraîcheur. Cette Lobélie rameuse fera très bien cultivée en massifs et mieux en bordures. Du reste, toutes ces plantes sont très décoratives; élevées en pots, elles ornent parfaitement les fenêtres et les balcons, décorent avantageusement les grottes, rochers factices et rocailles, soit en plein air, soit en serre. Toutes ces *Lobélies érines* et *rameuses* ont des graines très fines qui devront être recouvertes à peine ou simplement appuyées sur le sol; le semis devra se faire préférablement en pots ou en terrains à fond drainé et en terre légère sableuse, celle de bruyère de préférence.

Les semis se font en août-septembre en pépinière; on repique ensuite le plant en pots (3 à 4 plants par pot), on l'hiverne sous châssis ou en serre tempérée. Le repiquage se fait ensuite à demeure en pots fin avril, ou on les met en pleine terre pour la formation des massifs, en les espaçant de 30 à 40 centimètres. La floraison a lieu depuis le mois de mai jusqu'en septembre. On sème aussi en mars-avril sur couche et sous châssis pour repiquer en plein air dans une terre légère, fraîche en été, et à une exposition chaude. Les Lobélies fleuriront alors, par ce mode de culture, depuis le mois de juin jusqu'aux gelées.

LOBÉLIE cardinale écarlate.

(*Lobelia cardinalis fulgens.* — *Originaire du Mexique.*)

Syn. latin. Rapuntium fulgens. — **Angl.** Cardinal Flower. **Ital.** Fior di Cardinale. — **Esp.** Escurripa.

Vivace. — Belle plante, à tige simple de 50 à 60 centimètres; donne en juin des fleurs très grandes à grappes droites, d'un beau rouge écarlate. Les semis se font d'avril en juin à l'air libre, en pépinière à l'ombre et préférablement en terre de bruyère; ne pas recouvrir la graine, l'appliquer seulement sur le sol, abriter les jeunes plants pendant l'hiver; on les met en place au printemps, en les espaçant de 30 à 40 centimètres suivant la force des pieds.

La floraison aura lieu pendant une partie du printemps et de l'été; arrosements fréquents pendant la floraison. Les semis peuvent se faire aussi sous châssis ou sous cloche dès la maturité des graines.

La multiplication de cette Lobélie et des autres variétés vivaces que nous allons décrire plus bas se fait aussi par la séparation des rejetons en automne ou de boutures au printemps.

Les espèces de ce genre sont très délicates et craignent excessivement l'humidité. Elles exigent une terre forte et légère à la fois (moitié terre franche, moitié terre de bruyère), profonde, bien drainée, une exposition un peu ombragée. A l'approche des gelées, on couvrira le sol d'une bonne couche de feuilles sèches, et on détournera autant que possible les eaux des massifs aux endroits où seront plantées les Lobélies. On sera largement dédommagé des soins que réclame la culture de ces plantes par la beauté de leurs fleurs.

Variétés. — *Lobélie syphilitique.* Plante *vivace* de la Virginie; donne du mois d'août en octobre des fleurs à épis bleu clair. Cette espèce se plaît sur le bord des eaux, au soleil; elle se ressème d'elle-même. Comme ces variétés ne se reproduisent pas toujours exactement par le semis, on les multiplie aussi par la séparation des pieds après la floraison. — *Lobelia fulgens et splendens.* Originaire du Pérou; d'un rouge plus éclatant que la Cardinale. — *L. vivace hybride variée.* Nouvelle race très rustique et très florifère, récemment introduite dans les cultures; fleurs de coloris extrèmement riche, variant du rose clair au rouge cocciné et du lilas au violet bleuâtre. La culture est la même pour toutes ces variétés que pour la Lobélie cardinale. — *L. céleste.* Fleurs en épi, bleu céleste.

LOPHOSPERME grimpant.

(*Lophospermum scandens.* — *Fam. des Scrofularinées.* — *Originaire du Mexique.*)

Plante grimpante *annuelle*, *vivace* en serre; sa tige atteint 3 mètres de hauteur; aussi cette plante est très recommandable pour la décoration des treillages, des tonnelles, pour former des guirlandes et des arceaux de feuillages et de fleurs, pour dissimuler les troncs dénudés de certains arbustes, pour palisser contre les murailles. Le Lophosperme et sa variété aiment une terre saine, légère de préférence, et une bonne exposition. La multiplication se fait de boutures herbacées au printemps et mieux par le semis sur couche en février-mars ; on repique en pots sur couche jusqu'à la mise en place, en mai, en espaçant les pieds d'environ 50 à 70 centimètres. La floraison a lieu d'août en octobre ; les fleurs sont rose foncé, maculées de blanc ou de jaune. D'autres pratiquent le semis en juin-juillet en pépinière ; on hiverne alors les jeunes plants pendant l'hiver sous châssis, et on les met en place en avril-mai ; les fleurs se succèdent alors de juillet en octobre.

Variété. — *Lophosperme à fleurs roses* (*Lophospermum crubescens*). Donnant pendant tout l'été de longues fleurs roses, tubuleuses, plus grandes que celles de l'espèce précédente.

LOTIER.

(Fam. des Papilionacées.)

Lotier pourpre.

(Lotus tetragonolobus. — Originaire de l'Europe méridionale.)

Syn. fr. Lotier cultivé ; Lotier rouge ; Pois Café. — **All.** Schotenklee.

Annuel. — Plante atteignant 30 à 40 centimètres de hauteur, curieuse par la couleur de ses fleurs. On la sème sur place de mars en avril et jusqu'en mai, et sa floraison a lieu de juin en juillet ou de juillet en août.

Lotier Saint-Jacques.

(Originaire de l'Afrique.)

Annuel (vivace en serre). — Plus élevé que la variété précédente. Semer de mars-avril sur couche ; repiquer en pots ou sur couche, et mettre à demeure à la fin mai ; La floraison a lieu de juin en septembre ; fleurs d'un brun foncé.

LUNAIRE annuelle.

(*Lunaria biennis.* — *Fam. des Crucifères.* — *Originaire de l'Europe.*)

Syn. lat. Lunaria annua. — **Fr.** Herbe aux Écus ; Monnaie du Pape. **Angl.** Honesty. — **All.** Mondviole. — **Esp.** Yerba de Plata.

Bisannuelle. — Par leur port élevé, par leur taille remarquable, par la couleur et la grandeur de leurs fleurs et surtout par la précocité de leur floraison qui commence à la fin du mois d'avril, les Lunaires peuvent rendre de grands services pour l'ornementation des jardins ; d'une culture très facile, elles réussissent à peu près partout, mais préfèrent une terre franche et fraîche. Les tiges s'élèvent de 50 à 80 centimètres et jusqu'à un mètre. On sème en mai-juin en pépinière, on repique les jeunes plants en place à l'automne en espaçant les pieds d'environ 50 centimètres ; au printemps suivant, ces plantes donneront des fleurs blanches, rouges, purpurines ou panachées. — Fruits en silique aplatie très largement elliptique, arrondie aux deux bouts, à cloison brillante et satinée. On conserve l'hiver en vase cette enveloppe du fruit.

Variétés. — *Lunaire annuelle blanche.* Cette plante se distingue de la Lunaire annuelle ordinaire par ses fleurs qui sont d'un blanc pur, coloris qui se reproduit facilement par le semis. — *L. vivace.* Fleurs petites, odorantes, d'un rose clair et quelquefois d'un pourpre vif, marquées de lignes longitudinales plus foncées : fleurit de juin en juillet ; moins élégante que les espèces précédentes, elle produit cependant assez d'effet dans les plates-bandes. On la sème en pépinière en avril-mai et on la multiplie aussi par division des pieds soit à l'automne, soit de février en mars.

LUPIN.

(*Lupinus. — Fam. des Papilionacées. — Originaire de la Californie.*)

Syn. angl. Wolf's bean. — **All.** Wolfsbohne. — **Esp.** Altramuz.

Lupin polyphylle.

Annuelle. — Plante très belle et très élégante, avec laquelle on peut composer de remarquables massifs qui donnent abondamment en juillet des fleurs jaunâtre rosé, pourpres, jaune orangé, bleues, blanches, tricolores.

Les Lupins annuels supportent difficilement la transplantation ; il faut donc les semer en plein air sur place pendant tout le printemps, de préférence en terre siliceuse et sableuse ; il est à peu près impossible de les élever dans les terres calcaires; ils viennent mal dans les sols gras et argileux; ils exigent très peu d'arrosements à moins de sécheresse exceptionnelle. Suivant les variétés, les tiges de ces plantes atteignent $1^m,25$ de hauteur; alors on peut les employer à garnir les plates-bandes et les corbeilles comme à former des bordures, car il y a le *Lupin nain* qui est une jolie variété à fleurs bleues et blanches, dont les tiges ne dépassent pas 20 à 30 centimètres.

Variétés. — *Lupin changeant de Cruikshank hybride.* Un des plus beaux Lupins annuels, à fleurs bleues, blanches, jaunes, très odorantes. — *L. changeant (Lupinus mutabilis).* Plante annuelle, fleurissant tout l'été jusqu'aux gelées, portant de longs épis, de belles fleurs qui varient du blanc au bleu et au violet; odeur forte de fleur d'oranger. C'est une superbe plante, mais un peu trop élevée pour les petits jardins; sa tige s'élève de 1 mètre à 1m,20, mais par contre elle produit le plus bel effet, isolée sur les pelouses, ou en massif dans les grands jardins. — *L. pubescent.* Florifère et rustique. Sa tige s'élève à 70 centimètres; les fleurs sont panachées de bleu foncé, de violet et de blanc. — *L. polyphylle vivace.* Tige de 1m,50; le plus beau de tous les Lupins, le plus facile à cultiver, soit par l'éclat des pieds, soit par la graine qui se ressème d'elle-même. Cette plante, d'un véritable ornement, fleurit pendant tout le printemps et tout l'été; ses épis, d'un bleu rougeâtre, atteignent jusqu'à 40 et 50 centimètres de long. Il croît dans tout terrain, à toute exposition. Ses semis ont produit un grand nombre de variétés. — *L. nain varié.* — *L. hérissé.* Fleurs bleu d'azur, blanches et roses. — *L. jaune odorant.* Feuilles soyeuses argentées; porte des fleurs en épis, très odorantes. — *L. bigarré ou varié.* Tige de 50 centimètres; a des fleurs panachées de bleu ciel et de blanc. — *L. jaune soufre.* Fleurs en épis, compactes, légèrement odorantes. — *L. tricolore élégant.* Donnant de jolies fleurs panachées de pourpre et de blanc. — *L. superbe de Dunnet.* Plante d'un beau port, portant des fleurs mélangées de pourpre, de violet, de blanc et de jaune, groupées en très longs épis. — *L. hybride remarquable.* Longs épis de fleurs mélangées de pourpre, de lilas et de blanc ou de jaunâtre. — *L. gracieux.* Fleurit de juillet en septembre. — *L. de Hartweg.* Vivace (les autres variétés que nous venons d'énumérer sont *annuelles*). Belle espèce, très florifère, ornant très bien les massifs et les plates-bandes avec ses fleurs mêlées de bleu et de blanc.

LYCHNIS. (Voir *Croix de Jérusalem*.)

MADIA.

Madia élégant (Madia elegans). — Fam. des Composées. — Originaire du Chili.)

Annuel. — Propre à l'ornement des plates-bandes et des corbeilles. Les fleurs ne s'épanouissent complètement que du soir au matin; elles exhalent une odeur de melon assez prononcée. Tige rameuse au sommet, élevée d'environ 1 mètre; porte en juillet des fleurs jaunes ponctuées de brun. Cette plante n'est pas à dédaigner pour les grands jardins en plein soleil où l'on ne peut donner aucun soin; elle produit néanmoins assez d'effet. Le semis se fait sur place d'avril en mai.

MAÏS panaché.

(Maïs à feuilles rubanées. — Zea Maïs. — Fam. des Graminées.)

Syn. fr. Maïs du Japon; Maïs de Chine à feuilles panachées.

Annuel. — Ce Maïs est d'un port très ornemental avec ses feuilles vertes ramifiées et rubanées de blanc; par groupes de trois ou quatre, il produit le meilleur effet pour la décoration des pelouses et des grands jardins; on peut l'associer dans la formation des corbeilles avec des plantes à feuilles rouges ou pourpres; son feuillage fond vert rayé de blanc se détache parfaitement et plaît à l'œil.

La culture du Maïs panaché ne diffère en rien de celle du Maïs ordinaire; on sème en plein air, sur place, d'avril en mai, dans toute terre fraîche à une bonne exposition. Aux mois d'août-septembre le Maïs atteint tout son développement.

MALOPE à grandes fleurs.

(*Malopa grandiflora*. — Fam. des Malvacées. — Originaire de l'Algérie.)

Syn. fr. Fausse Mauve. — **Angl.** Mallow.

Annuelle. — La Malope est une belle plante, très convenable pour l'ornement des plates-bandes, des massifs, et pour cacher des murs; elle croît dans tous les terrains et à toutes les expositions aérées; sa tige qui est très ramifiée atteint environ 60 centimètres à 1 mètre de hauteur; elle commence à donner en juin et pendant toute une partie de l'été des fleurs d'un rose violacé ou blanches. Les semis se font sur place en plein air durant tout le printemps. La Malope réclame pendant l'été des arrosements abondants. On en fait quelquefois d'assez jolies potées en semant clair et en éclaircissant les plants dans les cas où ils seraient trop épais.

Variété. — *Malopa trifida*. Fleurs d'un rose vif.

MANDEVILLEA.

(*Mandevillea suaveolens*. — *Echites*. — Fam. des Apocynées. — Originaire de Buenos-Ayres.)

Vivace. — Arbrisseau volubile, grimpant, de serre tempérée ou froide, très odorant. Les semis se font sous châssis en mars et on repique en pots, en terre de bruyère. Le Mandevillea reprend très bien de boutures. Il végète à l'air libre contre un mur bien exposé où il passe l'hiver sous notre climat du Sud-Ouest, pourvu qu'on enveloppe le pied de litière ou de paille. En juin il porte des fleurs très grandes en entonnoir, d'un beau blanc et d'odeur suave.

Variété. — *Echites Franciscea*. Fleurs grandes, violacées. Variété à fleurs de couleur rouge.

MARTYNIA.

(Fam. des Sésamées. — Originaire du Brésil.)

Syn. lat. Martynia annua; Martynia proboscidea. — **Fr.** Martynia Cornaret; Martynia à Trompe; Cornes du Diable. — **All.** Gensenhorn.

Martynia à fleurs jaunes.

Annuelle. — Plante dont la tige atteint en hauteur 40 à 50 centimètres. La Martynia est aussi remarquable par son port, par son feuillage simple, que par la beauté et la singularité de ses fleurs, qui sont d'un blanc jaunâtre, teinté de rouge. La floraison commence en juillet. Les semis peuvent se faire au printemps en place dans une terre légère et bien fumée; si on a du vieux terreau bien consommé on fera bien de le répandre sur le sol. Pendant l'été cette plante réclame de copieux arrosements. Les graines, qui sont contenues dans une silique à bec très développé, tellement arquée qu'elle ressemble à des cornes, sont très dures; aussi avant de les semer il est bon de faire tremper les graines une journée dans de l'eau tiède.

Variétés. — *Martynia jaune.* Plante vigoureuse à feuilles larges; les fleurs sont jaunes, en épis; les fruits très nombreux sont très gros. — *M. fragrans.* Formant une large touffe; les fleurs sont grandes, pourpre violacé, à odeur de vanille.

MATRICAIRE double.

(*Matricaria Parthenioides*. — *Fam. des Composées*. — *Originaire de l'Europe méridionale.*)

Syn. lat. Anthemis Parthenioides. — **Fr.** Matricaire Mandiane.
Angl. Feverfew. — **Ital.** Amareggiola. — **All.** Mutterkraut.

Vivace. — Plante très rustique; orne très bien soit en massifs soit en bordures les jardins où elle croît presque sans soins; elle est remarquable non seulement par l'élégance et l'abondance de ses fleurs, mais encore par la longue durée de sa floraison (de juin en octobre). Les tiges dressées et rameuses sont élevées de 50 à 60 centimètres. Les semis se font à deux époques : 1º en avril-mai en pépinière. Lorsque le jeune plant est assez fort, on le repique sur place à environ 50 à 60 centimètres de distance; ce semis peut fleurir en automne de la même année; 2º on sème aussi de juin à juillet en pépinière, et en automne à une exposition abritée; on transplante le jeune plant au printemps; il donne de juin jusqu'aux gelées des fleurs doubles blanches.

Variétés. — *Matricaire double* ou *Chrysanthème Matricaire*. Cette variété quoique vivace peut se cultiver comme plante annuelle; en la semant au printemps elle fleurit en automne. — *M. inodore* ou *Pyrèthre inodore*. Très élégante variété, convenant très bien à la formation de belles bordures et de beaux massifs; se multiplie de boutures. — *M. double naine compacte*. Cette race se distingue par son port trapu et très nain, ce qui permettra de l'utiliser pour faire des bordures ou pour entourer des massifs de plantes à hautes tiges; les fleurs très nombreuses sont d'un blanc assez pur et bien doubles. — *M. très remarquable à feuilles crispées*. Variété nouvelle, haute de 50 centimètres, de forme pyramidale et compacte, remarquable surtout par son feuillage, dont les bords sont finement frisés et crispés; les fleurs doubles et d'un blanc pur ajoutent encore à la beauté ornementale de cette intéressante nouveauté.

MAURANDIA.

(Maurandie de Barclay. — Fam. des Scrofularinées. — Originaire du Mexique.)

Annuelle (*vivace* en serre). — Les Maurandies sont des plantes d'orangerie grimpantes à jolies fleurs bleues, violacées ou rouge pourpre d'un charmant effet ; palissées sur un treillage ou contre un mur, leur tige atteint de 2 à 3 mètres de hauteur. La graine de Maurandie est d'une levée assez capricieuse ; elle devra être fort peu recouverte. On peut les cultiver comme plantes annuelles, en les semant en pépinière en juillet, pour les repiquer en pots et les hiverner sous châssis ; on les met en place en avril, à l'exposition du levant contre un mur ; ou bien on sème sur couche en mars ; on repique le plant en mai, en pots ou en mettant en place à environ 60 centimètres de distance ; elle fleurit en juillet de la même année. Ces plantes se multiplient aussi de boutures en août-septembre.

Variétés. — *Maurandia à fleurs de muflier* (*M. antirrhiniflora*). Vivace ; à fleurs violacées purpurines. — *M. toujours fleurie* (*M. semperflorens*). Vivace. Fleurs nombreuses pourpres se succédant de juin en octobre. — *M. de Barclay.* Très belle espèce à fleurs très grandes, bleu violacé. Il y a dans cette race une variété à fleurs roses ou lilas.

MAUVE.

(Mauve d'Alger (Malva Mauritiana). — Fam. des Malvacées. Originaire de l'Afrique australe.)

Syn. angl. Mallow. — **All.** Malve.

Annuelle et *bisannuelle*. — Plante ornementale de 1^m,30 de hauteur ; se sème d'avril en mai sur place, en laissant entre les plants un espacement de 50 centimètres; fleurit la première année de juillet en septembre. Pour les semis faits en automne, elle fleurit l'année suivante de juin en août; fleurs d'un blanc rosé veiné ou strié de lignes pourpres ou violettes.

Variétés. — *Mauve frisée de Syrie*. Annuelle; n'a d'ornemental que son port élevé et son feuillage; fleurs blanches, petites. — *M. musquée*. Indigène; vivace; à fleurs d'un rose clair. La variété à fleurs blanches est la plus jolie; son port touffu et trapu en fait une plante assez recommandable pour garnir des plates-bandes et des corbeilles.

MÉLILOT.

(*Melilotus cœruleus* (Mélilot bleu). — Fam. des Papilionacées. Originaire de Hongrie-Bohême.)

Syn. all. Steinklee.

Annuel. — Cultivé pour son odeur agréable; la dessiccation en augmente le parfum aromatique; petites fleurs bleuâtres Elle fleurit de juillet en août et on la sème en place en mars-avril. Elle est prise en infusion pour ses propriétés toniques. Les Suisses l'emploient pour aromatiser leurs fromages.

MÉNYANTHE.

Ményanthe Trèfle d'Eau (*Menyanthus trifoliata*). — Fam. des Gentianées. Indigène.)

Syn. fr. Trèfle d'Eau; Trèfle des Marais. — **All**. Marsch Trefoil; Zottenblume. — **Angl**. Buckbean.

Vivace; aquatique. — Par ses fleurs pour ainsi dire plumeuses, se détachant sur un joli feuillage d'un vert gai, le Trèfle d'Eau est une élégante plante aquatique. Se multiplie d'éclats à l'automne ou au printemps, ou de graines qui sont très rares dans le commerce et qu'on devra semer aussitôt mûres en pots ou en terre de bruyère, qu'on tiendra constamment humide, ou le pied dans l'eau.

Les plants venus de semis une fois développés, ou les éclats, sont plantés dans des pots, des terrines, des paniers ou des baquets que l'on place à quelques centimètres sous l'eau.

MIMULUS à grandes fleurs.

(Mimulus speciosus. — Fam. des Scrofularinées. — Originaire de l'Amérique septentrionale.)

Syn. angl. Monkey Flower. — **Ital.** Mimolo. — **All.** Maskenblume.

Vivace. — Plante basse, touffue, très vigoureuse et très florifère. Il y a dans ce genre des races remarquables par la grande diversité et la richesse de leurs fleurs qui sont jaunes ponctuées de brun ou d'un bleu rougeâtre. Les tiges suivant les variétés s'élèvent de 30 à 50 centimètres. Les graines, d'une ténuité extrême, doivent être simplement répandues sur la terre ou fort peu couvertes; on peut les semer à deux époques :

1º De la fin d'août au commencement de septembre en pépinière dans une bonne terre meuble et très fine. Lorsque le plant a trois ou quatre feuilles, on le repique en pots pour l'hiverner sous châssis, et on le rempote en février pour le mettre en pleine terre fin avril, en espaçant les pieds d'environ 30 à 40 centimètres;

2º |De mars en mai sur couche; on repique sur couche et l'on met en place en mai. Dans le premier cas, les fleurs se succèdent de mai en juillet, et dans le deuxième de juin à la fin de septembre. Les semis de Mimulus réclament des arrosements abondants ; les plantes se ressèment d'elles-mêmes et fleurissent la même année. On les multiplie aussi après la floraison par la séparation des pieds.

Variétés. — *Mimulus ponctué jaune* (*M. luteus*). Vivace; originaire du Pérou; porte en juin des fleurs très grandes, d'un beau jaune. — *M. cardinal* (*M. cardinalis*). Vivace, mais qui périt lorsque l'hiver est trop humide et trop rigoureux; on le préserve en le couvrant de mousse sèche. Du reste on peut traiter tous les Mimulus en plantes annuelles. Les fleurs de cette plante sont d'une belle couleur ponceau. — *M. cuivré hybride varié* (*M. cupreus hybride*). Races remarquables par la grande diversité et la richesse de coloris de leurs fleurs. Ce sont des plantes basses, touffues, très vigoureuses et très florifères. — *M. varié* (*M. variegatus* ou *versicolor*). Fleurs d'un beau jaune maculé de taches d'un brun rouge. — *M. arlequin*. Fond blanc et jaune. — *M. musqué*. Vivace, jaune pâle, dont l'odeur se répand à quelque distance. Il existe encore un certain nombre de Mimulus panachés fort jolis et très convenables pour l'ornement des plates-bandes, des massifs, ou pour la culture en pots.

MINA lobata.

(*Mina lobé. — Fam. des Convolvulacées. — Originaire du Mexique.*)

Syn. lat. Ipomœa versicolor.

Annuel. — Jolie plante grimpante, très vigoureuse, portant des fleurs nombreuses, d'un beau coloris orangé, d'août en septembre-octobre, suivant la chaleur du climat. Les fleurs coupées se conservent bien dans l'eau. Le *Mina lobata* peut être utilisé comme les autres Liserons volubilis pour décorer les berceaux, treillages et murs; il ressemble beaucoup au *Quamoclit*, et n'en diffère que par l'irrégularité de ses fleurs.

Semer en mars sur couche chaude en pots ou en godets; les plants sont ensuite mis en place, le long d'un mur à bonne exposition, dans la première quinzaine de mai.

MOMORDICA BALSAMINA. — MOMORDICA CHARANTIA.

(Momordique à feuilles de vigne. — Momordique Pomme de Merveille. Fam. des Cucurbitacées. — Originaire de l'Inde.)

Annuelles. — Plantes grimpantes, à tiges rameuses pouvant s'élever à 2 mètres ; les feuilles ressemblent à celles de la vigne et exhalent quand on les froisse une odeur particulière. Ces deux espèces conviennent pour garnir les murailles au levant ou au midi et pour décorer les treillages, les murs, les berceaux ; on peut également le faire grimper sur des rames, elles veulent un sol léger, riche en humus, et une exposition des plus chaudes. Ces plantes produisent d'août en octobre des fruits d'ornement qui sont très singuliers.

Les semis se font en mars sur couche chaude et en pots ; on met les plants à demeure en mai. On sème aussi sur place en avril-mai, en fosses dans une terre humide. Pendant l'été, les Momordiques réclament des arrosements fréquents et copieux.

MONTBRETIA.

(Montbretia (Dédié à Coquebert de Montbret). — Fam. des Iridées.)

Vivace ; bulbeux. — Bulbe allongé, brunâtre. Cette plante a le port d'un Glaïeul et atteint environ 70 centimètres de hauteur. La floraison de cette belle plante a lieu depuis le milieu de juillet jusqu'aux gelées. Les rameaux à fleurs sont précieux pour la confection des bouquets.

Au mois de novembre, quand la végétation de la plante est arrêtée, on met le bulbe en pleine terre, autant que possible au pied d'un mur ou d'un rocher, surtout à une exposition chaude. La plante pourra rester en place pendant trois ans.

Tous les ans, en novembre, on enlève les caïeux un peu forts pour les cultiver en pots, en laissant l'oignon principal à la place qu'il occupe en pleine terre.

Variétés. — *Montbretia crocomiæflora*. Magnifique variété à belles fleurs d'un rouge orangé très vif. La plante qui est vivace fleurit depuis la fin de juillet jusqu'aux gelées. On peut la laisser en pleine terre, mais il sera bon de relever les bulbes tous les trois ans. — *M. Etna*. Fleurs grandes, bien ouvertes, revers des pétales rouge vermillon; intérieur orange vif lamé de rouge. — *M. Étoile de Feu*. Fleurs grandes, rouge sang à l'extérieur, vermillon à l'intérieur et centre jaune clair teinte éclatante.

MOURON.

(*Anagallis grandiflora* (*Mouron à grandes fleurs*). — *Fam. des Primulacées. Originaire de l'Algérie.*)

Syn. angl. Indian Pimpernel. — **All.** Gauchheil.

Annuel et *vivace*. — Plante élégante, touffue, s'élevant de 25 à 30 centimètres, portant d'août en octobre des fleurs nombreuses d'une couleur rouge vermillon brique; grandes fleurs carmin, lilas, roses, bleues.

Les semis se font en place dans une terre légère en avril-mai; la floraison a lieu alors en août et se prolonge jusqu'en automne. On sème aussi fin avril en pépinière, on repique le plant en petits pots qu'on hiverne sous châssis. Floraison de mai en septembre. On peut semer aussi en mars-avril sur couche; on repique sur couche et on met les jeunes plants en place fin mai; dans ce dernier cas les premières fleurs paraissent en juillet et se succèdent jusqu'en septembre.

MUFLIER des Jardins.

(Muflier à grandes fleurs. — Antirrhinum majus. — Fam. des Scrofularinées.)

Syn. fr. Gueule de Lion; Gueule de Loup; Pantoufle; Mufle de Veau. **All.** Löwenmaul. — **Ital.** Bocca di Leone.

Muflier Gueule de Loup varié.

Indigène. — Plante bisannuelle et vivace à tige de 40 à 50 centimètres; elle est très florifère et très jolie; très rustique, elle contribue beaucoup à l'ornementation de tous les jardins par ses fleurs abondantes aux couleurs rouges, pourpres, violettes, blanches, nuancées de jaune en forme de mufle ou de museau; c'est de cette forme de la fleur que lui est venu son nom de Muflier. Les semis se font en place et mieux en pépinière à l'ombre, vers la fin de juin, et dans nos contrées on peut mettre le plant en place à l'automne; il passe très bien l'hiver en pleine terre. Si le froid devenait trop rigoureux on couvrirait les jeunes plants de litière ou de feuilles sèches pour les préserver de la gelée.

Les semis de Mufliers se font aussi pendant tout l'automne en pépinière; on repique le plant à l'abri contre un mur pour le mettre en place à demeure au printemps, en espaçant les pieds de 40 à 60 centimètres. On sème aussi en mars-avril en pépinière au pied d'un mur au midi ; lorsque les plants sont assez développés on les transplante en place, ils fleurissent la même année ; c'est ce qui a fait dire à certains auteurs que le Muflier était annuel. Il peut être traité comme plante annuelle.

Le Muflier croît naturellement sur les ruines, les décombres, les vieux murs ; transportée de temps immémorial dans nos jardins, cette plante y est devenue beaucoup plus forte et a produit des variétés dont le riche coloris, très varié en nuances et en panachures, fait l'admiration des amateurs.

Par le semis et des soins on peut facilement obtenir des variétés nouvelles et des fleurs à panachures remarquables. Pour conserver les variétés qu'on a distinguées on peut les fixer en faisant des boutures.

Nous ne saurions trop engager à cultiver et à propager les Mufliers dans nos jardins ; ils sont très rustiques ; tous les terrains légers et sablonneux leur conviennent ; la floraison de ces plantes dure pendant toute la belle saison.

Depuis peu est venue d'Allemagne une race de Mufliers très méritants au point de vue de la nouveauté et de la richesse de leur coloris. Ces plantes sont souvent bicolores, pourpre et jaune, pourpre foncé, rose et blanc, jaunes à la lèvre bronzée.

Variété. — *Muflier nain* (*Tom-Pouce*). Variété rustique au port trapu et presque complètement naine ; fleurs grandes, beaux épis très variés de couleurs.

MUGUET de Mai.

(*Convallaria majalis.* — *Fam. des Liliacées.*)

Syn. fr. Lis de Mai ; Lis des Vallées. — **Angl.** Lily of the Valley. **All.** Maiblümchen.

Indigène. — *Rhizomes vivaces.* Tout le monde connaît cette charmante petite plante de nos bois qui vient montrer, dès les premiers beaux jours de mai, ses grappes de petits grelots d'un blanc de neige et crénelés, aux senteurs suaves et puissantes; les feuilles lancéolées sont d'un vert très gai. On possède trois variétés de Muguet : à fleurs doubles, à fleurs pourprées et à feuilles rubanées de jaune d'or. Le Muguet aime une terre grasse et fraîche, un peu humide, ou même une terre de bruyère, et se plaît dans les jardins dans une terre argilo-sableuse à l'ombre de bosquets; on peut l'employer pour border des massifs d'arbres, où il trace et couvre bientôt de grands espaces.

Le Muguet est très commun dans les bois; on le multiplie avec une extrême facilité en enlevant des mottes entières pour les placer où l'on veut; il se propage aussi à l'automne ou au printemps par la division des racines, que l'on pratique tous les deux ou trois ans, en ayant soin de leur conserver les bourgeons terminaux. Les pieds doivent être espacés d'environ 20 centimètres. On peut aussi semer en place les graines que l'on récolte en juillet, aussitôt que les graines sont mûres. Les semis se font aussi de bonne heure au printemps en terre de bruyère ou en pots, ou sur place à l'ombre; par le semis les plants ne fleurissent qu'au bout de la quatrième année. Le Muguet est très recherché pour la confection des bouquets. La culture forcée du Muguet en hiver est très usitée en Allemagne, en Hollande et en Belgique. Les rhizomes sont plantés dans des pots remplis de sable et mis dans des serres basses bien closes et chauffées; on maintient toujours la même température de 25 à 30 degrés, les pots sont recouverts de mousse humide et on entretient toujours l'humidité. Lorsque les pousses de Muguet font leur apparition à la surface de la terre ou de la mousse, on place les pots plus près de la lumière, en maintenant la même température et la même humidité. La floraison des plantes a lieu trois semaines après leur mise en serre.

VARIÉTÉS. — *Muguet à tige anguleuse* ou *M. Sceau de Salomon*. Cette plante fleurit pendant le mois de mai; on la cultive en terre de bruyère sableuse et à l'ombre. — M. *multiflore* (*Polygonatum multiflorum*). Ces deux dernières variétés recherchent les lieux couverts et montueux; le feuillage du Muguet multiflore est très développé et très décoratif.

MYOSOTIS.

(*Myosotis des Marais* (*Myosotis palustris*). — *Fam. des Borraginées.*)

Syn. fr. Souvenez-vous de moi; Ne m'oubliez pas. — **Esp.** Vellosilla. **Ital.** Centocchio. — **Angl.** Forget me not. — **All.** Vergissmeinnicht.

Myosotis des Alpes.

Indigène; vivace. — On ne saurait trop multiplier dans les endroits frais et humides et au bord des eaux le Myosotis des Marais qui est sans rival dans la flore pour la grâce de sa forme et la pureté de sa nuance d'un bleu d'azur. Les Myosotis se multiplient facilement d'éclats à l'automne, ou au printemps de boutures qui s'enracinent naturellement et de semis en place en avril ou en septembre. Si on fait les semis à ces deux époques en pépinière à l'ombre, on peut les repiquer dans une terre légère et fraîche, mieux humide. Ils réussissent très bien aussi cultivés en planche ou en bordure pour l'ornementation des plates-bandes en pleine terre ordinaire de jardin, pourvu qu'on les arrose fréquemment. Ces gracieuses plantes forment des touffes ramassées et compactes, s'élevant de 20 à 25 centimètres de hauteur, qui se couvrent la deuxième année du semis de juin en septembre de fleurs abondantes d'un bleu céleste au centre blanc. Les fleurs de Myosotis sont très recherchées pour la confection des bouquets.

Variétés. — *Myosotis rupicola*. Espèce nouvelle issue du *M. palustris*; cette charmante petite plante forme des touffes très basses un peu étalées et se couvre de petites fleurs d'un beau coloris bleu de ciel. — *M. des Alpes*. Belle race naine; forme des touffes compactes à végétation précoce qui se couvrent au commencement du printemps, d'avril en juin, d'innombrables fleurs bleues, roses ou blanches. Ce n'est que dernièrement qu'on a obtenu dans cette variété les deux derniers coloris. Le *M. des Alpes* est plus rustique, moins difficile que le *M. des Marais* sur le choix du terrain. On a mis dernièrement dans le commerce le *M. des Alpes très élégant* (*M. elegantissima*), à fleurs blanches, roses ou bleues. Ces variétés se recommandent par leur port élégant, pyramidal et compact. Pour ces espèces, les semis doivent se faire de préférence de juin en juillet. — *M. des Alpes nain compact à feuille dorée*. Race compacte à feuillage jaune sur lequel tranche bien le bleu clair de ses fleurs. — *M. des Açores*. Rameaux diffus, de 30 centimètres; fleurs en épi bleu violet. Réclame une terre humide. La graine de ce Myosotis est d'une germination capricieuse; on le sème en terre de bruyère en juin-juillet, en pépinière, en planche ou bien en pots. Les plants en pots sont hivernés sous châssis et mis en place au printemps, de préférence à demi-nombre, à une distance entre chaque pied de 20 à 25 centimètres.

NÉMOPHILE.

(*Nemophila insignis* (*Némophile remarquable*). — *Fam. des Hydrophyllées.
Originaire de Californie.*)

Annuelle. — Rien de plus gracieux que cette jolie plante au feuillage finement découpé, aux corolles d'un bleu pâle, d'une rare élégance de forme. Comme son nom l'indique, cette plante aime les bois (νεμος φιλος), et fleurit abondamment à l'ombre des grands arbres sans avoir besoin du contact des rayons solaires. Il est préférable dans notre région de semer le Némophile en automne en place soit pour massif, soit pour bordure ; en effectuant des semis à cette époque on a de ravissantes corbeilles de fleurs au coloris très frais au premier printemps. On sème aussi au printemps de mars en juin en espaçant les pieds de 25 ou 30 centimètres. Il sera bon de protéger les semis de Némophile par des branches ou des broussailles, car les chats aiment beaucoup à aller se rouler sur les semis.

Quelle que soit l'époque du semis, la floraison dure ordinairement pendant deux mois. Le *Némophile bleu* est généralement le plus cultivé à cause de sa rusticité et de l'abondance de ses ramifications qui forment sur le sol des touffes très compactes se couvrant d'une multitude de fleurs d'un beau bleu céleste à centre blanc.

Variétés. — *Némophile à fleurs blanches*. Fleurs plus ou moins bordées de blanc. — *N. à grandes taches* (*N. maculata*). Porte des fleurs blanches à taches violettes ; très robuste ; tige s'élevant à 20 centimètres ; c'est une très belle espèce. — *N. ponctuée* (*N. atomaria*). Fleurs blanches criblées de petits points noirs ; plante très ramifiée, se couvrant de fleurs ; peut être utilisée pour former des bordures. — *N. pourpre* (*N. atomaria oculata*). Cette dernière variété est très florifère et se distingue par des macules d'un violet pourpre noirâtre qui se trouvent à la base de chaque pétale, sur un fond blanc bleuâtre.

NENUPHAR. (Voir *Nymphæa*.)

NIEREMBERGIE.

(*Nierembergie grêle*. — *Nierembergie frutescente*. — *Fam. des Solanées. Originaire de Buenos-Ayres.*)

Syn. lat. Nierembergia gracilis ; Nierembergia frutescens.

Annuelle (*vivace* en serre). — La Nierembergie gracieuse est une plante charmante, très florifère, se couvrant pendant tout l'été de fleurs blanches, violacées ou lilas clair, à gorge jaune ; ses tiges très rameuses forment de petits buissons très touffus en forme d'entonnoir, hauts de 20 à 25 centimètres. On fait avec cette belle plante et avec sa variété, la *Nierembergie frutescente*, de belles bordures et de beaux massifs ; on en fait aussi de jolies potées. Les semis se font en mars sur couche ou en avril en pleine terre ; on repique ensuite le jeune plant, à une distance de 40 à 50 centimètres, dans un terrain sain, siliceux de préférence, et à une bonne exposition ; si les jeunes rameaux tendaient à s'allonger beaucoup, on ferait un second repiquage en les pinçant faiblement.

Les semis se font aussi au mois d'août ; le repiquage se fait alors en pots et on hiverne sous châssis ou en serre tempérée ; suivant l'époque des semis, la floraison commence en avril-mai-juin et continue jusqu'en octobre. Cette plante se multiplie encore aussi facilement de boutures faites sous cloche, ou sous châssis à l'automne ou au printemps.

Variété. — *Nierembergie frutescente.* Cette espèce très remarquable a été vulgarisée et propagée en Europe par M. Durieu de Maisonneuve, le savant et regretté directeur du Jardin des Plantes de Bordeaux.

Elle se distingue surtout de la précédente par son port et par la dimension plus élevée et plus érigée de ses tiges principales qui, se ramifiant au sommet, forment un buisson étalé. Cette plante se couvre de fleurs plus grandes, plus campanulées; elles sont d'un lilas plus clair, marquées d'une étoile foncée, se dégageant mieux au dessus du feuillage. Les graines sont également plus volumineuses que dans la Nierembergie gracieuse. Culture et emploi de l'espèce précédente. Dans nos contrées cette variété peut passer l'hiver dehors.

NIGELLE de Damas.

(*Nigella Damascena*. — *Fam. des Renonculacées.* — *Originaire du Nord de l'Afrique.*)

Syn. fr. Patte d'Araignée; Cheveu de Vénus; Nigelle bleue.
Angl. Devil in a Bush.

Annuelle. — Les tiges sont rameuses, hautes de 50 centimètres; les feuilles sont très finement découpées; les fleurs sont ordinairement semi-doubles, d'un blanc bleuâtre ou d'un bleu pâle, entourées d'une collerette laciniée. Suivant l'époque du semis qui se fait ordinairement en place de mars en mai-juin, en éclaircissant les plants pour leur laisser un espacement de 20 centimètres, la floraison a lieu à la fin de mai jusqu'en juillet, ou de juillet en septembre. Si on effectue des semis à l'automne (cette plante se ressème souvent d'elle-même et germe à cette époque), on obtient ainsi des plantes plus vigoureuses et plus précoces qui fleurissent au commencement du printemps.

Variété. — *Nigelle de Damas double naine blanche.* S'élève à 25 centimètres de hauteur; fleurs d'un blanc mat; très bonne pour bordures.

NIGELLE d'Espagne.

(*Nigella Hispanica.* — *Originaire de l'Europe méridionale.*)

Syn. angl. Fennel Flower. — **Esp.** Agenuz.

Annuelle. — Tiges rameuses, raides, élevées de 50 à 60 centimètres; feuilles d'un vert terne, moins découpées et plus larges que dans la variété précédente, la Nigelle de Damas; les fleurs sont plus grandes, d'un beau bleu violet. Il y a dans cette espèce une variété naine et une variété de Nigelle d'Espagne fort intéressante, d'une teinte violet pourpre.

La Nigelle d'Espagne se cultive comme la Nigelle de Damas; sa floraison est aussi abondante et dure aussi longtemps. En résumé, les Nigelles sont de jolies plantes, éminemment rustiques, qui viennent au grand soleil et dans les jardins au bord de la mer. On peut s'en servir pour faire de belles bordures et décorer les massifs et les plates-bandes. Les fleurs entrent très bien dans la confection des bouquets et pour la garniture des vases d'appartement.

NOLANE.

(*Nolane à feuille d'arroche (Nolana atriplicifolia).* — *Fam. des Nolanées. Originaire du Pérou.*)

Syn. lat. Nolana grandiflora. — **Fr.** Nolane à grandes fleurs.

Annuelle. — Plante rampante, ressemblant comme fleurs à la Belle de Jour; elle porte, de juin-juillet en septembre, des fleurs bleues et jaunes en cloches. Il existe une variété qui produit de grandes fleurs blanches. On multiplie les Nolanes par le semis qui s'effectue en avril-mai en place, en laissant ensuite entre les pieds un espacement de 30 à 40 centimètres; elles prospèrent dans un sol léger et frais, à une exposition chaude. Si l'année était sèche, il serait nécessaire de leur donner des arrosements fréquents.

Variété. — *Nolane couchée* (*Nolana prostrata*). Ressemble beaucoup à la Nolane à feuilles d'arroche, mais s'en distingue par ses tiges plus couchées, par ses fleurs un peu plus petites, d'un bleu pâle strié de violet bleu noirâtre dans le fond du tube de la corolle.

NYCTÉRINIE.

Nycterinia selagenoides (*Nyctérinie à feuilles de sélagine*). — Fam. des Scrofularinées. — Originaire de l'Afrique australe.)

Syn. all. Nachtlarvler.

Annuelle et bisannuelle. — Plante touffue, basse; tige très rameuse, à ramifications étalées, s'élevant de 10 à 15 centimètres; très florifère, cette plante est une des miniatures les plus recommandables pour former des bordures et des corbeilles; porte en mai-juin de petites fleurs nombreuses, blanc rosé, odorantes. Semer en mars-avril sur couche, et mettre les plants en place en mai. On sème en septembre, en pépinière. L'hiver, il faut abriter les jeunes plants de l'humidité.

NYMPHÆA. — NÉNUPHAR.

(*Nymphæa blanc*. — *Nénuphar blanc* (*Nymphæa alba*). — Fam. des Nymphéacées.)

Syn. fr. Lis d'Eau; Lis des Étangs. — **Angl**. Water Lily.
All. Seerose.

Indigène; rhizome vivace; aquatique. — Cette plante est un des plus beaux ornements des eaux tranquilles à la surface desquelles viennent s'épanouir ses fleurs naturellement très doubles, grandes, larges de 15 à 18 centimètres, à pétales nombreux, du blanc le plus pur.

Les Nénuphars sont des plantes aquatiques flottantes et rustiques qui sont les plus belles et les plus convenables pour l'ornementation des lacs, des viviers, des réservoirs, des bassins et, en un mot, de toutes les pièces d'eau. Le Nénuphar blanc préfère les eaux tout à fait dormantes. La floraison a lieu de juin en septembre. La vase ou une terre argileuse et bourbeuse convient à tous les Nénuphars; du reste, on les cultive dans les bassins en pleine eau ou en baquets garnis de terre argileuse et bourbeuse submergée si le bassin est pavé. Le Nénuphar se propage par la division ou par le fractionnement des rhizomes; cette opération doit se faire au printemps. On le multiplie aussi par le semis, qui s'effectue de juin en juillet et jusqu'en automne en pots ou terrines ou en baquets que l'on immerge aussitôt de quelques centimètres seulement. Cette plante se ressème aussi d'elle-même. On sème les graines dans l'eau aussitôt qu'elles sont mûres, elles tombent au fond, y germent et donnent des fleurs l'année suivante. Le Nénuphar dans nos climats disparaît de la surface des eaux en octobre; s'il disparaît dès le mois de septembre, on peut en conclure que l'hiver sera prématuré et rigoureux.

S'il y a lieu de craindre qu'en hiver l'eau trop peu profonde du bassin où on cultive cette plante ne gèle en totalité, il faut après la floraison retirer les rhizomes du fond de l'eau, les conserver tout l'hiver dans de la vase humide à l'abri de la gelée et les remettre en place dans le bassin au retour de la belle saison.

NYMPHÆA. — NÉNUPHAR jaune.

(*Nymphæa lutea.*)

Syn. lat. Nuphar luteum. — **Fr.** Plateau; Nuphar.

Indigène; vivace; aquatique. — On associe cette plante au Nymphæa blanc près duquel ses fleurs, semblables à de gros boutons d'or, produisent un effet gracieux; les fleurs sont moins grandes que celles du précédent, s'élevant de quelques centimètres au dessus de l'eau, d'un beau jaune, odorantes. La floraison a lieu en juin-juillet. La forme du feuillage du Nénuphar jaune et du Nénuphar blanc est la même; le Nénuphar jaune préfère les eaux courantes; on le propage par le même procédé que le Nénuphar blanc; on le multiplie surtout de graines semées dans une terrine submergée.

Variétés. — *Nénuphar étranger* (*Nuphar advena*). Originaire de l'Amérique du Nord. Espèce vigoureuse à feuilles très amples; les fleurs sont jaune d'or à calice pourpre foncé. — *N. bleu* (*N. cœrulea*). Originaire d'Afrique. Cette espèce donne au mois d'août des fleurs d'un joli bleu, à folioles multipliées. On peut la conserver au fond des eaux de source, qui ne gèlent pas et qui sont exposées au soleil en toute saison.

OBELISCARIA pulcherrima. (Voir *Rudbeckia Drummondii*.)

ŒILLET. — DIANTHUS.

(*Fam. des Caryophyllées.*)

Syn. ang. Carnation. — **All.** Nelke. — **Esp.** Clavel. — **Port.** Craveiro. **Ital.** Viola garofanata.

Œillet des Fleuristes double.

(*Dianthus caryophyllus.*)

Syn. lat. Dianthus coronarius.

Œillet de Fantaisie.

Syn. angl. Fancy.

Œillet flamand ou Œillet d'Amateurs.

Syn. angl. Carnation rose-leaved.

Œillet remontant ou à floraison perpétuelle.

(Dianthus caryophyllus semperflorens.)

Syn. fr. Œillet à Bouquets ; Œ. à Ratafia ; Œ. commun ; Œ. des Jardins ; Œ. grenadin ; Œ. des Murailles ; Œ. giroflier.

Indigène ; vivace. — Sur la définition des Œillets que nous citons plus haut et sur leur culture, nous ne croyons pouvoir mieux faire que de citer en partie un article sur ces plantes de M. Forgeot, marchand grainier à Paris :

« Parmi les plantes de pleine terre qui ornent nos jardins, une des plus belles est sans contredit l'Œillet. La perfection de forme de ses fleurs, leur odeur délicate et les splendides couleurs qu'elles comprennent, les font toujours rechercher des amateurs.

» Le plus ancien genre est l'*Œillet des Fleuristes,* qui est le plus rustique et celui dont la culture est la plus facile, car il ne se multiplie guère que de semis effectués d'avril en mai-juin pour être repiqués dans une terre franche, ameublie et terreautée. Au mois de juin de l'année suivante, les Œillets des Fleuristes donnent des fleurs doubles, roses, violettes, rouges, blanches, jaunes ou panachées. Ces fleurs sont très odorantes, mais moins belles que dans les *Œillets de Fantaisie* et *flamands* ; la plante est également plus haute et se tient moins bien.

» Les *Œillets de Fantaisie* forment des plantes plus trapues et donnent des fleurs très doubles dont les pétales sont généralement un peu dentelés, tandis qu'ils sont entiers dans l'Œillet flamand.

» La variété des couleurs de ce genre est infinie ; leur disposition dans la fleur varie extrêmement et les fait désigner par : *lisérés, bordés, triés, lignés, picotés, rayés, peints* ou *lavés,* etc. Quelle que soit la disposition de ces couleurs, le fond de la fleur est toujours d'une couleur pure, qui a servi à diviser ces genres en plusieurs sections qui sont les suivantes :

» 1re section : Fantaisie sur fond blanc, dits *allemands* et *anglais.*

» 2ᵉ section : Fantaisie sur fond jaune, dits *saxons* et *avranchins*.

» 3ᵉ section : Fantaisie sur fond ardoisé, remarquables par leur coloris *ardoisé, violet, lie de vin* ou *rose violacé* à reflets métalliques, satinés ou soyeux.

» Les *Œillets flamands* ne comprennent qu'une section et sont tous à fond blanc, lavés ou striés de couleurs vives et bien marquées ; la fleur est très double, bombée ; les pétales sont larges et légèrement imbriqués.

» Les *Œillets flamands* sont très beaux et joignent la grâce de la forme au parfum et à la variété des couleurs : de plus ils supportent nos hivers, ils ne redoutent que l'humidité : aussi, dans les hivers pluvieux, ils meurent quelquefois en pleine terre. Si les pots contenant les Œillets sont mis à l'abri pendant l'hiver, il ne faut leur donner que tout juste de l'eau autant qu'il en faut pour empêcher qu'ils ne meurent de soif. On donne généralement aux Œillets flamands et à presque toutes les variétés d'Œillets une baguette mince pour tuteur, les tiges étant trop délicates pour se soutenir ; on les arrose modérément pendant la belle saison.

» L'*Œillet remontant* forme une section spéciale, comprenant des Œillets de fantaisie et des flamands ; toutefois, les Œillets de fantaisie sont dans une plus forte proportion. Rentrés en serre en hiver, ces Œillets continuent à fleurir et permettent d'avoir une succession constante de ces charmantes fleurs. Il y a une variété d'*Œillet des Fleuristes double nain hâtif* que nous recommandons : c'est une race très touffue, compacte, donnant des fleurs doubles très nombreuses, de couleurs variées. Cette espèce d'Œillets est très recherchée pour la culture en pots.

» *Œillet remontant nain* (*Tige de fer*). Cette race donne malheureusement peu de graines ; elle se distingue de tous les autres Œillets *vivaces* par la raideur de ses tiges, ce qui lui a valu le nom de Tige de fer ; hauteur, 30 à 40 centimètres ; les fleurs sont roses, et se succèdent de juillet jusqu'aux gelées.

» *Œillet Marguerite*. — Race remarquable par la durée

de sa floraison, surtout si on la traite en plante automnale. Fleurs bien doubles à pétales dentés, de coloris très variés. »

CULTURE ET MULTIPLICATION DE L'ŒILLET

La multiplication s'opère par *semis*, *boutures* et *marcottes*.

Le *semis* se fait en mars-avril, sous châssis légèrement chaud, ou en avril-mai-juin, en pleine terre, en ayant soin de recouvrir très peu les graines et de fouler légèrement la terre; on doit sarcler soigneusement et éclaircir un peu les plants, s'ils sont trop serrés.

On peut donner un repiquage en pépinière, si les plants sont trop serrés; en tout cas on doit, pour obtenir de bons plants, mettre en place en juillet, en les espaçant de 25 à 30 centimètres en tous sens.

Le *bouturage* se fait généralement en juillet-août, à froid, sous cloche ou sous châssis; on choisit des rameaux feuillés un peu aoûtés (ou un peu durcis), en ayant soin d'enlever les feuilles de la base sur 2 à 3 centimètres de largeur; on coupe cette bouture transversalement au milieu d'un nœud et on pratique une fente de 4 à 5 millimètres de largeur en écartant les sections pour faciliter l'émission des racines.

Le *marcottage* se pratique de la mi-juillet à la fin d'août, soit en cornet de plomb, soit sur place; pour les marcottes faites en cornet, on peut choisir indifféremment tous les rameaux un peu aoûtés, quelle que soit leur position sur la plante, ce qui ne peut se faire pour les marcottes en pleine terre.

On enlève toutes les feuilles de la base jusqu'au nœud que l'on a choisi pour opérer la section; on doit choisir un nœud ni trop tendre, ni trop aoûté : ceci est une question d'appréciation d'où dépend le succès; après avoir également enlevé la feuille qui accompagne ce nœud, à l'aide d'un petit canif ou d'un greffoir, on pratique à quelques millimètres au dessous de ce nœud une entaille que l'on remonte à quelques millimètres plus haut que le nœud, en entamant le rameau jusqu'à la moitié de son épaisseur ; on coupe ensuite le nœud transversalement, en enlevant environ un tiers de son épaisseur ; ensuite on place un cornet de plomb laminé que l'on retient à l'aide d'une épingle fixée à la base du rameau et que l'on remplit de terre très fine pour qu'elle puisse pénétrer à la base du cornet, qui est très petit ; la section du nœud doit se trouver au milieu du cornet, car c'est de ce talon que doivent sortir les racines.

Jusqu'à la reprise complète, qui demande généralement un à deux mois, on doit avoir soin de ne pas laisser dessécher la terre des cornets, car la réussite se trouverait alors compromise, et on devra maintenir la terre constamment humide.

Pour se rendre compte de la reprise de ces marcottes, on entr'ouvre un peu le cornet, et quand les racines le remplissent, on opère le sevrage ; ces marcottes ainsi élevées présentent l'avantage de pouvoir être facilement expédiées sans accident.

Comme ces marcottes ont très peu de racines, il serait imprudent de les mettre en pleine terre avant l'hiver : il est donc préférable de les rempoter en godets de 8 à 10 centimètres et de les hiverner sous châssis froid ; on les met ensuite en place en pleine terre en avril-mai.

Pour les personnes qui ne peuvent donner assez de soins aux marcottes en cornets, il est préférable de les faire en terre ; tout autour de la touffe, on pratique l'incision comme pour le marcottage en cornets et on fixe le rameau à l'aide d'un brin d'osier, ou d'un crochet fendu en deux, en relevant l'extrémité du rameau de manière à maintenir l'incision ouverte ; on recouvre de 1 à 2 centimètres de terre fine et l'on arrose légèrement.

Ce moyen est le plus facile pour les amateurs, qui ne peuvent surveiller constamment leurs plantes comme le fait l'horticulteur ; c'est, du reste, le moyen le plus employé. Les marcottes qui se cassent en faisant cette opération peuvent être utilisées pour faire des boutures.

La *greffe en fente* s'emploie surtout pour les espèces ligneuses; c'est le moyen le plus avantageux pour obtenir plusieurs variétés sur le même pied. Cette greffe se fait courant d'août ou d'avril. Si on la fait au mois d'août, il faudra mettre les sujets greffés dans une partie ombragée du jardin et les recouvrir d'une cloche; si on la fait au mois d'avril, les sujets seront placés dans une serre tempérée et sous cloches.

La terre qui convient le mieux aux Œillets est une bonne terre franche, sableuse, fumée de l'année précédente avec du fumier de vache, autant que possible. Car l'Œillet aime une terre substantielle, comme on dirait d'un terrain d'alluvion ou de toute autre terre mélangée de bon terreau.

Pour la culture en pot, on se sert généralement d'une composition comprenant deux tiers de cette terre, un tiers de fumier de vache bien consommé ou de bon terreau, que l'on emploie quand le tout a passé un certain temps en tas; on doit avoir soin de bien drainer les pots et de les placer sous châssis froid en serre ou en orangerie.

De nombreux parasites s'attaquent à l'Œillet; aussi on doit faire une chasse assidue aux limaces, aux cloportes et aux chenilles; quant aux perce-oreilles, qui dévorent les boutures lorsqu'elles sont sur le point de s'épanouir, on les prend au moyen de petits pots renversés, de sabots de mouton ou d'ergots de mouton placés au sommet des tuteurs et dans lesquels ils se réfugient pendant le jour.

ŒILLET Mignardise.

(Dianthus plumarius. — Originaire de l'Europe septentrionale.)

Syn. lat. Dianthus moschatus. — **Fr.** Œillet mignonnette; Mignardise à plumet; Œillet mignard; Œillet nain. — **Angl.** Garden Pink. **All.** Federnelke. — **Port.** Cravinas. — **Esp.** Clavel.

Plante basse et *vivace* formant de jolies touffes arrondies, couvertes en mai de nombreuses fleurs doubles ou simples, odorantes, rougeâtres, pourpres, blanches ou rosées à onglets bruns; ils donnent de la graine qu'on sème sur couche en avril, ou en place en mai-juin. Les semis se font aussi pendant tout l'automne; on abrite les jeunes plants pendant l'hiver et on les repique au printemps à une exposition chaude, dans une terre meuble, sèche, légère et pierreuse, où les Œillets Mignardise forment des bordures d'une grande élégance; ils répandent au loin une délicieuse odeur, et ils sont aussi très recherchés pour la confection des bouquets. Quoique faisant de charmantes bordures, ces Œillets s'étiolent promptement et se dégarnissent au centre; tous les deux ans, il faut les relever, les séparer, couper les extrémités radicales et les mettre en place en n'employant que les têtes bien fournies.

On peut aussi les marcotter en couchant et en recouvrant de terreau les branches latérales, qu'on dépouille préalablement de toutes leurs feuilles d'en bas.

Variété. — *Œillet Mignardise d'Écosse* (*Dianthus moschatus Scoticus*). Charmante espèce dont les tiges n'excèdent pas 25 centimètres en hauteur. Fleurs plus grandes que dans l'espèce type et d'un blanc rosé; tout le centre est pourpre noirâtre. Les semis produisent des variétés assez nombreuses et assez remarquables.

ŒILLET de la Chine.

(*Dianthus Sinensis*. — *Originaire de la Chine*.)

Syn. fr. Œillet de la Régence. — **Angl.** Indian Pink. — **Esp.** Clavel. **Ital.** Viola della China.

Annuel et *bisannuel*. — L'Œillet de Chine et ses nombreuses variétés sont des plantes très précieuses pour l'ornementation des jardins, par leur rusticité, la facilité de leur culture, l'abondance de leurs fleurs et la beauté de leur coloris. Leur port et leur hauteur, qui varie de 20 à 25 centimètres, les rendent particulièrement propres à la formation des bordures dans les grands et les petits jardins. On peut aussi en composer de jolis groupes, des massifs, en orner des plates-bandes ou bien les cultiver en pots. Les fleurs coupées sont très convenables pour la confection des bouquets. Les Œillets de Chine donnent une floraison abondante de juin en octobre; leurs coloris sont des plus variés, car il existe d'innombrables variétés d'Œillets de Chine; leurs fleurs sont petites, en bouquets doubles ou simples, de teintes rouge vif, violet pourpre, blanche, rose ou panachée.

Les semis se font souvent dans nos contrées à l'automne, en terrine; on les rentre en serre, où on les hiverne sous châssis, et on les repique en plein air au printemps, en terre franche et légère. Mais généralement on cultive les Œillets de Chine comme plantes annuelles, car ils sont sujets à périr la seconde année en pleine terre, étant en végétation, des suites de la pourriture des racines. Cependant, si on les place en lieu sec et abrité, les pieds se conservent plusieurs années.

Les semis se font le plus souvent en mars sur couche; on repique le plant en place en avril-mai, en espaçant les pieds de 20 à 25 centimètres; il faut pincer les jeunes tiges dès qu'elles ont 8 à 10 centimètres, pour former des touffes plus belles et plus robustes.

On peut encore semer en avril en pépinière et mettre en place dès que le plant est assez développé, ou bien en mai on effectue des semis en place en éclaircissant le plant convenablement, en laissant entre les pieds un espacement de 15 à 20 centimètres; enfin, on sème, fin août, en pépinière, on repique le plant à bonne exposition, en l'abritant pendant les grands froids; on le met en place en mars-avril.

Suivant l'époque des semis ainsi effectués, la floraison des Œillets de Chine commence en mai-juin et continue sans interruption jusqu'aux gelées.

VARIÉTÉS. — *Œillet de Chine double brun noir de Heddewig* (*Dianthus Heddewigii atropurpureus flore pleno*). C'est une des plus belles variétés d'Œillet de Chine qui

existent et elle mérite d'être propagée. Les fleurs sont franchement doubles et d'un coloris brun noir velouté très joli et très distinct de ceux connus jusqu'à présent.
— Œ. de Chine Reine de l'Orient (Dianthus Japonicus: Easter Queen). Très jolie race d'Œillet demi-nain, à très larges fleurs simples, ayant un peu d'analogie avec l'Œ. de Heddewig, mais s'en distinguant complètement par ses fleurs qui se couvrent de panachures et de contrastes de couleurs extrêmement jolis et tout à fait originaux. Plante très intéressante et très recommandable. — Œ. de Chine lacinié varié (Dianthus Sinensis laciniatus). Fleur très large, simple, à bords longuement frangés, riche coloris.

ŒILLET de Poète.

(Dianthus barbatus. — Fam. des Caryophyllées.)

Syn. fr. Jalousie; Bouquet parfait; Œillet barbu. — **All.** Bartnelke. **Angl.** Sweet William. — **Ital.** Violina a Mazetti.

Indigène; bisannuel; vivace. — Tiges de 30 à 40 centimètres terminées par des corymbes de nombreuses fleurs simples ou doubles réunies en groupes et formant un bouquet parfait, variant de coloris dans toutes les nuances, depuis le rose carné jusqu'au rouge sang le plus intense; souvent cramoisies ou pourpres, parfois violettes, rarement blanches, toujours ponctuées et striées ou bordées de blanc ou d'autres couleurs.

Ces fleurs font un grand effet; aussi l'Œillet de Poète est un grand ornement des jardins; il décore particulièrement les plates-bandes et les corbeilles, fait très bien en bordures pour entourer des massifs d'arbustes ou des plantes à feuillage. On peut l'employer aussi pour la confection des bouquets, le cultiver en pots pour la décoration des fenêtres et des balcons. Il est très rustique, d'une culture facile, et prospère dans tous les terrains et à toutes les expositions. Comme tous les Œillets il redoute la persistance de l'humidité. On le sème généralement en pépinière, en juin-juillet, aussitôt que les graines sont mûres; on repique en pépinière et on le met en place en septembre-octobre, en espaçant les pieds d'environ 40 à 60 centimètres. La floraison a lieu la deuxième année après le semis, de mai en juin. Les semis peuvent s'effectuer aussi en pépinière, de septembre en novembre; on repique alors le plant au printemps suivant.

L'Œillet de Poète se multiplie par la séparation des pieds, à l'automne, ou de boutures que l'on fait après la floraison, ou lorsque les graines sont mûres; mais ce mode n'est guère usité, il n'est employé que pour fixer des variétés remarquables. On les renouvelle ordinairement par des semis faits tous les ans.

Variétés. — *Œillet de Poète blanc pur*. Cette nouvelle espèce mise au commerce, tout dernièrement, par la maison Vilmorin, se reproduit par le semis exactement; elle est remarquable par la blancheur éclatante de ses fleurs. D'une floraison abondante et prolongée, comme du reste tous les Œillets de Poète, elle mérite d'être recommandée pour faire des bordures ou des corbeilles. — *Œ. de Poète rouge éclatant*. Superbe race d'un rouge vif éclatant.

ŒILLET d'Inde grand. — TAGÈTE.

(*Tagète Œillet d'Inde grand. — Tagetes patula (Tagète étalée).
Fam. des Composées. — Originaire du Mexique.*)

Tout le monde connaît les Œillets d'Inde; il est vrai qu'ils exhalent, lorsqu'on les froisse, une odeur forte, mais qui cesse dès qu'on ne les touche plus. Cet inconvénient est largement compensé par la beauté et la durée de leurs fleurs et par leur extrême rusticité. En effet, la plante se tient bien, n'a besoin d'aucun tuteur; le feuillage est élégamment découpé et d'une couleur gaie; les fleurs se détachent bien au dessus du feuillage; elles sont abondantes et durent tout l'été. Les Œillets d'Inde sont des plantes très précieuses pour les jardins secs et où on ne peut donner beaucoup de soins; ils supportent volontiers la sécheresse et peuvent se passer d'arrosements.

Les semis se font en plein air pendant tout le printemps; on les repique ensuite en plein soleil. Ces plantes peuvent être facilement levées en motte et supportent la transplantation jusqu'au moment de la floraison.

Si on veut obtenir des fleurs en mai, on peut semer les Œillets d'Inde en mars sur couche; on les repique alors sur couche. Autrement les Œillets d'Inde grands commencent en juillet à donner des fleurs d'un jaune brun ou jaune orangé, et leur floraison se prolonge pendant l'été, une partie de l'automne jusqu'aux gelées.

Nous recommandons plusieurs variétés grandes d'*Œillet d'Inde double grand*, de coloris distinct, franchement double et se reproduisant bien; ces nouveautés ont des teintes *jaune d'or* et *brunes* ou *à centre brun*. Ces Œillets sont tantôt *tuyauté brun*, tantôt *tuyauté orange*.

ŒILLET d'Inde nain.

(*Tagetes patula nana.*)

Œillet d'Inde nain.

Annuel. — Cette plante est tout à fait basse, ne dépassant pas 15 centimètres de hauteur, et se couvre d'une profusion de fleurs doubles ou simples d'un beau jaune d'or avec centre brun, contraste qui est du plus bel effet. L'Œillet d'Inde nain est excessivement rustique; on le cultive comme l'Œillet d'Inde grand; il est surtout employé pour bordures ou pour garnir des plates-bandes. C'est une plante très précieuse pour les grands jardins et pour les jardins où on ne peut donner les soins que toutes les fleurs réclament ordinairement. On a introduit, ces dernières années, dans les cultures, une grande variété d'*Œillets doubles nains* et d'*Œillets doubles très nains* dont les tiges ne dépassent pas 15 centimètres de hauteur. Ces variétés sont très jolies et forment des touffes très serrées et très florifères; les fleurs très doubles sont de coloris bien tranchés, orange, mordoré brun, tuyauté jaune clair à centre brun. Ces fleurs se succèdent sans interruption pendant tout l'été et jusqu'aux gelées; ce sont d'excellentes plantes pour bordures, surtout pour la floraison automnale.

VARIÉTÉ. — *Œillet d'Inde nain simple* « la Légion d'honneur ». Fleurs abondantes jaune d'or, maculé pourpre velouté; magnifique en bordures.

ŒILLET d'Inde. — ROSE d'Inde.

(*Tagète élevée (Tagetes erecta)*. — *Fam. des Composées*. — *Originaire du Mexique*.)

Plante *annuelle* assez raide, à la tige droite, robuste, s'élevant de 80 centimètres à 1 mètre, très ramifiée de la base, se couvrant pendant tout l'été de fleurs très grandes doubles d'un jaune orangé.

Il y a dans cette espèce des variétés *à fleurs jaune d'or*, *à fleurs jaune citron* ou *d'un beau jaune souci*; superbe race naine trapue, très ramifiée, dont les tiges ne s'élèvent guère au delà de 30 à 40 centimètres; elle forme de beaux buissons qui se couvrent de pompons ou capitules floraux doubles larges de 6 à 7 centimètres environ. La floraison de cette variété est plus hâtive que celle des autres précédemment décrites; elle est, en outre, tout particulièrement propre pour former des groupes ou composer des massifs à grand effet.

L'*Œillet rose d'Inde* se cultive comme l'Œillet d'Inde grand; les semis se font en plein air de mars en avril, pour repiquer les jeunes plants dans toute terre à une exposition chaude.

ŒILLET d'Inde à fleurs rayées.

(*Tagetes patula variegata.*)

Syn. lat. Tagetes patula bicolor. — **Fr.** Œillet d'Inde rubané; Passe-Velours; Veloutine; Œillet d'Inde bicolor. — **Esp.** Clavelon.

OEillet d'Inde rayé.

Cette variété est recommandable sous tous les rapports et mérite d'être beaucoup plus cultivée; c'est une plante excessivement rustique et qui n'exige pour ainsi dire aucun soin; elle se couvre, de juin-juillet en octobre, de fleurs jaunes ou orangées rayées de brun ou d'une bande brunâtre veloutée et éclatante se détachant du jaune vif. Cette variation de couleurs produit beaucoup d'effet.

Cette race a produit par le semis une variété naine à fleurs simples et une autre à fleurs doubles; elles sont moins ornementales et moins jolies que le type rayé grand.

Cet *Œillet rayé* ou *Passe-Velours* se cultive comme l'Œillet d'Inde.

ŒILLET d'Inde taché.

(Tagetes signata pumila.)

Syn. fr. Tagète à taches pourpres ; Tagète moucheté ; Tagète maculé.

Tagetes signata.

Plante *annuelle*, à tige excessivement ramifiée dès la base ; les rameaux s'élèvent de 15 à 25 centimètres, formant une touffe compacte, une sorte de buisson touffu de 50 à 60 centimètres, qui est couvert complètement pendant la belle saison, de juin jusqu'aux gelées, de fleurs simples d'un beau jaune orangé, marquées de pourpre velouté avec disque jaune.

Cette variété est des plus convenables pour les massifs ; quelques pieds suffisent pour former une corbeille ; on l'emploie très avantageusement pour bordures ou pour décorer les plates-bandes. Le feuillage de cet Œillet, finement découpé, d'un vert gai, s'harmonise avec une floraison abondante et qui remonte sans cesse.

Autrefois on ne connaissait que le *Tagetes signata* type, dont les tiges s'élevaient de 60 à 70 centimètres. On ne le trouve presque plus dans les jardins; on préfère aujourd'hui la race tout à fait naine que nous venons de décrire (*Œillet d'Inde taché nain*).

Le *Tagetes signata pumila* se sème en avril en pépinière; on repique le plant à demeure en mai, en espaçant les pieds d'environ 40 à 50 centimètres. Il est essentiel de ne pas les mettre trop près, car plus ils sont éloignés, plus ils prennent un grand développement. Si on effectue des semis en juin, on obtient par ce mode de culture une floraison tardive à l'automne.

ŒILLET d'Inde luisant. — TAGÈTE luisant.

(*Tagetes lucida.*)

Annuel et *vivace*. — Plante précieuse par sa rusticité; ses tiges droites en touffe s'élèvent de 30 à 40 centimètres et se couvrent pendant tout l'été d'une innombrable quantité de fleurs d'un jaune orangé vif. C'est une variété très recommandable pour massifs, pour bordures de fin d'été ou d'automne. Ses fleurs coupées sont recherchées pour les bouquets.

Les semis peuvent se faire au printemps, de bonne heure sous châssis, ou en avril en pleine terre; on repique le jeune plant en mai en tout terrain en espaçant les pieds d'environ 30 à 40 centimètres. Il y a une autre méthode que nous ne recommandons pas : c'est de semer en septembre en pépinière; alors il faut hiverner les jeunes plants sous châssis pour les mettre à demeure au printemps. Le *Tagète luisant* se multiplie d'éclats au printemps; on bouture aussi les jeunes rameaux pendant l'été.

OREILLE d'ours. (Voir *Auricule*.)

ORGE en épis en crinière. (Voir *Hordeum jubatum*.)

OXALIDE rose.

(*Oxalis.* — *Fam. des Oxalidées.* — *Originaire du Chili.*)

Syn. fr. Surelle à fleurs roses.

Annuelle. — Cette variété d'Oxalis est charmante. Sa tige s'élève de 15 à 20 centimètres et, par l'élégance particulière de ses fleurs et de son feuillage, peut contribuer à l'ornement des corbeilles et des bordures. Depuis quelques années, à cause du coloris changeant de son feuillage, on emploie toutes les variétés d'Oxalis dans la mosaïculture. Les semis se font en mars sur couche ou en avril en pépinière; on repique le plant dans une terre franche, légère et sablonneuse; on peut en orner les rochers factices et les rocailles. On peut semer aussi, à l'automne, en terrines ou en pots bien drainés qu'on hiverne sous châssis.

Variétés. — *Oxalis de Deppe* (*O. Deppei*). *Vivace ;* originaire du Mexique. Racines charnues, un peu transparentes, semblables à de petits navets et que l'on a essayé de propager comme alimentaires; mais elles sont à peu près sans saveur. La culture de cette plante est très facile et mérite d'être propagée; on peut l'employer à faire des bordures, à décorer les talus, les tertres et les lieux secs et arides des jardins; elle réussit à toutes les expositions et dans tous les terrains. — *Oxalide valdiviana. Annuelle* (*vivace* en serre). Très florifère; fleurs jaunes. — *O. corniculée à feuilles pourpres*. Remarquable par son feuillage. — *O. violette*. — *O. à bandes*.

On peut multiplier les Oxalis par semis pendant l'automne et le printemps; mais la reproduction se fait par les œilletons qui entourent les racines et que l'on plante en automne ou au printemps, en terre légère. On en fait de très jolies bordures qui se couvrent de fleurs rouges se succédant pendant longtemps.

PAQUERETTE simple des Champs.

(*Bellis perennis*. — *Fam. des Composées.*)

Syn. fr. Petite Marguerite; Fleur de Pâques. — **All.** Tausendschön. **Angl.** Daisy. — **Esp.** Maza. — **Ital.** Pratellina.

Indigène; vivace. — Jolie petite plante champêtre, l'une des premières qui émaillent le tapis des prairies; ses feuilles forment une rosette sur la terre avec une hampe de 6 à 8 centimètres, portant une seule fleur à fleuron jaune et rayons blancs nuancés de rose. Elle s'ouvre dès qu'elle est frappée par les rayons du soleil, elle se ferme le soir, si le ciel est nuageux; elle se propage par ses racines vivaces et fibreuses. On peut faire des semis en plein air sur place, au printemps ou en automne. Souvent on la mélange avec la graine de gazon dans une terre franche, légère et fraîche, à toute exposition; ces jolies Pâquerettes à la tige de 10 centimètres produisent dans les pelouses le plus gracieux effet l'année suivante, en mars-avril, avec leurs fleurs blanches, roses, rouges et panachées.

PAQUERETTE double des Jardins.

(*Bellis perennis*. — *Fam. des Composées.*)

Syn. fr. Mère de Famille; Mère Gigogne.

Indigène; vivace. — Par la culture de la Pâquerette on a obtenu de cette plante des variétés à fleurs doubles, rouge panaché. La Pâquerette double est très singulière; elle fleurit d'abord comme toutes les autres plantes, puis quelquefois, sur la fin de la floraison, il sort du calice une quantité d'autres petites fleurs doubles qui forment une couronne autour de la grande fleur principale, ce qui lui a fait donner le nom de Mère de Famille. Tous les ans, dès que les fleurs sont passées, en octobre-novembre, on sépare les racines et on les plante dans une terre franche, légère, fraîche, à demi ombragée. Pendant l'hiver, s'il fait bien froid, on pourra couvrir les pieds avec un paillis. On fait avec la Pâquerette double de très jolies bordures qu'on renouvelle tous les ans ou tous les deux ans. Cultivées en pots ou en terrines, elles ont sur nos marchés un écoulement facile. La Pâquerette se multiplie aussi de semis qu'on fait au printemps, en été ou en automne; on repique le plant en pépinière et on le met en place, préférablement en automne, pour avoir une floraison plus précoce au printemps suivant; où on ne le repique qu'en février-mars. La floraison peut se prolonger d'avril en août. On peut semer ces plantes en place toute l'année comme la Pâquerette des prés; elles produisent dans les pelouses un effet charmant.

Pâquerette double.

VARIÉTÉ. — *Pâquerette double* à fleur tuyautée variée. La disposition des pétales donne à la fleur l'aspect d'un petit pompon.

PASSIFLORE grimpante.

(*Passiflora.* — *Fam. des Passiflorées.* — *Originaire du Pérou.*)

Syn. lat. Passiflora cœrulea. — **Fr.** Grenadille; Fleur de la Passion; Passiflore bleue. — **All.** Passionsblume.

Vivace. — Tige grimpante de 10 mètres et plus de hauteur. Les Passiflores forment un genre nombreux de plantes grimpantes par leur beauté et leur singularité. On compte plus de cent espèces de Passiflores presque toutes de l'Amérique méridionale et qu'il faut élever en serre tempérée et mieux en serre chaude où elles tapissent les murs et forment d'élégantes guirlandes, donnant des fleurs nombreuses et des fruits comestibles d'un goût agréable qu'on mange dans les pays chauds. La *Passiflore bleue*, qui est la plus cultivée en France, et c'est celle que nous voulons décrire, supporte la pleine terre, avec une couverture de litière, l'hiver. Sa corolle est blanche et plus courte que les filaments. Couronne de filaments purpurins à la base, bleu pâle au milieu, et d'un bleu vif aux extrémités.

On a comparé aux instruments de la Passion de Notre Seigneur Jésus-Christ les différentes parties de cette singulière fleur, ce qui lui a mérité le nom de *Fleur de la Passion*. La floraison a lieu de juin en octobre; à la fleur succèdent des fruits de la grosseur d'un œuf, jaune orangé, bons à manger; dans quelques espèces ces fruits acquièrent la grosseur d'un melon. Le nom de *Grenadille* qu'on donne aux Passiflores veut dire que le fruit ressemble à une grenade. La multiplication de cette plante s'opère facilement par boutures, par marcottes, par greffes et par semis, pour les espèces qui donnent des fruits.

Dans nos contrées, la Passiflore bleue passe très bien l'hiver en pleine terre, tapisse parfaitement les murs et treillages, forme des guirlandes élégantes d'une grande étendue. Si les tiges gèlent en hiver, il en repousse d'autres qui fleurissent dans la même année. En pleine terre ces plantes prennent un accroissement rapide. Si on les cultive en pots ou en caisses, il faut renouveler fréquemment leur terre, car elles épuisent promptement le sol.

On rabat la tige chaque année après la floraison.

PASSEROSE. (*Voir Rose trémière.*)

PATTE D'ARAIGNÉE. (Voir *Nigelle.*)

PAVOT double des Jardins.

(*Papaver.* — *Pavot somnifère* (*Papaver somniferum.*) — *Fam. des Papavéracées.* — *Originaire de la Perse.*)

Syn. angl. Carnation Poppy. — **All.** Mohn. — **Esp.** Ababol. **Ital.** Papavero.

Plante *annuelle* du plus grand effet par la beauté, la variété de ses couleurs, l'abondance de sa floraison et la grandeur de ses fleurs qui, au printemps, émaillent les plates-bandes de nos jardins.

C'est une plante extrêmement rustique et qui vient partout; sa tige s'élève à 1 mètre de haut et plus. On en possède un grand nombre de variétés, entre lesquelles celles à fleurs doubles sont les plus recherchées. Il est préférable de faire les semis en place à l'automne, les plantes sont plus vigoureuses; ou bien en mars, très clair, à la volée, sur une terre nouvellement bêchée; on ne recouvre pas la graine, le plant ne se repique pas, car les Pavots n'aiment pas à être transplantés. Pour avoir de belles plantes, bien robustes et bien florifères, il faut avoir soin d'éclaircir les jeunes plants, en gardant entre les pieds une distance de 25 à 30 centimètres. Les semis d'automne fleurissent de mai en juin et ceux du printemps de juin en juillet.

Le *Pavot somnifère* est connu depuis les âges les plus reculés. Dans les contrées orientales, on cultive le pavot pour en retirer l'opium qui se recueille par incisions faites sur les capsules vertes, d'où s'écoule un suc laiteux et épais. C'est de la graine du Pavot Œillette, qui n'est que le Pavot somnifère à fleur simple, que l'on retire l'huile dite d'œillette.

Pavot double.

VARIÉTÉS. — *Pavot nain*. Annuel. Les plantes sont moins fortes, moins élevées; c'est une très jolie variété. — *P. blanc (P. somniferum album)*. Surtout cultivé pour la pharmacie. — *P. changeant*. Annuel. A fleurs simples; ressemble beaucoup au Coquelicot des blés; la tache noire qui, dans le Coquelicot ordinaire, est placée à la base des pétales, se trouve vers la moitié de leur longueur. — *P. de Tournefort* ou *P. d'Orient ou du Levant*. Vivace. Il est originaire du nord de la Russie; les tiges, de plus de 1 mètre de hauteur, sont terminées par une seule fleur simple, très grande, couleur rouge orangé, à onglet noir. Cette plante fleurit en mai-juin, et refleurit quelquefois à l'automne. — *P. à bractées (P. bracteatum)*. Plus grand que le précédent dont il diffère par une grande bractée au dessous du calice; les fleurs sont d'un rouge ponceau très vif, avec une tache noire à la base de chaque pétale. Ces deux dernières variétés de Pavots vivaces font beaucoup d'effet dans les plates-bandes, les pelouses et les massifs des grands jardins. Les semis peuvent se faire à différentes époques, aussitôt la maturité des graines, en juillet ou en automne, ou bien encore au printemps. Si on met la graine en terre en avril, ce semis a l'avantage de fleurir la même année. On choisira pour faire les semis avec succès une terre saine et légère; la terre de bruyère ne leur est pas trop défavorable. — *P. jaune des Pyrénées* (*Papaver cambricum; Meconopsis cambrica*). Plante à tige de 40 centimètres, donnant des fleurs jaunes de mai en juillet; les semis se font en juin en pépinière, pour mettre en place au printemps; ou les semis se font de préférence en place, en avril ou en juillet, dans une terre légère, humide, à exposition ombragée; ce Pavot n'aime pas beaucoup la transplantation. Il est difficile et ne réussit vraiment bien, que lorsqu'il se ressème de lui-même et croît tout seul, dans les sols qui lui conviennent. — *P. éclatant* (annuel et hybride). Très grandes et nombreuses fleurs d'un rouge ponceau brillant largement maculé noir; pétales tantôt entiers, tantôt laciniés.

PÉLARGONIUM à grandes fleurs.

(*Fam. des Géraniacées. — Originaire de Turquie.*)

Vivace. — Ce genre, composé de près de six cents espèces ou variétés, est mal à propos confondu avec le genre Géranium. Les Pélargoniums sont des plantes vivaces qui diffèrent des vrais Géraniums par les fleurs à pétales inégaux, tandis que les Géraniums ont toutes leurs fleurs parfaitement régulières. Les Géraniums sont presque tous des espèces herbacées; les Pélargoniums au contraire sont frutescents.

C'est par les semis qu'on a obtenu et que l'on obtient encore chaque jour des variétés nouvelles. Les semis se font au printemps, sous châssis, ou dans des terrines garnies de terre légère. Lorsque les plants ont acquis une force suffisante, on les repique à mesure dans des petits pots, sauf à les rempoter plus tard dans de grands pots. Mais le moyen le plus simple de multiplier des Pélargoniums lorsqu'on ne tient pas à créer des espèces nouvelles, est d'en faire des boutures prises, depuis juillet jusqu'en septembre, sur des individus de choix. La force de végétation des Pélargoniums est si grande qu'au bout d'un mois les boutures sont enracinées et doivent être repiquées dans des pots plus grands, remplis d'un compost de terre de bruyère, de terreau de couche et de détritus du nettoyage des jardins, par parties égales. Au commencement d'octobre, on rentre les Pélargoniums dans la serre ou dans une orangerie, si on n'a pas d'autres abris; on pince les extrémités de toutes les branches à 5 ou 6 centimètres de longueur; ils doivent être arrosés avec modération, et la température de l'endroit où ils sont hivernés ne doit pas être au dessous de 5 degrés centigrades, ni au dessus de 12 ou 14 degrés. Il faut leur donner de l'air toutes les fois que cela sera possible.

Variétés. — *Pélargonium Odier ou à cinq macules* (*P. quinquevulnerum*). Originaire du Cap. Petit arbuste à feuilles velues; porte des ombelles de fleurs d'un rouge pourpre noir et bordées de blanc.— *P. à feuille de lierre. P. peltatum.— P. odorant.— P. odoratissimum*. Les feuilles laissent aux doigts, quand on les froisse, une odeur agréable; les fleurs sont rose pâle ou blanches en petites ombelles, au printemps. — *P. à fleurs en tête (P. capitatum)* (syn. fr. *Géranium rosat*). Les feuilles de cette variété exhalent l'odeur de la rose quand on les froisse; les fleurs sont rougeâtres ou roses, en ombelles capitulées. On en tire une essence recherchée dans la parfumerie. Aussi, dans les départements du midi de la France, depuis quelques années, lorsqu'on fait une plantation de vignes, on plante, dans le milieu des rangs, ce Géranium rosat, et le produit qu'on en retire paie ordinairement les frais de la plantation de la vigne.

PENSÉE à grandes fleurs.

(*Violette Pensée. — Viola tricolor. — Fam. des Violariées.
Origine inconnue.*)

Syn. lat. Tricolor grandiflora. — **Fr.** Pensée des Jardins; Pensée anglaise; Pensée vivace. — **Angl.** Pansy. — **Esp.** Pensamiento. **Ital.** Viola Segolina.

Pensée Trimardeau.

Annuelle, bisannuelle ou *vivace* (suivant les terrains, la température et la culture).

La Pensée est une des rares espèces de fleurs dont toute description est superflue pour être comprise des amateurs d'horticulture; nous nous bornerons donc à dire quelques mots de sa culture.

La Pensée est une plante essentiellement rustique; tous les terrains et toutes les expositions lui conviennent; mais on obtiendra des fleurs d'autant plus belles qu'elle sera cultivée dans une terre fertile et à une exposition sèche et bien aérée. Ce sont des conditions que l'on devra rechercher, surtout s'il s'agit de plantes d'élite. Nous recommandons de les arroser par intervalles assez éloignés, avec de l'eau dans laquelle on aura fait macérer pendant plusieurs jours du fumier ou de la bouse de vache; quelques personnes, pour avoir des fleurs plus grandes et plus étoffées, ne laissent qu'un petit nombre de tiges sur chaque pied, dont on pince même les ramifications de façon à ne laisser se développer qu'un petit nombre de fleurs qui acquièrent par ce moyen une largeur et une ampleur extraordinaires.

On peut semer les graines de Pensée à plusieurs époques de l'année; mais, pour avoir de belles fleurs, il faudra les semer en août et septembre. Dès que le plant a pris quelques feuilles, on le repiquera en pépinière dans une terre saine, légère et substantielle. La mise en place des plantes pourra s'effectuer fin d'automne, si le temps le permet, ou en mars. Les plants seront alors espacés de 25 à 30 centimètres. Il faut ajouter à une bonne terre de jardin un tiers de terreau de feuilles et un tiers de bouse de vache.

Variétés. — *Pensée à grandes macules*. Magnifique Pensée à grandes fleurs. — *P. Bugnot*. Grandes macules et très grandes fleurs; superbe amélioration de la Pensée à grandes macules; fleurs très grandes et à très larges macules. — *P. anglaise bleu noir*. Coloris unique; très recherchée pour la décoration des cimetières. — *P. pourpre bordée de jaune*. Très jolie nouveauté, à fleur bien faite et bien ronde, assez grande, à pétales d'un coloris unique, velouté et bordés d'un liséré jaune d'or brillant.

PENSTEMON.

(*Fam. des Scrofularinées*. — *Originaire du Mexique*.)

Syn. lat. Chelone gentianoides. — All. Bartfaden.

Annuel (*vivace* en serre). — Cette jolie plante de 30 à 40 centimètres de hauteur, très variable par la forme de ses feuilles, par ses épis lâches ou serrés, par la couleur de ses fleurs qui passent du violet foncé au rose, a donné naissance à plusieurs variétés qui diffèrent les unes des autres par l'intensité des coloris variant du rose clair au pourpre violet foncé.

Penstemon.

Les Penstemons se multiplient d'éclats, de boutures au printemps, ou de semis en juin-juillet, à mi-ombre et en terre légère; hiverner en pots sous châssis et mettre en place au printemps, en les espaçant d'environ 50 centimètres. On fait aussi des semis en mars sur couche; on repique le plant sur couche pour hâter son développement, et on le met à demeure en mai. Si on sème l'été, la floraison a lieu en mai-juin ; si au contraire on sème au printemps, la floraison a lieu en août et, dans les deux cas, elle se prolonge jusqu'aux gelées.

Variétés. — *Penstemon à feuilles de gentiane* (*P. gentianoides*). Un des plus cultivés, et celui qui a contribué à la création de ces belles races de Penstemons hybrides ; donne, de juin jusqu'aux gelées, de magnifiques, longues et nombreuses grappes unilatérales de grandes fleurs d'un rouge écarlate. — *P. de Hartweg*. Plante vivace au Mexique, mais annuelle dans notre climat ; se rapproche de la variété que nous venons de décrire précédemment ; mais les fleurs sont moins longues, d'un rouge plus foncé (violet pourpre). Il est d'un très bel effet, dans les corbeilles, les massifs ; on peut aussi en faire des bordures. Il est très avantageux de pincer les tiges de cette plante pour la tenir plus basse et obtenir une floraison plus abondante. — *P. à fleurs bleues* (*P. cyananthus*). Plante vivace de pleine terre, originaire du Mexique ; tige de 40 centimètres ; fleurs d'un beau bleu en épis. — *P. à fleurs de digitale* (*P. digitalis*). Tige de 60 à 80 centimètres ; fleurs blanches en panicules terminaux en juin ; c'est une race rustique, propre à l'ornement des parterres et ayant donné plusieurs belles variétés. — *P. à feuilles lisses* (*P. pubescens*). Plante commune au Canada, à la tige de 50 centimètres ; porte des fleurs longues de 2 centimètres d'un violet blanchâtre, en grappes paniculées. Ces trois dernières variétés se sèment d'avril en juin en pépinière ; on repique le plant en pépinière et on le met en place au printemps ; on peut les multiplier aussi d'éclats en mars. — *Penstemon heterophyllus*. Très belle variété donnant des fleurs nombreuses, bleu faïence clair. — *P. à feuilles ovales* (*P. ovatus*). Tige de 60 centimètres ; donne des fleurs bleues en juin-septembre. — *P. diffus* (*P. diffusus*). Fleurs rouge violacé. — *P. confectus*. Fleurs en grappe jaune soufre. Cette variété peut être employée en bordures.

PERILLA de Nankin.

(Perilla Nankinensis. — Fam. des Labiées. — Originaire de la Chine.

Perilla de Nankin.

Belle plante *annuelle* de 60 à 80 centimètres, à feuillage noir pourpre à reflets brillants et comme métalliques. Cette coloration la rend précieuse pour la décoration de tous les jardins et principalement des jardins paysagers, soit qu'on la dissémine dans les plates-bandes, soit qu'on en fasse des groupes sur les pelouses. Elle est d'un très bel effet dans les massifs, surtout si on lui oppose des plantes à feuillage blanchâtre. Les fleurs peu apparentes sont d'un rose rougeâtre. Le Perilla de Nankin est une plante précieuse pour les jardins en terrains maigres et secs et qu'on ne peut guère soigner. On sème sur couche en mars, on repique sur couche et on met les plants en place fin avril, si la température le permet; ou bien en mai, en conservant, entre les pieds, un espace de 40 à 60 centimètres. Les semis se font aussi en avril-mai, en plein air en pépinière, et l'on repique à demeure dès que le plant est assez fort.

Variété. — *Perilla de Nankin compact.* A petites feuilles; forme naine et plus ramifiée du Perilla de Nankin.

PERSICAIRE du Levant.

(*Polygonum orientale.* — *Fam. des Polygonées.* — *Originaire d'Orient.*)

Syn. lat. Persicaria orientalis. — **Fr.** Bâton de Saint Jean; Monte au Ciel; Renouée du Levant. — **Ital.** Codine rosse.

Annuelle. — Excellente plante d'ornement; très recommandable pour la décoration des parcs et des grands jardins; elle se plaît beaucoup au bord des eaux. Par sa végétation rapide, sa tige atteint 2 à 3 mètres dans l'année; elle garnit promptement les pelouses et les clairières; elle vient presque sans soins, ce qui doit la faire cultiver de préférence à des plantes plus difficiles; ses tiges sont très ramifiées, élancées et noueuses; son feuillage est touffu, d'un vert gai.

De juillet en octobre la Persicaire du Levant se couvre de nombreuses fleurs, en longs épis pendants, rouges, roses et blanches. Les semis de cette plante se font en bonne terre substantielle et fraîche, en place ou en pépinière, en avril.

On éclaircira les semis effectués sur place, en laissant entre chaque pied un espacement d'environ 40 centimètres.

Malgré sa rusticité et sa vigueur, si on donne des arrosements fréquents aux Persicaires en été, on obtiendra des plantes plus fortes, plus ramifiées, aux feuilles plus larges, et une floraison plus abondante.

Variétés. — *Persicaire à feuilles cuspidées.* Vivace. Plante très traçante. — *P. à larges feuilles* ou *P. bistorte.* Vivace. Plante plus petite et plus buissonnante que la

P. d'Orient. Se multiplie d'éclats faits en automne ou au printemps. — *P. amplexicaule.* Vivace. Fleurs très nombreuses d'un rouge sanguin accompagnées de bractées acuminées et disposées en épi dense; cette Persicaire fleurit en juin-juillet. Emplois et multiplication de l'espèce précédente.

PERVENCHE de Madagascar.

(Vinca rosea vel alba. — Fam. des Apocynées. — Originaire des Antilles.)

Syn. lat. Lochnera rosea. — **Fr.** Pervenche du Cap; Pervenche rose. **Angl.** Perininkle.

Annuelle (vivace en serre). — Charmant sous-arbrisseau qui s'élève quelquefois de 30 centimètres à 1 mètre de hauteur, à tige rougeâtre, à feuilles lisses; se couvrant d'un grand nombre de fleurs d'un joli rose plus foncé au centre, ou blanches avec une bande pourpre au milieu. Comme cette plante craint le froid et est assez délicate, on la cultive comme *annuelle*, en semant sur couche en février-mars; on repique le plant sur couche dans des pots qu'on laisse sur couche jusqu'en mai. On emploie pour cette culture de la terre de bruyère pure ; ou ce qui est préférable, moitié terre de bruyère et bon terreau de feuilles, ou du fumier bien consommé. Aussitôt qu'on s'apercevra que les plantes vont fleurir, on les pincera si on veut obtenir des plantes plus trapues, plus fleuries et plus ramifiées ; on retardera leur végétation de quelques jours; mais on aura plus tard une végétation plus abondante; ou on les mettra en terre dans un sol léger, à une exposition chaude, pour créer de jolies corbeilles ou des bordures d'un charmant effet. Ou bien encore on cultivera des Pervenches du Cap en pots, pour l'ornementation des fenêtres ou des appartements.

Si l'hiver on rentre ces plantes en serre, elles y deviendront des arbustes qui fleuriront presque sans interruption et vivront ainsi plusieurs années. Alors on peut les palisser contre un mur bien exposé en pleine terre, ou au fond d'une serre chaude bien éclairée. Il faut à cette plante beaucoup de jour, d'air et des arrosements très modérés. La graine de Pervenche est d'une germination capricieuse; la graine de plusieurs années donne quelquefois de meilleurs résultats que la graine fraîche.

PERVENCHE.

(*Pervenche grande (Vinca major*). — *Pervenche petite (Vinca minor*). *Indigènes.*)

Syn. all. Sinngrün. — **Port.** Congossa. — **Ital.** Pervinca.

Vivace. — On se plaint généralement que sous les fourrés épais des jardins, aucune herbe ne peut végéter; cela est vrai, mais on oublie les Pervenches, sans doute, comme cela arrive souvent, parce que c'est une plante indigène, végétant bien partout et ne coûtant rien. On va chercher, au loin et à grands frais, des plantes qui exigent l'abri des serres et ne valent souvent pas nos Pervenches qui, elles, sont de la plus grande rusticité. Elles vivent même sans soins, dans les rocailles, aussi bien que sous bois et en plein air, ainsi que dans les parties ombragées et fraîches des jardins; elles se plaisent à l'exposition du Nord.

Leurs fleurs bleues, blanches, violettes, simples ou doubles, sont toutes charmantes, et surtout appréciables à une époque où l'on n'en a pas encore beaucoup d'autres à admirer; leur beau feuillage persistant nous fournit encore de la verdure pendant tout l'hiver, et ce même feuillage sert à la confection des bouquets.

Pour avoir une belle floraison, on devra, aussitôt après l'hiver, tondre à la cisaille toutes les feuilles, et peu de temps après, les nouveaux bourgeons apparaîtront chargés de nombreuses et jolies fleurs; le sol se recouvrira de feuilles nouvelles formant le plus joli tapis de verdure.

Les variétés sont :

Petite Pervenche (*Vinca minor*). Indigène; pullulant dans les bois; fleurs bleues en mai. Variétés à fleurs simples et à fleurs pleines, rouges, lilas, purpurines. — *P. grande* (*V. major*). Indigène; grandes fleurs bleu clair. — *V. major elegantissima*. Variété à fleurs blanches; le feuillage est panaché de jaune paille. — *V. major reticulata*. Cette variété se distingue de la précédente en ce que la nervure des feuilles seulement est blanc paille. — *V. herbacea*. Pervenche de Hongrie, vivace; nombreuses fleurs précoces d'un bleu violet foncé; d'avril en juillet.

La multiplication des Pervenches se fait par éclats, au commencement du printemps ou à l'automne; on les sème aussi sur couche en mars; on repique les jeunes plants en pots que l'on place sous châssis, et on les met, en mai, en pleine terre, pour faire des corbeilles ou des bordures d'un très joli effet, en variant les diverses couleurs avec goût.

PÉTUNIA.

(*Pétunia à grandes fleurs. — Fam. des Solanées. — Originaire de la Plata.*)

Annuel (*vivace* en serre). — Les Pétunias sont, sans contredit, une des plantes de pleine terre les plus belles, les plus précieuses que nous ayons pour la décoration des jardins. Le nombre des variétés de cette charmante plante, dont les fleurs, abondantes et essentiellement remontantes, sont douées d'une odeur douce, s'accroît de jour en jour; on en possède dès à présent de quoi former des collections qui restent constamment en fleurs, pendant toute la belle saison. Les coloris des Pétunias varient beaucoup, principalement, du blanc pur au rouge pourpre vif, passant par le rose et le violet; ils sont unicolores; d'autres fois ils sont veinés de teintes plus foncées, et ont la gorge d'une autre couleur que le limbe. Il y a des fleurs qui sont striées, jaspées, ponctuées d'une manière très bizarre, et l'on en rencontre dont les corolles sont bordées ou lavées de vert, ou qui sont même quelquefois presque complètement vertes.

Les Pétunias, qui sont des plantes *vivaces* dans leur pays d'origine, ne résistent, dans nos contrées, que si l'hiver ils sont rentrés en serre tempérée. Si l'hiver on les laisse en pleine terre, dans un endroit bien abrité, et s'ils sont garantis de l'humidité qu'ils redoutent beaucoup, ils pourront refleurir au printemps suivant, comme, par exemple, dans les jardins au bord de la mer, à Arcachon ; ils se ressèment, et, dans les hivers doux, les plantes résistent parfaitement. Mais l'on préfère cultiver les Pétunias comme plantes *annuelles* ; du reste, leur culture est des plus faciles. Elle consiste à semer, sur couche ou sous châssis, en mars ; on repique, soit en pots, soit en godets, soit en pleine terre, dans un sol fumé de l'année précédente, lorsque le temps le permet. Ou bien, en avril-mai, les semis se font dans du terreau ou dans une terre légère, fine, bien unie, en plein air et en pépinière. Comme la graine est très fine, il faut peu l'enterrer. Lorsqu'on les transplante, les pieds doivent être placés à 50 centimètres les uns des autres ; en peu de temps ils se touchent et couvrent tout le terrain, car les Pétunias ont une tendance à ramper et à former rapidement une touffe buissonnante ; leur tige s'élève à 40 ou 50 centimètres. Aussi on peut se servir des Pétunias pour garnir une rampe, un treillage, les degrés d'un escalier, une balustrade, une terrasse ou la base d'une muraille. Ils doivent être recherchés, non seulement à cause de leur rusticité, mais pour leur beauté, l'abondance et la durée de leur floraison. Une fois en place, on donne aux Pétunias de copieux arrosements ; on pince en tête les sujets qui chercheraient à monter sur une seule tige ; on ne donne à chaque pied que quatre ou cinq branches que l'on dirige pour leur faire couvrir le terrain.

Les variétés à très grandes fleurs chiffonnées, qui donnent très peu de graines, ou les variétés doubles, qui n'en donnent pas du tout, se reproduisent par le bouturage qu'on fait de juin en septembre ; on place ces boutures dans de petits godets remplis de sable limoneux de rivière, mélangé d'un tiers de terre de bruyère. Les boutures faites au mois d'août sont les meilleures; on tient les pots dans un châssis rempli de sable de rivière, où ils passent l'hiver, abrités seulement par un paillasson ou de la litière. D'autres horticulteurs rentrent, tout simplement, ces Pétunias obtenus de boutures, en serre tempérée. Les plantes bouturées se comportent mieux en pots que celles qui proviennent de semis. C'est ainsi, du reste, qu'on doit traiter les variétés doubles qui font beaucoup plus d'effet en pots qu'en pleine terre. Les variétés doubles sont celles chez lesquelles les organes de la reproduction sont transformés, en grande partie, en pétales ou corolles qui remplissent la gorge plus ou moins, ou même tout l'intérieur de la fleur. Il arrive que ces fleurs qui, ordinairement, ne donnent pas de graines, ont quelquefois quelques anthères non encore transformées qui renferment un peu de pollen fertile avec lequel on féconde artificiellement des Pétunias simples. Ce sont les graines produites par fleurs simples ainsi fécondées, qui, étant semées, reproduisent toujours, il est vrai, des plantes à fleurs simples; mais il se trouve, parmi, des fleurs doubles qui, à leur tour, ne se reproduisent pas très fidèlement par le semis.

Toutefois, ce n'est que par le semis qu'on a obtenu des plantes hors ligne et de collection, qui n'offrent pas les nuances pures des espèces types, du croisement desquelles elles paraissent être sorties originairement; ces nouvelles variétés ont pris le nom de *Pétunias hybrides*.

VARIÉTÉS TYPES. — *Pétunia odorant.* — *P. nyctaginiflora*. — *P. blanc*. Plante rampante herbacée de l'Amérique du Sud, traitée comme annuelle ici, mais vivace en serre; donne, tout l'été et pendant une partie de l'automne, des fleurs blanches, odorantes, ressemblant à celles de la Belle-de-Nuit. Cette variété se multiplie de graines au printemps. — *P. à fleurs violettes (P. violacea)*. Fleurs moins grandes, pourpre violacé, odorantes vers le soir; même culture que la race précédente. De ces deux types sont sorties, par le semis, des variétés remarquables, comme les suivantes : *P. Gloire de Segrez*. Variété très élégante, qui fait admirablement en massifs, avec son coloris très gai, rose lilacé sur les trois quarts du limbe, et blanc pur à la gorge; la face extérieure de la corolle est blanchâtre. — *P. hybride superbissima à très grandes fleurs et large gorge*. Magnifique race nouvellement introduite par la maison Vilmorin; les fleurs sont de dimensions tout à fait extraordinaires; les coloris varient du rose au lilas et au rouge foncé. On a obtenu aussi des *P. hybrides à grandes fleurs blanches, violettes, rose brillant*. Dans ces variétés à grandes fleurs, on possède des *fleurs panachées, frangées, maculées* ou *étoilées de blanc*, sur fond variant du rose au violacé. Il y a aussi des *P. nains*, à grandes fleurs panachées, striées et étoilées; superbes plantes qui, en bordures, en pots ou en massifs, produisent le plus brillant effet. Leurs tiges ne dépassent pas 25 à 30 centimètres en hauteur; elles sont très ramifiées, aussi elles forment des plantes touffues, qui se couvrent de fleurs depuis la fin du printemps jusqu'aux gelées. — *P. double nain compact panaché*. Variété nouvelle à fleurs doubles, et au port nain et compact; très recommandable, extrêmement florifère et très ornementale.

PHACÉLIE bipinnatifide.

(*Phacelia bipinnatifida*. — *Fam. des Hydrophyllées*. — *Originaire de l'Amérique du Nord (Texas).*

Annuelle. — Jolie plante fleurissant abondamment de juillet en septembre, et plus longtemps si on la rabat après la première floraison, et si on a soin de couper les rameaux défleuris. Elle convient à la décoration des plates-bandes, des massifs; ses fleurs font très bien dans les bouquets.

Cette plante forme des touffes de 30 centimètres, qui se couvrent de fleurs en épis, petites, d'un beau bleu vif, et disposées comme celles de l'héliotrope.

Les semis se font en place, en avril ou pendant tout le printemps, en tout terrain. En éclaircissant les jeunes plants, il est bon de laisser entre chaque pied un espace de 30 à 35 centimètres.

VARIÉTÉS. — *Phacélie à feuilles de tanaisie* (*P. tanacetifolia*). Originaire de Californie. Porte des fleurs en épis terminaux, bleu clair ou lilacé un peu grisâtre. — *Variété à fleurs blanc gris de lin*. Les fleurs sont d'un coloris plus clair; même culture.

PHLOX.

(*Fam. des Polémoniacées. — Originaire du Texas.*)

Syn. all. Flammenblume.

Phlox de Drummond.

Annuel. — Ce sont de très belles plantes de la famille des Polémoniacées, à racines vivaces et à tiges nombreuses; toutes appartiennent à l'Amérique septentrionale. Leurs couleurs varient, suivant les espèces, du violet au pourpre plus ou moins foncé, et du rose au lilas et au purpurin; il y a aussi des variétés à fleurs blanches. Leur taille varie également, suivant les espèces, de 35 centimètres à 1 mètre. Les Phlox ont produit de nos jours un si grand nombre de belles variétés, qu'ils se sont élevés au rang des plantes de collection; car les semis de Phlox donnent des variétés à l'infini, qui encombrent les catalogues. Ces variétés qu'on obtient reproduisent par le semis d'autres sous-variétés.

Les Phlox sont des plantes rustiques et d'une multiplication facile par semis, par la séparation des touffes ou par boutures. Les semis pour les *Phlox vivaces* se font de préférence aussitôt que les graines sont mûres, c'est-à-dire en automne, en pépinière et en planches; on couvrira ce terrain pendant l'hiver avec un panneau vitré.

Lorsque le plant sera assez fort, on le repiquera, au printemps suivant, en pépinière. Le plus ordinairement, les Phlox vivaces sont multipliés par éclats ou division des pieds à l'automne, et mieux au printemps; enfin par le bouturage, qui est un moyen rapide pour obtenir promptement un grand nombre de sujets.

Les Phlox demandent une terre franche et légère, et des arrosements copieux pendant les chaleurs. Ils sont très propres à décorer les plates-bandes, les massifs, et contribuent à faire de charmantes bordures; ils ont en outre un grand avantage : leur floraison est abondante et de grande durée.

L'une des espèces les plus intéressantes est le *Phlox de Drummond*, qui est annuel, se reproduit tous les ans de semis, et donne des touffes de 50 à 60 centimètres de hauteur, se couvrant, pendant une grande partie de l'année, de fleurs roses plus foncées au centre. On a obtenu par le semis de nombreuses et belles variétés, très remarquables par leur coloris depuis le blanc pur jusqu'au rouge pourpre éclatant ou velouté, en passant par le rose, le violet ou l'amarante; il y en a encore d'unicolores, de panachées, d'oculées, de striées, d'étoilées, etc. Quoique toutes ces nuances ne se reproduisent pas toujours très bien par le semis, le Phlox de Drummond et ses variétés se reproduisent assez identiquement de cette façon. Le Phlox de Drummond se plaît beaucoup dans la terre de bruyère ; mais il se contente aussi d'une bonne terre ordinaire de jardin.

1° Les semis se font sur place en ligne, à la volée ou par paquets ou touffes, en avril-mai, en laissant entre les pieds, lors de l'éclaircissage, un espacement de 20 à 25 centimètres. Ce mode est le plus usité ; 2° en mars-avril, on sème aussi sur couche ou en pots et l'on repique les plants à demeure, dès qu'ils ont quelques feuilles ; 3° on sème aussi le Phlox de Drummond en pépinière, en septembre, à l'air libre ; on repique en pots, ou on hiverne les plants sur une vieille couche et sous châssis ; on les mettra ensuite en place, au printemps, en terre légère et meuble

Pour conserver quelques variétés d'élite, qui ne se reproduiraient pas facilement par le semis, on fait des boutures de rameaux herbacés qu'on place sous cloche ; une fois reprises, ces boutures sont hivernées sous châssis près du verre ou sur les tablettes d'une serre.

Variétés. — *Phlox de Drummond nain compact.* Très jolie plante, aux fleurs très grandes, ayant toutes les teintes et toutes les panachures des autres variétés que nous avons décrites. Elle forme des touffes naines, très florifères, convenant surtout pour faire des bordures. Les autres principales espèces de Phlox sont vivaces ; ils sont généralement plus rustiques que le Phlox de Drummond. Voici leurs noms : *Phlox paniculé.* Fleurs odorantes, lilas plus foncé au centre. — *P. acuminé* ou *P. decussata.* Se plaît en tout terrain et ses fleurs résistent à l'ardeur du soleil. — *P. maculé.* Floraison abondante et durable ; on l'appelle aussi *Phlox d'Italie.* — *P. pyramidal.* Tiges de 1 mètre, maculées de brun ; belles panicules de fleurs lilas, odorantes. — *P. sétacé.* A fleurs d'un rose pâle, marquées au centre d'une très élégante couronne purpurine. — *P. subulé.* A fleurs rose pourpre, à centre plus vif. Ces deux espèces se multiplient par la séparation des touffes en automne. De ces races sont sorties, par croisement, ces belles variétés qu'on appelle Phlox vivaces hybrides. — *P. à feuilles ovales.* Fleurs grandes, d'un beau rose ; fleurit de juillet en août. — *P. printanier.* D'un beau rose, à centre plus foncé. Ce Phlox est assez rustique; il forme de charmantes bordures; fleurit de fin avril en mai-juin.

PIED D'ALOUETTE des Jardins.

(*Delphinium Ajacis. — Fam. des Renonculacées. — Originaire de l'Orient.*)

Syn. fr. Dauphinelle des Jardins; Bec d'Oiseau. — **Esp.** Espuela de Caballero. — **Ital.** Fior de Cappuccio. — **Angl.** Larkspur Tall Rocket. **All.** Rittersporn.

Annuel. — Les Pieds d'Alouette sont un des plus beaux ornements de nos jardins, depuis le mois de mai jusqu'à fin de juillet; ils sont très rustiques, viennent à peu près partout, principalement dans les terrains secs. Dans les plates-bandes, le long des grandes allées droites, on en fait des lignes de toute beauté; en massifs, en mélangeant les coloris qui sont très nombreux et très variés, on obtient la décoration la plus brillante et la plus éclatante qu'on puisse désirer.

Variétés. — *Pied d'Alouette grand* (*Delphinium Ajacis majus*). Cette plante annuelle, haute de 60 à 80 centimètres, est très répandue dans les jardins, où l'on aime son joli et léger feuillage découpé, ses grandes et nombreuses fleurs, en grosses grappes terminales, simples ou doubles, roses, rouges, violettes ou bleues. On sème en place en touffes ou en bordures, en septembre, aussitôt les graines récoltées, ou bien en février-mars, en terre bien meuble et riche, surtout en bon terreau de couche. On distance un peu les graines, pour ne pas être obligé de trop éclaircir le jeune plant, car les pieds doivent avoir entre eux un espacement de 10 à 15 centimètres et quelquefois moins. Quand le temps le permet, on peut même semer les Pieds d'Alouette l'hiver en pleine terre; le repiquage n'est pas usité pour cette plante. Généralement, dans les cultures, on arrache les sujets à fleurs simples, en conservant cependant, comme porte-graines, quelques pieds les plus riches en couleur. — *P. d'Alouette nain* (*D. Ajacis minus*). Sa tige s'élève à environ 30 centimètres; cette variété forme de charmantes bordures. — *P. d'Alouette des blés à fleurs doubles* (*D. consolida*). Indigène; annuel. Transportée de nos champs dans les jardins, cette plante, haute de 80 centimètres à 1^m,20, y a produit de charmantes variétés doubles, de tous coloris, excepté le jaune et le pourpre; cette race est extrêmement ramifiée et très florifère; elle fleurit plus longtemps et plus tardivement que la précédente, surtout si l'on a le soin de supprimer les rameaux défleuris; elle redoute moins l'humidité, et réussit en outre dans les sols les plus secs et les plus calcaires. Par le pincement, on peut obtenir des plantes basses. Même culture que pour le Pied d'Alouette des jardins. — *P. d'Alouette des blés double nain*. Race naine de 25 à 30 centimètres de hauteur; très florifère; fleurs grandes, doubles et de couleur voyante. — *P. d'Alouette à pétales en cœur* (*D. cardiopetalum*). Syn. lat. *D. peregrinum*. Annuel. Ce Pied d'Alouette est joli et remarquable par sa floraison tardive; il forme des buissons compacts qui se couvrent, de juin en octobre, de fleurs très abondantes d'un beau bleu, plus pâle extérieurement. Il réussit dans tous les terrains, surtout dans ceux où l'élément calcaire domine. — *P. d'Alouette à fleurs de jacinthe*. Excellente plante pour la formation de corbeilles basses et de bordures.

PIED D'ALOUETTE vivace.

Syn. angl. Bee Larkspur.

Les Pieds d'Alouette *vivaces* sont des plantes d'ornement de premier ordre, surtout pour les grands jardins où ils décorent admirablement les plates-bandes, les massifs et les pelouses. Les variétés à fleurs simples atteignent de plus grandes dimensions que les doubles; elles sont aussi plus rustiques. Ces plantes réussissent à peu près dans tous les terrains sains. Leur multiplication se fait par la division des pieds ou d'éclats, à l'automne et même au printemps; mais généralement on emploie le semis au printemps ou en juin-juillet, après la floraison; les plantes sont repiquées, à demeure, au printemps ou à la fin de l'été, en les espaçant d'environ 50 à 60 centimètres. On peut faire aussi des semis en pots.

La floraison a lieu de mai en août et se prolonge quelquefois plus tard, si on a le soin d'enlever les rameaux défleuris. Les fleurs coupées garnissent très bien les vases et entrent parfaitement dans la confection des bouquets.

Variétés. — *Pied d'Alouette à grandes fleurs* (*Delphinium grandiflorum*). Plante vivace de Sibérie, haute de 60 centimètres; tige d'un bleu noir, feuilles très découpées, luisantes; faisant de l'effet par ses grandes fleurs du plus beau bleu d'azur; il est bon de la garantir des grandes gelées de l'hiver par une couverture de litière. — *P. d'Alouette élevé* (*D. alatum*). Plante vivace très rustique, plus grande que la précédente; sa tige s'élève à plus de 1^m,50; ses fleurs disposées en longs épis sont d'un bleu d'azur. Elle demande une terre ordinaire, mais saine et ameublie; on la multiplie comme toutes les espèces vivaces (et surtout pour les variétés à fleurs doubles), d'éclats, à l'automne ou au printemps, ou par semis, en pépinière ou en pots, en avril-mai ou en juin-juillet; ces plantes sont repiquées à demeure, à la fin de l'été ou au printemps suivant. La grandeur et la beauté de cette plante la rendent éminemment propre à décorer les grands jardins. — *P. d'Alouette cardinal* (*D. cardinale*). Magnifique espèce, introduite depuis peu d'années; très délicate, à longs épis de fleurs grandes et de couleur rouge écarlate.

On cultive encore plusieurs autres espèces de Pied d'Alouette, vivaces et très remarquables par la beauté de leurs fleurs, ainsi que des hybrides des espèces précédentes.

PIMENT. (Voir au *Potager*.)

PLANTAIN d'Eau.

(*Alisme.* — *Alisma plantago.* — *Fam. des Alismacées.* — *Indigène.*)

Syn. fr. Flûteau d'Eau; Pain de Grenouille.

Vivace; aquatique. — Souche bulbiforme d'où naissent des feuilles radicales longuement pétiolées, parfois très grandes, ordinairement dressées, disposées en rosette, du centre de laquelle partent des tiges nues, rameuses, atteignant près de 80 centimètres de hauteur. Fleurs petites, nombreuses, longuement pédonculées, d'une couleur blanche ou blanc rosé. Le Plantain d'Eau produit un bon effet dans les pièces d'eau, les bassins, au bord des rivières. On le multiplie facilement d'éclats, à l'automne et au printemps; mais le plus souvent de graines que l'on sème, d'avril en juin, dans des pots non submergés, dont le fond seul baigne dans l'eau. Très peu recouvrir la graine qui est très fine. La floraison du Plantain d'Eau a lieu de juin en septembre.

PLANTE aux Œufs. (Voir *Aubergine.*)

PLATYCODON. (Voir *Campanule à grandes fleurs.*)

PODOLEPIS.

(*Podolepis grêle* (*P. gracilis*). — *Fam. des Composées.* — *Originaire de la Nouvelle-Hollande.*)

Syn. lat. Podolepis angustifolia.

Annuel. — Plante élégante, à fleurs nombreuses et légères, variant du rose au carné, se succédant de juillet en octobre. Semer en avril-mai, en pépinière. On met les plantes à demeure, en les espaçant de 30 à 40 centimètres de distance, dans des sols sablonneux assez riches.

Variétés. — *P. gracilis alba*. Variété d'un blanc nacré. — *P. doré* (*P. chrysantha*). Fleurs d'un coloris d'un jaune d'or.

POINCIANA de Gillies.

(*Poinciana Gilliesii*. — *Fam. des Cisalpiniées*. — *Originaire de Buenos-Ayres*.)

Arbrisseau *vivace*, de 1 à 2 mètres de hauteur, portant des fleurs en grappes, très belles, très grandes, jaunes panachées de rouge. C'est une plante magnifique, du plus bel effet au moment de la floraison ; il faut rabattre les rameaux après la chute des bractées.

Le Poinciana se multiplie de graines qu'on sème au printemps, sur couche, ou de boutures qu'on fait en serre tempérée. Cet arbrisseau passe l'hiver en pleine terre, si les froids ne sont pas rigoureux ; pour plus de précaution, on peut le rentrer en serre ou en orangerie.

POIRÉE.

(*Poirée à carde rouge*. — *Beta vulgaris*. — *Beta vulgaris lutea*. *Fam. des Chénopodées*. — *Indigène*.)

Syn. fr. Poirée rouge du Brésil ; P. rouge du Chili ; P. à carde jaune.

Annuelle et *bisannuelle*. — Les feuilles de ces plantes sont très ornementales, et peuvent contribuer à la décoration, d'août en octobre, des plates-bandes et des corbeilles, par l'intensité de leur coloration. Les semis se font d'avril en mai, en pépinière.

La Poirée à carde jaune ne diffère de la Poirée à carde rouge que par la coloration plus blonde des feuilles et surtout des nervures et des pétioles qui sont d'un beau coloris jaune orangé.

POIS de senteur.

(Lathyrus odoratus. — Fam. des Papilionacées. — Originaire de Ceylan.)

Syn. fr. Gesse odorante; Pois-Fleur; Pois à odeur; Pois musqué. Ital. Pisello odoroso. — **Angl.** Sweet Pea.

Annuel. — Cette gracieuse plante ne le cède à aucune autre fleur par la délicatesse de son parfum et la beauté de ses fleurs. Légère, transparente, variée de couleurs; mais ne se plaisant qu'aux couleurs claires, vives et gaies, sauf le riche coloris violet dont elle peint ses parties supérieures, déguisées en papillon; on pourrait la confondre avec le brillant insecte. Les Orchidées seules possèdent les formes animées du Pois de senteur.

Les Pois de senteur sont excessivement rustiques; ils viennent pour ainsi dire sans soin et à peu près dans tous les terrains et à toutes les expositions. Cette plante convient particulièrement pour garnir le pied des treillages, des berceaux, des murailles, des balcons, des fenêtres; leur mélange aux volubilis et aux capucines augmente encore leur merveilleuse beauté. Leurs tiges grimpantes s'élèvent de 1^m,50 à 2 mètres de hauteur et portent tout l'été des fleurs violettes, roses ou blanches. Les fleurs coupées sont très propres à la confection des bouquets.

On peut semer le Pois de senteur pendant les mois de mars et d'avril, ils fleurissent en juillet-août. On peut aussi les semer en septembre-octobre, comme les autres pois, pour avoir une floraison précoce en mai-juin-juillet. Les semis d'automne produisent des plantes plus vigoureuses. Sous le nom de *Pois Scarlet* ou *Invincible Scarlet*, on cultive depuis peu une variété à fleurs rose pourpre, très florifère et qui se reproduit très fidèlement par le semis. — *Pois* ou *Gesse de Tanger* (*Lathyrus Tingitanus*). Plante annuelle, de 1^m,25 de haut, qu'on sème sur place, en terre légère et sèche, d'avril en mai; elle porte de grandes fleurs inodores, rouge pourpre foncé, de juin en août. — *Pois* ou *Gesse d'Abyssinie*. Fleurs d'un beau bleu d'azur.

POIS.

(*Lathyrus latifolius* (*Pois à larges feuilles*). — *Indigène.*)

Syn. fr. Pois à Bouquets; Pois de Chine; Pois vivace; Gesse odorante. **Ital.** Rubiglia. — **Ang.** Sweet Pea. — **All.** Wicke wolkriechende.

Vivace. — Le Pois à bouquets ou Pois de Chine est parfaitement convenable pour orner, d'avril en juillet, les treillages, de ses belles fleurs roses mêlé de pourpre et formant des bouquets au nombre de douze à quinze. Les tiges meurent et repoussent chaque année; c'est la racine seule qui est vivace. Les semis se font d'avril en mai-juin, et de septembre en février, en place, ou bien en pots, ou même en pépinière; alors on repique en pépinière et l'on met le plant en place, à l'automne ou au printemps. Cette belle plante se multiplie aussi d'éclats ou par la division des pieds au printemps; mais il vaut mieux employer le semis qui produit des plantes plus vigoureuses et qui réussit mieux que la séparation |par éclats Cependant il faut remarquer que ses graines sont d'une germination capricieuse et qu'elles restent quelquefois d'une année à l'autre sans germer.

VARIÉTÉS. — *Pois* ou *Gesse à grandes fleurs*. Racine traçante donnant des fleurs très grandes groupées par deux ou par trois, rouge pourpré. Cette variété vient très bien dans un terrain léger, à une exposition du midi. — *Pois tubéreux*. — *P. hétérophile*. — *P. de Magellan*. Même culture pour tous ces Pois vivaces. — *P. splendens*. Grand et beau Pois vivace, à belles fleurs rose vif, nouvellement introduit de Californie.

POURPIER à grande fleur.

(Portulaca grandiflora. — Fam. des Portulacées. — Originaire de l'Amérique méridionale.)

Syn. fr. Pourpier fleuri; Chevalier d'onze heures. — **Esp.** Verdolaga. **Angl.** Purslane. — **All.** Portulak.

Annuel. — Charmante plante de 12 à 15 centimètres, à tiges couchées, ascendantes, charnues; à grandes et belles fleurs roses coccinées, simples ou doubles, avec le centre d'une couleur différente, et portant un faisceau d'étamines d'or. Elles ne s'ouvrent qu'au grand soleil; il est alors presque impossible de les regarder, tant leurs couleurs sont vives et brillantes. Rien aussi n'est plus élégant qu'une corbeille ou qu'un massif de Pourpier à grandes fleurs; en mélangeant les couleurs, on fait avec cette plante de délicieuses bordures; on en orne les plates-bandes et le dessus des caisses à oranger et à laurier-rose. C'est une des plantes les plus recommandables pour couvrir la terre et tapisser les massifs et les plates-bandes, en plein soleil, au dessous des plantes ou arbustes à feuillage, surtout ceux qui sont trop dénudés du pied. La graine de Pourpier est très fine et elle a une teinte métallique. Les semis se font sur place en avril-mai, en terre légère, sablonneuse, un peu sèche, en recouvrant à peine les graines; en éclaircissant le plant, on laisse entre les pieds un espacement d'environ 15 à 20 centimètres. Les semis peuvent se faire aussi sur couche, en février-mars; on repique le plant en plein air en mai, en mettant les pieds à 25 centimètres de distance. On peut élever le Pourpier en pots ou en godets; cette culture se pratique surtout pour le Pourpier à fleurs doubles. Le Pourpier demande peu d'arrosements.

Variétés. — *Pourpier de Gillies.* — *P. de Bedman.* Fleurs blanches avec macule pourpre à la base des pétales. — *P. de Thellusson.* Fleurs écarlates à centre blanc.

PRIMEVÈRE des Jardins.

(*Primula elatior.* — *Fam. des Primulacées.* — *Indigène.*)

Syn. lat. Primula veris. — **Fr.** Printanière; Coucou.
Angl. Polyanthus.

Vivace. — La Primevère des Jardins est une des premières fleurs qui apparaissent au printemps, ce qui la rend très précieuse; elle se couvre de nombreuses fleurs d'un blanc velouté, carmin foncé, jaune, orange, feu, qui se succèdent de mars en mai. La Primevère des Jardins est excessivement rustique; elle vient à peu près dans tous les terrains; cependant elle préfère une terre légère, franche et ombragée. Très convenable pour la confection des bordures, ou pour garnir les parties ombragées des rocailles, et pour orner le tour des massifs d'arbustes. La multiplication des Primevères des Jardins est très facile; elle se fait par éclat ou division des pieds que l'on pratique tous les trois ou quatre ans, de juin en septembre. Le semis de Primevère qui est très usité (et c'est ainsi qu'on en a obtenu d'innombrables variétés), se fait en pleine terre d'avril en juin; on met ensuite le plant en place à demeure, en l'espaçant de 20 à 25 centimètres. L'année suivante la floraison a lieu en mars, et se prolonge jusqu'aux grandes chaleurs.

Variétés. — *Primevère à grandes fleurs.* Indigène. Cette espèce, comme la précédente, a produit par la culture de nombreuses variétés simples ou doubles; les fleurs ne dépassent guère la touffe de feuilles; elles sont roses, lilas, blanches, jaunes, de nuances plus ou moins foncées; même culture. — *P. à feuilles de cortuse* (originaire de Sibérie). Seule espèce fleurissant à l'automne et au printemps, portant une ombelle de six à dix fleurs d'un beau rouge pourpre, d'une odeur agréable. On peut employer cette plante, comme les précédentes variétés, à former des bordures ou à faire de jolis massifs.

PRIMEVÈRE de la Chine.

(*Primula Sinensis.* — *Originaire de la Chine.*)

Syn. angl. Chinese Primrose; Cowslip.

Bisannuelle (*vivace* en serre). — Plante magnifique que nous devons regretter de ne pouvoir élever en pleine terre ; sa tige s'élève de 15 à 20 centimètres, ses feuilles sont longuement pétiolées et élégantes. Pendant une partie de l'hiver, de décembre en avril, elle donne en serre des fleurs roses ou blanches, simples ou doubles, à bords unis ou frangés. Sa floraison est plus ou moins avancée suivant l'époque des semis, et surtout suivant les milieux où on les place. Les semis se font en été (de juin en août), en pots ou en caisses, en terre légère et saine, à mi-ombre ; il faut avoir soin de recouvrir très peu la graine. On repique ensuite le jeune plant en pots remplis de terre légère, mêlée par moitié de terre de bruyère ou de bon terreau de feuilles, qu'on hiverne sous châssis ou qu'on place en serre sur des tablettes. La moindre humidité fait pourrir les feuilles.

Les variétés de Primevères doubles ou semi-doubles ne donnent pas, ou donnent très peu de graines ; il faudra les multiplier par la séparation des vieux pieds, d'éclats ou de boutures des tiges feuillées, après la floraison du printemps, c'est-à-dire à la fin de l'été.

Tous les ans on met dans le commerce de nouvelles Primevères qui se distinguent par des coloris nouveaux.

PYRÈTHRE doré.

(*Pyrethrum.* — *Fam. des Composées.* — *Originaire de l'Asie mineure.*)

Syn. lat. Parthenium aureum.

Vivace. — Plante très basse et très rustique, à feuillage doré, ne craignant pas la sécheresse ; excellente pour bordure et pour tapisser les terrains en pente ; ses tiges ne dépassent pas 6 centimètres et forment un gazon très dense. Le Pyrèthre donne, en mai-juin, des fleurs blanches ou jaunâtres. Cette plante se multiplie, au printemps ou à l'automne, par le sectionnement de ses tiges radicantes qui courent sur le sol. Mais un bon moyen de reproduction, c'est le semis en mai, en plein air, ou en mars, sous châssis; on repique en pépinière et on met en place dès que le plant est assez fort, ou seulement lorsqu'il est près de fleurir.

Variétés. — *Pyrèthre gazonnant de Tchikatcheff.* Plante très basse, traînant sur le sol et le couvrant entièrement.
— *P. parthenium aureum selaginoides.* Plante précieuse pour bordures et mosaïques; plus variée, plus naine et plus compacte que le *P. doré*, et à feuillage d'un beau jaune d'or.

REINE-MARGUERITE.

(Callistephus. — Fam. des Composées. — Originaire de la Chine et du Japon.)

Syn. lat. Aster Sinensis. — **Fr.** Callistèphe de la Chine; Marguerite-Reine. — **Angl.** China Aster. — **Esp.** Margarita. — **All.** Ringel-Aster; Schönkranz. — **Port.** Malmequer da secia. — **Ital.** Adoni.

Annuelle. — C'est une des plus jolies plantes annuelles de nos jardins qu'elle orne, depuis le mois de juillet jusqu'aux gelées, par ses fleurs de toutes couleurs, unies ou panachées, dans les nuances les plus vives et les plus tendres; tous les tons s'y trouvent représentés : rouge, rose, bleu, violet, blanc, le jaune excepté. Depuis son introduction de Chine en Europe, vers 1731, par le R. P. d'Incarville, la culture n'a cessé de perfectionner cette plante et ses fleurs. On a obtenu aussi de remarquables variétés qui sont une véritable transformation de l'espèce type; on les répartit généralement en quatre catégories : les *pyramidales* à rameaux droits, élancés, à port élégant; variété d'un superbe effet, par le nombre et l'éclat de ses fleurs qui ne sont que semi-doubles, mais dont les pétales sont plus larges que dans les autres races; les *tuyautées*, dont le disque bombé est couvert de fleurons tubuleux de la même couleur que les rayons; les *doubles*, dont les ligules sont plans et disposés sur des rangs plus ou moins nombreux; les *naines*, à tiges basses, très vives et très propres à faire des bordures; et les *demi-naines*, qui forment des plantes élégantes, ramifiées et qui se tiennent sans tuteur. Ces catégories, à leur tour, se composent d'une foule de variétés intermédiaires, qui en unissent les types par des nuances insensibles.

Reine-Marguerite.

Nous citerons, dans la section des *Reines-Marguerites pyramidales*, les plus remarquables variétés : *R. Pivoine. — R. Pivoine naine* et *R. Pivoine demi-naine*. Les Reines-Marguerites Pivoines sont une magnifique race vigoureuse, fournissant de superbes fleurs ressemblant à la plante qui porte ce nom. — *R. pyramidales à fleurs de chrysanthème. — R. à fleurs de chrysanthème naine*. Ces variétés sont très recommandables; elles renferment les coloris les plus riches et les plus variés. — *R. pyramidale à fleurs imbriquées*. Les fleurs sont très grandes, de forme arrondie et régulière. — *R. à fleurs imbriquées pompon.* Sous-race de la précédente, à fleurs d'un bon tiers plus petites, à pétales plus courts, très régulièrement imbriqués, à fleurs en pompon ou arrondies, demi-sphériques ; très florifère et de bonne tenue. — *R. empereur, géante.* — *R. perfection.* — *R. pyramidale à bouquets, demi-naine et naine à bouquets.* Ce sont trois variétés charmantes, très convenables pour la culture en pots. — *R. Lilliput.* Bonne variété formant de jolies plantes naines, de port compact, fleurissant en bouquets, et très florifères. — *R. pyramidale couronnée.* — *R. aiguille.* — *R. à fleurs de renoncule.*

Dans les Reines-Marguerites *tuyautées*, nous citerons la *Reine-Marguerite Anémone*, la *R. Anémone très naine.* Très jolie race, très naine, à fleurs de forme parfaite. — *R. chinoise.* A tiges très élevées et à grandes fleurs.

La Reine-Marguerite accomplit en quatre ou cinq mois au plus toute la phase de la végétation. Pour jouir de ces fleurs pendant toute la belle saison, il faut donc faire plusieurs semis successifs, en avril-mai, à l'air libre, dans un terrain bien ameubli et léger, ou bien en pots, en terrines ou en caisses, dans un mélange de bonne terre de potager mélangée de terreau de feuilles ou de fumier. On peut aussi semer de bonne heure, en mars, sur couche et sous châssis. Dans les différents cas, on recouvrira très légèrement les graines, de terre ou de terreau que l'on tassera légèrement. De n'importe quelle manière, et à quelle époque qu'on fasse le semis, on repiquera le plant, lorsqu'il sera assez fort, sur une plate-bande couverte de bon terreau, à 20 ou 25 centimètres de distance ; on met en place lorsque les boutons commencent à paraître, ce qui permet d'assortir les couleurs lorsqu'on veut former des massifs ou des bordures ; on en décore des plates-bandes. Pour ces diverses transplantations, on choisira un jour nébuleux et on arrosera fréquemment pour faciliter la reprise. Les plantes qu'on voudra mettre en place pourront être levées de la pépinière en motte ; on les espacera de 40 à 45 centimètres, pour les fortes races, et de 30 à 35 centimètres pour les races plus petites ; 20 à 25 centimètres suffisent pour la race très naine. La floraison des Reines-Marguerites a lieu ordinairement de juillet en septembre, et elles sont un des plus beaux ornements des jardins à cette époque.

RENONCULE des Jardins.

(Ranunculus Asiaticus. — Fam. des Rènonculacées. — Originaire de l'Orient.)

Syn. lat. Ranunculus hortensis. — **Fr.** Renoncule de Perse; R. d'Asie ou asiatique.
Esp. Marimonas. — **Ital.** Ranunculo. — **Angl.** Crowfoot.

Renoncule des Fleuristes.

Belle plante *vivace*, type de la famille des Renonculacées et dont la racine digitée porte le nom de *griffe*. Ce genre comprend un nombre considérable de variétés :

simples, semi-doubles, doubles, et présentant les nuances les plus vives et les plus variées. Il faut à la Renoncule une terre substantielle, mais légère et un peu sablonneuse. L'exposition du levant est celle qui lui convient le mieux.

On peut semer la graine de Renoncule en pleine terre, soit au printemps, soit à l'automne, dans un terrain bien ameubli et sur la surface duquel on a répandu un centimètre de terreau passé au crible. Le semis sera à son tour recouvert d'une couche de terre fine, épaisse d'un demi-centimètre. Les semis d'automne doivent être abrités l'hiver sous châssis; les semis de printemps seront mis à l'abri des dernières gelées par des paillassons soutenus par des bâtons. Les graines mettent quarante jours, terme moyen, à lever. Mais il est de beaucoup préférable de ne semer les Renoncules que dans des terrines, ce qui permet, pour ainsi dire, de faire des semis en toute saison, les terrines pouvant être facilement rentrées en hiver dans un local où la gelée ne puisse pénétrer. Pour obtenir du plant vigoureux, disposé à fleurir de très bonne heure, il faut remplir les terrines, non pas de terre, mais de bouse de vache desséchée, pulvérisée, puis humectée au degré convenable, et maintenue fraîche, ensuite, par des arrosages modérés, mais fréquents. Si les jeunes plantes sont fortes, que le semis ait été fait, soit en terrine, soit en pleine terre, on lève les griffes dès que les feuilles sont desséchées, et on les traite comme des plantes adultes. Ces jeunes griffes, dès les premiers beaux jours du printemps, sont transplantées dans une bonne terre de jardin, douce et substantielle, plutôt légère que forte, amendée avec de bon terreau. On espace les jeunes griffes à un décimètre en tous sens; si l'on a soin ensuite de les arroser deux fois par jour, presque toutes montrent leurs fleurs dès la première année. Si au contraire les plantes obtenues de semis sont peu vigoureuses, on les recouvre de quelques millimètres de bon terreau et on leur laisse passer l'hiver en les abritant. Ces jeunes plantes fleurissent la deuxième ou la troisième année.

On lève de terre les griffes après qu'elles ont fleuri, quand leurs feuilles passent du vert au jaune. Celles dont on veut récolter la graine restent un peu plus longtemps sur pied. Les griffes de Renoncule n'ont pas de disposition à végéter quand on s'abstient de les planter au printemps. On peut les conserver un an dans des sacs de papier ou dans un tiroir; après cette époque, elles donnent une plus belle floraison, et s'épuisent moins vite que les griffes qu'on plante tous les ans.

Nous ne saurions trop engager à faire des semis de Renoncules; par ce moyen, on obtiendra des fleurs de choix, aux colorations les plus variées, car il est peu de plantes aussi belles; on peut en orner les plates-bandes, en faire de superbes bordures et en composer des massifs de toute beauté. Les fleurs coupées conviennent pour faire des bouquets et garnir les vases.

Variétés. — *Renoncule Pivoine.* — *R. Africanus.* Se distingue de la Renoncule des Fleuristes par des feuilles plus grandes, d'un vert foncé, par des tiges plus fortes, plus ramifiées et surtout par des fleurs plus grandes, volumineuses, très doubles et prolifères, rouges, jaunes, jonquille ou panachées de jaune ou de rouge. Même culture que pour la précédente. — *R. à feuilles d'aconit. Bouton d'Argent.* Indigène. Racines ressemblant à celles de l'asperge, tige de 50 à 60 centimètres; donne, en mai-juin, des fleurs nombreuses, très doubles, d'un blanc pur. Se multiplie de semis d'avril en juillet, en pépinière ombragée, ou en terrines; on repique les plants en pots ou en pépinière, et on transplante les plants à demeure, en terre légère et franche. Dans les grands froids, on doit couvrir cette plante; on la propage aussi d'éclats, à l'automne ou au printemps. — *R. âcre* à fleurs pleines et *R. rampante* à fleurs doubles, donnant des fleurs du plus beau jaune, que l'on confond sous le nom de Bouton d'Or et que l'on traite comme plante d'ornement. Multiplication par les racines traçantes.

RÉSÉDA odorant à grandes fleurs.

(*Reseda odorata grandiflora.* — Fam. des Résédacées. — Originaire d'Egypte.)

Syn. fr. Mignonette; Herbe d'Amour. — **Ital.** Amorini.
Angl. Mignonette.

Plante *annuelle*, au parfum suave, qu'on ne saurait trop multiplier dans les jardins, autour des habitations, le long des allées, sous les massifs d'arbres et d'arbustes à tiges dénudées, dans les caisses d'orangers et poteries. Cultivé en pots, il orne les fenêtres et les balcons, et dans les appartements il répand son odeur embaumée. Ses tiges atteignent 20 à 25 centimètres et se couvrent de fleurs petites et verdâtres en grappes très odorantes. Les semis du Réséda se font pendant une grande partie de l'année, en place, d'avril en août, dans une terre saine, plutôt sèche qu'humide. Bien que le Réséda soit annuel, on peut le conserver en pots plusieurs années, si on a le soin de supprimer les tiges aussitôt que les fleurs sont passées; on obtient ainsi une petite plante ligneuse qui fleurit en hiver. On l'appelle alors *Réséda en arbre*.

Variétés. — *Réséda pyramidal à grandes fleurs.* Magnifique race à épis très compacts, pyramidaux, formés de larges fleurs très odorantes; c'est une plante très vigoureuse. — *R. à fleurs rouges.* Variété nouvelle, vigoureuse et très odorante.

RHODANTHE de Mangle.

(*Rhodanthe Manglesii.* — Originaire d'Australie. — Fam. des Composées.)

Annuel. — Plante charmante, très gracieuse; un peu délicate, ce qui empêche malheureusement d'en étendre la culture. Le Rhodanthe se sème en février-mars sur couche, en terre de bruyère, ou sous châssis à froid, dans du sable mélangé de terre de bruyère; on repique en pots, dans un compost semblable, et on met le plant en place, en mai, pour former des corbeilles assez jolies. La floraison s'effectue depuis la fin de mai jusqu'en août. Les tiges s'élèvent de 20 à 40 centimètres et sont terminées par des capitules floraux d'un blanc rosé et d'un beau rose, garnis en dehors d'écailles blanches et tremblant au moindre vent; en vieillissant, les fleurs deviennent d'un blanc d'argent et persistent longtemps; séchées à l'ombre, la tête en bas, elles se conservent à la façon des Immortelles; aussi elles sont recherchées pour la confection des bouquets perpétuels, pour composer des couronnes et des bouquets où les graminées dominent.

VARIÉTÉ. — *Rhodanthe ensanglanté.* Capitules floraux plus petits que dans l'espèce précédente; plus florifère.

RICIN.

(Ricin grand. — Ricinus communis. — Fam. des Euphorbiacées. Originaire de l'Inde.)

Syn. lat. Ricinus Africanus. — **Fr.** Palma Christi. — **Ital.** Faginolo d'India. — **Angl.** Castor Ail Plant. — **All.** Wunderbaum. **Port.** Carapato.

Annuel (*vivace* en serre). — Plante très ornementale, faisant beaucoup d'effet avec son feuillage élégamment découpé et ample, si on la dispose en groupe au milieu d'une pelouse. Le Ricin, dans son pays natal, devient ligneux, prend les proportions d'un arbre, et s'élève à plus de 10 mètres. Dans nos climats, c'est une belle plante herbacée devenue annuelle, et c'est la plus grande des plantes annuelles; sa végétation s'opère très rapidement et on peut, quatre ou cinq mois après le semis, recueillir de nouvelles graines. Les feuilles sont grandes, palmées, et les fleurs sont en grappes, les mâles à la base, les femelles au sommet; les fruits sont hérissés d'épines molles, laissant voir, en s'ouvrant, les semences ovales, luisantes, brunes rayées de noir. Il faut au Ricin une terre substantielle et une exposition chaude; plus il fait chaud et plus il se développe. Pendant l'été, il est indispensable d'arroser copieusement. Les semis se font sur couche en mars, ou en place en avril-mai, en espaçant les graines à un mètre de distance. On sème aussi en pots, sous châssis et en serre, au mois de mars, et on repique les jeunes plantes à demeure en mai.

Variétés. — *Ricin sanguin.* Se distingue du Ricin grand par sa taille plus robuste, par sa tige, ses rameaux et les nervures principales des feuilles d'un beau rouge clair. Ses grandes feuilles ont jusqu'à 75 centimètres de longueur; les fruits sont disposés en panicule longue de 60 à 70 centimètres. Cette variété fleurit de juin jusqu'aux gelées.— *R. de Gibsoni.* Variété naine, de 1^m,20 à 1^m,50 de hauteur, à tiges et feuilles de couleur brun foncé; très ramifiée. — *R. vert* ou *de Zanzibar.* Magnifique et grande espèce, d'une croissance rapide. — *R. pourpre.* Feuillage énorme; ne diffère du Ricin commun que par la coloration vert rougeâtre et luisant de ses tiges, de ses rameaux, des pétioles et des nervures des feuilles.

ROSE D'INDE. (Voir *Œillet d'Inde.*)

ROSE TRÉMIÈRE. — PASSE-ROSE.

(*Althœa rosea*. — *Fam. des Malvacées.* — *Originaire de Syrie.*)

Syn. fr. Bâton de Jacob; Bâton de saint Jacques. — **Esp.** Malva real. — **Angl.** Holly-Hock. — **All.** Stock-Rose. — **Port.** Malvaisco.

Bisannuelle et *vivace.* — Voilà une plante que l'on ne saurait trop recommander pour l'ornementation des jardins; elle n'a pas cependant le mérite de la nouveauté; mais la culture et les soins ont produit un nombre de variétés des plus remarquables.

La floraison de la Rose trémière dure depuis mai jusqu'en septembre; par le choix des couleurs les plus opposées, on obtient des effets délicieux, car l'on sait que, à part la couleur bleue, cette fleur possède toutes les teintes de l'arc-en-ciel. Si on a le soin de couper les tiges une fois les fleurs fanées, les Roses trémières donnent une nouvelle floraison à l'automne.

Ces plantes, dont l'état normal est d'être trisannuelles ou même vivaces, peuvent se reproduire par la bouture; mais le semis donne ordinairement des plantes plus vigoureuses et une floraison plus abondante; aussi le semis est-il le moyen de propagation le plus usité; on le fait dans le courant de l'été, dans une bonne terre légère, bien amendée.

Le repiquage doit se faire en pépinière, dès que les plantes ont trois ou quatre feuilles, à 50 centimètres de distance en tous sens; puis, vers novembre, si le temps le permet, ou février-mars, on les enlève avec la motte, pour les mettre en place, à un mètre environ de distance. Cette plante aime les terrains secs, profonds, perméables; on la rencontre souvent au bord de la mer, en plein soleil, et surtout au pied des vieilles murailles où les Roses trémières acquièrent une végétation luxuriante; les sols froids, humides et ombragés nuisent à son développement.

Par la greffe, l'on obtient des résultats plus certains pour perpétuer les espèces remarquables; mais, pour ce mode de reproduction, il faut une main expérimentée; cette opération doit se faire de bonne heure, à l'automne; on la fait le plus souvent en *placage* sur des racines saines et vigoureuses.

Les boutures se font avec les rameaux qui se développent à la base des tiges et auxquels on conserve un peu de talon.

La multiplication peut également se faire par la division des pieds.

Ce procédé réussit mieux au printemps qu'à l'automne.

Les tiges de Rose trémière, coupées et placées dans l'eau, au moment où elles commencent à fleurir, se conservent fraîches très longtemps, et les boutons continuent à s'y épanouir, ce qui permet de les utiliser pour la décoration des appartements.

RUDBECKIA élégant.

(*Rudbeckia speciosa.* — *Fam. des Composées.* — *Originaire de l'Amérique septentrionale.*)

Syn. angl. Cone Flower.

Vivace. — Plante vivace qu'on peut traiter aussi comme plante annuelle. Dans le premier cas, les semis se font d'août en septembre, en pépinière; le repiquage se fait en pots qu'on hiverne sous châssis; dans le deuxième cas, on sème en mars, sur couche, et on repique dans un sol substantiel, mais très sain, en espaçant les pieds de 50 à 60 centimètres. On multiplie aussi le Rudbeckia par la division des pieds, qui doit être exécutée avec quelque ménagement, à l'automne ou au printemps. Cette jolie espèce est très florifère et très employée pour l'ornementation des plates-bandes et la formation des massifs, pour la décoration des rochers et rocailles; suivant le mode de semis, le Rudbeckia fleurit de juin en août ou de juillet en septembre. Sa tige s'élève de 40 à 60 centimètres; les fleurs sont radiées, d'un jaune safrané, à disque presque noir.

Variétés. — *Rudbeckia de Drummond.* — *Obeliscaria pulcherrima.* Vivace. Originaire de Californie. Les feuilles de cette espèce sont profondément découpées; les fleurs sont à rayons pourpre noir, jaunes vers l'extrémité. Demande une exposition chaude; même culture que le précédent. — *R. fulgida.* A feuilles rouge foncé; à fleurs jaune vif. — *R. amplexicaulis.* Tige de la hauteur d'un mètre; fleurs d'un beau jaune, avec tache rouge à la base de chaque rayon. — *R. à feuilles laciniées.* — *R. columnaris.* Fleurs entièrement jaunes. — *R. pourpre.* Vivace; tige s'élevant à 1 mètre et portant de grandes fleurs variant du rose au pourpre; très ornementale. Il lui faut une terre substantielle et profonde, légère et saine, à exposition demi-ombragée.

SAINFOIN d'Espagne à Bouquet.

(*Hedysarum coronarium.* — *Fam. des Papilionacées.* — *Originaire de l'Europe méridionale.*)

Syn. ital. Lupinello. — **Angl.** French Poppy. — **All.** Hahnenkopf.

Bisannuel et *vivace* selon que le climat et le terrain lui sont favorables. — La tige du Sainfoin d'Espagne s'élève de 60 centimètres à 1 mètre; elle est ramifiée dès la base en quatre ou cinq tiges principales qui forment de belles touffes portant abondamment, de juin en août, des fleurs en épis, d'un rouge brillant, satinées ou blanches.

Le Sainfoin aime les terrains sains, profonds, ayant un peu de consistance et de fraîcheur; cependant il réussit dans les sols légers et secs; mais il lui faut le grand air et la lumière, une exposition chaude. Dans nos contrées, cette plante craint l'humidité et les transitions subites de température; aussi, il faudra lui donner l'hiver une couverture de litière.

On sème le Sainfoin d'Espagne en avril-mai, ou de juin en août, en pépinière; pour avoir des plantes plus fortes, on repique en pépinière, et l'on met les pieds en place, à demeure, en terrain terreauté, à l'automne ou au printemps, suivant l'époque où le semis a été effectué. Les plants doivent être espacés d'environ 50 ou 60 centimètres. La floraison du Sainfoin est abondante, son feuillage est élégant; aussi il produit un assez bon effet dans les plates-bandes des grands jardins.

SALPIGLOSSIS.

(*Salpiglossis à fleurs changeantes.* — *Salpiglossis sinuata.* — *Fam. des Scrofularinées.* — *Originaire du Chili.*)

Syn. angl. Painted Tube Tongue. — **All.** Trompetenzunge.

Annuel. — Les Salpiglossis sont des plantes superbes, très remarquables par la richesse et la variété des coloris de leurs fleurs qui présentent des teintes et des dessins qu'on trouve rarement chez d'autres plantes. La tige du Salpiglossis s'élève de 50 à 60 centimètres; elle porte, de juin en août, des fleurs fort belles, en entonnoir, striées et nuancées de blanc, de jaune, de violet et de pourpre. On peut former, avec cette délicieuse plante, des massifs et des corbeilles ravissantes; on peut en orner des plates-bandes, en faire des groupes sur les pelouses, en mélangeant les diverses nuances. Les fleurs coupées, mises dans des vases, s'y conservent plusieurs jours et continuent à s'y épanouir.

Salpiglossis.

Comme cette plante supporte mal la transplantation, les semis se font en place, en avril, en terre légère et riche en humus, à une exposition chaude; il faut avoir bien soin de recouvrir très peu la graine qui est très fine; on éclaircira les plants, après la levée, en laissant entre les pieds un espacement de 15 à 20 centimètres.

Si le semis en pleine terre ne réussit pas, on peut faire des semis en pots; on éclaircira les plants, s'il y a lieu, et on livrera les potées à la pleine terre, en dépotant, mais sans défaire la motte.

Variétés. — *Salpiglossis nain.* Ne diffère du précédent que par la taille, qui ne dépasse pas 40 à 50 centimètres.

— Il y a aussi le *S. très nain*, très compact, qu'on peut utiliser en bordures.

SAPONAIRE.

(*Saponaire de Calabre rose et blanche. — Fam. des Caryophyllées. Originaire de Calabre.*)

Syn. lat. Saponaria. — **Port.** Saboeira. — **Angl.** Soapwort. **All.** Seifenkraut.

Annuelle. — Très jolie plante rampante, très rameuse, formant de larges touffes ne dépassant pas 15 à 20 centimètres de hauteur, se couvrant de fleurs d'un beau rose vif; il y a une variété à fleurs blanches. Les fleurs se succèdent de juin en septembre, suivant l'époque du semis. Les semis se font en mars-avril, en place ou en pépinière. On sème aussi en place, en septembre; la floraison a lieu alors fin avril-mai.

SAUGE coccinée ou écarlate.

(*Salvia coccinea. — Fam. des Labiées. — Originaire de la Floride.*)
Syn. lat. Salvia glaucescens.

Annuelle et *vivace* (en serre). — On connaît plus de quatre cents espèces de Sauges, toutes douées de propriétés aromatiques et dont une grande partie, appartenant aux plus chaudes contrées de l'Amérique, demandent la serre tempérée.

Nous citons ici les variétés les plus rustiques, qui peuvent être mises en pleine terre pendant la belle saison, à condition de les relever à l'automne pour les mettre dans un bon coffre à l'abri de la gelée et de l'humidité.

La Sauge coccinée et ses variétés se sèment en mars sur couche; on repique les jeunes plants sur couche et on les met en place vers la fin de mai, en les espaçant de 50 à 60 centimètres, dans un sol léger et bien terreauté. à une exposition chaude; cette plante demande, l'été, de fréquents arrosements. La tige s'élève de 50 centimètres à 1 mètre de hauteur. La Sauge coccinée produit un très bel effet, dans les plates-bandes et les massifs, par ses fleurs éclatantes, d'un rouge écarlate, qui fleurissent, la même année qu'on a fait le semis, de juin jusqu'aux gelées. On peut la cultiver en pots pour l'ornementation des terrasses, en été, et en hiver, pour la décoration des serres tempérées et orangeries, où elles peuvent vivre plusieurs années, au moyen de pincements bien conduits.

Variétés. — *Sauge cardinale* (*Salvia cardinalis*). Racine vivace et rameuse; tige de 1 mètre environ; à feuillage velu blanchâtre et laineux en dessous; porte de longs épis de fleurs d'un rouge pourpre éblouissant. Cette espèce donne peu de graines, qu'on sème au printemps sous cloche. On la multiplie de boutures en été, ou par la division des rhizomes en automne. Les boutures et tous les jeunes plants se conservent en serre pendant l'hiver; en mai suivant, on les met en pleine terre substantielle, pour la décoration des corbeilles, massifs ou pelouses, à bonne exposition, à 80 centimètres de distance entre les pieds. — *S. splendens*. Plante vivace, du plus grand effet par son port élégant, par l'abondance de ses fleurs d'un beau rouge étincelant. Ordinairement, on reproduit cette espèce de boutures; mais, comme elle donne des graines en assez grande quantité, on peut la semer tous les ans, en caisses ou en terrines, en terre de bruyère mélangée d'un peu de sable et de terreau de feuilles, que l'on place sur une couche de 10 à 20 degrés de chaleur. Quand le plant a deux ou trois feuilles, on le rempote et on le traite comme on fait avec les boutures enracinées. Par ce moyen, on obtient des plantes bonnes à mettre en place en mai, et on n'a plus besoin de pieds-mères qui encombrent les serres. — *S. Ingénieur Clavenad*. Se distingue du *S. splendens* par sa plus grande précocité et son port plus ramifié. — *S. patens*. Superbe plante haute de 1 mètre, à racines tubéreuses, à larges fleurs très grandes, d'un beau bleu, très ouvertes entre les deux lèvres. — *S. Hormin*. Annuelle, à bractées coloriées, fleurs rose tendre; on la sème, en place ou en pépinière, en avril et mai. La floraison a lieu de juin-juillet en août. — *S. argentée*. Annuelle, à feuillage blanc. — *S. officinale* (*Salvia officinalis*). Plante indigène de 50 centimètres de hauteur; porte des fleurs bleues ou blanches en juin et juillet; exige, pour sa culture, l'exposition du midi et une terre légère. — *S. farineuse* (*Salvia farinacea*). Plante de 1 mètre de haut, produisant des épis de fleurs d'un joli bleu clair. On peut semer cette variété en juin-juillet; le repiquage se fait en pépinière; hiverner sous châssis froid; mettre en place en avril-mai. Les semis s'effectuent aussi en février-mars sur couche. La floraison a lieu d'août en octobre.

SAXIFRAGE.

(Originaire des Alpes et des Pyrénées.)

Syn. latin. Saxifraga. — **All.** Steinbrech.

Vivace. — Ces plantes sont ornementales et comprennent beaucoup d'espèces.

VARIÉTÉS. — *Saxifrage hyponide* ou *Gazon turc*. Tiges rampantes gazonnantes; feuilles nombreuses finement divisées. Fleurs blanches en mai. Cette Saxifrage se multiplie par la division des souches. — *S. granulée* à fleurs blanches, doubles, inodores; floraison en mai; souche composée de bulbilles. Se multiplie par les bulbilles. — *S. à feuilles épaisses*. Floraison février-mars. Plante trapue presque acaule; à feuilles amples et persistantes; fleurs roses. — *S. à feuilles en cœur*. Floraison avril-mai, fleurs roses en cymes bien fournies. Multiplication: division des souches fin septembre ou boutures de racines. Ces deux dernières espèces se plantent en bordures ou en massifs. — *S. de Huet*. Annuelle; fleurs étoiles d'un jaune vif, petites et nombreuses. Charmante plante très propre à faire de jolies potées ou des bordures basses, à une exposition abritée du grand soleil. On sème de préférence en septembre-octobre, en recouvrant à peine la graine, en pots ou en terrines que l'on hiverne sous châssis froid près du verre; on repique les plants, par trois ou quatre, dans des pots ou des terrines; on peut mettre les jeunes plants en pleine terre à la fin de mars. Si on effectue les semis au printemps, les plantes ne prennent jamais autant de développement.

SCABIEUSE des Jardins.

(*Scabiosa atropurpurea*. — *Fam. des Dipsacées*. — *Originaire de l'Europe méridionale*.)

Syn. fr. Fleur des Veuves. — **Ital.** Vedovine. — **Angl.** Mourning Bride.

Scabieuse.

Annuelle et *bisannuelle*. — Les Scabieuses des Jardins sont des plantes très recommandables à cause de leur port élégant, de leur floraison abondante et de longue durée, ainsi que de leur extrême rusticité. Elles végètent pour ainsi dire sans soin et dans tous les terrains et à toutes les expositions. Les semis se font d'avril en mai, en pépinière; on repique en pépinière et l'on plante à demeure en mai-juin. On sème aussi d'avril en mai sur place, ou en août-septembre en pépinière; on repique en pépinière, à bonne exposition, et on met le jeune plant en place, en avril de l'année suivante, en l'espaçant de 40 à 50 centimètres. La tige des Scabieuses s'élève de 50 à 75 centimètres. La floraison a lieu de juillet en octobre ; les fleurs sont pourpres, roses, blanches ou panachées.

Variétés. — *Scabieuse double naine*. Haute de 25 centimètres; race admirable de la Scabieuse des Jardins, à fleurs très doubles et très belles, renfermant les teintes les plus variées. — *S. du Caucase*. A tige simple et vivace; a des fleurs plus grandes; mais, par leur couleur, elles diffèrent peu de la Scabieuse sauvage de nos bois. — *S. demi-naine double, rouge sang*. Plante remarquable comme coloris, abondance de floraison et duplicature. — *S. des Alpes*. — *S. de Tartarie*. Élevée de 2 mètres ; cette espèce se recommande par son extrême rusticité ; son port et ses dimensions permettent de l'utiliser pour la décoration des grands jardins paysagers ; il faut espacer d'environ 1 à 2 mètres. — *S. à feuilles de graminée*. — Ces cinq dernières variétés sont vivaces : elles se multiplient de semis en juin ou par éclats au printemps.

SCHIZANTHE ailé.

(*Schizanthus pinnatus*. — *Fam. des Scrofularinées*. — *Originaire du Chili*.)

Syn. lat. Schizanthus porrigens.

Annuel et *bisannuel*. — Plante à tige très rameuse, élevée de 30 à 60 centimètres et plus, formant des touffes très élégantes, qui se couvrent d'avril en septembre, suivant l'époque des semis, d'innombrables fleurs disposées en panicules terminales d'un rose vif ou lilas avec du jaune strié de brun, d'une couleur fraîche, très gaie et d'une forme qui rappelle de petits insectes ailés et voltigeants. Ces plantes sont très convenables pour la formation des corbeilles et des massifs, et pour orner les plates-bandes ; on en fait aussi de très jolies potées.

Les semis se font en automne en pépinière ; on repique les plants en pots que l'on hiverne sous châssis; avant de les transplanter, on pince la maîtresse tige pour la faire ramifier. Puis on met les plantes à demeure en avril, en les espaçant d'environ 20 à 25 centimètres ; ou bien on sème d'avril en mai en place, et même les semis effectués en juin donnent parfois une floraison automnale assez abondante ; mais les plantes sont plus touffues, plus vigoureuses, si elles ont été semées à l'automne.

Variétés. — *Schizanthus pinnatus*. A fleurs blanches. — *S. émoussé (S. retusus)*. — *S. Grahami*. Rose vif, à fleurs lilas et à fleurs blanches. — *S. pinnatus nain compact blanc et rose*. Cette espèce et ses variétés sont très convenable pour la formation des corbeilles et pour la culture en pots.

SENEÇON double.

(Seneçon élégant (Senecio elegans). — Fam. des Composées.
Originaire des Indes.)

Syn. fr. Seneçon d'Afrique; Seneçon des Indes. — **Ital.** Sollecione.
Esp. Yerba Cana. — **Angl.** Jacobæa. — **All.** Jacobäe; Greiskraut.

Annuel (vivace en serre). — Charmante plante à tige de 50 centimètres, semblable à notre Seneçon commun des champs, mais à feuilles plus grandes, à fleurs beaucoup plus grosses, doubles, à rayons d'un cramoisi plus ou moins foncé, lilas, rose, blanc pur, blanc rosé et à centre du plus beau jaune.

Les semis se font de mars en avril, en terre douce, mêlée de terreau, à l'exposition du midi, et on replante ensuite avec la motte, en espaçant les pieds de 50 à

60 centimètres, en ayant bien soin, lors du repiquage, d'enterrer le collet de la racine ou base de la tige, sans quoi la plante périt ou végète, et ne fleurit pas. C'est pour cette raison que beaucoup de personnes préfèrent les semis en place au printemps. On sème aussi sur couche en février-mars; on repique le plant sur couche ou en pépinière à bonne exposition, et on le met en place en mai. Les semis faits en septembre sont hivernés sous châssis et mis en pleine terre dans le courant d'avril.

On traite cette jolie plante comme annuelle. Les variétés doubles se multiplient de boutures que l'on élève en pots et, si on les tient en pots dans une serre tempérée ou dans une orangerie, cette plante pourra durer trois ans et y fleurir.

Les fleurs coupées de Seneçon se conservent longtemps dans l'eau et sont très recherchées pour la confection des bouquets.

Le *Seneçon élégant* est une bonne plante formant de grosses touffes buissonnantes; on en peut composer de beaux massifs, décorer les plates-bandes. Ses belles et nombreuses fleurs simulent de jolis pompons et se succèdent pendant très longtemps, de juin en octobre. Cette plante aime le grand air, la lumière; elle est d'autant plus belle qu'il fait plus chaud. Elle vient à peu près en tout terrain pourvu qu'il soit sain; plus on lui donnera d'engrais et d'arrosements pendant l'été et plus on obtiendra une belle végétation.

Depuis plusieurs années on cultive plusieurs *variétés naines à fleurs doubles*; ces plantes sont touffues, compactes, trapues; leurs tiges s'élèvent à 25 centimètres; elles sont très florifères et d'une grande richesse de coloris.

Variétés. — *Seneçon pourpre* (*S. cruentus*). Cette plante vivace, haute de 60 centimètres, originaire de Ténériffe, abritée, durant les gelées, dans la serre tempérée, fleurit depuis les premiers jours du mois de février jusqu'à la fin de mai. Par les semis elle a produit un bon nombre de variétés plus jolies les unes que les autres et offrant toutes les nuances du pourpre, du violet, du bleu, du rose, etc., et que l'on confond mal à propos sous le nom de Cinéraire. Se multiplie aussi d'éclats enracinés, que l'on fait reprendre sur couche en automne, ou de boutures ; on met ce jeune plant dans des pots remplis d'un compost composé de terre franche, terreau et terre de bruyère par parties égales. Il faut donner de copieux arrosements. — *S. de la Plata*. — *S. pulcher*. Vivace. Plante d'un grand effet, ayant des feuilles radicales du milieu desquelles sortent des tiges de 1 mètre de hauteur, terminées par des fleurs nombreuses, rouge cramoisi, à centre jaune. Elle fleurit habituellement en septembre-octobre, et sa floraison continue jusqu'en décembre, quand les froids ne sont pas rigoureux. Ce Seneçon se multiplie par la division des pieds ou par boutures de racines. Si on le sème, il faut le faire aussitôt après la récolte, car les graines ne conservent pas longtemps leur propriété germinative.

SENSITIVE. — MIMOSA.

(*Sensitive pudique* (*Mimosa pudica*). — *Fam. des Mimosées.* — *Originaire du Brésil.*)

Syn. fr. Herbe sensible. — **Angl.** Sensitive Plant.

Annuelle (*vivace* en serre). — Plante à feuillage ornemental dont la tige s'élève de 30 à 40 centimètres; elle est très curieuse par le phénomène de sensibilité que présentent ses feuilles qui se retirent et se replient quand on la touche, au moindre choc, au moindre souffle qui passe sur elle. Toutefois les pétioles et les feuilles ne conservent pas longtemps cette position accidentelle; dès que la cause irritante a cessé, la plante reprend son état normal.

Plus la température est élevée, plus il fait chaud, plus est grande la sensibilité de la Sensitive; sur aucune plante on n'a jamais si bien constaté le phénomène du sommeil. Cet état dure depuis le déclin du soleil jusqu'à son lever; le pétiole fléchit et la feuille s'incline vers la terre; le lendemain matin, la plante se réveille.

La Sensitive se sème au printemps en terre légère et substantielle, soit dans un mélange de terre de bruyère ou de terreau qu'on place sur couche et sous châssis, en mettant une graine dans chaque pot. On repique le plant très jeune en pot ou en pleine terre à une exposition chaude; le plus souvent, pour jouir de cette plante dans les appartements, on la cultive en pots, et si on la rentre en serre chaude, elle peut vivre plusieurs années; mais il est préférable de la semer tous les ans; plus les sujets sont jeunes, plus ils sont jolis. Quand on arrose la Sensitive, il faut surtout arroser la terre autour de la plante et non le feuillage.

Aux mois d'août et de septembre de l'année du semis, elle porte de petites fleurs d'un blanc rosé, en panaches, assez jolies.

SHORTIE.

(*Shortie de Californie* (*Shortia California*). — *Fam. des Composées. Originaire de Californie.*)

Syn. lat. Philomeris aristata et coronaria.

Annuelle. — Tige très rameuse dès la base; à ramifications feuillées, très nombreuses, s'élevant de 15 à 25 centimètres. Le port nain et touffu de cette plante, la délicatesse de son feuillage et l'abondance de ses fleurs, d'un jaune très vif, la rendent particulièrement propre pour la formation des bordures et des massifs.

Les semis s'effectuent en pépinière, en septembre, en terre plutôt légère que substantielle; on hiverne les plants sous châssis. En mars, on repique en pleine terre, en espaçant les plants de 10 à 15 centimètres en tous sens. La floraison a lieu d'avril à la fin de juin.

On peut aussi semer, d'avril en mai, en place, pour obtenir la floraison de juillet en octobre.

Avec la Shortie, on peut faire de charmantes potées pour cette culture en pots, on peut semer cette graine en septembre ou au printemps.

SILÈNE.

(*Silène à Bouquets; S. armeria; S. rouge et blanc; S. pendant rose; S. pendula; S. bipartita.* — Fam. des Caryophyllées. — Originaire de l'Europe et indigène.)

Syn. angl. Catchfly.

Annuel. — Le Silène est une des plus charmantes plantes pour décorer, au commencement du printemps, les corbeilles, les massifs et les bordures; sa tige ne dépasse pas 25 centimètres en hauteur. La culture du Silène est des plus faciles; il vient dans presque tous les terrains où l'humidité n'est pas permanente. Sa floraison est des plus abondantes; au printemps, et jusqu'aux grandes chaleurs, il se couvre d'innombrables grappes de fleurs pendantes doubles, roses, rouge vif et blanches. Les semis se font, dans nos contrées, en place, d'octobre jusqu'en mars, et même en pépinière, à l'abri, pour les repiquer à 20 ou 25 centimètres de distance.

Variété. — *Silène d'Orient; S. compact.* Bisannuel; originaire du Caucase. Cette espèce est certainement la plus belle du genre; elle produit, en groupe, le plus remarquable effet, avec sa tige de 50 centimètres de hauteur, surmontée de ses fleurs en cyme très compacte, rose tendre, en très gros bouquets.

Le Silène d'Orient se sème depuis juillet jusqu'en novembre; on repique le plant, à une bonne exposition, dans une terre saine bien drainée; cette plante craint l'humidité et demande le grand air et le plein soleil.

SILÈNE SCHAFTA.

(*Originaire du Caucase.*)

Syn. angl. Catchfly Lobel's.

Vivace — Cette espèce est basse, très rustique et très florifère, de juillet en septembre, à larges fleurs rouge vif, formant des touffes de 10 à 20 centimètres de hauteur. Cette espèce produit un bon effet, disséminée sur les rochers et sur les rocailles; on en fait aussi de charmantes bordures, des tapis; on en garnit les glacis. On la sème, d'avril en juillet, en pépinière; on repique le plant, en pépinière, et on le met en place à l'automne, et mieux au printemps, en espaçant les pieds d'environ 25 à 30 centimètres. Se multiplie aussi par la division des pieds.

SOLANUM. — MORELLE.

(*Fam. des Solanées.* — *Originaire de l'Amérique méridionale.*)
Syn. fr. Morelle.

Les Morelles sont des plantes *vivaces*, de haut ornement, à la tige rameuse, s'élevant de 50 centimètres à 1 mètre, et même jusqu'à 2 mètres, suivant les espèces; remarquables pour la décoration des pelouses ou des massifs, par leur port touffu et l'élégance de leur feuillage. Les semis se font en février, sur couche, ou en pots, en serre chaude; en rempotant plusieurs fois, on aura promptement des plantes assez fortes pour les mettre en place en été, qui fleuriront plus tôt et plus abondamment. Les fleurs, suivant les variétés, sont blanches, bleu clair, bleu lilacé, violettes et jaunâtres.

VARIÉTÉS. — *Morelle noir pourpre.* — *M. à feuilles de pastèque.* Annuelle. — *M. douce-amère* (*S. dulcamara*), à tiges grimpantes. — *M. laciniée.* Tige ligneuse. — *M. à* feuilles bordées. — *M. robuste.* — *M. gigantesque.* — *M. du Texas.* Annuelle. — *M. melongène.* — *Solanum ovigerum* (*Plante aux Œufs* ou *Aubergine*); *Poule pondeuse.* Mérite d'être cultivée pour la forme de son fruit, qui ressemble parfaitement à un œuf et qui est dans toute sa beauté depuis le mois d'août jusque dans le courant d'octobre. — *M. Aubergine à fruits écarlates.* Culture de l'Aubergine ; plante potagère. — *M. à épines couleur de feu.* - *M. à feuilles de chêne.* — *M. à feuilles de velar ou de sisymbre.* Doit être traitée comme plante annuelle.

SOLEIL double.

(*Soleil.* — *Tournesol.* — *Helianthus annus.* — *Fam. des Composées. Originaire du Pérou.*)

Syn. fr. Tournesol; Hélianthe du Pérou. — **Ital.** Girasole.
All. Sonnenblume. — **Angl.** Sun Flower.

Annuel. — Belle plante s'élevant jusqu'à 2 mètres et plus, à tige cylindrique droite remplie de moelle; les feuilles sont blanches, hérissées de poils roides. Les tiges supportent une ou plusieurs fleurs énormes à rayons jaunes ou à centre noirâtre. Ces fleurs ont la propriété de s'incliner vers l'orient dès que le soleil se lève, et elles le suivent dans sa course diurne, phénomène dû à la dilatation des fibres de la plante et à leur flexibilité. Un pied de Tournesol peut fournir jusqu'à 10,000 graines; une fleur en contient de 2,000 à 2,500. Les semis se font en avril en place ou en pépinière; on éclaircit ou on repique les plants à 60 centimètres les uns des autres. Cette plante d'un port majestueux est particulièrement propre à l'ornement des jardins paysagers; on peut isoler ces plantes sur les pelouses, en décorer les bas-fonds, les endroits marécageux qu'elles ont la propriété d'assainir. Leur floraison dure pendant l'été et l'automne.

Variétés. — *Soleil double nain.* Fleurs jaune soufre; la tige de cette variété s'élève à 60 centimètres environ.

— *S. double nain à feuilles panachées.* Cette variété est remarquable par les panachures de ses feuilles qui sont striées de blanc sur un fond vert. Les fleurs sont bien doubles; les plantes, qui ont environ 80 centimètres de hauteur, peuvent être utilisées avantageusement pour garnir le centre des corbeilles. — *S. cucumerifolius.* — *S. miniature.* Race très ornementale; nombreuses fleurs se développant sur la tige à l'intersection des feuilles. — *S. multiflore.* Vivace. Tige de 1 mètre à 1^m,25; fleurs d'août en octobre, d'un beau jaune, simples ou doubles; cette race est très rustique, elle forme de larges buissons; on la multiplie par la division des touffes. — *S. à feuilles argentées.* Annuel. — *S. Orgyale.* Vivace, à longues feuilles pendantes, atteignant 3 mètres de hauteur. — *S. rigide* (*Harpalium rigidum*). Vivace, très rustique, venant dans tous les terrains; d'un beau port; tige de 1 mètre. — Les fleurs de ces dernières variétés sont jaunes, à disque brun. — *S. lenticularis.* Forme sauvage du Soleil grand, à très fort développement et floraison abondante.

SOUCI.

(*Calendula.* — *Souci des Jardins.* — *Calendula officinalis.* — *Fam. des Composées.* — *Indigène.*)

Syn. ital. Fior Rancio. — **Angl.** Garden Marigold. — **All.** Ringelblume.

Annuel. — Il y a peu de jardins où l'on ne cultive cette plante, excessivement rustique, qui s'accommode à peu près de tous terrains et qui vient sans soins; dans les grands jardins où l'on ne peut pas donner l'entretien désirable, le Souci formera, en plein soleil ou à l'ombre, des corbeilles, décorera admirablement les plates-bandes, fournira de ravissantes bordures qui feront contraste avec les autres plantes, si elles sont blanches, violettes, bleues ou rouges. Le Souci donne, une très grande partie de l'année, de belles fleurs de couleurs jaune serin, jaune chamoisé, jaune safrané et jaune brun rougeâtre.

Les semis se font en place ou en pépinière, à l'automne ou de mars en mai, dans les mêmes conditions. La tige du Souci est élevée de 25 à 30 centimètres.

Souci double.

Variétés. — *Souci des Jardins blanc jaunâtre*. Se distingue des autres variétés, qui sont ordinairement de couleur jaune d'or. — *S. des Jardins panaché météore*. Nouvelle race très rustique et très florifère; donne des fleurs très curieuses, de couleur isabelle, striées et marginées d'orange. — *S. de la Reine* ou *S. de Trianon*. Fleurs très grandes, très doubles, d'un jaune pâle. — *S. à bouquets*, dont les fleurs se succèdent sans interruption, les dernières prenant naissance sous les premières. — *S. Le Proust*. A nombreuses ramifications, se succédant et remontant sans cesse pendant plusieurs mois; fleurs très doubles, s'élevant bien au dessus du feuillage. — *S. pluvial; S. hygrométrique*. Porte, de juillet en septembre, des fleurs blanches en dedans, violettes en dessous, dont les rayons se replient et se ferment à l'approche de la pluie. Cette variété est annuelle et originaire du Cap; sa tige s'élève à 30 ou 40 centimètres. Même culture pour toutes ces variétés que pour les *Soucis des Jardins*.

STATICE ARMERIA. (Voir *Armeria*.)

STÉVIE.

(*Stevia purpurea.* — *Fam. des Composées.* — *Originaire du Mexique.*)

Annuel et *vivace*. — Plante à tige effilée et rameuse, élevée de 40 à 60 centimètres, à rameaux florifères grêles et déliés; particulièrement recommandable pour la confection des bouquets et des garnitures de fleurs coupées. Fleurs en capitules d'un pourpre rosé, durant de juillet en octobre.

VARIÉTÉS. — *Stevia serrata* (*Stévie à feuilles dentées*). Plus élevée que la variété précédente; fleurs blanchâtres. — *S. salicifolia.* Petit sous-arbuste mexicain, à fleurs blanches, qu'on élève surtout pour la culture en pots, l'hiver, en orangeries ou en serre tempérée, où il fleurit une partie de la mauvaise saison.

Les Stévies sont de jolies plantes qui produisent de l'effet dans les plates-bandes et les corbeilles, qui, dans notre région, peuvent passer l'hiver en pleine terre, en couvrant les plants de litière, pour les garantir du froid. Toutes les Stévies fleurissent l'hiver, si on a eu le soin de les rentrer.

On les multiplie de graines que l'on sème en mars-avril, sur couche; les plants sont repiqués, sur couche ou en pépinière; puis on les met en place en mai-juin, en les espaçant de 50 à 60 centimètres.

STIPE.

(*Stipe plumeuse* (*Stipa pennata*). — *Fam. des Graminées.* — *Indigène.*)

Syn. fr. Plumet. — **Ital.** Lino delle Fate. — **Angl.** Feather Grass.

Vivace. — Graminée à racines gazonnantes, s'élevant en touffes de 50 centimètres de hauteur, et remarquable par ses tiges qui supportent une aigrette plumeuse, en forme de long épi, flottant avec grâce au moindre souffle du vent. Cette plante est surtout très employée pour la confection des bouquets perpétuels, pour la garniture des vases et des meubles de salon.

Cette herbe, desséchée et teinte de diverses couleurs, est l'objet d'un grand commerce; aussi c'est surtout pour ces différents emplois qu'on la cultive. Cependant, la Stipe plumeuse décore parfaitement les pelouses et les plates-bandes; disséminée çà et là, elle produit un joli effet de perspective; on en forme de jolies bordures dans les grands jardins.

Les graines, dépourvues de leur arête, se sèment d'avril en juillet, en place ou en pépinière; dans ce dernier cas, on repique en pépinière, et l'on plante à demeure au printemps, en espaçant les pieds d'environ 30 centimètres. Comme ces graines sont d'une germination difficile, il sera bon de les semer dès qu'elles seront mûres; c'est à peu près à l'époque indiquée plus haut, car les barbes de cette graminée se développent en mai-juin. Les graines peuvent rester six mois et plus dans la terre sans lever; ne pas déranger le semis; enlever les mauvaises herbes et ne pas arroser; l'abriter seulement de l'humidité pendant l'hiver.

Cette plante est très rustique; elle ne réussit bien que dans les terrains légers, secs, pierreux ou sablonneux et arides, sur les rocailles; il lui faut le grand air, la chaleur et surtout un terrain non humide.

TABAC géant à grandes fleurs pourpres.

(*Nicotiana gigantea.* — *Fam. des Solanées.* — *Originaire de l'Amérique méridionale.*)

Syn. angl. Tobacco.

Annuel (*ligneux* en serre). — Superbe plante, très ornementale, au feuillage très ample, très décoratif, d'une couleur carnée ou d'un rose plus ou moins foncé. Les tiges sont robustes et rameuses au sommet, atteignent plus de 2 mètres de hauteur, et la plante se couvre, de juillet en octobre, de fleurs grandes, en forme d'entonnoir, d'un rose pourpre ou rouge carmin, dégageant, surtout le soir, une odeur suave.

Le Tabac décore parfaitement les pelouses, les plates-bandes, et trouve particulièrement sa place dans les grands jardins paysagers. On le sème sur couche, en mars-avril; on le repique en place, en mai, dans un sol profond, sain et léger; le Tabac aime les bonnes terres, les sols riches en humus, et il réclame pendant l'été de copieux arrosements.

Dans notre région, on sème le plus ordinairement le Tabac en plein air, en place ou en pépinière, en avril-mai; il est d'une croissance si rapide, qu'en juillet il commence à montrer son port majestueux, l'ampleur de son feuillage et ses belles panicules de fleurs.

Cultivé en pots, et hiverné en serre ou orangerie, le Tabac devient ligneux et se conserve deux ou trois ans et plus longtemps encore.

VARIÉTÉS. — *Tabac commun ou de la Havane.* — *T. du Maryland.* — *T. de Virginie.* — *T. à longues fleurs.* Sans la permission du gouvernement, on ne peut ordinairement cultiver les variétés précédentes; on ne permet que le Tabac d'ornement, la culture du Tabac étant soumise, en France, à des lois spéciales. — *T. glauque*, Magnifique plante au port gigantesque, au feuillage élégant; excessivement florifère. — *T. rustique.* Cette espèce vient sans aucun soin dans tous les terrains et convient pour garnir les jardins qu'on ne peut entretenir. *T. à feuilles de wigandia.* Vivace et ligneux en serre. — *T. géant à grande fleur pourpre.* Magnifique plante décorative et pittoresque, à grand effet pour pelouses. — *T. Nicotiana colossea variegata, à feuille panachée.* Plante très décorative pouvant atteindre 2 mètres et plus; a des feuilles énormes, curieusement marbrées de tons verts et jaunâtres sur fond blanc laiteux.

TAGETES signata. (Voir *Œillet d'Inde.*)

THALIE.

(*Thalia dealbata* (*Thalie blanchâtre*). — Fam. des Cannacées.
Originaire de la Caroline méridionale.)

Vivace; aquatique. — Très ornementale pour les pièces d'eau; portant des fleurs bleues, gracieusement inclinées, disposées en grappes rameuses, de mai en août. On multiplie cette plante par la séparation des drageons au printemps; ils sont mis en pots que l'on tient dans l'eau, sur couche ou en serre jusqu'à leur reprise. Les semis se font au printemps sur couche, dans une terre très humide. Les jeunes plants obtenus de semis ou de drageons sont placés ensuite dans des baquets qu'on immerge.

THLASPI.

(*Thlaspi blanc*: *Iberis amara*. — *Thlaspi lilas*; *Iberis umbellata*. *Thlaspi violet*: *Iberis umbellata formosa*. — Fam. des Crucifères. Indigène.)

Syn. fr. Tharaspic. — **Esp.** Carraspique. — **Angl.** Candytuft.

Annuel. — Les Thlaspis sont les premières fleurs qui, au printemps, embellissent nos jardins; ils font des corbeilles et des massifs charmants, de jolies bordures, avec leurs fleurs blanches, violet foncé, lilas. Leurs tiges ramifiées forment des touffes de 30 à 40 centimètres de haut. Les Thlaspis sont des plantes rustiques et vigoureuses, réussissant sans soins dans tous les terrains; ils résistent à la sécheresse, ils ne semblent craindre que l'humidité et le couvert des arbres; c'est donc au grand air et en plein soleil qu'il faut les planter de préférence. Leur floraison est de longue durée, et leurs fleurs coupées sont très convenables pour la confection des bouquets; ils répandent une odeur suave. On les cultive aussi en pots. A Bordeaux on sème surtout le Thlaspi à l'automne en pleine terre et en place, ou en pépinière ; on repique les plants avant l'hiver ou au printemps. Les semis se font aussi de la même manière en mars-avril.

Variétés. — *Thlaspi nain lilas* et *nain violet foncé*. Variétés intéressantes par leurs dimensions ramassées et trapues. Il y a aussi le *T. très nain blanc*, plante tout à fait naine, formant de larges touffes de 10 à 15 centimètres de hauteur, donnant de nombreuses fleurs d'un blanc très pur. — *T. toujours vert (Iberis sempervirens).* Originaire de l'Asie Mineure. — *Corbeille d'argent*. Tige de 25 centimètres ; vivace. Plante très rustique, très florifère et très durable : même culture que pour les variétés précédentes ; porte, d'avril en mai, des fleurs d'un blanc d'argent. En alternant cette plante avec l'*Alysse Corbeille d'or*, on obtient de magnifiques bordures. Du reste, cette plante est très précieuse pour la formation de bordures durables, pour garnir les glacis ou rocailles et décorer les plates-bandes. On multiplie aussi le Thlaspi toujours vert de boutures et mieux par la division des pieds que l'on fait en été et en automne. — *T. toujours fleuri (Iberis semperflorens*); *Iberis de Perse*. Tige de 50 centimètres, à feuilles persistantes ; donne d'octobre à mars de jolies fleurs blanches ; il faut le cultiver alors à une bonne exposition et, s'il fait trop froid, le rentrer en orangerie.

THUMBERGIA.

(*Thumbergia alata* (*Thumbergie ailée*). — Fam. des Acanthacées. Originaire de l'Afrique orientale et australe.)

Syn. fr. Thumbergie nankin.

Annuelle (*vivace* en serre). — Plante grimpante, volubile, de 1^m,25, traitée comme plante annuelle ; porte en été des fleurs jaunes, à disque noir pourpre. Les semis se font sur couche en mars-avril ; on repique sur couche dès que les plants ont trois ou quatre feuilles et on les met à demeure en place en mai pour garnir des murs, palisser des treillages, couvrir le sol des massifs clairsemés, décorer les tiges des rosiers, par exemple.

Variétés. — *Thumbergia alba.* Fleurs blanches à centre noir. — *T. aurantiaca.* Fleurs orangées à centre noir. — *T. Fryeri.* Fleurs jaune clair à centre blanc. — *T. variegata.* Feuilles lisérées de blanc.

TORENIA.

(*Torenia Fournieri* (*Torenia de Fournier*). — *Fam. des Scrofularinées. Originaire de Cochinchine.*)

Annuel. — Excellente plante pour être cultivée en pots, bonne pour la pleine terre dans les endroits abrités. Les fleurs passent par trois nuances de bleu : bleu faïence, bleu céleste, bleu indigo foncé. Semer en terre légère de février en avril, sous châssis; floraison de mai en septembre.

TOURNEFORTIE bleue (Faux Héliotrope).

(*Tournefortia heliotropoides.* — *Fam. des Borraginées.* — *Originaire du Mexique.*)

Annuelle et *vivace.* — Plante à racines traçantes; la tige étalée ou dressée, très rameuse, s'élève de 20 à 40 centimètres; elle ressemble tellement à un Héliotrope nain ou couché, qu'on serait très exposé à s'y tromper, si ses fleurs n'étaient inodores. Elle convient très bien pour la décoration des plates-bandes, corbeilles et lieux rocailleux, et donne de juillet en septembre des fleurs d'un joli bleu. Les racines s'enfonçant profondément dans le sol peuvent résister facilement à l'hiver, au moyen d'une bonne couverture de feuilles sèches; au printemps, elles produisent de nouvelles tiges. On peut aussi la cultiver comme plante annuelle. Les semis se font en mars-avril sur couche; on repique sur couche et l'on plante à demeure en mai, en espaçant les pieds de 50 à 60 centimètres; on sème aussi en septembre, pour repiquer et hiverner les plants sous châssis. La levée de la graine de Tournefortie est capricieuse, tandis que lorsqu'elle se ressème d'elle-même, elle fleurit la même année.

TRACHÉLIE bleue.

(*Trachelium cœruleum*. — *Fam. des Campanulacées*. — *Originaire de l'Afrique septentrionale*.)

Bisannuelle et *vivace*. — Plante élégante; fait très bien en pots drainés; exige un sol très léger et exempt d'humidité. Semer en juin-juillet en pépinière ou en planche; on les hiverne sous châssis. Fleurs d'un bleu violacé et métallique de juin en août.

Variété a fleurs blanches. — Les tiges et les feuilles sont plus blondes que dans la *Trachélie à fleurs bleues*.

TRICOSANTHE.

(*Tricosanthes Colubrina* (*T. Couleuvre*). — *Fam. des Cucurbitacées. Originaire de l'Amérique méridionale*.)

Syn. fr. Serpent végétal.

Annuel et *grimpant*. — Fleurit de juin-juillet en août; ses fruits ressemblent à une anguille ou à une couleuvre; ils sont dans toute leur beauté d'août-septembre en octobre. Semer en pots sur couche chaude au printemps. Repiquer dans un sol fortement fumé, contre un mur ou un treillage, où il faudra placer des rames pour soutenir la tige volubile qui atteint 2 mètres de hauteur.

TRITOMA.

(Voir la description aux *Oignons à fleurs*.)

TROPŒOLUM.

(Voir la description aux *Oignons à fleurs*.)

TUNICA SAXIFRAGA.

(*Tunica Casse-Pierre*. — Fam. des Caryophyllées. — *Indigène*.)

Syn. lat. Dianthus saxifragus. — **Fr.** Tunica à port de Saxifrage.

Annuel et *vivace*. — Plante touffue, rustique, haute de 20 à 30 centimètres; petites fleurs blanc carné et rose tendre; floraison successive et continue de mai-juin en septembre. Semer en pépinière depuis avril. Se plaît dans les lieux secs et rocailleux.

VALÉRIANE.

Valeriana. — *Valériane d'Alger.* — *Valeriana Cornucopia.* — Fam. des Valérianées. — Originaire de l'Europe méridionale.)

Syn. fr. Valériane Corne d'Abondance. — **Angl.** Ocimoid.
All. Baldrian.

Annuelle. — Cultivée en corbeilles, en bordures, ou en touffes sur les plates-bandes, la Valériane produit de l'effet avec ses fleurs d'un rose rougeâtre, par son port élégant; sa tige ne dépasse pas 15 à 30 centimètres; elle a aussi le mérite de croître presque sans soins, de venir dans les endroits ombragés, sur les rocailles, et de ne pas craindre la sécheresse. Les semis se font ordinairement sur place en terre légère, de mars en avril pour varier les époques de la floraison; car les Valérianes restent peu de temps fleuries.

VARIÉTÉS. — *Valériane à grosses tiges* (*Centranthus macrosiphon*). Plante annuelle très rustique et très ornementale, originaire d'Espagne; les tiges atteignent 30 à 40 centimètres de hauteur; elle porte des fleurs en été, d'un beau rouge, en corymbes bien fournis; il y a une variété qui donne des fleurs blanches. Les semis se font de mars jusqu'en mai, pour avoir des plantes en fleurs pendant toute la belle saison. — Cette variété s'emploie comme la précédente pour former des corbeilles, massifs et plates-bandes. — *V. rouge des Jardins* (*Centranthus ruber*). Indigène, vivace. La Valériane rouge et ses variétés sont des plantes précieuses pour les jardins par l'abondance et la durée de leur floraison et aussi par leur extrême rusticité. Elles réussissent en tous terrains où il n'y a pas excès d'humidité. Elles se plaisent particulièrement sur les décombres, sur les ruines, les rocailles, les coteaux et les dunes. La Valériane des Jardins vient donc presque sans soins; sa tige s'élève de 60 centimètres à 1 mètre; elle donne du mois de mai en juillet de très nombreuses fleurs petites, éperonnées, en larges panicules pourpres, rouges ou blanches. Les semis se font à l'automne ou au printemps, en place ou bien en pépinière, et on repique le plant en laissant entre les pieds une distance de 50 à 60 centimètres. Elle se multiplie aussi d'éclats. — *V. Phu* (syn. fr. *Herbe aux Chats*; *Grande Valériane*). Plante vivace à tige de 1 mètre et plus; porte tout l'été des panicules de fleurs blanches. De toutes les Valérianes, cette espèce est la plus recherchée par les chats qui aiment beaucoup à se rouler sur ces plantes. — *V. officinale*. Vivace. Possède des propriétés toniques et antispasmodiques. — *V. des Pyrénées*. Vivace. Demande une terre franche et profonde. — *V. des Montagnes*. Vivace. Plante très florifère, formant de jolies touffes d'un bon effet; se multiplie de semis ou par la division des pieds.

VENIDIUM.

(*Venidium à fleurs de Souci. — Venidium Calendulacrum. — Fam. des Composées. — Originaire de l'Afrique australe.*)

Annuel. — Plante basse, s'élevant de 15 à 30 centimètres, produisant beaucoup d'effet, surtout lorsque les pieds sont forts. Le Venidium, suivant le mode de culture, porte de nombreuses fleurs qui se succèdent de mai-Juin ou de juillet jusqu'en octobre; les fleurs sont jaune orangé foncé à centre noir, ne s'ouvrent bien qu'en plein soleil; elles se ferment après son coucher et peuvent se rouvrir plusieurs jours de suite.

Le semis se fait sur couche en avril et l'on repique le plant en place en mai, en l'espaçant d'environ 40 à 50 centimètres. En mai, on peut semer en place. Si on sème en septembre, on obtiendra de plus belles plantes.

Le Venidium se prête très bien à la culture en pots; on peut en former de belles bordures ou de splendides corbeilles.

VERGE D'OR.

(*Solidago Canadensis.* — *Verge d'Or du Canada.* — *Fam. des Composées. Originaire de l'Amérique septentrionale.*)

Syn. fr. Gerbe d'Or du Canada.

Vivace. — Les Verges d'Or sont des plantes excessivement rustiques, très décoratives pour les grands jardins paysagers avec leur pied touffu et leurs nombreuses et grandes gerbes de fleurs dorées (fleurs d'un jaune d'or), à capitules petits, disposés en grappes pyramidales du meilleur effet. Ces plantes végètent avec vigueur à peu près dans tous les terrains et à toutes les expositions; cependant les touffes, qui s'élèvent de 1 mètre à 1^m,25, sont bien plus belles lorsque le sol est un peu frais.

Elles réussissent parmi les arbustes clairsemés et dans les bosquets; elles prospèrent aussi à l'ombre, sur les pentes, sur les rocailles fraîches, dans les parties humides et même au bord des eaux. Leur multiplication s'opère facilement d'éclats, faits soit en automne, soit au printemps, et espacés de 50 à 60 centimètres. L'usage est de renouveler les touffes tous les deux ou trois ans.

Les semis se font en septembre-octobre ou de mars en juillet en pépinière, en pots ou en terrines; on repique en pépinière et on met en place en automne de préférence, ou au printemps.

Les Verges d'Or fleurissent de juillet jusqu'en août-septembre.

VÉRONIQUE.

(*Veronica.* — *Fam. des Scrofularinées.* — *Indigène.*)

Syn. all. Ehrenpreis.

Vivace. — Ce genre est très nombreux et renferme beaucoup de plantes d'ornement ; elles sont éminemment rustiques et utiles par conséquent pour les jardins qui ne peuvent pas être beaucoup soignés.

On emploie les Véroniques pour la décoration des plates-bandes, des massifs, des terrains accidentés et en pente, des coteaux secs.

Les variétés *Véronique à feuilles de gentiane,* — *V. Teucrioïde,* — *V. couchée,* — *V. Germandrée,* — *V. du Caucase,* dont les tiges s'élèvent pour les unes de 10 centimètres mais ne dépassent pas 30 centimètres, sont surtout employées pour la formation des bordures ; les fleurs sont d'un bleu violacé.

Toutes les Véroniques se multiplient d'éclats ou par la division des pieds soit à l'automne, soit au printemps. Les variétés qui donnent des graines se sèment en mai, en pépinière à l'ombre ; on repique les plants en pépinière et on les y laisse jusqu'au printemps suivant, jusqu'à ce qu'ils soient d'âge à fleurir ; alors on les met en place.

VARIÉTÉS. — *Véronique à épis* (*V. spicata*). Plante indigène de 50 centimètres ; donne de juin en août des fleurs nombreuses, en long épi d'un joli bleu ; aime une terre légère en même temps que substantielle ; il faut pratiquer pour cette espèce et pour les suivantes la culture que nous avons indiquée plus haut. — *V. maritime* (*V. maritima*). Indigène. Tige de 50 centimètres, fleurs d'un beau bleu, en épis formant panicules. — La *V. de Lindley* et *d'Anderson,* de même que la *V. à feuilles de saule* et la *V. élégante*, sont ligneuses, prennent la forme de petits arbrisseaux et, lorsqu'elles supportent nos hivers, demandent plus de soins.

VERVEINES des Jardins hybrides variées.

(*Verbena. — Fam. des Verbénacées. — Originaire de l'Amérique boréale.*)

Syn. ang. Vervain. — **All.** Eisenkraut. — **Port.** Orgevão.

Verveine.

Annuelles (*vivaces* en serre). — Les Verveines sont des plantes charmantes, d'une culture facile et d'une grande rusticité; elles donnent tout l'été des fleurs écarlates, roses, violettes, blanches et panachées. Aussi, cette plante, dont la tige ne dépasse pas 30 centimètres, compose des bordures, des massifs, des tapis de toute beauté. Ces plantes réussissent à toute exposition aérée et sèche et en tout terrain meuble, léger et bien terreauté. Les semis se font en mars sur couche, ou en septembre pour repiquer et hiverner sous châssis. Les Verveines se multiplient aussi de boutures faites sous cloche dans la serre froide. Dès que le plant obtenu de semis a pris sa quatrième feuille, on repique isolément dans de petits godets, que l'on place dans une pépinière d'attente située au midi, en ayant soin de les couvrir la nuit avec un paillasson; on met ces jeunes plantes sur les tablettes près du jour d'une serre tempérée.

Quand le plant est bien repris, pour arrêter le développement des branches latérales, on le pince. On met les Verveines en place en mai. La floraison a lieu de juin en octobre; on peut les cultiver comme annuelles en les semant comme nous venons de le dire.

Variétés. — *Verveine pulchella*. Originaire de Buenos-Ayres; donne tout l'été des fleurs bleu clair. — *V. vinosa* du Brésil; aux fleurs pourpre violacé. — *V. sulphurea*. Fleurs jaune pâle. — *V. de Drummond*. Fleurs lilas. — *V. teucrioïdes*. — *V. inusa*. — *V. chamædrifolia*. — On a produit par les semis et l'hybridation de nombreuses variétés très jolies. — Dans les Verveines hybrides, nous recommandons la *Verveine bleu noir à œil blanc*. Bonne nouveauté qui plaît par le contraste de ces deux coloris. — *V. hybride compacte violette à œil blanc*. Race à rameaux courts et dressés, en touffes compactes, charmantes bordures. — *V. hybride à grande fleur aurore boréale*. Magnifique nouveauté à grandes fleurs rouge feu éclatant. — *V. Italienne*. Produit des fleurs panachées striées de différentes couleurs.

VIOLETTE simple odorante.

(*Viola odorata præcox semperflorens*. — *Fam. des Violacées.* — *Indigène.*)

Syn. lat. Viola odorata ; Viola italica. — **Fr**. Violette des Quatre Saisons ; Violette de Mars. — **Angl**. Violet. — **All**. Veilchen. — **Ital**. Viola ; Mammola.

Plante *vivace* qui de nos bois a été introduite dans nos jardins, où la culture l'a transformée. Elle donne de novembre en avril des fleurs violettes ou blanches. Les semis se font à l'automne ou au printemps dans une terre légère, plutôt sablonneuse que compacte, bien meuble et riche en terreau de couche ; on recouvre la graine par un coup de râteau fin, et un léger paillis pour entretenir l'humidité. Le plant une fois levé, on l'éclaircit et on le repique à distances égales pour faire des bordures et garnir des plates-bandes ; sa tige s'élève à 15 centimètres. Au printemps ou à l'automne, dans les pelouses de gazons, on jette de la graine de Violettes simples, ce qui produit un très bon effet. Les Violettes se multiplient en automne et au printemps par division des pieds. Les Violettes simples donnent seules des graines ; les plants de Violettes à fleurs doubles ne se multiplient que par la division des pieds.

Variétés. — *V. des Quatre Saisons*. A fleurs doubles odorantes ; à fleurs roses ; à fleurs panachées. — *V. Le Czar*. Remontante, remplace maintenant dans les jardins la Violette des Quatre Saisons ordinaire. — *V. Wilson*. Fleurs très grandes, très longuement pédonculées ; feuillage très abondant. — *V. des Quatre Saisons Reine Victoria*. Fleurs grandes, très parfumées, d'un bleu très foncé. — *V. de Parme*. Fleurs d'un bleu violacé pâle. La végétation de cette espèce est hivernale ; on la cultive surtout en pots pour le marché. La multiplication s'opère de préférence, aussitôt après la floraison, par la division des pieds ou le bouturage des tiges.

VISCARIA.

(*Viscaria oculata*. — *Viscaria à cœur pourpre*. — *Fam. des Caryophyllées. Originaire de l'Europe méridionale*.)

Syn. Lat. Lychnis viscaria; Lychnis oculata. — **Fr**. Lychnis visqueux; Bourbonnaise; Attrape-Mouches. — **All**. Augenrade.

Annuel. — Plante très florifère, formant des touffes compactes, toutes couvertes de fleurs roses à centre pourpre d'un coloris excessivement joli. Il y a une variété de *Viscaria* qui porte de larges *fleurs blanches, verdâtres* à l'onglet des pétales, d'une couleur très vive. Cette espèce convient particulièrement pour faire des contrastes de couleurs, soit avec le type, soit avec d'autres plantes de nuance tranchée. — Ces plantes craignent l'humidité; autrement elles ne sont pas difficiles sur le choix du terrain; leurs tiges très rameuses dès la base, à ramifications étalées puis dressées, atteignent 30 ou 35 centimètres de hauteur et produisent le meilleur effet en massifs ou pour la décoration des plates-bandes; on en fait aussi de jolies bordures et de belles potées : la *variété naine* est recherchée pour cet usage; elle forme des plantes trapues à ramifications touffues ne dépassant pas 20 à 25 centimètres de hauteur; les fleurs du *Viscaria nain* sont grandes, d'un rose rougeâtre, à gorge purpurine. Les fleurs de toutes ces variétés, suivant l'époque des semis, commencent à se montrer en mai-juin et se succèdent jusqu'en août; elles sont si nombreuses, qu'elles cachent les feuilles. Les semis se font sur place en mars, en terrain ordinaire, à bonne exposition; on sème aussi en pépinière à la même époque; on repique le plant à demeure en avril-mai, en espaçant les pieds d'environ 25 à 30 centimètres. Les semis d'octobre en pépinière, en abritant les jeunes plants sous châssis l'hiver, repiqués sur place en avril, commencent à fleurir en mai et donnent des plantes plus belles et plus vigoureuses.

VOLUBILIS. (Voir *Ipomée*.)

WHITLAVIE à grandes fleurs.

(*Whitlavia grandiflora*. — *Fam. des Hydrophyllées*. — *Originaire de Californie*.)

Annuelle. — C'est une plante intéressante à tige de 25 centimètres et qui donne une partie de l'été de jolies fleurs en cloche d'un bleu violacé; il y a une variété de Whitlavie qui ne porte que des fleurs blanches. Ces plantes peuvent être employées avec succès en bordures ou en massifs; on en forme des touffes dans les plates-bandes et sur les pelouses; il leur faut un terrain sain, léger et substantiel, et une exposition chaude. Les semis se font de préférence sur place à la fin d'avril, en terre légère, car la transplantation fatigue beaucoup cette plante. Cependant on peut effectuer des semis en mars sur couche et on met le plant à demeure en avril-mai, en l'espaçant de 20 à 25 centimètres. Si l'on sème à l'automne, on repique le plant dans des pots que l'on hiverne sous châssis, en lui donnant le plus d'air possible, car la Whitlavie redoute extrêmement l'humidité.

Variété. — *W. gloxinioides*. Charmante variété à tube et gorge blanc pur, et à limbe et bordure bleus. Cette disposition des couleurs fait un contraste du plus joli effet.

WIGANDIA.

(*Wigandia macrophylla*. — *Wigandia Caracasana*. — *Wigandia à grandes feuilles*. — *Fam. des Hydroliacées*. — *Originaire de l'Amérique méridionale*.)

Vivace dans son pays d'origine, est traitée comme plante *annuelle* sous notre climat, car dans le courant de l'année elle atteint toute sa croissance. En pleine terre, le Wigandia gèle chaque année et on le renouvelle tous les ans par le semis. Feuillage d'ornement des plus remarquables; sa tige atteint dans le courant d'une année de 1 mètre à 2 mètres de hauteur. Le Wigandia est d'un grand effet décoratif, soit pour la confection des massifs, soit disposé en groupes ou bien isolé sur les pelouses et les vallonnements; son ample feuillage, très étoffé, rappelle dans nos jardins la végétation des plantes tropicales que nous obtenons dans nos serres.

Wigandia de Caracas.

Le semis se fait tous les ans en février-mars en pots ou en terrines, en terre de bruyère ou terreau sur couche chaude; on repique en pots en terre franche mélangée de terreau, et lorsque les plants sont assez forts, on les transplante en plein air à une exposition très chaude dans une terre légère, enrichie de terreau de feuilles préférablement. On les espace à 1 mètre les uns des autres. On peut cultiver les Wigandias en pots et les conserver longtemps en leur faisant passer l'hiver en serre chaude; on les multiplie aussi de boutures qu'on traite sur couche chaude.

Variétés. — *Wigandia Vigieri*. A feuillage velu très ornemental et très ample. — *W. urens*. Feuillage moins grand que le précédent et que celui que nous avons décrit plus haut, le *Wigandia macrophylla*. Les feuilles du *Wigandia urens* sont vertes et velues, hérissées de poils piquants, presque comme ceux de l'ortie.

ZAUSCHNERIE de Californie.

(*Zauschneria Californica*. — *Fam. des Onagriées*. — *Originaire de Californie*.)

Bisannuelle et *vivace*. — On ne rencontre presque nulle part cette jolie plante qui autrefois était en grande faveur, et l'oubli dans lequel elle est tombée n'est nullement justifié, car avec ses tiges traçantes diffuses et rameuses qui s'élèvent de 20 à 40 centimètres, elle forme entre les rocailles d'élégants petits buissons qui supportent très bien à l'air libre les hivers de la France et à plus forte raison de notre région et qui donnent pendant tout l'été une profusion de jolies fleurs d'un beau rouge écarlate ressemblant aux fleurs du Fuchsia. La Zauschnerie de Californie est facile à multiplier; ses graines, qu'elle fournit en abondance, doivent être semées en mai; le plant de semis fleurit dès la première année; tous les sols et toutes les expositions, excepté celle du plein nord, lui conviennent également. On peut la multiplier aussi de boutures faites en automne, qu'on hiverne sous châssis, et on les mettra en place en avril-mai pour l'ornementation des plates-bandes en terrain léger, mais très sec et sain, en espaçant les pieds de 30 à 40 centimètres.

ZINNIA double.

(*Zinnia élégant* (*Zinnia elegans*). — *Fam. des Composées.* — *Originaire du Mexique.*)

Syn. ital. Arzinnia.

Zinnia.

Annuel. — Les Zinnias doubles sont des plantes très remarquables; elles peuvent être comptées parmi nos plus belles plantes d'ornement pour décorer les plates-bandes de nos jardins, former des massifs de très longue durée où l'on rencontre les coloris les plus vifs et les plus variés, car les Zinnias se développent d'autant mieux et en plus grand nombre qu'il fait plus chaud et plus sec. Les tiges s'élèvent de 40 à 60 centimètres suivant les variétés et sont garnies depuis juillet jusqu'en octobre par des fleurs doubles ou simples, écarlates, roses, violettes, chamois ou blanches à disque d'un pourpre obscur. Nous le répétons : ce qui fait le principal mérite du Zinnia, c'est la longue durée de ses fleurs dont l'évolution dure toute une saison; c'est aussi la rusticité de cette plante qu'on peut cultiver dans tous les jardins; elle ne redoute que les excès d'humidité et l'ombrage trop absolu. Le Zinnia se plaît dans une terre meuble, un peu fraîche, substantielle, plutôt légère que trop compacte, et enfin à une exposition ensoleillée. Les semis se font en plein air de mars en mai; si on veut obtenir de très belles fleurs, il est préférable de repiquer en pépinière et de mettre en place à demeure avec la motte en espaçant de 50 centimètres. Les Zinnias se sèment aussi sur couche en mars-avril pour obtenir des plants qui donneront une floraison plus précoce, au mois de juin par exemple.

Depuis l'introduction dans les jardins des *Zinnias doubles élégants*, les *Zinnias multiflores* ne sont presque plus cultivés; cependant leurs fleurs sont nombreuses, plus petites que dans l'espèce précédente, d'un rouge sanguin, et à disque jaune. Ces fleurs très jolies sont également d'une longue durée.

VARIÉTÉS. — *Zinnia du Mexique*. Plante introduite de ce pays en 1860 par M. Ghiesbreght; ne ressemble, par le port, à aucun des autres Zinnias cultivés précédemment. Il forme de belles touffes qui se couvrent de fleurs d'un jaune vif orangé, à disque noir et jaune, de juillet en octobre. C'est une bonne plante pour les terrains secs et exposés au plein soleil. On en fait de très éclatantes bordures et des massifs qui ne réclament aucun soin. — Il y a une autre variété très florifère, le *Zinnia double nain élégant*, dont la tige ne dépasse pas 25 centimètres de hauteur. Les fleurs coupées de Zinnia conviennent parfaitement pour la garniture des vases. — *Z. double Lilliput*. Race plus naine que le *Z. pompon*. — Une race nouvellement introduite, c'est le *Z. élégant double à grande fleur rouge*, remarquable par la dimension extraordinaire de ses fleurs et par son coloris qui varie du rouge vif au rouge foncé pourpre; plante de grand effet.

ESPÈCES RECOMMANDABLES

Plantes pour pelouses, corbeilles ou massifs.

Agérate (Eupatoire bleue), Amarante Crête de Coq, Ancolie, Balsamine, Belle de Jour, Bégonia, Benoîte, Cacalie, Calandrina, Campanule pyramidale, Canna (Balisier), Centaurée, Chou d'Ornement, Chrysanthème des Jardins, Cinéraire maritime, Cléome, Collomia écarlate, Coquelicot, Coréopsis, Cosmos, Cyclamen, Cynoglosse, Dahlia, Datura, Digitale, Énothère, Eschscholtzia, Géranium, Gilia, Giroflée, Godetia, Gypsophile, Hugélie, Immortelle, Julienne de Mahon et des Jardins, Ketmie d'Afrique, Lantana, Larme de Job, Lin, Lobélie, Lupin, Maïs panaché, Martynia, Mimulus, Muflier, Némophile, Nigelle, Œillet d'Inde, Oreille d'Ours (Auricule), Pavot, Perilla de Nankin, Pétunia, Phlox de Drummond, Pied d'Alouette, Pourpier, Pyrèthre gazonnant, Reine-Marguerite, Réséda, Renoncule des Fleuristes, Rhodanthe de Mangle, Rose trémière, Rudbeckia, Ricin, Salpiglossis, Sauge coccinée, Seneçon, Silène, Solanum, Souci, Tabac, Tagetes, Thlaspi, Torenia Fournieri, Tournefortia, Valériane, Véronique, Verveine, Wigandia, Zinnia.

Plantes pour la confection des bouquets.

Abronia umbellata, Agérate ou Eupatoire, Amarantoïde, Ancolie, Barbeau Bleuet, Benoîte écarlate, Brachycome, Brize, Calandrinia en ombelle, Capucine de Lobb, Chenostoma, Chrysanthème annuel, Clarkia élégant, Clintonia pulchella, Collinsia, Collomia, Coréopsis, Cupidone bleue, Cynoglosse, Gaillarde, Gaura Lindheimeri, Glaciale, Gloxinia, Gynérium, Gypsophile, Héliotrope, Hordeum jubatum, Immortelle, Lobélie variée, Lychnis Croix de Jérusalem, Montbretia, Muguet de Mai, Némophile, Nierembergia, Nigelle, Œillet de Chine, Œillet double, Oreille d'Ours (Auricule), Pâquerette double, Pélargonium, Pensée, Pentstemon, Perilla de Nankin, Pervenche de Madagascar, Phlox varié, Primevère des Jardins, Primevère de Chine, Pyrèthre gazonnant, Reine-Marguerite blanche, Réséda, Rhodanthe de Mangle, Rudbeckia, Seneçon, Silène varié, Shortie, Thlaspi varié, Torenia Fournieri, Tournefortia, Véronique, Verveine, Violette.

Choix de Plantes pour bordures.

Alysse Corbeille d'Or, Anthémis d'Arabie, Anémone des Fleuristes, Arabette des Sables, Aubrietie pourpre, Brize à grande fleur, Capucine naine variée, Cinéraire maritime, Collinsia, Coréopsis élégant très nain, Cuphæa, Cynoglosse, Enothère de Drummond, Gazania, Ionopsidium, Julienne de Mahon, Lin, Némophile, Nierembergia, Œillet de la Chine, Œillet d'Inde nain, Pâquerette double des Jardins, Perilla de Nankin, Phlox de Drummond, Pied d'Alouette nain, Primevère des Jardins, Pyrèthre doré, Reine-Marguerite très naine, Renoncule des Fleuristes, Saxifrage, Souci double, Statice Armeria (Gazon d'Olympe), Tagetes, Thlaspi varié, Venidium, Violette des Quatre Saisons, Zinnia nain.

Plantes grimpantes en commençant par les moins élevées.

Capucine, Thumbergia, Pois de Senteur, Lophospermum, Caracole, Dolique, Loasa, Courge variée, Mandevillea suaveolens, Calystegia, Maurandia de Barclay, Mina lobata, Eccremocarpus grimpant, Cobée grimpante, Ipomée variée, Haricot d'Espagne, Volubilis, Houblon.

Plantes graminées les plus employées pour la confection des bouquets et la décoration des jardins.

Agrostis capillaris, Agrostis élégant (Aira pulchella), Brize, Eragrostis capillaris, Gynerium argenteum, Hordeum jubatum (Orge à épi), Lagurus ovatus, Lamarkia doré, Larme de Job, Pennisetum velu, Stipa plumeux.

Plantes aquatiques se reproduisant par le semis.

Aponogeton à double épi, Butome Jonc fleuri, Caltha des Marais, Épilobe à épi, Iris des Marais, Macre (Châtaigne d'Eau), Massette à large feuille, Ményanthe ou Trèfle d'Eau, Myosotis palustris, Nelumbium, Nénuphar, Nymphæa alba et lutæa, Phalaride à feuilles panachées, Plantain d'Eau (Alisma Plantago), Pontédérie, Sagittaire Flèche d'Eau, Sagittaire de Chine, Salicaire commune, Saurure panachée, Thalia dealbata.

Plantes à feuilles ornementales se reproduisant par le semis.

Acanthe molle, Achyranthes, Amarante à Queue, Amarante tricolore, Amarante mélancolique, Balisier, Bambous, Centaurée blanche, Chou frisé, Cinéraire maritime, Datura, Ficoïde glaciale, Gynérium, Larme de Job, Mauve frisée, Perilla de Nankin, Persicaire d'Orient, Ricin, Sauge, Sensitive, Solanum ou Morelle, Tabac, Wigandia.

Plantes à fruits d'ornement.

Alkékenge, Asclépiade à la Ouate, Aubergine, Coloquinte, Courge, Concombre, Coton, Dolique, Gourde,

Larme de Job, Martynia Cornaret, Momordique, Morelle (Solanum), Piment, Plante aux Œufs (Voyez *Aubergine blanche*), Tricosanthes Couleuvre.

Choix de grandes Plantes de pleine terre propres à décorer les pelouses et les grands jardins, par la création de groupes ou en les plantant isolément.

Acanthe, Amarante gigantesque, Amarante Queue de Renard, Balisier, Belle de Nuit, Campanule pyramidale, Chou frisé, Chrysanthème vivace, Clématite, Datura, Glaïeul, Gynerium argenteum, Hordeum jubatum, Larme de Job, Lavatère en arbre, Lupin, Maïs panaché, Malope à grandes fleurs, Mauve d'Alger, Pavot, Persicaire, Poirée, Ricin (Palma Christi), Rose trémière (Passerose), Solanum, Soleil, Stipe, Tabac géant, Wigandia, Verge d'Or.

DEUXIÈME PARTIE

CULTURE DES OIGNONS A FLEURS

Plantations à faire depuis octobre jusqu'en décembre.

Agapanthe, Amaryllis Belladona, Anémones variées, Colchique d'Automne, Crocus ou Safran, Fritillaire Couronne impériale, Fritillaire Damier, Iris de Perse, Iris variés, Ixias variés, Jacinthes variées, Jonquille, Lachenalia, Lis blancs, Muguet, Narcisse, Ornithogale, Perce-Neige, Pivoines herbacées, Renoncule, Scille du Pérou, Sparaxis, Triteleia uniflora, Tulipes variées.

On peut prolonger la plantation jusqu'en février pour les bulbes et oignons à fleurs qui suivent : Amaryllis Belladona, Anémones, Bégonia discolor, Oxalis, Pivoine, Renoncule, Scille du Pérou.

Les espèces suivantes se plantent de février en mai : Achimenes, Amaryllis Saint-Jacques, Amorphophallus, Arum Colocasium, Balisier, Boussingaultia grimpant, Caladium esculentum, Canne d'Inde, Cyclamen, Dahlias variés, Glaïeul, Gloxinia, Lis du Japon, Lis dorés, Tigridia, Tubéreuse, Tropœolum tuberosum grimpant.

Nous allons décrire très rapidement, en indiquant leur culture, les Oignons à fleurs et les Plantes bulbeuses les plus connus.

DESCRIPTION

DES

OIGNONS A FLEURS

ET DES

PLANTES BULBEUSES

ACHIMENES.

(*Achimenes grandiflora.* — *Fam. des Gesnériacées.* — *Originaire du Mexique.*)

Plante de serre. — Le genre Achimenes, par le nombre et la variété de ses espèces, la durée de son inépuisable floraison et la facilité de sa multiplication de boutures, est un des plus précieux pour l'ornement des serres, à la fin de l'hiver et au printemps.

Du reste, la floraison dépend, en général, de l'époque de la mise en végétation. Il suffit, pour obtenir une végétation vigoureuse, de donner aux plantes une chaleur constante de 15 à 25 degrés. On met les rhizomes dans des pots que l'on remplit de bonne terre, mélangée par moitié de terre fine et de terreau consommé, ou de terre substantielle; on peut les planter aussi dans de la terre de bruyère, que l'on mélange avec de la terre ordinaire. Dans la serre, il faudra maintenir la terre et l'air toujours humides, au moyen d'arrosements fréquents et de bassinage sur les feuilles. Après la floraison, les tiges se dessèchent; il faut alors cesser les arrosements et tenir les pots, pendant l'hiver, dans un endroit sec de la serre tempérée, jusqu'au moment où on divisera les rhizomes pour les replanter et les mettre en végétation. La tige de l'Achimenes est grêle et s'élève à 20 ou 30 centimètres de hauteur; les feuilles sont pourpre vif en dessous; fleurs axillaires à tube long courbé, d'un violet pourpre, ou bleues avec un centre blanc. Les rhizomes d'Achimenes sont écailleux, de forme ovoïde ou conique. A défaut de rhizomes, on multiplie ces plantes de boutures qui, une fois reprises, émettent, de leurs racines, des rhizomes pour l'année suivante.

Variétés. — *Achimenes à longues fleurs.* — *A. à grandes fleurs (grandiflora).* — *A. patens à fleurs ouvertes.* — *A. à larges feuilles (latifolia).* De ces espèces sont sorties par le croisement un grand nombre de variétés ne différant les unes des autres que par des nuances de coloris.

AGAPANTHE en ombelle.

(*Agapanthus umbellatus.* — *Fam. des Liliacées.* — *Originaire du Cap.*)
Syn. **fr**. Tubéreuse bleue.

Vivace. — Les Agapanthes sont remarquables par leur feuillage qui conserve sa fraîcheur toute l'année et surtout par l'élégance de leur inflorescence et la beauté de leurs fleurs bleues, inodores, en ombelles, qui s'épanouissent de juin jusqu'en août et souvent jusqu'en septembre. On en forme de superbes massifs en été et quelques pieds disséminés sur les pelouses produisent un bon effet. La tige de l'Agapanthe s'élève de 70 centimètres à 1 mètre. Ces plantes se multiplient ordinairement par la division des touffes ou des souches qu'on pratique à l'automne après la floraison.

Ces éclats, munis d'un bourgeon feuillé et de racines, sont plantés en pots ou en caisse; on les met même dans nos contrées en pleine terre; ordinairement, on met ces jeunes plants dans un mélange, par parties égales, de terre franche et légère et de terre de bruyère. Si on cultive ces plantes en pots, il faut avoir soin de leur donner tous les ans des pots plus grands, car les racines et la plante entière prennent vite un grand développement.

Dans nos contrées on peut laisser les Agapanthes l'hiver en pleine terre, à condition de les préserver de la gelée par une couverture de litière.

La floraison n'a lieu quelquefois que deux ans après la séparation. Les plantes venues de semis ne fleurissent qu'au bout de cinq ou six ans.

Variétés. — *Agapanthe blanche.* Fleurs d'un blanc légèrement verdâtre. — *A. naine.* Fleurs bleues; plus petite dans toutes ses parties. — *A. rubanée.* Fleurs bleues et feuilles rayées de vert et de jaune.

AMARYLLIS BELLADONE.

(*Amaryllis Belladona.* — *Fam. des Amaryllidées.* — *Originaire du Cap de Bonne-Espérance.*)

Vivace. — Superbe plante bulbeuse, dont la hampe de 70 centimètres est terminée par de belles et grandes fleurs roses, penchées, campanulées et odorantes, qui fleurissent d'août en octobre. On plante tout l'automne et tout l'hiver dans tout terrain, à une bonne exposition; les Amaryllis fleurissent mieux en pleine terre qu'en pots; cependant ces plantes aiment un terrain profond et sain, léger et sableux de préférence; si le sol était très argileux et très compact, il serait nécessaire de le drainer. Pour avoir une belle floraison d'Amaryllis, on ne doit procéder à la transplantation et à la séparation des bulbes que tous les cinq ou six ans; on peut les arracher à la troisième année; mais c'est mieux plus tard. Cette opération doit se faire préférablement après la dessiccation des feuilles;

pour préserver les oignons des atteintes de la gelée, on les plante en terre à 20 centimètres de profondeur et on met entre chaque oignon une distance de 30 centimètres.

Les oignons adultes d'Amaryllis fleurissent l'année de la transplantation. Ces bulbes arrachés et mis hors de terre dans un endroit sec et obscur se conservent plus d'une année, ils fleurissent même ; mais cela les fatigue beaucoup et les fait flétrir. On peut cultiver aussi les Amaryllis en carafes dans de l'eau ; ils donnent une floraison assez satisfaisante.

Le véritable moyen de multiplier les Amaryllis, c'est par la division des caïeux qu'on détache des bulbes au moment de leur transplantation. Ces caïeux, mis en terre immédiatement, fleurissent la troisième ou la quatrième année, et n'atteignent leur complet développement que vers la huitième ou la dixième année.

AMARYLLIS Saint-Jacques.

(*Amaryllis formosissima.* — *Originaire de l'Amérique méridionale.*)

Syn. fr. Lis Saint-Jacques ; Amaryllis magnifique.

Vivace. — Belles fleurs à la fin de l'été, d'un rouge pourpre ou écarlate velouté, portées sur une hampe de 30 centimètres de hauteur. Les bulbes se plantent en plein air tout l'hiver, se comportent très bien en pleine terre saine à bonne exposition. On peut les cultiver aussi en pots ou en carafes remplies d'eau. Pour la culture en pots, il conviendra d'employer de préférence une terre fraîche, légère, mélangée d'un quart de terreau de feuilles, ou bien de terre franche sableuse et d'un quart de terre de bruyère.

L'Amaryllis Saint-Jacques donne peu de caïeux ; il se partage naturellement en deux oignons, que l'on sépare après l'arrachage, en octobre et novembre. Car tous les ans, après leur floraison, on arrache les bulbes d'Amaryllis qu'on rentre dans un endroit sec jusqu'à l'époque de la plantation qui commence en hiver et se prolonge jusqu'en mai.

Il y a un très grand nombre d'Amaryllis qui se cultivent à peu près comme l'Amaryllis Belladone; nous citerons les principales variétés types, car, par le semis, les croisements et des hybridations intelligentes, on a créé de nombreuses et superbes races.

Variétés. — *Amaryllis jaune* d'automne (*Amaryllis lutea*). — *Lis Narcisse des Jardiniers*. Espèce rustique à la hampe de 15 centimètres, formant en septembre-octobre, avec ses fleurs d'un jaune brillant, de charmantes bordures. Cette jolie plante n'est pas assez cultivée; elle demande la pleine terre dans un sol léger; on relève les oignons tous les trois ou quatre ans. — *A. Atamasco*; *A. de Virginie*. Petite espèce vivace, rustique, à hampe de 25 centimètres, à fleurs demi-blanches, très propres à faire de jolies bordures naines. Même culture que pour l'Amaryllis Belladone. — *A. longiflore* (*A. longiflora*): *Crinole à longues fleurs*. L'oignon est très allongé; les feuilles sont longues d'au moins 70 centimètres; la hampe s'élève de 65 centimètres à 1 mètre, portant en juin une douzaine de fleurs très odorantes, blanches avec bande cramoisie sur chaque pétale. Même culture que pour l'Amaryllis Belladone. — *A. à rubans* (*A. vittata*). Cette race et ses nombreuses variétés qu'on ne cultivait autrefois qu'en pots, en serre tempérée et sous châssis, viennent dans nos contrées en plein air et en pleine terre à bonne exposition; on les plante pendant l'hiver et, en juin-juillet, les bulbes, dont les hampes s'élèvent à 60 ou 70 centimètres, portent quatre ou cinq belles fleurs blanches à bandes pourpres, à odeur de cassis; les feuilles de cette plante sont maculées de teintes rouges. Même culture que pour les autres variétés.

AMORPHOPHALLUS RIVIERII.

(Fam. des Aroïdées. — Originaire de la Cochinchine.)

Grande et belle Aroïdée, très rustique sous notre climat; a été introduite en Europe par le savant M. Durieu de Maisonneuve, le regretté directeur du Jardin des Plantes de Bordeaux. Les pédoncules d'Amorphophallus sont très gros, et atteignent quelquefois le poids de un à deux kilos; ils n'émettent chacun qu'une seule feuille, mais énorme; elle s'étale en forme de parasol de 1 mètre à 1^m,50. Cette feuille gigantesque est d'un vert livide, marbré de blanc ou de rose.

Les tubercules doivent être hivernés en automne en lieu sec et aéré, et plantés en place en mars-avril pour l'ornementation des pelouses et des grands jardins où cette plante produit le meilleur effet décoratif; on peut les cultiver aussi en pots. Dans nos contrées, les tubercules peuvent passer l'hiver en pleine terre dans les endroits secs; ils repoussent au printemps. L'Amorphophallus est une plante insectivore; elle est en forme de grand cornet, et dégage une odeur très mauvaise de chair d'animaux décomposée.

ANÉMONE.

(Anémone des Fleuristes. — A. coronaria. — Fam. des Renonculacées. Indigène.)

Racine vivace tuberculeuse. — Pour obtenir des variétés nouvelles, on sème les Anémones simples dont les couleurs sont les plus recherchées, les feuilles les plus larges, les plus régulières, enfin celles dont les tiges sont les plus fortes.

Dans nos contrées, on plante les variétés d'Anémones doubles à l'automne, en hiver et au printemps, dans une terre de jardin saine, légère, profonde, fumée depuis longtemps. Suivant l'époque de la plantation, les Anémones fleurissent d'avril en juin et elles offrent une grande diversité de couleurs : blanc, jaune, violet, rouge. Les Anémones produisent le plus joli effet en massifs, plates-bandes et bordures, avec leur tige de 15 à 30 centimètres suivant les variétés. En juillet, lorsque les tiges commencent à se faner, on enlève les griffes de terre, on les sépare avec précaution, on les

Anémone double.

nettoie, on les conserve dans un lieu sec jusqu'au moment de les mettre en terre. Il y a un grand nombre de variétés d'Anémones ; nous citons les principales : *Anémone Œil de Paon*. — *A. à fleurs de Narcisse*. — *A. à fleurs de Renoncule*. — *A. des Bois*. — *A. pulsatille*. — *A. du Japon*. Superbe plante dont la tige atteint de 50 à 80 centimètres de haut ; elle forme des buissons d'une élégance exceptionnelle qui se couvrent de nombreuses fleurs rouges ou roses, carmin et blanches, d'août en octobre. — *A. élégante*. — *A. des Apennins à fleurs bleues*. — *A. hépatique*. — *A. des Montagnes*. — *A. couleur de soufre*. — *A. de Haller*. — *A. printanière*.

(Voir *Anémone* à la description des Fleurs de pleine terre.)

BALISIER.

(Canne d'Inde (Canna indica). — Fam. des Cannacées.)

Cette plante se multiplie par ses tubercules, qu'on arrache de pleine terre tous les ans à l'automne. On les met à l'abri dans un endroit sec pendant l'hiver. Au printemps, on les replante, après avoir divisé leurs touffes, dans une terre bien travaillée et bien fumée.

Avant les gelées, en octobre-novembre, les tiges ayant été coupées près du sol, les souches sont arrachées, nettoyées de la plus grande partie de la terre adhérente, puis étiquetées et rentrées soit en cave, soit en orangerie, soit en serre froide, où on les garde jusqu'au printemps, époque de la multiplication et de la plantation.

(Voir *Balisier* à la description des Fleurs de pleine terre.)

BÉGONIA tuberculeux. — BÉGONIA discolor.

(Fam. des Bégoniacées. — Originaire de la Chine.)

Bégonia à fleur simple.

Rhizomes vivaces. — Les tiges de Bégonias périssent en hiver, mais elles repoussent au printemps. On peut laisser les bulbes de Bégonias discolor en pleine terre en les couvrant de litière l'hiver, ou bien on les rentre en serre, de même que toutes les variétés de Bégonias tuberculeux qu'on plante en serre chaude pendant tout le printemps dans une terre douce et légère. On multiplie les Bégonias au printemps, par séparation de rhizomes ou par bulbilles qui se développent abondamment à l'aisselle des feuilles.

(Voir *Bégonia tuberculeux* à la description des Fleurs de pleine terre.)

BOUSSINGAULTIA grimpant.

(*Boussingaultie à feuilles de baselle*. — *Boussingaultia baselloïdes*. Fam. des Basellacées. — Originaire de Quito.)

Boussingaultia grimpant.

Vivace. — Plante sarmenteuse à racines tuberculeuses et mucilagineuses. Son feuillage, d'un beau vert luisant, la rend très propre à garnir des haies, des berceaux, des tonnelles, des treillages, des murailles, des fenêtres, des balcons. Sa tige s'élève de 5 à 8 mètres et plus; elle est très rustique et pousse rapidement. Le Boussingaultia porte de nombreuses et petites fleurs blanches qui se succèdent de juillet jusqu'aux gelées. On le propage par la division des tubercules qu'il produit en abondance et qui se trouvent groupés et serrés au pied de la plante. Dans nos contrées, les tubercules peuvent passer l'hiver en pleine terre. On plante les tubercules en mars-avril dans une terre riche en humus, quoiqu'ils végètent assez vigoureusement en tout terrain et à toutes les expositions aérées. On multiplie aussi le Boussingaultia de boutures. C'est une des plantes grimpantes les plus méritantes; un seul pied un peu fort peut couvrir une surface considérable.

CALADIUM ESCULENTUM.

(*Caladium comestible*. — *Fam. des Aroïdées*. — *Originaire de la Nouvelle-Zélande*.)

Syn. lat. Colocasia esculenta. — **Fr.** Chou caraïbe; Colocasie; Gouet comestible.

Rhizome tubéreux; vivace. — Plante très décorative à feuillage très ample, au port majestueux. On plante ces rhizomes tubéreux en avril-mai, dans un terrain argilo-siliceux frais, bien ameubli; on met les tubercules à 80 centimètres de distance; six semaines après la plantation, ces plantes ont acquis déjà un grand développement qui ne cesse d'augmenter jusqu'en automne.

Pendant l'été, pour conserver la fraîcheur, on couvrira le sol des massifs de Caladiums d'un paillis de fumier non décomposé et on aura bien soin de donner, à l'époque des chaleurs, de copieux arrosements. Avant les gelées, on arrachera les tubercules, qu'on mettra à l'abri dans un endroit sec. Au printemps, pour avoir une végétation plus rapide, on pourra forcer ces rhizomes en serre chaude. Lors de la plantation à demeure, la séparation des tubercules sera indispensable, car si l'on veut obtenir des feuilles d'un grand développement, il faut supprimer tous les yeux et œilletons latéraux et ne conserver sur chaque plante qu'un seul bouquet de feuilles.

CLIVIE.

(*Clivia miniata.* — *Fam. des Amaryllidées.* — *Originaire de l'Afrique australe.*)

Syn. latin. Imantophyllum miniatum.

Vivace. — Plante bulbeuse remarquable par la beauté de son feuillage et l'abondance de ses fleurs, d'un rouge orangé plus ou moins intense suivant les variétés.

Du centre des feuilles part la hampe florale, droite et raide, haute de 40 centimètres environ.

Dans le Midi, cette plante croît souvent en pleine terre.

On multiplie la Clivie par les caïeux qui se développent sur les côtés des bulbes et qu'on détache à l'automne. On la propage aussi par le semis dans du sable ou de la terre de bruyère en appuyant seulement les graines sur la surface du sol, sans les enterrer, et en les tenant à l'ombre.

COLCHIQUE d'Automne.

(*Colchicum autumnale.* — *Fam. des Mélanthacées.* — *Indigène.*)

Syn. fr. Dame sans Chemise; Safran bâtard; Safran des Prés; Tue-Chien.

Bulbe vivace. — Les Colchiques se multiplient de caïeux quand les tiges sont desséchées en juillet-août. On les plante à cette époque en place, dans un sol profond argilo-siliceux et humide de préférence, en espaçant les oignons dans les massifs à 25 centimètres de distance; on peut en faire ainsi des bordures. Ces plantes ne sont pas difficiles sur le choix du terrain; cependant placées çà et là sur les pelouses elles produisent un effet agréable à l'automne avec leurs fleurs d'un lilas rosé, qui sortent avant les feuilles, puisque ces dernières n'apparaissent qu'au printemps suivant.

Les bulbes de Colchique conservés sur les cheminées ou sur les meubles y fleurissent assez bien dans leur saison normale; on peut également les cultiver en carafes ou dans des assiettes avec de la mousse humide.

Variétés. — *Colchique de Byzance.* Oignon très gros; fleurs purpurines. — *C. varié.* Fleurs marquées de taches pourpres. — *C. des Alpes.* Fleurs d'un rose foncé.

COURONNE IMPÉRIALE. Fritillaire.

(*Fritillaria imperialis.* — *Fam. des Liliacées.* — *Originaire de Perse.*)

Couronne Impériale.

Bulbe vivace. — Cette plante a un oignon très gros, charnu, blanc jaunâtre et exhalant une très forte odeur alliacée. Sa tige élevée d'un mètre et plus porte des feuilles dans les deux tiers de sa longueur, et se couronne en avril et mai de fleurs d'un rouge safrané semblables à de grandes tulipes renversées.

Cette belle plante n'aime pas l'humidité; il lui faut du soleil, une terre profonde, légère, non fumée, à moins que ce ne soit d'ancienne date; elle exige peu d'arrosements; elle se reproduit de graines ou de caïeux replantés au mois d'avril, et qu'on enterre à 5 centimètres, pour obtenir des fleurs l'année suivante. Cette opération de la séparation des caïeux se fait ordinairement en août jusqu'en septembre et seulement tous les trois ou quatre ans. Après que les tiges ont cessé de végéter, on relève les oignons pour les nettoyer et on replante de suite les caïeux. On ne plante les gros bulbes qu'en octobre-novembre, et pendant tout l'hiver, dans une terre nouvelle à 25 centimètres au moins de profondeur. On laisse donc les bulbes de Couronne Impériale trois ou quatre ans en pleine terre sans les relever.

Ces plantes produisent au printemps le plus joli effet pour orner les pelouses, les talus, border les pièces d'eau.

Variétés. — *Couronne Fritillaire de Perse.* Plante ornementale au port très curieux; sa tige, munie de nombreuses feuilles glauques, est terminée par une grappe de fleurs d'un violet bleuâtre. Même culture que la précédente. — *C. Fritillaire Damier.* — *F. Méléagre (F. Meleagris).* — *C. Pintade.* Indigène; bulbe vivace. Plante plus petite, mais jolie; sa tige s'élève de 20 à 25 centimètres; fleurs semblables à des Tulipes renversées, moins grandes, marquées de carreaux blancs ou jaunes, rouges ou pourpres, suivant les variétés, qui sont au nombre de quarante, ressemblant à un damier ou au plumage de la pintade; de là lui vient le nom de *Méléagre (Meleagris).* Elle est propre à la décoration des plates-bandes, des clairières et des bosquets. On la plante de juillet en octobre dans les talus, sur le bord des pièces d'eau, dans une terre grasse, humide, fraîche, ou en terre de bruyère, à une exposition ombragée; on met en place les bulbes à 10 centimètres de profondeur. Cette plante se multiplie en juillet-août, en séparant les caïeux tous les trois ou quatre ans; il faut replanter aussitôt le bulbe principal et les caïeux.

Les semis de graines se font à l'automne dans des terrines que l'on rentre l'hiver en orangerie; les graines ne germent d'ordinaire que l'année suivante; à la fin de la seconde année, on met les jeunes oignons en place; ils ne fleurissent que la troisième ou cinquième année ensuite.

CROCUS Safran.

(*Safran printanier* (*Crocus vernus*). — *Fam. des Iridées.* — *Indigène.*)

Syn. fr. Crocus ou Safran des Fleuristes; Hasard.

Bulbe vivace. — Oignon rustique produisant en février des fleurs jaunes, violettes, blanches grises, bleues ou roses. On compte un grand nombre de variétés de cette jolie fleur; quelques-unes sont unicolores, mais la plupart sont agréablement panachées. Ces fleurs sont de courte durée, il est vrai, mais elles se succèdent abondamment durant un mois environ. Les feuilles et les fleurs ne s'élèvent pas au delà de 10 à 15 centimètres. On forme avec les Crocus de charmantes bordures, de jolis massifs; on en décore çà et là les pelouses, surtout si on les entremêle avec d'autres petites plantes printanières, telles que la Tulipe Duc de Tholl, les Jacinthes, les Perce-Neige, les Scilles. On replante les Crocus d'octobre à décembre en terre douce et sableuse. On relève les oignons lorsque les feuilles sont entièrement sèches et on les conserve en lieu sec. Il y a des personnes qui ne relèvent les bulbes de Crocus que tous les trois ou quatre ans; il est préférable de les relever tous les ans pour les changer de terre. Ces oignons fleurissent très bien dans les appartements, placés dans de la mousse humide.

Variétés. — *Crocus rouge* ou *bulbocode*. Jolie petite plante; les feuilles paraissent après les fleurs, qui sont blanches passant au pourpre; la floraison a lieu en mars; demande une exposition chaude et une terre légère. On relève les oignons tous les deux ou trois ans. — *Safran d'Automne* (*Crocus autumnalis ; Crocus sativus*). Cette plante, originaire d'Orient, fleurit à la mi-septembre et donne des fleurs violet pourpre. On recueille ses trois stigmates d'un jaune aurore pour former le Safran du commerce, qui est très employé dans les arts, l'industrie et la médecine. On relève tous les ans ou tous les trois ans les oignons pour les replanter en juillet-août à une profondeur de 12 à 15 centimètres, en conservant entre les bulbes un espacement de 10 à 15 centimètres. Les fleurs de Safran forment de très jolis massifs en automne. Les oignons laissés à l'air libre, sur une table ou sur une cheminée, fleurissent tout aussi bien que s'ils étaient plantés dans de la terre.

CYCLAMEN.

(*Cyclamen. — Fam. des Primulacées. — Indigène.*)

Cyclamen.

Souche tuberculeuse ; vivace. — On plante sous châssis d'octobre en novembre ou bien au printemps. Cette plante demande l'ombre et la terre de bruyère ou du bon terreau de feuilles. Elle se met en bordures, en vases, ou bien sert à orner les rocailles, vient très bien sous bois et dans les clairières, principalement dans les endroits où le sol est argilo-siliceux et frais. Ces tubercules passent parfaitement l'hiver en pleine terre dans nos contrées. Au printemps, les Cyclamens donnent des fleurs d'un rose tendre et de grandes feuilles ressemblant à celles du lierre.

(Voir *Cyclamen* à la description des Fleurs de pleine terre.)

DAHLIA.

(Dahlia des Jardins. — Dahlia variabilis. — Fam des Composées. Originaire du Mexique.)

Dahlia simple.

Racines ou gros tubercules fusiformes charnus, vivaces. — On plante les tubercules de Dahlia en plein air pendant tout le printemps dans une terre humide, substantielle, à bonne exposition, et on obtient de juillet en septembre des fleurs de toutes nuances. On peut aussi forcer les tubercules en serre en février pour leur faire développer des bourgeons, que l'on coupe à 1 ou 2 millimètres au dessous de leur naissance, dès qu'ils ont 3 à 5 centimètres de long, et on les bouture séparément dans de petits godets qu'on tient sur couche et sous cloche ombrée, en les privant d'air. On les met ensuite dans des pots plus grands, en les habituant peu à peu à l'air, et on les plante en mai en pleine terre. C'est le moyen de reproduction du Dahlia le plus employé par les horticulteurs. Du reste les fleurs provenant des Dahlias bouturés sont plus abondantes, mieux faites et plus belles sous tous les rapports. Les semis se font également en mars-avril, avec repiquage ou plantation à la fin de mai, à 1 mètre en tous sens. Les Dahlias fleurissent de juillet jusqu'aux gelées. Les premières gelées sont nuisibles aux Dahlias. En octobre, les tiges de ces plantes sont coupées près du sol; les racines, arrachées, nettoyées, puis étiquetées, sont rentrées en serre, où on les conserve à la façon des Cannas.

Les Dahlias nains se cultivent quelquefois en pots.

(Voir *Dahlia* à la description des Fleurs de pleine terre.)

DIELYTRA.

(*Dielytra spectabilis* (*Dielytra remarquable*). — Fam. des Fumariacées. Originaire de la Chine.)

Syn. fr. Cœur de Marie.

Racines vivaces. — Plante magnifique, des plus élégantes quand elle est en fleurs, cultivée dans les jardins depuis une trentaine d'années. Ses tiges sont transparentes, son feuillage est ample, finement découpé, d'une belle teinte glauque, d'une légèreté extrême. Cette plante s'élève de 50 à 60 centimètres et porte de mars en août de longues grappes de fleurs du rose le plus vif nuancé de jaune et gris de lin; la forme singulière de ses fleurs les rend tout à fait remarquables.

On multiplie cette plante vivace, pendant tout le printemps et à l'automne, d'éclats de racines ou par division des touffes que l'on plante en vases, pour en faire de jolis massifs, en pleine terre, à l'ombre, dans un sol léger, bien meuble et amendé par du fumier très décomposé. Chaque année, à l'automne, on renouvelle cette fumure. On enterre les tronçons de racine à fleur de terre. On force avec succès cette plante en serre en mars en la plaçant dans de très grands pots pour ne pas gêner ses longues racines fusiformes; la multiplication se fait aussi par boutures des rameaux. Quand cette plante donne des graines, il faut les semer aussitôt qu'elles sont mûres, ou en avril en serre ou sous châssis.

Variétés. — *Diclytra à belles fleurs* (*D. formosa*). Moins élevée que la précédente, mais également jolie, par ses fleurs du plus beau rose. — *D. distingué* (*D. eximia*). Plus grande dans toutes ses parties que la variété qui précède.

FERRARIA. Tigridia Pavonia.

(*Tigridie à grandes fleurs. — Fam. des Iridées. — Originaire du Mexique.*)

Syn. latin. Ferraria Pavonia. — **Fr.** Œil de Paon; Queue de Paon; Tigridie Œil de Paon.

Bulbe écailleux; vivace. — Les fleurs de Ferraria sont d'une beauté exceptionnelle; elles ne sont pas de longue durée, elles s'épanouissent le matin et se ferment dans l'après-midi pour ne plus se rouvrir, mais chaque jour de nouvelles viennent remplacer celles de la veille; et si l'on cultive ces plantes en touffes par groupes, si on place leurs bulbes assez rapprochés les uns des autres, on peut obtenir une floraison continue et très remarquable depuis juillet jusqu'en août-septembre. Les Tigridias sont très rustiques pourvu qu'ils soient plantés en terrain très sain; on peut leur laisser dans notre région passer l'hiver en pleine terre, pourvu que les bulbes se trouvent suffisamment enterrés.

Les tiges de 40 à 60 centimètres de hauteur sont terminées à la fin de l'été par une ou plusieurs fleurs grandes et belles présentant un mélange de nuances pourpre, jaune et rouge éclatant. Ces bulbes se plantent en plein air de janvier en février et pendant tout le printemps, dans une terre très saine et très légère à une bonne exposition. On espace à 20 centimètres en tous sens, on les couvre de 8 centimètres de terre légère ou de terreau.

Lorsque les fanes sont desséchées on arrache les bulbes et on sépare les caïeux qui sont traités comme les bulbes adultes, avec cette différence qu'on les plante plus rapprochés; ils fleurissent ordinairement la deuxième année après la plantation.

FREESIA.

(*Fam. des Iridées.* — *Originaire de l'Afrique méridionale.*)

Bulbe vivace. — A fleurs blanches très odorantes. On plante en terre et en pots les caïeux et les bulbes pendant tout l'automne, en les enfonçant à 6 centimètres de profondeur dans de la terre de bruyère, mélangée d'un tiers de terre franche. Floraison en février-mars. Une fois les tiges et les feuilles desséchées, on arrache ces oignons qu'on conserve dans un endroit sec jusqu'en octobre.

FRITILLAIRE. (Voir *Couronne Impériale.*)

FRITILLAIRE Damier. (Voir *Couronne Impériale.*)

GLAÏEUL.

(*Gladiolus.* — *Glayeul.* — *Fam. des Iridées.* — *Indigène.*)

Syn. fr. Victoriale ronde.

Bulbe vivace. — Les Glaïeuls se plantent au printemps dans une terre ordinaire de potager, fumée depuis au moins trois mois avec du fumier de vache ou de cheval bien consommé. Plantés par rangs de 30 à 35 centimètres de distance, les oignons devront être espacés de 15 à 20 centimètres sur la longueur des rangs, selon leur grosseur, et placés à une profondeur de 5 à 7 centimètres au moins. Pendant la végétation, il faut arroser copieusement si le temps est sec, et pour empêcher le dessèchement ou le tassement du sol, on répand sur la plantation de la litière sèche. En faisant une plantation chaque mois jusqu'en mai, on aura une floraison qui se succédera depuis juin jusqu'en octobre, qui contribuera puissamment à la décoration des jardins, soit qu'on fasse des corbeilles charmantes sur les pelouses, soit qu'on en garnisse les plates-bandes.

Glaïeul de Gand.

Les Glaïeuls peuvent se cultiver également en pots, et végètent parfaitement dans les appartements; en les forçant en pots et en serre, on obtient des fleurs plus précoces.

Les rameaux coupés et dont les boutons sont peu développés fleurissent très bien dans les appartements en les plaçant dans des vases remplis d'eau. Les tiges de Glaïeuls s'élèvent de 1 mètre à 1^m,50, et sont terminées par des épis très allongés de fleurs qui sont sans odeur. Les coloris sont des plus variés; toutes les nuances s'y trouvent : rouge écarlate, roses, blanches, fond blanc, panachées, vermillon, jaunes, maculées, bariolées. Une fois la floraison passée on coupe les tiges des porte-fleurs, en laissant les feuilles jusqu'à ce qu'elles soient fanées; alors on enlève de terre les oignons et on les met dans un endroit sec pour les conserver jusqu'à la saison prochaine.

Les bulbilles produites par les oignons doivent être immédiatement placées dans des pots remplis de sable non sec et mises à la cave, ou dans l'endroit le plus froid de la serre où elles feront leur travail de germination; tenues sèchement elles ne germeraient plus. Ensuite, à la fin du mois d'avril, on sème dru, à sillon comme des petits pois, dans des planches terreautées; il faut donner des arrosements abondants. Presque toutes donneront des fleurs la même année.

La récolte des graines s'opère dès que les capsules menacent de s'entr'ouvrir. Les semis se font en mars sous châssis en terrain sableux, sur couche de feuilles sèches uniquement. On arrose et on laisse ce semis couvert d'un panneau jusqu'à la germination; alors il faut donner de l'air, tenir la terre sèche; en mai-juin, suivant la température, on enlève les châssis et on continue les arrosements; en octobre on arrache les bulbes qui sont tous de force à fleurir l'année suivante; beaucoup d'entre eux auront fleuri l'année même du semis.

Les Glaïeuls composent des collections nombreuses dont les principales séries obtenues par le semis et l'hybridation sortent de trois ou quatre types qui sont le Glaïeul *perroquet*, le Glaïeul *cardinal*, le Glaïeul *rameux* et enfin le Glaïeul de *Gand*, qui est issu du croisement du *G. perroquet* et du *G. cardinal*. Le Glaïeul de *Gand* et ses nombreux hybrides sont les plus vigoureux, les plus florifères et les plus rustiques, les moins difficiles sur la nature du terrain. Ils s'élèvent jusqu'à 2 mètres de hauteur, et se garnissent sur la moitié de cette longueur de fleurs d'un vermillon brillant nuancé de jaune, d'amarante et de vert, qui durent fort longtemps et sont l'été un des plus beaux ornements de nos jardins.

On a créé ces dernières années des variétés innombrables de Glaïeuls aux coloris les plus riches et les plus variés.

GLOXINIA.

Plante de serre chaude. — Les bulbes sont placés tous les ans au printemps en pots dans de la terre de bruyère et cultivés en serre chaude. Floraison en juin-juillet; très variés de couleurs.

(Voir *Gloxinia* à la description des Fleurs de pleine terre, 1re partie.)

HELLÉBORE.

(*Fam. des Renonculacées.* — *Originaire de l'Europe.*)

Syn. latin. Helleborus. — **Fr.** Rose de Noël; Rose du Ciel; Hellébore noir (*Helleborus niger*).

Vivace. — Souche fibreuse à racines noirâtres; feuilles persistantes d'un beau vert sombre. Hampes de 30 centimètres, fleurs grandes d'un blanc rosé; fleurit dans les mois d'hiver; se multiplie de séparation de touffes que l'on plante pendant l'automne dans une terre substantielle et fraîche, à une exposition mi-ombragée.

Elle se prête parfaitement à la culture en pots; elle est précieuse pour la décoration d'hiver des appartements. Ses fleurs sont également propres à la confection des bouquets.

HÉMÉROCALLE.

(*Fam. des Liliacées. — Originaire de l'Europe méridionale.*)

Syn. latin. Hemerocallis. — **Fr**. Hémérocalle jaune; Lis Asphodèle; Lis jaune.

Vivace; rustique. — Tige de 80 centimètres à 1 mètre; feuilles abondantes; fleurs en juin, grandes, d'un beau jaune, odorantes et ressemblant à un lis. L'Hémérocalle peut être employée à l'ornementation des plates-bandes et des corbeilles des grands jardins paysagers, comme à garnir les vides dans les massifs d'arbustes; se plante pendant tout l'automne, en terre substantielle fraîche et profonde; se multiplie par la division des touffes, qui a lieu tous les trois ans, en automne ou en hiver. Si l'on multiplie par semis, les graines devront être semées en automne ou au printemps, en pépinière; on repique en pépinière et on remet le plant en place en octobre ou en mars-avril.

Variétés. — *Hémérocalle fauve*. Fleurs plus grandes que dans l'Hémérocalle jaune décrite précédemment, d'un coloris jaune orangé fauve; cette espèce, ne fructifiant pas, ne se propage que par la fragmentation des touffes. — *H. bleue* (*Funkia cœrulea*). Originaire du Japon; d'un bleu violacé; floraison de mai en juin; feuillage remarquable; se plaisant à l'ombre; un peu moins rustique que les Hémérocalles indigènes. Se multiplie par la division des touffes qui se fait en mars-avril tous les trois ou quatre ans. — *H. du Japon*. Fleurs d'un blanc de lait. La floraison a lieu en juillet, août et septembre.

HOTEIA du Japon.

(*Hoteia Japonica*. — *Fam. des Saxifragées*. — *Originaire du Japon*.)
Syn. latin. Spinea Japonica. — **Fr**. Reine des Prés.

Plante herbacée, touffue, rustique; tige de 30 centimètres; fleurs blanches de mai en août, disposées en panicules produisant un joli effet. L'Hoteia aime particulièrement la terre de bruyère, l'ombre et la fraîcheur. Il se plaît aussi dans une terre légère, sableuse, à une exposition ombragée. Il vient bien en pots. Sa multiplication s'opère par la division des touffes au printemps et à la fin de l'été, en espaçant les pieds de 40 à 50 centimètres.

IRIS.

(Iris. — Fam. des Iridées.)

On connaît et on cultive plus de quatre-vingts espèces de ce beau genre. Elles sont la plupart de pleine terre, essentiellement rustiques, et varient à l'infini par la culture. Leurs racines sont tubéreuses ou bulbeuses. Elles aiment en général une terre assez forte, un peu humide et à mi-ombre. On multiplie facilement les espèces tubéreuses par la division des racines, que l'on coupe en autant de portions qu'il y a d'yeux, opération qu'il est préférable de faire en septembre, les racines partagées au printemps ne fleurissant que l'année suivante; pour les espèces bulbeuses, il faut au mois d'août relever les bulbes, séparer les caïeux et les replanter immédiatement ou en septembre au plus tard. On pourrait les conserver enterrés dans du sable.

On divise ordinairement les Iris en deux sections : à fleurs barbues et à fleurs imberbes.

Dans la première section, *Iris à fleurs barbues*, nous mentionnerons :

Iris d'Allemagne ou Germanique.

*(Iris Germanica (souche rampante) ou Iris à rhizome vivace.
Originaire de l'Europe méridionale.)*

L'une des espèces les plus anciennes et les plus répandues dans les jardins. Plante volumineuse; du milieu de ses feuilles ensiformes s'élève une hampe portant plusieurs grandes fleurs d'un beau violet foncé. Les stigmates pétaloïdes sont d'un bleu clair ou d'un blanc rosé. Ces fleurs légèrement odorantes s'épanouissent en mai-juin.

Iris Germanica.

Peu de plantes sont aussi rustiques que l'Iris germanique et aussi précieuses que lui pour soutenir les terres et décorer les pentes et les parties sèches et arides des jardins; il croît jusque sur les vieux murs. Sa racine à une odeur de violette assez prononcée; une fois séchée on l'emploie pour parfumer le linge, pour frelater les vins et leur communiquer le bouquet de certains crus qu'on veut imiter. Elle est également usitée en médecine et particulièrement en parfumerie. Les fleurs pilées avec de la chaux donnent le vert d'iris.

Iris de Florence.

(Iris Florentina. — Iris à rhizome vivace. — Originaire de l'Europe méridionale.)

Syn. fr. Iris Armes de France.

Cette belle plante à fleurs blanches d'une odeur suave fleurit en juin. Ses racines réduites en poudre sont employées dans la parfumerie ; c'est elle, dit-on, qui forme la base de l'extrait de violette.

Aux mois d'août et de septembre on multiplie très facilement cet Iris par la division des rhizomes dont on espace les pieds de 25 à 30 centimètres. On peut laisser ces oignons en terre pendant quatre ou cinq ans et même plus longtemps sans les séparer ; on s'en trouvera bien, car ces plantes fleurissent d'autant plus abondamment qu'elles sont moins remuées et moins divisées.

La multiplication des Iris est si prompte et si facile par la division des rhizomes, qu'on ne pratique guère le semis que lorsqu'on veut obtenir de nouvelles variétés. Aussitôt que les graines sont mûres, en juin-juillet, on les sème immédiatement en rayons profonds de 3 à 4 centimètres dans une bonne terre substantielle, et au printemps suivant, quoique en pleine terre, toutes les graines ou à peu près germent et lèvent. La deuxième année on les repique à 30 centimètres de distance et on attend alors la floraison qui n'a lieu qu'à la cinquième et quelquefois les années qui suivent jusqu'à la huitième année.

Iris de Suse.

(Iris Susiana. — Originaire de Perse. — Vivace.)

Syn. fr. Iris Deuil ; Iris tigré ; Iris Crapaud.

Rhizome court. Tige de 40 à 60 centimètres, uniflore. Cette belle plante porte des fleurs de mai en juin, très grandes et très régulières par leur coloration ; elles sont d'un blanc un peu violacé, marbré ou strié de violet pourpré ou de violet bleu.

On plante les rhizomes divisés, à 20 centimètres de distance, pendant tout l'automne, dans une terre saine et abritée, légère et sèche, à une exposition du midi; cet Iris redoute beaucoup l'humidité, et dans les climats du Nord, plus froids que notre région, il est bon de ne le planter qu'au printemps; alors la floraison n'est pas aussi belle que si la plantation a été effectuée à l'automne; si on le laisse dans le Nord passer l'hiver en pleine terre, il faut étendre sur le sol une couverture de litière.

Les rhizomes de l'Iris de Suse se conservent assez bien au sec sur des tablettes ou stratifiés dans du sable jusqu'au printemps, époque à laquelle ils entrent en végétation et où on doit les planter si on ne l'a pas fait à l'automne, ce qui est bien préférable pour nos contrées.

Iris nain.

(*Iris pumila.* — *Originaire de l'Europe méridionale.* — *Rhizomes vivaces.*)

Syn. fr. Petite Flambe.

Hampe de 12 à 15 centimètres de hauteur surmontée en mars-avril d'une seule fleur bleue, purpurine, blanche ou jaune, suivant la variété. L'Iris nain a donné un très grand nombre de variétés; en les mélangeant avec goût, on fait des bordures ravissantes.

Seconde section, *Fleurs imberbes :*

Iris des Marais.

(*Iris faux Acore* (*I. pseudacorus*). — *Indigène.* — *Souche vivace, rampante.*)

Syn. fr. Flambe d'Eau; Glaïeul jaune; Glaïeul des Marais.

Fleurs jaunes; hampe de plus de 1 mètre; se plaît sur le bord de l'eau. C'est une bonne plante aquatique, et quoique vulgaire, c'est un des plus jolis ornements des étangs.

Iris d'Angleterre.

(*Iris Anglica.* — *Iris xiphioïde.* — *Originaire des Pyrénées et de l'Espagne.*)

Syn. fr. Iris du Portugal.

Bulbe vivace. — Tiges dressées de 40 à 50 centimètres, munies de feuilles striées, canaliculées, linéaires, surmontées de juin en juillet de grandes fleurs offrant toutes les variétés de couleurs. Cependant l'*Iris xiphioïde* type porte des fleurs d'un bleu céleste, veiné de bleu plus foncé, avec une tache jaune sur le milieu des divisions externes. On plante l'*Iris d'Angleterre* et l'*Iris d'Espagne*, que nous allons décrire, plus tard en automne jusqu'en décembre; jusque-là, depuis l'arrachage des bulbes qui a lieu lorsque les tiges et les feuilles sont sèches, on les conserve sur des tablettes; on les met ensuite dans une terre très légère, sablonneuse et à une exposition chaude.

Iris Xiphion.

(*Iris hispanica.* — *Originaire du Portugal.*)

Syn. fr. Iris d'Espagne.

Bulbe vivace. — Cette espèce fleurit en mai-juin; fleurs à odeur suave; les coloris sont aussi variés que dans l'*Iris d'Angleterre*, mais ils n'en ont pas la fraîcheur ni la finesse. La plante est un peu plus grêle que la variété précédente. Ces deux variétés d'Iris sont très belles et très rustiques et conviennent bien à la décoration des jardins. Les fleurs coupées servent également à la garniture des vases et à la confection des bouquets.

Iris de Perse.

(*Iris Persica.*)

Bulbe vivace. — Plante tout à fait naine. L'Iris de Perse se recommande par la richesse de son coloris et par son odeur qui est des plus agréables; il est malheureusement un peu délicat; il réussit mieux cultivé en pots sous châssis; mais on peut, dans nos contrées, le mettre de suite en pleine terre en le plantant à l'automne. Les bulbes arrachés doivent se conserver préférablement dans du sable sec. La floraison a lieu de février en mars; les fleurs sont solitaires, odorantes, blanches, lavées d'une teinte bleuâtre avec tache pourpre.

IXIA.

(*Fam. des Iridées.* — *Originaire du Cap.*)

Bulbe vivace. — On plante les Ixias en pots, d'octobre en novembre, en les enfonçant à 6 centimètres de profondeur dans de la terre de bruyère mélangée d'un tiers de terre franche bien drainée. Après la plantation, on arrose légèrement; une fois que les bulbes commencent à pousser, on arrose copieusement. Pendant l'hiver, on place les pots sous châssis froid ou dans une serre tempérée. Pendant l'été, on obtient des fleurs orangées ou safranées, rouge ponceau, rosées, roses ou blanches, odorantes, et bien d'autres coloris.

Quand les fleurs sont passées, les tiges et les feuilles desséchées, on relève les bulbes et les caïeux; on sépare, des oignons qui doivent porter fleur l'année suivante, les caïeux encore trop petits, qui ne fleurissent que la deuxième année. On peut ne relever les bulbes que tous les deux ans; mais alors il faut mettre les pots dans un terrain bien sec, à l'abri de la pluie; car l'humidité fait pourrir ces oignons trop tôt, et les plantes sont moins belles.

Plusieurs espèces donnent des graines. Le plant provenant de graines fleurit ordinairement la troisième année.

VARIÉTÉ. — *Ixia bulbocode* (*I. bulbocodium*). Petite plante d'Europe, donnant en mars des fleurs d'un rouge pourpre, blanches, bleues, violettes ou jaunes, suivant la variété. On multiplie l'Ixia bulbocode par les caïeux en automne, en terre légère et sableuse.

JACINTHE.

(*Hyacinthus Orientalis. — Jacinthe cultivée ou d'Orient. — Fam. des Liliacées. — Originaire d'Orient.*)

Syn. fr. Hyacinthe.

Jacinthe simple.

CULTURE EN PLEINE TERRE.

Bulbe vivace. — On plante les Jacinthes en octobre et novembre dans une terre légère autant que possible et dont la fumure ne soit pas trop récente. Si le terrain qu'on leur destine avait besoin d'être amendé, il faudrait le faire avec du fumier de vache bien consommé, que les

Hollandais emploient à l'exclusion de tout autre engrais. Quand le terrain où l'on établit sa plantation est suffisamment sain, on dresse sa planche au niveau du sol, en observant de lui ménager une légère inclinaison du côté du midi; mais si la terre était forte ou froide, il serait nécessaire d'exhausser assez la planche pour qu'elle soit à l'abri de l'humidité. On plante les oignons en quinconces à 12 ou 15 centimètres de distance; on y procède en creusant avec la main une petite fosse profonde d'environ 20 centimètres (un peu moins dans les terres fortes) où l'on place l'oignon qu'on y assujettit sans fouler la terre. En plantant ainsi l'oignon à une certaine profondeur, on le soustrait, du moins en partie, aux alternatives de la température qui, en le retardant ou en le hâtant successivement, lui sont fort nuisibles. Vers le mois de décembre on couvre la surface du sol où on a planté les Jacinthes avec de la litière, que l'on enlève au mois de mars lorsque les feuilles commencent à paraître. Cette couverture garantit non seulement les plantes contre le froid, mais aussi elle empêche la terre d'être battue et durcie par les pluies et les intempéries. La floraison a lieu communément vers la fin de mars pour les fleurs simples et hâtives, et successivement jusqu'à la fin d'avril pour la majorité des fleurs doubles.

En juillet, lorsque les feuilles sont desséchées, on lève et on fait sécher, en les exposant à l'air, les oignons qui, presque toujours, peuvent donner encore plusieurs floraisons avant de se diviser en caïeux. Si l'on veut continuer cette culture, on traite les caïeux comme les oignons adultes, en les plantant en pépinière d'abord à une très petite profondeur et très près, parce que les feuilles se soutenant entre elles ne sont pas brisées et abattues par le vent, en les écartant chaque année davantage et en les plantant plus profondément à mesure qu'ils grossissent. On peut espérer d'obtenir au bout de trois ou quatre ans de beaux oignons et de belles fleurs, en leur donnant une culture soignée et imitée des méthodes hollandaises.

On doit planter les oignons de Jacinthe en octobre et

en novembre, au plus tard dans la première quinzaine de décembre. Les plantations faites à une époque plus retardée donnent presque toujours de mauvais résultats.

CULTURE EN POTS.

Si on veut jouir plus tôt des fleurs de Jacinthe, on les cultive en pots dans un bon mélange de terreau ou de terre meuble et légère. Pour un seul oignon de Jacinthe, il faut un pot de 20 centimètres (7 pouces). Les oignons doivent être mis en pots la pointe à fleur de terre; si ces pots sont placés dans un appartement bien aéré, les Jacinthes fleurissent à partir de janvier. Si on les met en serre tempérée, la floraison sera encore plus précoce.

CULTURE EN CARAFES.

L'ouverture du vase doit être proportionnée à la grosseur de l'oignon; on le remplit d'eau (en préférant celle de pluie et de rivière), de manière à ce que la base ou couronne de l'oignon en affleure le niveau. Quelques personnes y ajoutent un peu de charbon pulvérisé ou du sel pour favoriser le développement des racines; mais cela n'est pas nécessaire. Il faut avoir bien soin de débarrasser les oignons de leurs caïeux, s'ils en ont; de remplir la carafe à mesure que l'eau s'épuise, et de renouveler celle-ci tous les vingt-cinq jours environ, en la remplaçant par de l'eau dont la température soit à peu près égale à celle de la pièce où sont tenus les oignons. S'il s'était formé de la matière verte ou des algues autour des racines, il faudrait les laver avec soin avant de les remettre dans de nouvelle eau.

C'est une culture qu'on affectionne assez généralement que celle des oignons à fleurs et particulièrement celle des Jacinthes dans les appartements; on suit avec intérêt leur développement; ils offrent pendant l'hiver une partie de la jouissance qu'on ne trouve plus dans les jardins;

mais ce qui s'oppose presque toujours au succès, c'est l'habitude qu'on a de les placer sur les cheminées ou sur des meubles éloignés de la lumière, de les tenir dans un air quelquefois vicié ou qui n'est pas assez souvent renouvelé; les feuilles s'étiolent et s'allongent, les hampes sont faibles et ne portent presque toujours que des fleurs avortées. Si l'obscurité est favorable à ce genre de plantes pendant les premiers temps de la plantation, l'air et la lumière sont les éléments essentiels du succès, surtout pendant la végétation; mais rien ne s'oppose, lorsque les plantes ont atteint à peu près tout leur développement, à ce qu'on les place à portée pour jouir complètement de leur vue et de leur odeur. L'oignon traité en carafe doit être rejeté après qu'il a donné sa fleur.

On trouve aussi des appareils en verre dans lesquels deux oignons placés en sens inverse poussent leurs feuilles et leurs fleurs, les unes dans l'eau, les autres à l'air. On prend ordinairement deux Jacinthes de couleurs différentes, et on obtient un effet fort singulier.

Maintenant on cultive davantage les Jacinthes simples que les Jacinthes doubles et on a bien raison; rien n'est comparable à une Jacinthe simple, soit par le nombre de ses fleurs, soit par leur beau coloris. Une Jacinthe double porte rarement vingt-cinq grelots, tandis que sur certaines Jacinthes simples ils sont beaucoup plus nombreux et leurs nuances sont beaucoup plus vives et plus tranchées. A part quelques espèces comme le *Bouquet tendre* et deux ou trois autres, on ne cultive pour les marchés que des Jacinthes à fleurs simples. Du reste, ce sont les Jacinthes simples qui se prêtent le mieux à la culture forcée et à celle des salons (culture en carafes et en pots).

LISTE DES PRINCIPALES ESPÈCES DE JACINTHES DE HOLLANDE

Doubles rouges et roses: Bouquet royal, Bouquet tendre, Grootvorst, Panorama, Princesse royale.

Doubles jaunes : Bouquet orange, Gœthe.

Doubles blanches: Anna Maria, Latour d'Auvergne, Nec plus Ultra, A la Mode, Hermann Lange.

Doubles bleues: Globe terrestre, Blocksberg, Lord Wellington, Prince de Saxe-Weimar, Roi des Pays-Bas.

Simples rouges et roses: Appelius, Dibitsch Sabalkanski, Homerus, L'Ami du Cœur, Maria Thérésia, Norma, Robert Steiger.

Jacinthe double.

Simples blanches: Grande blanche impériale, Grandeur à Merveille, Grand Vainqueur, La Candeur, Voltaire.

Simples bleues: Baron Van Thuyll, Bleu mourant, Charles Dickens, L'Amie du Cœur, Nemrod.

Simples jaunes: Hermann, Héroïne, Pluie d'Or.

Jacinthes de Paris: Doubles roses, bleues, blanches.

JACINTHE du Cap.

(*Fam. des Liliacées.* — *Originaire de Natal, Cap de Bonne-Espérance.*)

Syn. latin. Hyacinthus candicans; Galtonia candicans.

Vivace. — Belle plante bulbeuse, très ornementale, fleurissant en juillet-août; hampe de 1 mètre de hauteur, portant de nombreuses fleurs d'un blanc pur.

La Jacinthe du Cap fleurit un peu plus tôt lorsqu'elle est cultivée en pots. La plante se multiplie très bien de semis, car elle ne donne presque pas de caïeux. Les semis faits de bonne heure au printemps, en pots ou en terrines, en terre sableuse de préférence, donnent des plantes assez fortes. La première année, on les hiverne sous châssis; elles fleurissent en juillet l'année suivante.

JONQUILLE double.

(*Narcissus jonquilla* (*Narcisse jonquille*). — *Fam. des Amaryllidées. Originaire de l'Europe.*)

Bulbe vivace. — Recherchée par tous les amateurs par sa jolie forme et l'odeur suave de ses fleurs. Cette plante porte en juillet de deux à cinq fleurs sur une hampe de 35 centimètres de hauteur. Ces fleurs d'un jaune doré répandent une très bonne odeur.

Cette variété est plus délicate que la *Jonquille à fleur simple* qui réussit sans soin dans tout terrain; tandis que celle-ci craint les grands froids, ainsi qu'une humidité constante. On doit couvrir les pieds de feuilles ou de paille pendant la saison froide. On peut l'élever en pots comme la Jacinthe dans l'intérieur des appartements, ou la cultiver en carafes.

La Jonquille double se plante d'octobre en décembre à 10 centimètres de profondeur dans une terre légère et à une bonne exposition. On peut ne relever les oignons que tous les deux ou trois ans dans notre région du

Midi Les fleurs de Jonquilles simples et doubles sont très utilisées en parfumerie.

LACHENALIA.

(*Fam. des Liliacées. —Originaire du Cap.*)

Bulbe vivace. — Les Lachenalias sont de petites plantes bulbeuses, agréables par leur floraison printanière. Les fleurs, de diverses couleurs suivant les variétés, sont pendantes en grappes très longues.

La plantation se fait au mois d'août dans des pots ou des terrines à fond drainé en terre de bruyère ; on rentre ces plantes dans le mois d'octobre pour l'ornement des tablettes des serres froides ou des orangeries et jardins d'hiver où elles fleurissent en mars-avril. Si on les met en serre tempérée, on avancera la floraison. Au mois de juillet on lève les oignons de terre pour séparer les caïeux.

LIPPIA. (Voir aux *Fleurs de pleine terre.*)

LIS.

(*Lilium. — Lis blanc (Lilium candidum). — Fam. des Liliacées. Originaire de l'Europe australe et de l'Orient.*)

Syn. fr. Lis commun.

Bulbe vivace. — Oignon écailleux qui donne une tige de 1 mètre à 1^m,50, garnie de feuilles épaisses. Ce Lis porte de mai en juillet des fleurs grandes en cloches, d'un blanc pur, à onglet jaunâtre, très odorantes. Cette gracieuse plante cultivée en touffes ou en lignes fait, au printemps, le plus bel ornement des jardins. Tout le monde connaît le Lis blanc qui est une plante éminemment poétique et emblématique.

Le *Lis blanc* est la variété la plus rustique; il se contente de toute terre pourvu qu'elle ne soit pas trop humide, ni située à une exposition trop ombragée. Tous les trois ans, en juillet et en août, lorsque les feuilles sont desséchées, on relève les oignons pour en séparer les caïeux qui sont toujours très abondants; on remet les caïeux immédiatement en terre pour avoir des plantes l'année suivante.

On replante ordinairement les bulbes adultes tout de suite, à environ 40 centimètres de distance et 14 centimètres de profondeur dans une terre neuve.

En conservant les bulbes arrachés dans une cave, on peut retarder leur végétation et par conséquent l'époque de leur plantation d'un mois ou deux; aussi dans nos contrées bien des personnes pratiquent ce système et ne plantent les oignons de Lis blanc qu'en octobre-novembre.

Il y a dans le Lis blanc des variétés à fleurs doubles qui généralement épanouissent mal; les fleurs avortées sont remplacées par un épi de pétales inodores.

Variétés. — *Lis blanc* (*Lilium candidum purpureo-variegatum*). Fleurs panachées de rouge violacé.

LIS orangé ou safrané.

(*Lilium croceum.* — *Indigène.*)

Bulbe vivace. — La tige de ce Lis s'élève de 1 mètre à 1^m,25; elle est garnie de feuilles lancéolées, étroites, porte en juin de grandes fleurs droites, rouge safrané, tachetées de noir. Le Lis orangé et ses variétés sont des plus rustiques, ils croissent pour ainsi dire en tous terrains et à toutes les expositions, même à l'ombre et sous les arbres ou dans les jardins, les cours sans soleil, et si l'on a le soin de ne les relever que tous les trois ou quatre ans, ils fournissent des touffes de la plus grande beauté.

La multiplication de cette espèce est très facile; on sépare les caïeux qui sont très abondants et on les replante de suite à la fin de l'été, à l'automne ou de bonne heure au printemps. On met ces oignons en terre à 25 centimètres de profondeur et 35 à 40 centimètres environ de distance. Les bulbes ou caïeux arrachés peuvent se conserver quelque temps dans du sable frais, ou dans une cave fraîche. Ces oignons se cultivent aussi en pots.

Lis tigré.

(*Lilium tigrinum*. — Lis de la Chine (*Lilium Sinense*). — Originaire de Chine ou du Japon.)

Bulbe vivace. — Ce Lis porte en juillet de grandes fleurs rouge orangé parsemées de points bruns, presque noirs, penchées et disposées en girandoles d'un superbe effet; il donne abondamment le long de sa tige des bulbes ou bulbilles qui, au moment de la maturité, tombent sur le sol et s'enracinent promptement. En recueillant ces bulbilles et en les plantant en planches et en pépinière, on peut obtenir des oignons susceptibles de donner des fleurs trois ou quatre années après la plantation. Le Lis tigré se multiplie aussi par la séparation des caïeux en automne ou par les bulbes adultes qu'on plante à 20 ou 25 centimètres de profondeur à la même époque et qu'on espace à 30 centimètres les uns des autres. Il prospère dans tous les terrains ordinaires, légers, sablonneux ou argilo-sableux et un peu frais. On le cultive en grand pour la décoration des grands massifs, des pelouses et des plates-bandes, où il peut demeurer trois ou quatre ans sans être relevé. C'est aussi un des Lis qui réussissent le mieux dans les jardins murés et peu spacieux des villes et dans les parties ombragées mais aérées. Cette variété se cultive aussi en pots.

Lis à bandes dorées.

(*Lilium auratum*. — *Originaire du Japon ou de Corée*.)

Syn. latin. Lilium speciosum imperiale. — **Fr.** Lis doré du Japon.

Vivace ; bulbeux. — D'introduction récente, ce Lis est le plus beau du genre. Sa tige s'élève de 50 à 60 centimètres ; elle est raide, verte ; les feuilles sont ovales, lancéolées, et ressemblent à celles du Lis superbe (*Lilium lancifolium*). Ce Lis porte au sommet de sa tige quatre ou cinq fleurs en entonnoir à six divisions longuement et largement évasées, contournées en dehors et présentent un diamètre de 25 centimètres. Elles sont d'un blanc de porcelaine, traversées dans toute leur longueur par une large bande jaune doré et en outre ornées de papilles purpurines et de nombreuses taches pourpre marron. Ce Lis répand une odeur des plus suaves.

On plante le Lis doré à l'automne, mais le plus souvent à la fin de l'hiver ou au printemps, en vase ou en pleine terre, dans un sol à bonne exposition, léger, sablonneux, terreauté. Il faut, après la plantation, pailler le terrain et entretenir la fraîcheur par des arrosements. On pratique aussi la culture en pots (cette culture est préférable) ; on emploie une terre de prairie mélangée de fumier de vache, ou de la terre de bruyère avec moitié de sable fin, ou trois quarts de terre de bruyère et un quart de terre franche argilo-sableuse, fortement amendée avec du fumier gras bien consommé où on met de la cendre de bois. On conserve pendant l'hiver les bulbes stratifiés dans de la terre à l'abri du froid. Les pots dans lesquels on veut cultiver les oignons de Lis doivent être grands, fortement drainés avec du charbon de coke ou du charbon de bois bien calciné. Comme la plupart des Lis produisent beaucoup de racines à la base de la tige, il importe de faciliter la nutrition de ces racines en plantant les bulbes au fond des pots. Les pots doivent être placés dans un endroit à l'abri du froid jusqu'à ce que la température soit plus élevée; alors, on pourra les mettre dehors. La multiplication du Lis doré s'opère par les caïeux produits par les bulbes adultes ou par les bulbilles qui se développent parfois sur les tiges; enfin par les bulbes adultes eux-mêmes.

Lis superbe *(Lilium speciosum)*. — Lis à feuilles lancéolées *(Lilium lancifolium)*.

(Originaire du Japon.)

Syn. français. Lis brillant.

Bulbe vivace. — Espèce très recherchée pour la magnificence de ses fleurs et qu'il vaut mieux tenir en pots pour qu'elle entre en végétation de bonne heure. Même culture que pour le Lis doré.

Sa tige s'élève environ à 1 mètre; les feuilles sont ovales, lancéolées. Cette belle plante donne de juillet en septembre de grandes fleurs, à papilles glanduleuses, roses, tachées de pourpre, odorantes.

Variétés. — *Lilium rubrum*, dont la teinte rose et les taches sont plus foncées. — *L. album*, dont la fleur est entièrement blanche. — *L. punctatum*, à fleurs blanches ponctuées de pourpre.

Lis Martagon.

(Indigène.)

Vivace. — Les Lis Martagon fleurissent de mai en juin; ils sont très rustiques. Ils viennent bien dans tous les terrains argilo-siliceux un peu frais et aux expositions demi-ombragées. Ces Lis conviennent parfaitement pour l'ornementation des plates-bandes et des massifs; la tige s'élève de 60 centimètres à 1 mètre, porte des fleurs en grappes lâches, un peu odorantes, d'un violet rose, ponctuées de carmin, avec stigmates rose purpurin. Par la culture de ce Lis on a obtenu un grand nombre de variétés; il y en a à fleurs blanches ou rouge violet pourpre.

La multiplication peut se faire par la division des caïeux en août ou par semis. Ce dernier moyen est très lent : on n'obtient des fleurs que la quatrième ou cinquième année après le semis, qui doit être effectué en terre de bruyère.

Le Lis Martagon est tellement rustique qu'on peut conserver les bulbes longtemps arrachés et mis en cave dans du sable, et ne les transplanter alors qu'en automne.

Lis de Harris.

(*Lilium Harrisii.*)

Syn. latin. Lilium longiflorum Harrisii.

Variété très belle, de récente introduction, très recommandable pour la culture en pots et pour forcer en serre au printemps; feuillage très fourni, lancéolé; tige peu élevée, terminée par de grosses fleurs blanches avec anthère jaune.

MONTBRETIA.

(Voir à la description des Fleurs de pleine terre.)

MUGUET de Mai.

Rhizomes vivaces portant en mai des fleurs blanches en épi en forme de grelots, très odorantes; il y a des variétés à fleurs doubles et à fleurs roses.

Voir *Muguet* à la description des Fleurs de pleine terre.)

MUSCARI odorant.

*(Muscari moschatum (Hyacinthe musquée) — Muscari suaveolens.
Fam. des Liliacées. — Originaire de l'Orient.)*

Bulbe vivace. — Plante bulbeuse et rustique, à tige de 25 centimètres, à fleurs en épi d'un jaune violacé exhalant une odeur de musc. Cette plante se multiplie, de juillet en septembre, par séparation de caïeux que l'on plante à 25 centimètres de distance pour faire des bordures et des massifs; ils fleurissent de mars en avril; leurs fleurs sont de courte durée. Tous les terrains leur sont favorables, pourvu qu'ils ne soient pas trop humides. On doit relever les oignons et changer cette plante de place tous les trois ans. La culture des Muscaris est la même que la culture des Jacinthes en pleine terre.

Variétés. — *Muscari à grappes. - M. raisin. — Muscari monstrueux.* Il y a une variété indigène (*Muscari racemosum, Ail des Chiens*) à fleurs d'un beau bleu, souvent relevé d'un rebord blanchâtre, qui est commune dans les endroits cultivés, dans les vignes.

NARCISSE.

*(Narcissus. — Fam. des Amaryllidées. — Originaire de
l'Europe méridionale.)*

Bulbe vivace. — Les Narcisses sont de jolies plantes bulbeuses odorantes, qui constituent au premier printemps un des plus beaux et presque le seul ornement de nos parterres où ils sont employés à faire des bordures, des groupes ou des massifs, et encore à garnir les talus, les tertres et autres terrains en pente; on les isole çà et là pour garnir les bosquets et les pelouses. Les Narcisses viennent parfaitement, cultivés en pots et placés dans les appartements; ils fleurissent très bien en carafe sur l'eau comme les Jacinthes à partir de décembre jusqu'en mars. Ils demandent en pleine terre une terre franche un peu fraîche, beaucoup d'arrosements avant la floraison. Tous les trois ou quatre ans, lorsqu'ils ont formé des touffes, on les relève après la floraison ; lorsque les tiges sont fanées, on sépare les caïeux, on renouvelle la terre et on les replante à l'automne ; mais on doit relever tous les ans les variétés à fleurs doubles, si on ne veut pas les voir dégénérer.

Le genre Narcisse contient une cinquantaine d'espèces ; nous citerons les variétés les plus connues.

Narcisse des Poètes.

(Narcissus poeticus.)

Le Narcisse des Poètes fleurit en mai. Sa fleur blanche odorante présente dans son milieu une couronne courte bordée de pourpre.

Variété. — *Narcisse à fleurs doubles*, dans lesquelles la couronne disparaît. Cette jolie espèce est très répandue dans les jardins, où elle produit le plus joli effet en plates-bandes ou en bordures, d'avril en mai. Les fleurs conviennent pour bouquets et garnitures de vases.

Narcisse à Bouquets ou de Constantinople.

(Narcissus Tazzetta. — Originaire de l'Europe méridionale.)

Vivace. — Cette jolie plante porte de mars en avril cinq ou six fleurs blanches très odorantes, à divisions pointues plus longues que la couronne, qui est d'un jaune doré, campanulée. Elle s'élève facilement en carafe comme les Jacinthes. Elle a fourni beaucoup de variétés, notamment le *Narcisse de Constantinople*, à fleur simple ou double très odorante ; cette dernière race craint beaucoup les fortes gelées; il est prudent, dans les hivers rigoureux, de couvrir le sol d'une bonne litière.

Narcisse doré. — Soleil d'or.
(Narcissus aureus.)

Porte de huit à dix fleurs simples, très odorantes, d'un jaune soufre; couronne épaisse, courte, d'un beau jaune orangé.

Faux Narcisse à fleurs doubles.

Ce Narcisse est un des plus répandus dans les jardins, où il forme des bordures et des groupes superbes. Il est indigène; ses fleurs sont assez grandes et du plus beau jaune; mais il est inodore. Il est commun dans les prés.

Narcisse jaune double.

Espèce grande, vigoureuse; porte des fleurs bien pleines, d'un beau jaune.

Narcisse Jonquille. (Voir *Jonquille* aux Oignons à fleurs.)

NÉLOMBO.
(Nelumbium. — Nélombo élégant. — Fam. des Nymphéacées. Originaire de l'Asie méridionale.)

Syn. latin. Nymphæa Nelumbo. — **Fr.** Lis rose des Egyptiens; Fève d'Égypte; Rose du Nil.

Vivace; aquatique émergé. — Rhizome long et grêle, rampant dans la vase. De ce rhizome naissent, pour disparaître chaque année, des feuilles qui varient de grandeur et de hauteur suivant l'époque de leur développement.

De la souche naissent aussi de longs pédoncules, atteignant et dépassant la hauteur des feuilles et se terminant par une grande et magnifique fleur solitaire blanche, à bords rosés et à odeur suave, large de 25 centimètres et formée de vingt à trente pétales.

Les Nélombos sont les plus belles plantes aquatiques après la *Victoria regia.*

Pour bien réussir les Nélombos, il faut les planter au printemps dans de grands bacs, ou dans des tonneaux coupés en deux et garnis de bonne terre argilo-siliceuse, et on immerge le tout dans l'eau. On peut aussi placer ces bulbes dans une bonne terre de potager qu'on place et qu'on tasse dans un bassin peu profond pour qu'ils soient bien échauffés par le soleil et soustraits, en même temps, aux brusques variations de température.

On peut aussi multiplier les Nélombos de graines, après avoir usé les deux extrémités de l'enveloppe qui sont très dures; à la fin de l'hiver, ces graines sont placées dans des pots ou des terrines qu'on maintient dans l'eau à une température élevée.

OXALIS.

(Oxalis de Deppe.)

Plantes tuberculeuses très rustiques qu'on plante à l'automne et qui donnent en mai des tiges de 25 centimètres terminées par de nombreuses fleurs rouges et jaune verdâtre.

(Voir *Oxalis* à la description des Fleurs de pleine terre.)

PERCE-NEIGE.

(Galanthine Perce-Neige. — Galanthus nivalis. — Fam. des Amaryllidées. — Indigène.)

Syn. fr. Nivéole; Clochette d'Hiver.

Bulbe vivace. — Avant-coureur du printemps, cette jolie petite plante est la première qui montre ses fleurs après les froids rigoureux de l'hiver; elle se fait jour à travers les dernières neiges. Elle se plaît dans un terrain humide à une exposition ombragée; elle produit le meilleur effet réunie par touffes dans les massifs ou les plates-bandes. Les fleurs coupées sont particulièrement propres à la confection des bouquets. Les bulbes peuvent rester trois ou quatre ans en pleine terre; on les relève ordinairement en juillet; on sépare les caïeux pour les replanter d'octobre en novembre; on les cultive en pots. Ce petit oignon donne en février des hampes hautes de 15 centimètres, terminées par une fleur panachée simple ou double, en forme de clochette d'un blanc pur, à six divisions marquées d'une tache verte. On force aussi le Perce-Neige pour obtenir des fleurs plus précoces qui serviront deux mois plus tôt à la confection des bouquets d'hiver.

Le Perce-Neige simple donne des graines qu'on sème en mai en pots dans du terreau; on tient cette terre légèrement humide, et en novembre ou décembre on dépote et on place ces semis en pleine terre pour y passer l'hiver sans abri.

PIVOINE herbacée.

(*Pivoine Moutan.* — *Pæonia*. — *Fam. des Renonculacées*. — *Indigène*.)

Racine vivace. — Les Pivoines herbacées sont des plantes fort ornementales à grosses racines tubéreuses, à tiges hautes de 40 à 75 centimètres, périssant chaque année après la maturité des graines. On ne cultive généralement que les variétés à fleurs très doubles, carnées, roses, cramoisies ou écarlates, dont l'effet au printemps est admirable dans une plate-bande ou isolées en groupe sous les arbres, dans les bosquets et les clairières. Des fleurs se dégage une odeur forte et poivrée. Les Pivoines se plaisent dans une terre meuble riche d'humus et d'engrais, tenue fraîchement tout le temps de la végétation; après la floraison, il faut être sobre d'arrosements. On multiplie facilement les Pivoines par la division des racines auxquelles on a le soin de conserver un œil ou deux.

Cette opération peut se faire au printemps, mais il est de beaucoup préférable de la faire à l'automne; il ne faut pas enlever la touffe principale, toujours profondément enracinée et qui ne refleurirait que la deuxième ou même la troisième année, mais pratiquer à l'entour une fosse assez profonde pour atteindre les fibres, couper avec le greffoir un ou deux tubercules sans endommager ni déranger les autres et reboucher le trou immédiatement. Les œilletons arrachés, plantés à part dans un bon terrain et bien soignés, fleuriront un peu l'année suivante.

En ne séparant les pieds que tous les six ou sept ans, on obtiendra des touffes plus fortes et une floraison plus abondante.

Lorsque les fleurs de Pivoine sont passées, on peut rabattre les tiges et planter sur le sol où elles étaient, après un léger labour, d'autres fleurs qui orneront le parterre pendant l'été et l'automne.

Les semis de Pivoine sont peu usités; ils ne fleurissent que cinq à huit ans après. C'est pourtant le seul moyen d'obtenir de nouvelles variétés.

PIVOINE en arbre.

(Pivoine Moutan. — Pæonia rosea. — Originaire de Chine.)

On possède une quarantaine de très belles espèces, toutes remarquables par l'ampleur, l'abondance et le brillant coloris de leurs fleurs, qui s'épanouissent de très bonne heure au printemps. Bien cultivée, la Pivoine en arbre forme un bel arbrisseau très touffu, atteignant un mètre et demi de hauteur sur autant de circonférence. Qu'on juge alors de son effet ornemental quand elle se couronne d'une centaine de ces énormes et resplendissantes fleurs!

La Pivoine en arbre ne craint pas nos hivers en pleine terre; elle redoute l'humidité, demande une exposition chaude, une terre profonde bien meuble et riche en humus, beaucoup d'eau aux approches de la floraison et surtout quand la végétation semble suspendue, en juillet-août. C'est à cette époque qu'elle forme de nouvelles racines et qu'elle émet ses boutons à fleurs, qui pourraient se trouver compromis par la sécheresse.

Les Pivoines en arbre se multiplient, en août-septembre, par la séparation des rejetons, ou bien, en juin, par boutures détachées de leur insertion et reprises sur couche et sous cloches. On peut aussi, pour obtenir une floraison plus précoce, greffer les variétés de choix sur les racines des espèces plus communes.

RENONCULE.

(*Ranunculus. — Fam. des Renonculacées. — Originaire d'Orient.*)

Tubercule ou griffe vivace. — Par la culture, on a obtenu de magnifiques variétés de Renoncules doubles de toutes les couleurs, excepté le bleu. Une belle Renoncule doit avoir le feuillage bien découpé, la tige forte et soutenant bien la fleur; celle-ci doit être très pleine, à couleurs nettes et vives, le centre très serré et de couleur tranchant sur le reste; les plus estimées sont les unicolores, ensuite celles dont les panachures sont nettes et bien tranchées.

On plante les griffes de Renoncules en pleine terre à l'automne sous notre climat et au printemps, dans une terre douce, substantielle, fraîche et passée au crible; on enfonce les griffes avec précaution pour ne pas les casser, ayant soin de mettre les yeux en dessus, à 6 centimètres de profondeur et à environ 15 centimètres de distance.

Avant la plantation, faire tremper les griffes une journée dans une décoction de suif pour éloigner les insectes et activer la végétation.

La plantation d'automne donne des plantes plus belles, fleurissant plus tôt et à une époque où le soleil n'est pas encore trop ardent.

On lève de terre les griffes après qu'elles ont fleuri, quand leurs feuilles passent du vert au jaune ; on sépare les jeunes griffes avant qu'elles soient entièrement sèches. On peut les conserver un an sans les replanter.

La *Renoncule Pivoine* est une variété à feuilles plus larges, d'un vert plus foncé, à fleurs plus grandes, très doubles et prolifères, rouges, jaune jonquille ou panachées de jaune ou de rouge. On la cultive de même. — *Renoncule semi-double*. Race remarquable par sa grande vigueur, l'abondance et l'ampleur de ses fleurs généralement doubles et même pleines, de coloris excessivement jolis et variés.

(Voir *Renoncule* à la description des Fleurs de pleine terre.)

SAFRAN. (Voir *Crocus*.)

SCILLE du Pérou.

(*Scilla Peruviana*. — Fam. des Liliacées. — *Originaire de l'Europe méridionale et de la Mauritanie*.)

Syn. fr. Jacinthe du Pérou.

Bulbe vivace. — La Scille du Pérou est une des plus belles plantes bulbeuses de pleine terre ; elle est peu difficile sur le choix du terrain ; l'essentiel est qu'il soit meuble, sain et substantiel. Une exposition chaude et aérée sera la meilleure ; on peut traiter cette plante comme la Jacinthe, sauf que son bulbe plus gros doit être plus enterré ; il faut enfoncer l'oignon en terre à 12 ou 15 centimètres. Les feuilles de cette plante sont étalées en large rosette sur la terre ; en mai, elle porte des fleurs à larges ombelles d'un beau bleu foncé. Lorsque les bulbes sont forts, ils développent successivement deux ou trois hampes de 20 centimètres de haut, qui fleurissent jusqu'en juin.

On multiplie la Scille du Pérou par la séparation des bulbes et des caïeux. Cette opération se pratique après la dessiccation des feuilles. L'usage est de ne les relever que tous les deux ou trois ans, mais on peut les laisser plus longtemps en terre, où les oignons se développent; on obtient alors des touffes de la plus grande beauté.

On plante ces oignons de suite ou on les conserve sur des tablettes jusqu'à la fin de l'automne et presque jusqu'à la fin de l'hiver. Pendant toute cette époque, on peut les mettre en pleine terre à 30 centimètres de distance pour former de belles corbeilles ou des bordures dans les grands jardins; l'effet décoratif de cette plante est très grand.

Elle réussit très bien, cultivée en pots, se prête aussi à la culture forcée, et placée dans des carafes avec de l'eau comme les Jacinthes, elle donne d'excellents résultats et développe parfois successivement de mai en avril deux et même trois hampes en fleurs.

Plus l'exposition qu'on donnera à cet oignon sera aérée et éclairée par le soleil, plus le coloris des fleurs sera vif.

On peut multiplier la Scille du Pérou par le semis; mais ce procédé n'est point usité, à cause de sa lenteur.

SPARAXIS.

(Sparaxis grandiflora. — Sparaxis tricolor.
Cette plante appartient au genre Ixia, d'où elle a été distraite.
Fam. des Iridées. — Originaire du Cap.)

Bulbe vivace. — Planter en serre et en pots les caïeux et les bulbes pendant tout l'automne. On les enfonce à 6 centimètres de profondeur dans la terre de bruyère mélangée d'un tiers de terre franche bien drainée. Il faut arroser légèrement au commencement de la plantation; une fois que les bulbes ont bien poussé, on les arrose abondamment.

En avril, ces plantes portent des fleurs pourpre foncé ou d'un rouge orangé vif, à fond d'or et brun noir et d'autres couleurs.

Quand les fleurs sont passées, les tiges et les feuilles desséchées, on relève les bulbes et les caïeux. On sépare ceux qui doivent porter fleurs l'année suivante des caïeux encore trop petits; on met les uns et les autres dans un endroit sec jusqu'au mois d'octobre, époque où il faut les remettre en terre. On peut ne relever les bulbes que tous les deux ans; mais alors il faut, quand la fleur est passée, mettre les pots dans un lieu bien sec à l'abri de la pluie, car l'humidité les ferait pousser trop tôt et les plantes seraient moins belles.

Plusieurs espèces de Sparaxis donnant des graines, on peut obtenir de belles espèces par le semis. Le plant qui provient de graines fleurit ordinairement la troisième année.

TIGRIDIA. (Voir *Ferraria tigridia Pavonia*.)

TRITELEIA uniflore.

(*Triteleia uniflora.* — Fam. des Liliacées. — *Originaire du Texas, de Buenos-Ayres.*)

Syn. latin. Milla uniflora.

Petit bulbe vivace, exhalant une odeur alliacée. — Cette plante à la hampe ordinairement uniflore de 10 à 15 centimètres, terminée ordinairement par une jolie fleur odorante, d'un blanc nacré à reflets bleuâtres, est très rustique sous notre climat. On peut l'utiliser pour former de charmantes bordures; chaque oignon développe successivement quatre ou cinq hampes, et si les bulbes sont rapprochés, on obtient un tapis d'un très bon effet et dont la floraison s'effectue de mars en avril. Il est bon de ne les relever que tous les trois ou quatre ans; de cette façon on obtient des touffes et des bordures plus épaisses, couvrant le sol complètement de leur feuillage et fleurissant plus longtemps.

Si on plante quatre ou cinq Triteleia dans un petit pot à fond drainé et qu'on les mette dans la serre ou dans l'orangerie sur des tablettes, les oignons fleurissent depuis décembre jusqu'au printemps.

Toute terre de jardin, pourvu qu'elle soit saine, convient à cette plante; les bulbes, au moment de la plantation, devront être recouverts de 4 à 5 centimètres de terre et espacés à une égale distance.

Le Triteleia se multiplie facilement en été et en automne par la séparation de nombreux caïeux qui se développent au dessus du bulbe et qu'on enlève lorsque les feuilles de la plante sont desséchées.

TRITOME. — TRITOMA uvaria. — TRITOME Faux Aloès.

(*Fam. des Liliacées. — Originaire de l'Afrique australe.*)

Syn. fr. Aletris à Grappes.

Vivace. — Cette magnifique plante aime les expositions chaudes et prospère en terre légère, riche en humus et fraîche, mais saine et poreuse. Pendant les chaleurs, on doit l'arroser copieusement.

La disposition du feuillage en touffe ample et dressée est persistante; la hauteur des hampes, qui sont terminées en août et septembre, même jusqu'aux gelées, par un épi de grandes fleurs pendantes vermillon éclatant de grand effet, fait rechercher les Tritomes pour la décoration des pelouses et pour former des groupes dans les grands jardins. On orne aussi avec cette belle plante les massifs et les plates-bandes, le bord des cours d'eaux; on en garnit les vallonnements et les terrains en pente.

Les Tritomes se multiplient généralement par le semis

en mai en terrines ou en pots en plein air; on hiverne les plants sous châssis ou sur les tablettes de l'orangerie, et on les livre en pleine terre en mai de l'année suivante; on les propage en outre facilement par la séparation des stolons ou drageons traçants et souterrains qu'ils émettent abondamment. Cette séparation de cette sorte d'œilletonnage doit se faire depuis l'apparition des stolons jusqu'aux gelées. Il y a avantage à enlever ces œilletons aux grosses touffes; on obtiendra une floraison plus certaine et plus remarquable.

Dans notre région, les Tritomes résistent aux rigueurs de l'hiver; mais cette plante redoute les excès d'humidité : on peut, dans les mois de grandes pluies, les recouvrir de litière ou amonceler sur ces plantes des feuilles sèches. On peut arracher les Tritomes en motte et les mettre dans un coin de l'orangerie pour les replanter au printemps en pleine terre.

TROPŒOLUM tricolor.

(Capucine tuberculeuse. — Fam. des Tropœolées. — Originaire du Mexique et de l'Amérique du Sud.)

Rhizome tubéreux grimpant. — On plante la Capucine tubéreuse en serre froide de décembre en janvier; ou bien on laisse les tubercules pendant l'hiver en orangerie, où ils se conservent parfaitement, et on les met en pleine terre en avril dans un sol léger et substantiel à une bonne exposition. Les Capucines sont des plantes grêles, grimpantes, rameuses, formant de longues et gracieuses guirlandes qui se couvrent depuis le mois de juillet et pendant tout l'été de fleurs à calice rouge vif avec division noir violacé et à pétales jaunes. On peut cultiver en pleine terre ces Capucines tubéreuses comme plantes *annuelles*; elles redoutent l'humidité de notre climat pendant l'hiver. Si on veut en jouir plusieurs années, il faut les cultiver en serre tempérée, les palisser contre les murs; leur floraison sera excessivement abondante et durera presque toute l'année.

TUBÉREUSE.

(*Polianthes tuberosa.* — *Tubéreuse des Jardins.* — *Fam. des Liliacées.*
Originaire du Mexique.)

Syn. fr. Jacinthe des Jardins.

Bulbe vivace. — Dans nos contrées, on plante la Tubéreuse en février-mars en pots ou pendant tout le printemps en pleine terre, dans un sol frais, à une exposition au midi bien aérée. Les tiges s'élèvent de 1 mètre à 1^m,50 et donnent en août ou en septembre des fleurs doubles ou pleines, à odeur suave et pénétrante, d'un blanc pur à l'intérieur et d'un blanc rosé à l'extérieur, disposées en grappes allongées de 15 à 20 centimètres, d'une assez longue durée. En plantant les Tubéreuses, on doit avoir la précaution de détacher tous les caïeux gros et petits, qui nuisent souvent à la floraison de l'oignon-mère.

Après la floraison, on jette ordinairement l'oignon, on ne conserve que les caïeux, qui ne fleurissent que la troisième ou quatrième année. Dans notre région, les oignons doivent être relevés chaque année aux approches de l'hiver; on les conserve en cave ou dans un endroit bien sec jusqu'à l'époque de la plantation. A l'approche de la floraison, la Tubéreuse exige des arrosements abondants, avec addition de certains engrais de temps en temps, par exemple la bouse de vache étendue d'eau.

Dans les jardins, on ne cultive généralement que les Tubéreuses à fleurs doubles, qui ont une odeur tellement prononcée qu'il serait dangereux de mettre ces plantes dans des appartements fermés. Dans le midi de la France, on cultive en plein champ pour la parfumerie la variété à fleurs simples.

TULIPE.

(*Tulipe des Fleuristes. — Tulipa Gesneriana. — Fam. des Liliacées. Originaire de l'Asie ou de la Russie méridionale.*)

Syn. fr. Tulipe des Jardins.

Bulbe vivace. — Cette plante, l'une des plus belles Liliacées, se multiplie par semis ou par caïeux. On n'a recours à la graine que lorsqu'on veut obtenir des variétés nouvelles, car le caïeu donne une fleur toujours pareille à celle dont il provient. Les semis ne reproduisent pas identiquement les sous-variétés. On ne peut du reste voir le résultat définitif des semis qu'au bout de dix, douze et quelquefois quinze ans de culture, et après cette longue attente, les fleurs obtenues sont le plus souvent inférieures à celles qu'on possédait déjà.

Ce n'est qu'après la première floraison qu'un oignon de Tulipe commence à former des caïeux. Tous les ans, après la floraison, on arrache les bulbes pour en extraire les caïeux, qui sont mis à part pour être replantés en automne, séparément et assez rapprochés en pépinière en planche, jusqu'à ce qu'ils soient de bonne force à fleurir, ce qui arrive de la deuxième à la quatrième année. Les caïeux sont relevés chaque année et traités comme les bulbes adultes.

On compte un nombre considérable de variétés de Tulipes, mais celles d'élite ne dépassent pas huit cents. Pour être classée parmi celles de choix, une Tulipe doit avoir la tige droite et ferme, bien proportionnée, la fleur bien verticale et d'un cinquième plus longue que large ; le fond doit être blanc, les divisions bien arrondies au sommet, offrant au moins trois couleurs bien tranchées et vives.

La plantation des oignons doit être pratiquée à la fin septembre et en octobre, soit en pleine terre, soit en pots ; mais la plantation en pleine terre est préférable, soit en bordure, soit en quinconce, à 15 centimètres de distance et à 10 centimètres de profondeur. On obtient de beaux massifs par une seule couleur ou bien en mélangeant d'une manière convenable les couleurs. Il faut à cette belle plante une terre franche et meuble, un peu sablonneuse, depuis longtemps fumée avec du terreau bien consommé.

Elle demande peu de soins ; une fois placée en terre, il suffit d'enlever les plantes parasites, de sarcler, de biner, et de l'abriter contre les pluies de février ou de mars.

En mai, les Tulipes portent des fleurs simples ou doubles, hâtives ou tardives suivant les variétés, dont les couleurs sont : bleu violacé, violet, pourpre carmin, amarante, lilas, cerise, rouge, cramoisi, sang, brun, gris, noirâtre, panachées.

Parmi les Tulipes doubles et simples, plusieurs variétés se soumettent facilement à la culture forcée. Nous citerons la *Tulipe Duc de Tholl* simple et double et la *T. Tournesol*, qui sont aussi très recommandables pour la formation des corbeilles. Ces deux variétés sont excessivement précoces; elles apparaissent de très bonne heure sur nos marchés, seules ou entourées de Crocus de différentes couleurs. — *T. dragonne, monstrueuse* ou *perroquet*. Cette espèce est excessivement remarquable par ses fleurs volumineuses; leurs coloris sont très gais et très variés, du rouge le plus vif au jaune pur et au jaune foncé, tantôt unicolores, tantôt panachées.

TROISIÈME PARTIE

CULTURE MARAICHÈRE

DU JARDIN POTAGER

De la qualité de terre propre au jardin potager.

C'est une erreur de croire qu'un jardin spécialement potager, et dans lequel on ne met point d'arbres, n'a pas besoin d'être défoncé. Plus la terre aura de fond, plus les légumes seront beaux, même ceux qui ne pivotent pas.

Une terre profonde a le grand avantage de conserver sa fraîcheur en été et de ne pas être humide à sa surface en hiver, ce que vous ne sauriez obtenir autrement.

Un terrain léger et sablonneux est, sans contredit, le plus favorable à la culture des légumes : du sable fin pur et fumé produit la plus vigoureuse végétation ; quelques légumes aiment les terres fortes, mais le plus grand nombre ne s'en accommode pas; ils y sont âcres et tardifs. Si vous avez une terre forte, corrigez-la donc avec du sable fin, cela vaudra un engrais ; s'il est caillouteux, faites passer le râteau avant et après avoir bêché et autant de fois qu'on travaillera ce sol dans l'année. Les cailloux enlevés se mettent en dépôt pour servir à niveler les allées et raccommoder les chemins.

Une chose très essentielle, c'est d'alterner autant que possible les récoltes du jardin potager, et de ne remettre des plantes de même famille qu'après que d'autres leur ont succédé.

Du terrain.

Les jardiniers, pour le potager et le fruitier ou le verger, reconnaissent trois principales sortes de bonne terre, savoir : la *terre forte*, la *terre franche*, la *terre légère*.

La *terre forte*, très grasse, très tenace, compacte, argileuse, se laisse pénétrer difficilement par l'eau, retient trop longtemps l'humidité, se bat par la pluie, se fend en séchant, et se laisse très difficilement percer par les racines des plantes délicates; mais elle est très fertile et les gros légumes, ainsi que tous les végétaux assez robustes pour y croître, y prennent un grand développement. On la rend légère en la mêlant avec du vieux terreau ou tout simplement avec du sable.

La *terre franche*, lorsqu'elle est douce et un peu légère, est la meilleure de toutes, surtout lorsqu'elle a 1 mètre d'épaisseur et qu'elle repose sur un sous-sol perméable à l'eau, mieux encore sur un sable fertile.

La *terre légère* ou *sablonneuse* produit des légumes d'excellente qualité; mais comme elle est très poreuse, il lui faut beaucoup d'arrosements. Du reste, les terres les plus mauvaises peuvent aisément devenir bonnes au moyen d'engrais et d'amendements convenables.

Le *terreau* est le mélange de fumier coupé avec de la terre, c'est aussi le résidu des vieilles couches : à demi ou aux trois quarts décomposé, il est très fertile; s'il est plus consommé ou entièrement, il perd cette fertilité et n'est plus bon qu'à l'allégement des terres compactes.

La *terre de bruyère* n'est autre chose qu'un terreau

naturel, pris dans les bois, et composé de sable très fin mélangé à des détritus de bruyères. Elle ne convient qu'aux plantes alpines très délicates.

Des terres composées.

La *terre factice de bruyère*, que l'on est obligé d'employer quand on manque de terre de bruyère naturelle, se compose ainsi : deux tiers de terreau de feuilles très consommé, un tiers de sable très fin. On mélange parfaitement le tout, et on laisse reposer en tas jusqu'au moment de s'en servir.

Terres à oranger. Bonne terre franche, un tiers ; — terre grasse, un tiers ; — terreau de fumier de cheval, à moitié consommé, un tiers. Le tout parfaitement mélangé.

Ou bien : terre franche, un quart ; — bonne terre de potager, un quart ; — terreau peu consommé, un quart ; — terre de bruyère, un quart. Ce mélange convient à toutes les plantes d'orangerie.

En résumé, il suffit, pour avoir une bonne terre à oranger, qu'elle soit très fertile et pas trop forte.

Des défoncements.

Quand on crée un jardin, la première opération à faire est de le défoncer, soit pour donner au sol meuble de la profondeur, soit pour rejeter en dessous la couche superficielle de terre usée. On profite de cette opération pour débarrasser le sol de toutes les pierres, les vieilles racines, etc.

Plus un défonçage est profond, meilleur il est, surtout pour une plantation d'arbres. Cependant dans certains cas il serait plus nuisible qu'utile : c'est quand la couche végétale est mince et qu'elle repose sur un fond de tuf, d'argile, de marne, ou tout autre sous-sol infertile et compact. Le maximum de profondeur d'un défoncement dépasse rarement 1ᵐ,50 ; le minimum n'est jamais moindre de 0ᵐ,60. Voici comment on opère.

A une extrémité du jardin, on creuse une tranchée ou jauge, de 1ᵐ,50 à 2 mètres de largeur, et on porte la terre à l'autre extrémité du jardin, pour servir à combler la dernière tranchée. On ouvre une seconde tranchée contre la première, et on remplit cette première avec la terre de la seconde. On continue ainsi jusqu'à ce que tout le défoncement soit terminé.

Des labours.

Plus une terre est divisée, ou meuble, plus elle est favorable à la végétation. Les labours se font à la bêche, rarement à la pioche. Autour des arbres, surtout dans les terrains peu profonds, on laboure à la fourche pour ne pas couper les racines. Pour labourer à la bêche, on commence par faire une jauge dont on porte la terre à l'autre extrémité du carré, puis on remplit cette jauge, et ainsi de suite. La terre doit être divisée autant que possible, sans mottes, et unie bien également à sa surface. On enlève les pierres, et l'on retourne et on enterre les mauvaises herbes pour les détruire.

Si l'on fume la terre, en labourant on aura soin de n'enterrer le fumier qu'à 10 ou 15 centimètres de profondeur.

Le labour général d'un jardin se fait ordinairement en automne et en hiver ; mais, néanmoins, toute planche vide doit, en toute saison, être labourée avant d'être plantée ou ensemencée.

Le *binage* se fait avec une petite pioche ou binette, et a pour but de détruire les mauvaises herbes et d'ameublir la surface de la terre.

Du fumier propre aux jardins potagers ; de la manière de l'arranger et de l'employer.

Le fumier de cheval, pur, est excellent pour les terres fortes, froides et humides ; celui de vache pour les terres légères et chaudes, et le mélange de l'un et de l'autre est bon partout.

La qualité du fumier dépend, en partie, du soin qu'on prend de l'arranger : on ne doit point le jeter dans les fosses brouettée par brouettée, et l'amonceler en pointe comme cela se fait ordinairement; il faut prendre la peine de l'étendre, le secouer avec la fourche de fer, lit par lit, comme si l'on faisait une couche, et mêler, autant que possible, la paille qui n'est que mouillée avec celle qui est plus consommée; le dessus doit être plane et uni pour que la pluie y pénètre; il est nécessaire aussi d'avoir deux fosses à côté l'une de l'autre. Lorsque l'une est vide, on y remet le fumier de l'autre, en sorte que le dessous se trouve dessus, puis l'on arrange à mesure, dans l'emplacement libre, celui qui sort de l'étable, et toujours alternativement de même; sans cette précaution, on emploie d'abord le fumier frais, et celui du fond perd sa vertu à force de vieillir.

Lorsqu'on porte du fumier sur une planche du jardin, on doit l'enterrer de suite, et ne point le laisser sécher au soleil ou au vent.

A mesure qu'une planche est vide, on doit la reformer sans délai, et enterrer le fumier assez profondément pour que les racines de ce qu'on plante ou de ce qu'on sème ne l'atteignent pas; par cette succession non interrompue de fumage et d'ensemencement, les plantes ne se nourrissent que du terreau produit par le précédent fumage et ne contractent point le mauvais goût que communique toujours un engrais trop récent; mais il faut, pour obtenir cet avantage important, faire bêcher, comme nous l'avons dit, très profondément, et de manière à ramener au dessus l'ancien fumier consommé pour remettre à sa place le nouveau; votre jardin y gagnera sous tous les rapports. Lorsqu'on fume à l'entrée de l'hiver, il faut le faire avec du fumier sortant des étables; au printemps avec du fumier consommé.

Une fumure de 40,000 kilogrammes à l'hectare (4 kilogrammes par mètre carré) est une bonne fumure; elle peut faire sentir son effet pendant trois ans. En culture maraîchère commerciale, on emploie jusqu'à 60,000 kilogrammes de fumier à l'hectare, soit une moyenne de 6 kilogrammes par mètre carré.

Divers engrais recommandés.

La *colombine* est très chaude et ne peut être employée que sèche, en poudre et en petite quantité. Elle convient aux terres froides. C'est un engrais des plus actifs, qui pousse fortement la végétation de toutes les plantes de la famille des cucurbitacées, des oignons et des poireaux.

Les *excréments de poules* et de *lapins* ont les mêmes propriétés, mais ils sont moins énergiques.

La *poudrette* ne peut, en jardinage, être employée qu'en très petite quantité, et dans certaines terres composées.

Les *boues de rues* forment un excellent engrais, mais qui ne peut être employé qu'après avoir reposé en tas au moins pendant un an.

Les *détritus végétaux* de toutes sortes forment un engrais qui a peu d'activité, mais une longue durée.

Le *terreau de feuilles* résultant des débris de couches chaudes est un fort bon engrais pour les plantes délicates.

Les *amendements* ne sont pas des engrais et ne fournissent presque rien à la végétation. Ils servent à alléger les terres trop fortes, et dans ce cas, ils consistent en vieux terreau usé ou en sable; si l'on veut, au contraire, rendre moins poreuse une terre trop légère, on emploie pour amendement une terre forte argileuse.

Des engrais chimiques.

Dans un jardin potager, la terre ne se repose jamais; elle est toujours occupée. Aussi il faut lui rendre les éléments de fertilité qu'on lui enlève si fréquemment par les récoltes. Les plantes puisent dans le sol les principaux corps dont elles se constituent et surtout : l'*azote*, l'*acide phosphorique*, la *potasse*, le *fer* et la *chaux*.

Toute récolte, toute plante arrachée puis vendue, est un emprunt d'azote, d'acide phosphorique et de potasse fait au sol.

Il est quelquefois difficile de se procurer du fumier qui est un engrais complet mal équilibré.

Comme tous les autres engrais, le fumier, agit par l'azote, l'acide phosphorique et la potasse qu'il contient. Ainsi quand on donne du fumier à un sol, on lui donne ces substances dans les proportions suivantes :

4 parties azote ;
3 parties acide phosphorique ;
5 parties potasse.

Cette proportion n'est pas constamment la meilleure ; les pois, les haricots, les pommes de terre n'y trouvent pas suffisamment d'acide phosphorique, ni assez de potasse. En donnant des doses exagérées de fumier, on peut arriver à procurer la somme d'acide phosphorique et de potasse nécessaire ; mais alors on tombe dans un autre travers : l'excès d'azote ; c'est une perte.

Nous ne pensons pas bannir le fumier de la culture ; ce serait commettre une faute très grave.

En effet, le fumier est l'engrais qui nous fournit l'azote au meilleur compte, et il apporte au sol le terreau (humus) qu'on ne saurait trouver dans les engrais chimiques.

L'azote du fumier coûte 1 fr. 50 le kilo ; l'azote des engrais chimiques 1 fr. 80 à 2 francs le kilo.

Un des grands inconvénients du fumier et des engrais organiques c'est de rester longtemps à l'état inerte, sans qu'ils agissent sur le sol. Avant de produire son action comme engrais, le fumier doit en effet subir une décomposition complète qui mette en liberté ses principes actifs et les rende solubles, absorbables par les plantes. Cette transformation demande un certain temps.

L'analyse des plantes a prouvé qu'elles contenaient toutes quatorze éléments toujours identiques, dont cinq principaux; les autres s'y trouvant en très petite quantité et étant toujours dans le sol en assez grande abondance pour leurs besoins.

Ces cinq éléments peuvent être facilement combinés et ajoutés par les engrais chimiques qui sont très assimilables. Ce sont : l'azote, l'acide phosphorique, la potasse, la chaux et le fer.

Il y a deux sources d'azote : le nitrate de soude; le sulfate d'ammoniaque.

On obtient l'acide phosphorique par le superphosphate de chaux; le phosphate minéral; les scories de déphosphoration;

La potasse s'obtient par le chlorure de potassium ;

La chaux par le sulfate de chaux (plâtre);

Le fer par le sulfate de fer.

Le sulfate de fer est très utile à employer, car le fer rend les éléments qui composent le sol parfaitement assimilables et se trouve dans toutes les plantes.

Nous puisons les idées qui précèdent et celles qui suivent, sur les quantités de substances à employer suivant les plantes, dans l'excellente brochure de M. le marquis de Paris sur les engrais chimiques.

DE LA CULTURE MARAICHÈRE

Papilionacées (Haricots, Pois, etc.) :

500 grammes nitrate de soude.
3 kilos superphosphate de chaux.
1 kilo chlorure de potassium.
2 kilos sulfate de chaux.
2 kilos sulfate de fer.

Solanées (Pommes de terre, Tomates, etc.) :

1 kilo nitrate de soude.
4 kilos superphosphate de chaux.
2 kilos chlorure de potassium.
2 kilos sulfate de chaux.
2 kilos sulfate de fer.

Crucifères (Choux-fleurs, Radis, etc.) :

2 kilos nitrate de soude.
1 kilo sulfate d'ammoniaque.
6 kilos superphosphate de chaux.
3 kilos chlorure de potassium.
2 kilos sulfate de chaux.
2 kilos sulfate de fer.

Composées (Laitues, Chicorées, etc.) :

1 kilo sulfate d'ammoniaque.
2 kilos superphosphate de chaux.
1 kilo chlorure de potassium.
2 kilos sulfate de chaux.
1 kilo sulfate de fer.

Composées (Artichauts, Cardons, etc.) :

2 kilos 500 nitrate de soude.
4 kilos superphosphate de chaux.
600 grammes chlorure de potassium.
2 kilos sulfate de chaux.
1 kilo sulfate de fer.

Liliacées (Asperges) :

2 kilos nitrate de soude.
4 kilos superphosphate de chaux.
3 kilos chlorure de potassium.
2 kilos sulfate de chaux.
2 kilos sulfate de fer.

(Mettre l'engrais avant l'hiver.)

Chénopodées (Épinards), Mesembryanthémées (Tétragones) :

1 kilo nitrate de soude.
3 kilos superphosphate de chaux.
1 kilo 500 chlorure de potassium.
2 kilos sulfate de chaux.
1 kilo sulfate de fer.

Rosacées (Fraisiers) :

500 grammes nitrate de soude.
500 grammes sulfate d'ammoniaque.
3 kilos superphosphate de chaux.
1 kilo chlorure de potassium.
2 kilos sulfate de chaux.
2 kilos sulfate de fer.

Pour la culture maraîchère, on devra mettre 200 à 300 grammes des mélanges par mètre carré, un peu avant de semer ou planter, et l'enterrer.

Il faut mettre de l'engrais toutes les fois que l'on sème ou que l'on plante, car les plantes enlevées ont absorbé une partie des éléments du sol, et il faut en rendre pour la culture nouvelle.

On devra mettre du sulfate de fer pour toutes les plantes et surtout pour les pommes de terre, la vigne, les arbres fruitiers, les haricots et les pois.

Les quantités et mélanges sont donnés pour une terre argilo-calcaire, assez riche et compacte; pour une autre sorte de terre, il faudra les modifier suivant la nature et la composition du sol, et faire des essais.

Les doses données sont des doses minima; on peut sans crainte les augmenter, sauf pour la potasse, qui, étant un alcali, doit être employée avec prudence.

Il est donc bien évident que la chimie seule peut enseigner la composition de la terre, celle des plantes que l'on veut cultiver, et les substances qu'on devra y introduire, pour que la plante confiée à cette terre y trouve tout ce qui lui est nécessaire. Il faut donc se familiariser avec une science propre à vous guider dans ces essais pratiques.

Le fer est un des éléments les plus indispensables aux animaux et aux plantes, car ils ne peuvent vivre sans lui; on doit donc le faire entrer dans toutes les combinaisons d'engrais, car il augmente la quantité de la récolte et l'améliore. Connu depuis longtemps pour ses bons effets, on ne s'en est cependant presque pas servi, car on avait eu quelquefois de fâcheux résultats : c'est qu'on avait employé des doses trop fortes; en effet, la différence entre la quantité utile et celle qui est nuisible est très peu considérable et, si on en met trop, la plante meurt par une trop grande absorption de fer.

Les doses que l'on peut donner de sulfate de fer varient suivant la nature du sol : pour un sol siliceux il ne faut pas dépasser 100 kilos à l'hectare; pour un sol un peu calcaire, 200 kilos, et pour un sol très calcaire, 300 kilos.

Le fer empêche la verse et la rouille du blé, il augmente la richesse saccharine de la betterave et la production des légumineuses, tout en leur donnant une plus grande puissance nutritive. Il arrête la coulure de la vigne, empêche la production des chancres des arbres à pépins et fait disparaître la cloque et la gomme des arbres à noyaux. Les pommes de terre n'ont plus la maladie.

L'augmentation des récoltes varie de 6 % pour le blé, de 23 % pour les betteraves, de 40 % pour les pommes de terre et de 99 % pour le foin en employant le sulfate de fer.

De l'eau et des arrosements.

L'eau la plus pure est la meilleure pour les arrosements ; aussi l'eau de pluie a-t-elle la préférence sur toutes les autres. Vient ensuite celle de rivière, puis celle de fontaine, et, en dernier et faute de toute autre, l'eau de puits. Cette dernière contient souvent de la sélénite (carbonate de chaux) qui est très nuisible à la végétation. On est assuré qu'elle contient de cette matière, lorsque les pois et les haricots refusent de cuire ou cuisent mal avec cette eau, et qu'elle ne dissout pas le savon. Il est remarquable que lorsque les légumes ont été arrosés avec cette eau pendant leur végétation, ils deviennent très difficiles à cuire.

La température de l'eau doit être considérée ; il faut, autant que possible, qu'elle soit au même degré que celle de l'air dans lequel vivent les plantes. Il est donc nécessaire de faire séjourner, en tonneau, pendant deux ou trois jours, dans la serre les eaux destinées à l'arrosement des plantes qui y sont renfermées et au soleil celles destinées aux végétaux qui sont à l'air libre. C'est pour cette raison que l'on préfère les eaux stagnantes des mares aux eaux des rivières et des fontaines.

Il existe quelques principes à suivre pour les arrosements : 1° Ne jamais submerger la terre, mais seulement la tenir dans une humidité constante ; 2° l'été, quand les nuits sont chaudes, arroser le soir, en commençant vers quatre heures ; 3° dans les autres saisons, quand les nuits sont froides, arroser le matin ; 4° ne pas battre la terre avec l'eau des arrosements, ce qui formerait une croûte ; 5° ne jamais mouiller le cœur des plantes ; 6° ne pas mouiller, ou le moins possible, les feuilles des végétaux délicats, pour ne pas les exposer à être brûlées par le soleil ; 7° si la terre a de la disposition à se battre et à former croûte, on paille les semis en étendant dessus un doigt ou deux d'épaisseur de paille ou de mousse hachées.

Des Couches, Réchauds et Ados.

On nomme *couches* des lits de fumier préparés de manière à procurer aux plantes une chaleur artificielle. On distingue quatre sortes de couches, savoir :

1° La *couche chaude* ; 2° la *couche tiède* ; 3° la *couche sourde* ; 4° la *couche tempérée*.

1° La couche chaude, à l'air libre, se fait ordinairement avec du fumier de cheval, d'âne ou de mulet, au moment où on le sort de l'écurie. On l'adosse, s'il est possible, contre un mur au midi, ou on l'abrite du vent du nord, au moyen de paillassons placés verticalement. Sa longueur est indéterminée, mais plus elle est large et épaisse, plus elle produit de chaleur et plus elle la conserve longtemps. Néanmoins sa largeur ordinaire est de quatre à cinq pieds, et son épaisseur de deux à trois. Après avoir parfaitement mélangé le fumier, de manière à ce qu'il ne se trouve pas plus d'humidité ni de crottin dans une partie que dans l'autre, on *monte* la couche. Pour cela on étend sur le sol, qui doit être sec, un premier lit de fumier que l'on tasse le plus possible en le piétinant, et l'on replie en dedans la longue litière qui déborde, afin que les bords soient unis et propres. Sur ce premier lit on en met un second que l'on traite de même, puis un troisième, et ainsi de suite jusqu'à ce que la couche ait la hauteur voulue. Lorsqu'elle est terminée, on l'arrose pour déterminer la fermentation.

Quand elle a le degré suffisant de chaleur, ce qui se constate avec un thermomètre, et qu'on peut reconnaître aussi au moyen d'un bâton qu'on y laisse enfoncé quelque temps et que l'on touche avec la main en le retirant, on la charge de terreau, d'une épaisseur calculée sur la longueur des racines des plantes qu'on veut y cultiver ; et si on veut y placer des coffres ou des châssis, on les y met de suite afin de les remplir de la quantité voulue de terreau, ordinairement 20 à 30 centimètres d'épaisseur. L'épaisseur de la couche varie, elle dépend du degré de chaleur qu'on veut obtenir, étant donné qu'une masse plus considérable de fumier donne une chaleur plus élevée.

Toutes les couches se forment de la même manière; aussi n'y reviendrons-nous plus.

2° La couche tiède diffère de la précédente en ce qu'elle s'élève avec moitié fumier neuf et moitié de vieille couche, ou mieux, si on veut qu'elle conserve plus longtemps sa douce chaleur, on remplace le vieux fumier par des feuilles sèches.

3° Les couches sourdes ou enterrées ne diffèrent en rien des précédentes, si ce n'est qu'elles sont placées dans une tranchée creusée en terre sèche.

Les trois espèces de couches que nous venons de décrire sont à peu près les seules en usage dans le potager. Celles que l'on établit dans les serres chaudes, au lieu d'être recouvertes de terreau, le sont de 25 à 30 centimètres de tan sortant de la tannerie, et on y enfonce les pots.

4° La couche tempérée se fait avec de vieux fumiers qui ne donnent presque plus de chaleur, dans une bâche ou un châssis, et se recouvre de 20 à 25 centimètres de terre de bruyère pure. Le plus ordinairement elle s'établit entièrement avec de la terre de bruyère, si l'on peut s'en procurer facilement. Elle sert à la culture des *Azalées*, *Camélias*, *Ixias*, *Ericas*, *Protéas* et autres plantes alpines.

Les réchauds sont extrêmement utiles en hiver pour raviver la chaleur dans les couches qui commencent à la perdre. Dans le potager, si l'on élève plusieurs couches, on les fait parallèles les unes aux autres, en laissant entre elles 50 centimètres de distance pour recevoir un réchaud.

On fait les réchauds avec du fumier neuf sortant de l'écurie. Ils consistent en une bordure de 50 centimètres d'épaisseur, et de toute la hauteur de la couche qu'ils entourent de tous les côtés. Ils doivent être remaniés tous les quinze jours au plus tard, et chaque fois on y ajoute moitié de fumier neuf.

Avant de semer ou planter sur couche, il faut s'assurer, en y enfonçant soit la main, soit un bâton, qu'elle n'est pas trop chaude. Si elle l'était trop, on y ferait quelques trous avec le bâton pour laisser évaporer la chaleur intérieure; si elle ne l'était pas assez, on tirerait par les côtés du fumier que l'on remplacerait par d'autre sortant de l'écurie.

L'ados consiste simplement en une plate-bande formant contre un mur, une pente très inclinée au midi, faite simplement en terre, et recouverte de 20 centimètres de terreau.

QUANTITÉ DE GRAINES A SEMER POUR UNE SUPERFICIE DE TERRAIN DÉTERMINÉE

Légumes les plus usités.

Betterave, 30 grammes pour 16 mètres de long. — *Carotte*, 30 grammes pour 40 mètres. — *Cresson*, 30 grammes pour un rang long de 7 mètres, large de 10 centimètres. — *Épinard*, 30 grammes pour 20 mètres. — *Fèves*, 500 grammes pour 20 mètres. — *Haricots*, 700 grammes pour 20 mètres. — *Laitues*, 15 grammes pour 15 mètres. — *Moutarde*, comme le *Cresson*. — *Oignon*, 30 grammes pour 12 mètres. — *Panais*, 30 grammes pour 30 mètres. — *Poireau*, 30 grammes pour un carré long de 2 mètres sur $1^m,50$. — *Pois*, 500 grammes pour 10 mètres dans un rayon de 12 centimètres de large, pour les petites variétés, et 12 mètres pour les plus vigoureuses. — *Pomme de terre*, 4 litres pour 30 mètres; couper les tubercules par tronçons en laissant deux yeux, ou mieux employer des tubercules entiers de grosseur moyenne. — *Persil*, 30 grammes pour 15 mètres. — *Radis*, 30 grammes pour 6 mètres.

DESCRIPTION

DES

PLANTES POTAGÈRES

AIL rose hâtif.

(*Allium sativum*. — *Fam. des Liliacées*. — *Originaire de la Sicile*.)

Syn. fr. Thériaque des Paysans. — **Angl.** Garlic Common. — **All.** Knoblauch. — **Esp.** Ajo vulgar. — **Ital.** Aglio. — **Port.** Alho.

Variétés. — *Ail rose hâtif*. — *A. blanc ou commun*. — *A. rouge d'Espagne ou Rocambole*. — *A. d'Orient*.

Vivace. — L'Ail rose est plus hâtif et un peu moins fort que l'Ail ordinaire et on l'apprécie beaucoup à Bordeaux.

On multiplie l'Ail de caïeux, qu'on plante de décembre en février à 15 centimètres environ les uns des autres en tous sens, dans une terre riche, profonde et saine. Dans les sols humides, ou sous l'influence d'arrosements trop copieux, il lui arrive souvent de pourrir.

Pendant l'été, on donne quelques binages, et dans le courant de mai, on fait un nœud avec la tige et les feuilles afin d'arrêter la sève au profit du bulbe, qui alors grossit davantage.

Lorsque les fanes sont desséchées, on arrache l'Ail, qu'on laisse quelque temps se ressuyer au soleil; puis on le lie par bottes et on le suspend dans un endroit sec pour le conserver jusqu'au printemps de l'année suivante.

Il faut attendre deux années pour que l'Ail produise par le semis. La plantation des gousses doit être préférée.

On fait un grand usage de l'Ail dans la cuisine des pays méridionaux; dans le Nord, ce condiment est beaucoup moins apprécié. Il faut reconnaître que la saveur en est plus âcre et plus violente dans les climats froids que dans les pays chauds.

ALKEKENGE jaune doux.

(*Physalis edulis*. — *Fam. des Solanées*. — *Originaire de l'Amérique méridionale*.)

Syn. fr. Coqueret comestible. — **Angl.** Winter-Cherry.
Esp. Alkekenge. — **Ital.** Erba rara. — **All.** Capischstachelbeere.

Alkekenge.

Plante *vivace* en serre, *annuelle* dans la culture potagère, formant d'assez fortes touffes de 70 centimètres à 1 mètre et produisant en abondance de petits fruits jaunes, dont le goût acidulé plaît à quelques personnes; ils se mangent crus. On sème l'Alkekenge sur couche en mars pour mettre en place fin avril, à bonne exposition.

30 grammes contiennent environ 30,000 graines; le litre pèse 650 grammes. La durée germinative des graines est de dix années.

Variétés. — *Coqueret du Pérou.* — *Physalis Peruviana.*
Le Coqueret du Pérou est une plante vigoureuse, d'une culture facile, et ses fruits abondants, parfumés, sont agréables au goût.

Le *Physalis Peruviana* est vivace, se cultive comme plante annuelle et mûrit ses fruits en septembre ; on peut faire aussi des boutures en août, qu'on abrite pendant l'hiver ; elles mûrissent leurs baies au moment des grandes chaleurs de l'été et leurs fruits sont alors meilleurs. On fait des confitures avec cette variété.

ANGÉLIQUE.

(*Angelica archangelica.* — *Fam. des Ombellifères.* — *Indigène.*)

Syn. angl. Angelica. — **All.** Engelwurz. — **Esp.** Angelica.
Port. Angelica. — **Ital.** Angelica.

Plante trisannuelle. — On connaît l'emploi que font les confiseurs de la tige et des côtes ou pétioles de cette plante ; c'est surtout dans la ville de Niort que se prépare l'Angélique du commerce. Les graines entrent dans la composition de plusieurs liqueurs ; elles sont, ainsi que les racines, employées en pharmacie.

L'Angélique demande un terrain substantiel, riche, profond, frais ou même humide et bien amendé. Le semis se fait en été, immédiatement après la maturité de la graine, quelquefois en mars ; on le recouvre légèrement, on l'arrose jusqu'à la levée et même après ; le plant est repiqué en place, en septembre ou au printemps. Les tiges sont bonnes à couper en mai ou juin suivant. La plante monte ordinairement à graine la troisième année.

30 grammes contiennent 5,100 graines ; le litre pèse 140 grammes. La durée germinative des graines est d'environ deux ans.

ARACHIDE.

(Arachis hypogea. — Fam. des Légumineuses. — Originaire de l'Amérique méridionale.)

Syn. fr. Pistache de Terre; Souterraine; Pistache d'Amérique; Pois de terre. — **Angl.** Pea-Nut; Earth-Nut. — **All.** Erdnuss; Erdeichel. **Ital.** Cece di Terra. — **Esp.** Chufa; Cechueta. — **Port.** Amenduinas.

Annuelle. — Plante à tige faible, presque rampante; vient de préférence dans les terres légères et saines. Quoique ce soit une plante tropicale, elle peut vivre et mûrir ses fruits sous notre climat. Dans les Landes, près Bordeaux, on l'a cultivée avec un certain succès. L'Arachide se sème au printemps, fin avril, dès que les gelées ne sont plus à craindre. L'amande se mange, dans les pays chauds, crue ou grillée. De l'Arachide, on extrait de l'huile; c'est l'objet d'un très grand commerce.

Les coques contiennent deux ou trois amandes de la grosseur d'un haricot, oblongues, revêtues d'une peau brune ou rougeâtre. 10 grammes contiennent environ 7 coques non décortiquées, et le litre pèse 400 grammes. La durée germinative n'est que d'un an.

ARROCHE blonde.

(Atriplex hortensis. — Fam. des Chénopodées. — Originaire de Tartarie.)

Syn. fr. Belle-Dame; Erible; Arronse. — **Angl.** Orach; Mountain Spinach. — **All.** Gartenmelde. — **Esp.** Armuelle. — **Ital.** Atreplice. **Port.** Armolas.

Variétés. — *Arroche blonde.* — *A. rouge.* — *A. Bon Henri.* — *A. verte.*

Annuelle. — Grande plante dont les feuilles, de la largeur de la main, se mêlent à l'oseille pour en diminuer l'acidité; on les fait aussi entrer dans la composition des fines herbes ou on les mange seules, préparées comme les épinards.

L'Arroche se sème depuis le mois de mars jusqu'en septembre; elle monte promptement à graine, et quoiqu'elle se ressème souvent d'elle-même, il est bon de faire plusieurs semis successifs. Elle ne demande aucun soin de culture; il faut seulement éclaircir le plant. On cultive deux variétés d'Arroche : l'une à feuilles blondes, l'autre à feuilles rouges.

L'Arroche blonde est la plus communément cultivée; les feuilles sont d'un vert très pâle, presque jaune; les tiges et les pétioles sont très employés dans le Lyonnais et tout l'Est, pour être préparés au gratin.

Arroche rouge foncé. Les tiges et les feuilles de cette variété sont d'une couleur rouge foncé. Cette couleur disparaît avec la cuisson.

A. Bon Henri ou *Anserine.* Vivace. Très bonne plante pour épinard d'été.

30 grammes contiennent 7,500 graines; le litre pèse 140 grammes. La durée germinative des graines est de six ans.

ARTICHAUT.

(*Cynara scolymus.* — *Fam. des Composées.* — *Originaire du midi de la France.*)

Syn. angl. Artichoke. — **All.** Artischoke. — **Esp.** Alcachofa. **Ital.** Carciofo. — **Port.** Alcachofra.

Variétés. — *Artichaut vert ou blanc de Provence. — A. violet très hâtif. — A. rouge hâtif de Provence. — A. gros vert tardif de Laon. — A. gros de Bretagne.*

Vivace. — L'Artichaut demande une terre profonde, fraîche, argileuse et fertile; il lui faut beaucoup d'engrais. Les Artichauts dégénèrent par le semis; il arrive souvent qu'une partie des plantes en provenant ne fournissent que des têtes ressemblant à des chardons. On ne doit employer ce mode de reproduction que lorsqu'on ne peut se procurer des œilletons. Ordinairement, en avril, on écarte les rejetons qui naissent au collet des vieux pieds en ayant soin de les enlever avec le talon ou portion de collet de la racine; puis on choisit les plus forts et on raccourcit l'extrémité des feuilles. Voilà une première méthode de propagation des Artichauts. Nous recommandons un second système qui est pratiqué avec très grand succès : au mois de septembre on coupe près du tronc les tiges d'Artichaut qui ont cessé de donner, afin que les pieds repoussent mieux; et en replantant ces tiges enlevées, on obtient un pied d'Artichaut plus vigoureux et qui reprend plus facilement que l'œilleton arraché au printemps. Après avoir bien préparé le terrain, on place les Artichauts à 80 centimètres les uns des autres. Pendant l'hiver, on les butte et on les couvre de litière afin de les dérober aux plus petites gelées. Quand les plants d'Artichaut ont atteint la quatrième année, on les renouvelle.

Pour obtenir des Artichauts gros et bien tendres, on conseille de fendre la tige d'outre en outre à quelques centimètres au dessous de la tête, quand ils ont atteint le volume d'un œuf, et on introduit dans la fente, pour l'y laisser en place jusqu'à maturité, une tige de bois de 1 à 2 centimètres d'épaisseur. L'Artichaut, après cette opération, croîtra rapidement en volume. Si l'on veut augmenter ses qualités comestibles, quand l'Artichaut aura atteint la moitié de sa grosseur, il faudra le coiffer d'un sac de grosse toile, lequel à son tour est recouvert de paille que l'on fixe au sommet de la tige. Au bout de quelques jours la tête de l'Artichaut qui a continué son développement est presque entièrement décolorée et d'un goût exquis.

Enfin lorsque les pieds d'Artichaut seront à renouveler, ne les détruisez pas et traitez-les, après les avoir arrachés, comme de la chicorée sauvage destinée à produire de la barbe-de-capucin.

Les variétés d'Artichaut les plus recommandables sont :
Artichaut gros vert de Laon. Très gros, charnu, tendre

et fertile, pomme grosse, plus large que haute; remarquable surtout par la largeur du réceptacle ou *fond* de l'Artichaut; demi-hâtif. C'est le plus cultivé aux environs de Paris.

Artichaut de Provence. A tête allongée, moins gros et moins charnu que le précédent; les écailles d'un vert assez vif sont surmontées d'une pointe brune très acérée. Cette variété est très répandue dans le Midi et estimée pour manger à la poivrade. Les graines de cet Artichaut donnent toujours par le semis une proportion assez forte de plantes très épineuses.

Artichaut camus de Bretagne. Fruit moyen, de forme globuleuse, aplati au sommet; écailles serrées, vertes, assez charnues à la base; précoce.

Artichaut violet. Hâtif, moyen; le plus fertile; excellent pour manger cru.

Artichaut de Macau. Camus, à feuilles très serrées; très répandu dans le Bordelais. Il est productif.

30 grammes contiennent environ 860 graines. Le litre pèse 610 grammes. La durée germinative des graines est de huit ans environ.

ASPERGE.

(*Asparagus officinalis*. — *Fam. des Liliacées*. — *Indigène*. — *Racine vivace*.)

Syn. ital. Sparagio. — **Esp.** Esparago. — **Port.** Espargo.
Angl. Asparagus. — **All.** Spargel.

Variétés. — *A. de Hollande*. — *A. d'Argenteuil hâtive*. — *A. d'Argenteuil tardive*. — *A. blanche d'Allemagne ou A. d'Ulm*.

Semis. — Les Asperges se multiplient de graines qu'on sème clair à la volée, ou mieux en rayons espacés de 25 centimètres, depuis février jusqu'en avril; le terrain doit être bien fumé, bien défoncé et à l'abri de l'humidité. On doit choisir une terre légère, douce, sablonneuse; on enterre la graine à 10 centimètres, et on arrose les planches au moment de faire les semis. Lorsque le plant est un peu fort, on l'éclaircit et on donne un sarclage et un binage. Si le terrain est fertile, ce plant est bon à employer après sa première année; c'est l'âge auquel on doit le préférer.

Si le terrain est trop maigre, le plant ne pourra être mis en place que la deuxième année.

30 grammes contiennent 1,330 graines d'Asperge. Le litre pèse 854 grammes; la durée germinative des graines est de six années.

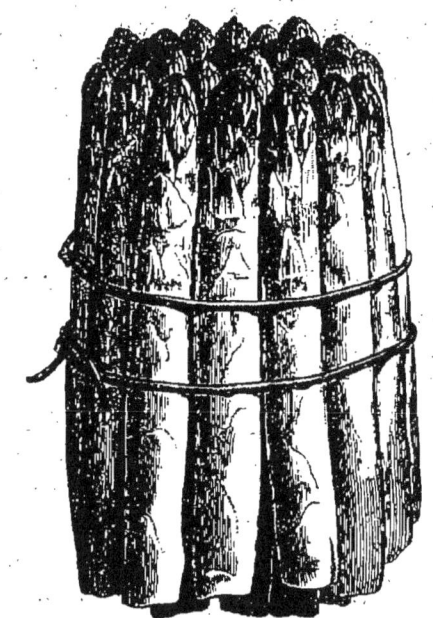

Asperge d'Argenteuil.

DE LA PLANTATION DE L'ASPERGE

L'Asperge est une racine *vivace*; le sol qui lui convient le mieux est un sol sablonneux, léger ou légèrement argileux. Elle vient presque partout, excepté dans les terres humides. Si cependant on était obligé de planter des Asperges dans un terrain très fort, d'où les eaux s'écoulent difficilement, il serait tout d'abord indispensable de l'assainir par un drainage énergique, au moins jusqu'à une profondeur de 30 centimètres, et porter tous ses efforts sur l'amélioration de la surface. Cette plante peut se mettre dans les vignes, où elle réussit très bien. Si le sol n'est pas pauvre, on peut se dispenser de le fumer; dans le cas contraire, à l'automne qui précède la plantation, à 25 centimètres de profondeur, pas plus, on donne à la houe, à la bêche ou à la charrue, une bonne fumure.

Pour le choix des plants, on plantera avec succès des griffes d'un an ou de deux ans; mais il y a longtemps que les bons praticiens ne recherchent plus que des griffes d'une année. En plantant des griffes d'un an, on n'en perd souvent pas une seule; tandis qu'une plantation faite avec le plant de deux ou trois ans donne parfois une perte de 15 pour 100.

En attendant la plantation, les griffes arrachées se conservent très bien plusieurs jours et même plusieurs semaines hors de terre, surtout si on a le soin de les placer, en les y étalant, dans un endroit frais et obscur.

Il est préférable aussi de planter les Asperges au printemps, car à l'automne les griffes sont encore en végétation. Ne jamais planter d'Asperges dans une ancienne aspergerie.

Il y a beaucoup de méthodes pour l'établissement d'une aspergière; nous croyons que la meilleure consiste à défoncer le terrain à 30 ou 35 centimètres de profondeur, comme si on voulait semer des haricots ou des pommes de terre. On répand alors sur la surface de la planche du fumier bien consommé ou quelque autre engrais actif.

On trace ensuite des rayons à 50 centimètres de distance, et sur les rangs, à 70 ou 80 centimètres les uns des autres, on creuse des trous assez larges, ayant 15 centimètres de profondeur, on fait un petit tas de terre bien amendée ou de terreau, sur le sommet duquel on pose la griffe, en ayant soin de bien étendre les racines tout à l'entour et de les faire adhérer au sol en appuyant fortement. Quand toutes les griffes sont en place, on recouvre les racines de terreau ou de terre additionnée d'engrais et l'on répand par dessus ce qu'il faut de terre pour rétablir à peu près le niveau de la planche tel qu'il était avant la plantation. De cette façon, le collet de la griffe ne sera pas enterré de plus de 4 à 5 centimètres et l'extrémité des racines de 10 centimètres au plus. A cause de la quantité de terreau et d'engrais qui a été employée, il restera entre les planches et entre les rangs une certaine hauteur de terre qui servira pour le buttage. Il est bon de marquer l'emplacement de chaque plant d'Asperge avec une baguette. Dans un terrain ainsi bien préparé, l'Asperge croît plus vite; elle n'est pas gênée par des tranchées qui arrêtent son développement : n'étant pas plantée aussi profondément, elle reçoit plus facilement la chaleur de l'atmosphère.

Les racines de l'Asperge ont peu de tendance à descendre; elles recherchent la surface du sol, qui est plus chaude, et où elles trouvent une nourriture plus abondante, surtout si on a le soin d'employer de temps en temps comme engrais du fumier bien consommé ou des boues de ville, des balayures auxquelles on ajoute quelquefois un peu de sel marin, des marcs de raisin, des amendements calcaires ou du tan, qui sont très favorables à la végétation de l'Asperge.

L'arrosement des buttes avec une solution de silicate de potasse, avant que les Asperges aient poussé, produit, dit-on, un bon effet. Les engrais chimiques conviennent très bien à cette plante. Il faut fumer les Asperges tous les ans, mais rigoureusement tous les deux ans.

Les deux procédés essentiels d'une bonne culture sont : 1° vers la fin d'octobre, de couper les tiges, lorsqu'elles sont à peu près desséchées, à 15 centimètres du sol, et de laisser l'Asperge découverte pendant tout l'hiver; elle ne craint pas la gelée; — 2° au printemps, au contraire, on doit butter le pied avec une terre légère qu'on obtient en la mélangeant de sable ou de cendre de houille. Sur cet amoncellement de terre, on peut mettre le fumier consommé qui a été mis avant l'hiver autour du pied, sur toute la surface du sol de l'aspergière. C'est en traversant cette couverture de terre légère et molle que l'Asperge prend du volume, cette couleur tendre, cette finesse qu'on admire dans les produits.

En résumé, comme soins culturaux, il faut découvrir l'Asperge pendant l'hiver, la butter pendant l'été ; en dehors de ces deux observations, il n'y a pas de façons à donner, sauf quelques binages, débarrasser le terrain des mauvaises herbes.

Au bout de la quatrième année du semis, on peut commencer à faire la cueillette des Asperges : autrement, c'est la troisième année de la plantation qu'on peut les couper. En tout cas, il est important de cueillir les Asperges en les cassant sur le collet même de la griffe, et non pas en les coupant entre deux terres, comme on le fait souvent à tort, ce qui, entre autres inconvénients, a celui d'endommager fréquemment les bourgeons non encore développés.

Il vaut mieux déchausser l'Asperge qu'on veut cueillir en écartant la terre de la butte et l'éclater nettement avec le doigt ou avec un instrument spécial, puis reformer la butte en remettant en place la terre qu'on a écartée.

Les variétés d'Asperges sont assez nombreuses, et tirent leurs noms des localités dans lesquelles on les cultive avec succès. Elles se résument en deux grandes races : *Asperges de Hollande* et *Asperges d'Argenteuil*, qui ont produit des sous-variétés.

L'*Asperge violette* de Hollande a engendré plusieurs sous-variétés qui tirent leurs noms des lieux renommés où on les cultive : Asperges de Gand, de Marchiennes, d'Ulm, de Besançon, de Pologne, de Trélazé.

L'*Asperge de Hollande* réussit très bien dans nos contrées ; les pousses sont grosses et vigoureuses ; elles ne sont teintées à l'extrémité que de rose ou de rouge violacé tant qu'elles n'ont pas reçu l'influence de la lumière. Cette variété, que nous recommandons beaucoup, est très productive et très rustique et peut donner un revenu pendant une période de douze à quinze ans.

A Bazas et dans les Landes, on cultive avec succès l'*Asperge verte*, dite de Bazas, qui est très appréciée des gourmets à cause de la finesse de sa chair et de son goût excellent.

L'*Asperge d'Argenteuil* est plus grosse, plus hâtive, plus blanche, plus perfectionnée que celle de Hollande; mais sa production n'est pas aussi abondante et ne dure pas aussi longtemps.

L'*Asperge tardive d'Argenteuil* est très recommandable; elle donne de beaux produits et pendant plus longtemps que la variété hâtive d'Argenteuil, mais elle ne commence pas à produire tout à fait aussi tôt.

Voici le mode de culture des Asperges pratiqué à Argenteuil :

Avant l'hiver, on creuse de petits fossés de 12 à 14 centimètres de profondeur et 40 centimètres de largeur : on plante les griffes du mois de février au mois d'avril en les espaçant sur les rangs de 90 centimètres à 1 mètre; la griffe est recouverte de 4 centimètres de terre seulement, et par dessus une autre couche de 5 centimètres de fumier consommé, couvert lui-même d'une couche de terre de 3 centimètres d'épaisseur; le fossé qui a été creusé avant l'hiver est ainsi comblé, et la surface du sol, ou la planche, a les apparences d'une culture ordinaire.

Vers la fin d'octobre on coupe les tiges à 15 centimètres du sol, puis on déchausse le collet de l'Asperge, de façon à ne lui laisser que 5 centimètres de terre pendant tout l'hiver sur une surface de 40 centimètres avec une couverture de fumier; encore doit-on éviter d'en mettre sur la couronne. Voilà le traitement qu'on doit donner à l'Asperge tous les hivers, afin d'aérer la racine; elle ne craint pas la gelée. Il semble que ce soit grâce à cette particularité et à cette façon de cultiver qu'on obtient à Argenteuil les beaux produits si renommés.

AUBERGINE.

(*Solanum melongena.* — *Fam. des Solanées.* — *Originaire de l'Amérique méridionale.*)

Syn. fr. Mélongène; Viédase. — **Angl.** Egg-Plant. — **All.** Eierpflanze. **Esp.** Berengena. — **Ital.** Maringiani; Petonciano; Melanzana. — **Port.** Beringela.

Variétés. — *Aubergine violette longue.* — *A. violette ronde.* — *A. blanche longue de Chine.* — *A. noire longue.* — *A. panachée de la Guadeloupe.* — *A. ronde de Chine.* — *A. noire de Pékin.* — *A. monstrueuse ou améliorée de New-York.* — *A. très hâtive de Barbentane.*

Annuelle. — On sème l'Aubergine sur couche ou sous châssis dans le courant de février-mars pour planter en pleine terre lorsque les gelées ne sont plus à craindre. Lorsque les plantes sont formées, on supprime tous les bourgeons que l'on trouve au bas de la plante; on doit laisser seulement les trois dernières tiges. A l'époque de la fructification, on enlève tous les nouveaux bourgeons, afin de protéger le développement des fruits. Les arrosements d'engrais liquides conviennent essentiellement à cette plante.

L'*Aubergine violette longue* est la plus spécialement cultivée; c'est celle qui donne le plus grand produit et les plus beaux fruits. On cite l'*Aubergine violette très naine* comme la plus hâtive de toutes.

L'*Aubergine très hâtive de Barbentane* ressemble à l'Aubergine longue, mais la dépasse en précocité.

Aubergine monstrueuse de New-York. Fruit très gros, régulièrement arrondi, de couleur violet très foncé.

Aubergine noire de Pékin ou ronde de Chine tardive. Belle variété à gros fruits très pleins.

30 grammes contiennent 8,450 graines d'Aubergine; le litre pèse 530 grammes. La durée germinative des graines est de six ans.

BASELLE.

*(Basella alba. — Fam. des Basellées. — Originaire
des Indes Orientales.)*

Syn. fr. Épinard de la Chine; Épinard de Malabar. — **Angl.** Malabar Nightshade White. — **All.** Indischer grüner Spinat. — **Esp.** Acelgas de la China; Basela. — **Ital.** Basella.

Variétés. — *Baselle blanche. — B. rouge.*

Annuelle (*vivace* en serre). — Il faut ramer ou faire grimper contre un treillage ou un mur les tiges de cette plante dont les feuilles se mangent en guise d'épinards. La Baselle pousse d'autant plus vigoureusement qu'il fait plus chaud. Même culture que pour l'Aubergine; sa tige atteint deux mètres de hauteur; elle demande une terre légère; elle peut se multiplier par bouture en automne : il faut donc la rentrer en serre.

30 grammes contiennent 1,010 graines; le litre pèse 460 grammes. La durée germinative des graines est de cinq ans au moins.

BASILIC grand vert.

(Ocimum basilicum. — Fam. des Labiées. — Originaire des Indes.)

Syn. angl. Basil Sweet. — **All.** Basilicum grösser. — **Esp.** Albahaca. **Ital.** Basilico maggiore.

Variétés. — *Basilic grand violet. — B. fin violet. — B. à feuilles de laitue. — B. fin vert. — B. frisé. — B. anisé. — B. en arbre.*

Plante *annuelle* employée comme condiment; les feuilles sont aromatiques; se sème sur couche en mars. Le Basilic redoute beaucoup le froid; en avril, les semis se font en pleine terre. Le Basilic fleurit en juin; les fleurs sont blanches et les feuilles odorantes.

30 grammes contiennent au moins 24,000 graines; le litre pèse 530 grammes. La durée germinative des graines est de huit ans.

BETTERAVE des Jardins.

(Beta vulgaris. — Fam. des Chénopodées. — Originaire de l'Europe.)

Syn. fr. Bette. — **Angl.** Beet Rood. — **All.** Runkelrübe. **Esp.** Remolacha. — **Ital.** Barba.

Variétés potagères a salade. — *Betterave rouge grosse ou longue. — B. rouge et longue de Castelnaudary. — B. crapaudine à écorce. — B. rouge ronde précoce. — B. de Bassano plate. — B. jaune ronde sucrée. — B. noire foncée plate d'Égypte. — B. rouge d'Amérique. — B. jaune grosse ou B. jaune longue. — B. rouge foncé de Whyte. — B. rouge de Covent-Garden. — B. rouge piriforme de Strasbourg. — B. Éclipse. — B. naine de Dell.*

Bisannuelle. — On sème les Betteraves vers la fin d'avril en pépinière (qu'on repique ensuite), ou en lignes, ou à la volée, dans une terre bien ameublie par un labour profond et bien fumée avec des terreaux très décomposés; les plantes racines exigent des engrais bien consommés. Puis lorsque le plant a cinq ou six feuilles, on l'éclaircit pour que les Betteraves se trouvent à 30 centimètres les unes des autres. Dans le courant de l'été on leur donne plusieurs binages. Si au commencement de l'hiver, par un temps sec, on récolte ces racines, après avoir détaché les feuilles, et si on les met dans une serre à légumes ou dans une cave bien saine, on conservera des Betteraves jusqu'en mai.

30 grammes contenant environ 1,400 graines, renfermant chacune deux à quatre semences. Le litre pèse environ 250 grammes. La durée germinative des graines est de six ans.

Nous ne saurions trop engager à cultiver les variétés *rondes* comme Betteraves à salade. Voici les plus recommandables :

Betterave rouge ronde. Bien supérieure à la longue comme précocité, contenant dans un volume plus petit des qualités saccharines plus grandes et n'ayant pas ce goût de terre si reproché, avec raison, à la Betterave longue. Il serait à désirer que cette variété fût plus répandue sur nos marchés.

Betterave ronde précoce d'Égypte. La plus hâtive de toutes nos Betteraves. Semée en avril en pleine terre, elle peut être employée dès le mois de juin, sa racine ayant atteint le volume d'une orange ; très douce au goût.

Betterave jaune ronde. Excessivement sucrée, très fine de goût et de qualité.

Betterave rouge crapaudine; B. à écorce. A racine demi-longue ; à chair rouge foncé noirâtre ; l'écorce est rugueuse. La plus sucrée des espèces à manger ; très recommandable.

Betterave rouge plate de Bassano. Excellente variété, à forme plate ; chair rosée très sucrée.

Betterave rouge à salade de Trévise. Bonne et belle variété à racine déprimée, presque enterrée ; à peau presque noire et à chair rouge sang ; elle est hâtive.

Betterave Éclipse. Hâtive ; racine ronde, rouge foncé.

Betterave rouge de Castelnaudary. Variété de petite taille, de faible rendement mais d'excellente qualité ; peau noire ; chair rouge très foncé, serrée, compacte.

Betterave jaune de Castelnaudary. Variété ronde, petite, à racine enterrée ; chair jaune foncé extrêmement sucrée, ferme ; feuilles nombreuses.

Dans les Betteraves longues nous recommandons les variétés :

Betterave rouge naine et *Betterave rouge de Dell.* Ce sont de jolies races, petites, fines, minces, effilées, très enterrées, de précocité moyenne.

Betterave de Cheltenham. Racine allongée ; chair rouge sang intense.

Betterave piriforme de Strasbourg. Variété demi-longue

à peu près complètement enterrée; peau et chair d'un rouge extrêmemement foncé; feuillage presque noir. C'est la plus fortement colorée de toutes les betteraves potagères.

Les *Betteraves rouges grosses* et *rouges longues* sont très répandues sur les marchés; elles sont très productives et très rustiques, de bonne qualité, mais sont loin de valoir les Betteraves rondes.

Betterave jaune longue grosse. Presque aussi souvent usitée dans la grande culture que dans le potager; très nutritive.

(Pour la description des *Betteraves fourragères*, voir à la quatrième partie, description des *Plantes agricoles*.)

CAPRIER.

(Capparis inermis. — Capparis spinosa. — Fam. des Capparidées. Originaire de la France méridionale.)

Syn. angl. Caper-Tree. — **All.** Kapernstrauch. — **Esp.** Alcappara. **Ital.** Capparro. — **Port.** Alcaparreira.

Variétés. — *Câprier cultivé. — C. sans épines.*

Vivace. — Arbuste épineux du midi de la France, de la région de l'olivier, dont la culture demande des soins dans nos climats. On le plante derrière un mur de soutènement au midi dans un sol sec et pierreux; on fait sortir les tiges par un trou de 30 centimètres pratiqué dans la direction de la plante. Chaque année, à l'entrée de l'hiver, il faut couper les tiges et remplir le trou de paille pour garantir l'arbuste de la gelée.

On emploie sous le nom de Câpres les boutons à fleurs confits dans le vinaigre.

Les Câpres ont d'autant plus de valeur et sont d'autant plus recherchées qu'elles sont plus petites.

Celles qu'on vend dans le commerce nous arrivent surtout de la Provence.

Câprier sans épines. — Variété dépourvue de piquants; la culture et la récolte en sont plus faciles que pour la variété ordinaire.

30 grammes contiennent 4,400 graines; le litre pèse 460 grammes.

CARDON.

(*Cynara cardunculus*. — *Fam. des Composées*. — *Originaire de l'île de Candie*.)

Syn. fr. Cardonnette; Chardonnette. — **Angl**. Cardoon. — **All**. Carde. **Esp**. Cardo. — **Ital**. Callio. — **Port**. Cardo.

Cardons de Tours.

VARIÉTÉS. — *Cardon plein épineux de Tours*. — *C. demi-creux d'Espagne sans épines* (très cultivé dans le Midi). — *C. plein inerme*. — *C. à côtes très larges de Puvis*. — *C. blanc d'ivoire*.

Vivace. — Les Cardons sont *bisannuels* dans la culture et se sèment en place par pochets de quelques graines, les pochets à un mètre de distance entre eux ; lorsque les plants ont deux ou trois centimètres de hauteur, on n'en laisse qu'un ou deux dans chaque pochet et on les arrose copieusement pendant tout l'été. On les rentre avant les gelées après les avoir liés par paquets pour les faire blanchir, ou bien on les fait blanchir sur place en les buttant après les avoir liés et recouverts avec de la paille sèche; on ne peut les conserver longtemps par ce dernier moyen que si l'hiver est doux et sec. Du reste, il ne faut faire blanchir les Cardons qu'au fur et à mesure des besoins de la consommation.

La récolte se fait à partir de fin septembre et commencement d'octobre.

Il ne faut semer les Cardons que lorsqu'on n'a plus à craindre la moindre gelée, et quand la terre est bien réchauffée, c'est-à-dire pas avant les premiers jours de mai; la graine pourrit en terre, ou monte à graine dans le courant de l'été si l'on sème plus tôt.

On peut semer le Cardon sur couche en godets; mais cette pratique offre peu d'avantages, le Cardon ayant amplement le temps de se developper pendant l'été et l'automne.

On mange comme légume principalement pendant l'hiver les côtes blanches des feuilles intérieures, ainsi que la racine principale qui est grosse, charnue, tendre et d'une saveur agréable.

Le *Cardon de Tours*, à côtes pleines épaisses, malgré ses épines est préféré à celui d'Espagne qui, outre la qualité moins tendre et moins charnue de ses côtes, est plus sujet à monter.

Le *Cardon d'Espagne* sans épines, gros et vigoureux, côtes larges, est très cultivé dans le Midi.

Le *Cardon Puvis* est remarquable entre tous par son volume et la largeur de ses côtes demi-pleines; il y a peu d'épines.

Cardon plein inerme. Sans épines; très bon; les côtes sont toujours plus larges et moins épaisses que celles du Cardon de Tours. Mais elles deviennent plus facilement creuses si le plant souffre tant soit peu de sécheresse.

Cardon blanc d'ivoire. Curieuse variété nouvelle à côtes assez petites mais nombreuses; sans épines; prenant naturellement une teinte jaune pâle ou nacrée.

30 grammes contiennent 900 graines; le litre pèse 630 grammes. La durée germinative des graines est de sept ans.

CAROTTE.

(*Daucus Carota.* — *Fam. des Ombellifères.* — *Indigène.*)

Syn. angl. Carrot. — **All.** Mohre. — **Esp.** Zanahoria. — **Ital.** Carota.

Carotte Nantaise.

Variétés potagères. — *Carotte longue de Toulouse.* — *C. rouge de Flandre.* — *C. longue rouge d'Altringham.* — *C. demi-longue d'Eysines.* — *C. demi-longue obtuse nantaise sans cœur, à bout rond.* — *C. rouge demi-longue pointue de Toulouse.* — *C. de Chantenay obtuse.* — *C. demi-courte obtuse de Guérande.* — *C. rouge très courte ronde hâtive à châssis, dite grelot.* — *C. courte hâtive de Hollande.* — *C. blanche améliorée.* — *C. blanche des Vosges.* — *C. blanche transparente.* — *C. rouge de Saint-Valéry.* — *C. rouge demi-longue de Carentan.* — *C. jaune longue ou d'Achicourt.* — *C. rouge demi-longue du Luc.*

Bisannuelle. — Un sable gras et profond, une terre douce et fraîche fournissent les plus belles Carottes. Si la terre est forte et argileuse, il est bon de la recouvrir de terreau. Le terrain doit être bien préparé, fumé depuis plusieurs mois et défoncé profondément pour les variétés à longues racines.

On sème les Carottes clair en place, à la volée, par planche ou par rayon, en lignes espacées de 20 centimètres, de février en septembre pour en avoir en toute saison.

La *Carotte rouge courte de Hollande*, appelée aussi *Quarantaine* à cause de sa grande précocité, doit être employée de préférence pour les semis d'automne et pour ceux du premier printemps; très douce et très délicate au goût, elle a aussi le mérite incontestable de croître rapidement et d'être une excellente variété pour la pleine terre et peut même convenir à la culture forcée.

La terre doit être préparée par un bon labour et fumée de l'année précédente; dans ces conditions, on obtiendra un bon résultat pour les Carottes courtes et demi-longues. Mais la Carotte longue réclame un sol profond et léger; dans les terrains d'alluvion elle donnera des produits remarquables : nous recommanderons pour cette culture la *Carotte longue de Toulouse*, très grosse et à chair très fine. Si on veut obtenir de belles Carottes, on doit éclaircir les plants lorsqu'ils ont quatre feuilles en laissant entre eux 10 centimètres en tous sens.

Dans le Bordelais, on cultive beaucoup les variétés de Carottes demi-longues. Nous citerons dans ces espèces celles que nous conseillons plus particulièrement.

Carotte d'Eysines. Très rouge, très grosse, chair très fine; cette variété locale est très estimée sur nos marchés.

Carotte rouge demi-longue nantaise obtuse sans cœur. Très appréciée depuis quelques années, et elle mérite d'être encore plus répandue à cause de sa rusticité, de sa précocité, de la netteté de sa racine et de son absence de cœur; aussi elle se conserve longtemps en terre sans durcir. Cette variété vient bien dans les terrains légers, secs et peu profonds.

Carotte demi-courte obtuse de Guérande. Variété magnifique à racines énormes, à cultiver en terre fraîche, meuble et riche.

Carotte rouge demi-longue de Chantenay. Plus large de collet que la *C. Nantaise*; excellente variété potagère et de grande culture.

Carotte demi-longue pointue de Toulouse. C'est aussi une excellente variété qui n'est pas aussi exigeante sur le choix du terrain que la Carotte longue.

Carotte rouge demi-longue du Luc à bout arrondi. Hâtive, excellente variété pour la culture des primeurs en pleine terre. Un peu plus longue que la Carotte demi-longue obtuse, mais plus grosse du collet et s'amincissant vers le bout qui est arrondi. Sans être régulièrement sans cœur, celui-ci est souvent peu apparent.

Carotte rouge longue d'Altringham. Cette variété est très estimée en Angleterre : d'un beau rouge vif et comme transparente, chair de couleur vive, cassante, presque dépourvue de fibres centrales; elle jouit sur les marchés d'une faveur marquée; on lui donne la préférence pour la coloration du beurre.

Carotte longue lisse de Meaux. Excellente variété bien lisse, cylindrique et franchement obtuse.

Carotte rouge pâle de Flandre. Sorte de Carotte rouge demi-longue, adoptée par la grande culture à cause de son fort rendement; grosse, assez hâtive et de très bonne garde.

Carotte rouge demi-longue de Carentan sans cœur. Plus longue mais moins grosse que la Carotte rouge courte; cylindrique, obtuse, collet fin, sans cœur; très bonne pour forcer.

Carotte rouge longue de Saint-Valéry. Très belle variété à racine un peu moins longue que la Carotte longue; de qualité excellente.

La *Carotte très courte ou Grelot* est principalement employée pour la culture sous châssis; elle est tendre, fine; c'est une primeur qu'on apprécie beaucoup. Aussi les maraîchers bordelais devraient la propager.

Carotte jaune obtuse du Doubs. Racine longuement

conique à bout obtus, chair et peau bien jaunes; variété excellente, à la fois recommandable comme légume et comme racine fourragère.

Les *Carottes blanches* sont estimées pour leur douceur et parce qu'elles sont en général de longue garde.

La *Carotte de Breteuil* est remarquable sous ce rapport par la finesse de sa chair; elle est excellente frite ou en marinade. Elle est très précoce; semée en février-mars, on peut la consommer fin mai.

Depuis que nous avons publié notre deuxième édition, on a abandonné la culture de la *Carotte blanche de Breteuil* qui est remplacée par la *Carotte blanche transparente*. Racine enterrée, longuement fusiforme, complètement blanche, chair très blanche, fine, et pour ainsi dire diaphane; c'est une variété potagère comme la Carotte de Breteuil.

Carotte blanche lisse demi-longue. Par sa grande production et la qualité de sa racine, elle est aussi appréciable comme légume que comme plante fourragère.

Carotte blanche à collet vert. Racine grosse et longue. C'est la Carotte de grande culture par excellence.

La *Carotte blanche des Vosges* est très méritante et doit être recommandée; elle convient en grande culture tout parculièrement aux terres peu profondes; elle est productive. Sous-variété de la précédente, elle n'en diffère que par la forme un peu plus courte et plus élargie de la racine.

30 grammes contiennent 30,000 graines de Carotte. Le litre pèse 360 grammes. La durée germinative des graines est de quatre ans. La racine est un des légumes les plus usités. La graine entre dans la confection de quelques liqueurs.

CÉLERI plein blanc.

(*Apium graveolens.* — *Fam. des Ombellifères.* — *Originaire d'Europe.*)

Syn. fr. Ache douce; Ache des Marais; Lapy; Eprault. — **Esp.** Apio. **Port.** Aipo. — **Ital.** Apio. — **Angl.** Celery white solid. — **All.** Seleri; Vollrippiger weisser bleich Sellerie.

Céleri plein blanc.

VARIÉTÉS. — *Céleri plein blanc court hâtif.* — *C. turc grand* (très gros). — *C. violet de Tours* (très grosse espèce). — *C. plein nain frisé.* — *C. hâtif sans drageons.* — *C. plein blanc doré* (Chemin). — *C. violet à grosse côte.* — *C. plein blanc d'Amérique.* — *C. Pascal plein blanc.* — *C. d'Arezzo.* — *C. plein à feuille de fougère.*

Les Céleris sont *bisannuels* et se sèment en avril et en mai pour être repiqués à 25 ou 30 centimètres par deux plants ensemble ou isolément, et alors un peu plus près. Si l'on veut avoir des Céleris de primeur, les semer sur couche en janvier et fevrier. On peut conserver longtemps le Céleri en terre. Les variétés les plus pleines sont toujours les plus appréciées; on les mange en salade ou cuits préparés comme des Cardons. Toutes les parties de la plante sont aromatiques.

Dans le Midi on creuse ordinairement pour la culture du Céleri des fosses d'environ 1 mètre de largeur et 20 centimètres de profondeur; puis, en mai ou en juin, on plante deux rangs de Céleri dans chaque fosse, et au moment de le faire blanchir, on le butte avec la terre qu'on avait soulevée. Enfin, un moyen beaucoup plus simple pour faire blanchir le Céleri, quand on a beaucoup d'espace, consiste à le planter en ligne et à le butter comme les Cardons et les Artichauts. Il faut au Céleri une terre humifère, fraîche, enrichie de terreau. Les nitrates de soude et de potasse (1 à 2 kilogrammes par are) donneront d'excellents résultats employés comme engrais complémentaire du fumier.

Voici les meilleures variétés de Céleri :

Céleri violet de Tours, gros. Remarquable plante, vigoureuse et forte, à côtes très larges et très pleines, de couleur vert foncé lamé de violet, charnues, tendres et cassantes; mérite d'être plus cultivée.

Céleri plein blanc. Plante vigoureuse, côtes charnues, pleines et tendres. Variété très bonne et très répandue.

Céleri turc. Plante forte, extrêmement vigoureuse, côtes très larges; les feuilles sont plus amples que dans les autres variétés; les côtes sont moins larges que dans le Céleri plein blanc.

Céleri sans drageons. Remarquable par la grosseur de ses côtes serrées les unes contre les autres, ce qui les dispose à blanchir, et aussi par l'absence de drageons, ce qui permet de le planter beaucoup plus rapproché que les autres variétés.

Céleri blanc frisé. — *C. plein blanc doré (Chemin).* Ces deux variétés à côtes larges et pleines, jaunes jusqu'aux feuilles extérieures, blanchissent sans qu'on ait besoin de les butter.

Céleri plein blanc d'Amérique. De dimension un peu plus faible que le Céleri doré Chemin; mais ses côtes sont très blanches et très tendres. A l'automne il blanchit naturellement, ce qui pourrait disposer de recourir au buttage.

Céleri plein blanc Pascal. Demi-court; larges côtes pleines, charnues et tendres; blanchit facilement et se conserve très bien l'hiver.

Céleri d'Arezzo. Vigoureuse variété à longues côtes, grosses et bien pleines. Excellente surtout pour le Midi.

Céleri violet à grosse côte. Un peu moins coloré que le Céleri violet de Tours, plus volumineux et plus épais dans toutes ses parties; ses énormes côtes, charnues et tendres, ne creusent pas en vieillissant; très recommandable pour la culture d'automne.

30 grammes contiennent 75,000 graines; le litre pèse 480 grammes. La durée germinative des graines est de trois ans.

CÉLERI-RAVE.

(*Famille des Ombellifères.*)

Syn. fr. Céleri-Navet. — **Ital.** Sedano-Rapa. — **Esp.** Apio-Nabo; Apio-Rabano. — **Ang.** Celery Turnip rooted; Celeriac. — **All.** Seleri knollig oder Kopf.

Variétés. — *Céleri-Rave d'Erfurt.* Très bon et très hâtif. — *C. Rave gros lisse de Paris amélioré.* — *C. Rave pomme à petites feuilles.* — *C. géant de Prague.* — *C. à feuille panachée.*

La partie charnue du Céleri-Rave se mange comme le Navet. C'est un excellent légume, qui constitue pour l'hiver une ressource bien appréciable. Les semis se font en place en avril; on repique le plant en pépinière. Tous les Céleris, surtout le Céleri-Rave, se plaisent dans un terrain bien ameubli, frais s'il est possible, et qu'on a soin d'arroser souvent. Lors de la plantation du Céleri-Rave, supprimer toutes les racines latérales; et pour que la partie charnue soit plus nette, déchausser la plante à chaque binage; supprimer les petites racines qui l'entourent et retrancher les plus grandes feuilles, afin de favoriser le développement du tubercule; après cette opération, arroser copieusement.

Les semis de Céleri-Rave effectués en mars donnent, en octobre, de belles racines bonnes à être récoltées. Il faut avoir soin de biner et de sarcler et d'arroser fréquemment la plantation de Céleri-Rave.

Céleri-Rave gros lisse de Paris. Ce Céleri nouveau est remarquable par la Rave ou le Navet qu'il produit, et qui est non seulement plus gros que le Céleri-Rave ordinaire, mais surtout plus lisse et moins racineux.

Céleri-Rave.

Céleri-Rave d'Erfurt. Racine très nette, plus petite que la précédente; une des variétés les plus hâtives.

Céleri-Pomme à petites feuilles. Très jolie race à racine petite, mais régulière, arrondie et très fine. C'est une sous-variété du Céleri-Rave d'Erfurt.

Céleri géant de Prague. Racine très grosse, nette; feuillage court.

Céleri à feuille panachée. Feuillage à côtes rosées, panaché jaune et vert.

CERFEUIL.

(*Scandix cerefolium*. — *Fam. des Ombellifères*. — *Originaire de l'Europe méridionale*.)

Syn. ital. Cerfoglio. — **Esp**. Perifollo. — **Angl**. Chervil Plain leaved. **All**. Kerbel; Körbel gewohnlicher. — **Port**. Cerefolio.

Variétés. — *Cerfeuil commun*. — *C. frisé*. — *C. double*. — *C. musqué d'Espagne*.

Annuel. — On sème à toutes les époques, depuis mars jusqu'en septembre, en place, en planches, en rayons ou en bordures. Pendant l'hiver, choisir l'exposition du midi, la plus abritée du froid, et à l'ombre au nord en été. Lorsqu'on sème pendant les fortes chaleurs, on doit faire tremper la graine une journée entière et pratiquer des arrosements fréquents; à cette époque de l'année, le Cerfeuil préfère un endroit ombragé et exposé au nord. On récolte ordinairement le Cerfeuil environ six semaines après les semis. Les feuilles sont aromatiques et s'emploient dans les assaisonnements et dans les salades.

Cerfeuil commun. Est une des plus répandues comme la plus connue de toutes les plantes potagères; il forme la base du mélange désigné sous le nom de fines herbes.

Cerfeuil frisé. Variété élégante et ornementale dont les feuilles frisées et finement découpées produisent le plus joli effet sur les tables pour décorer les plats.

Cerfeuil musqué. Plus grand et vivace, ayant une saveur anisée plus prononcée; il faut semer la graine de ce Cerfeuil musqué aussitôt qu'elle est mûre, car elle est d'une conservation difficile. La culture de cette plante est peu répandue.

30 grammes contiennent 13,500 graines.

Le litre pèse 364 grammes. La durée germinative des graines est de deux ans.

CERFEUIL bulbeux ou tubéreux.

(*Chærophyllum bulbosum.* — Fam. des Ombellifères. — Originaire de l'Europe méridionale.)

Syn. fr. Cerfeuil tubéreux. — **Esp**. Perifollo bulboso. — **Angl**. Chervil Turnip rooted. — **All**. Körbelrübe.

Cerfeuil tubéreux.

Variétés. — *Cerfeuil bulbeux de Prescott.* — *C. tubéreux rond.*

C'est à l'automne, de septembre-octobre jusqu'en novembre au plus tard, qu'il convient de semer le Cerfeuil tubéreux, pour le voir germer au printemps; piétiner fortement la terre ou la planche où on vient de faire le semis des graines récoltées au mois d'août de la même année. Les graines semées au printemps ne lèvent ordinairement que l'année suivante, à moins que l'on n'ait eu la précaution de les conserver pendant l'hiver en stratification, opération qui consiste à mettre dans des pots à fleurs une couche de sable fin et une couche de graines, puis à enterrer les pots, lorsqu'ils sont pleins, dans un coin du jardin; ce qui permet d'attendre jusqu'en février ou mars pour faire le semis, époque à laquelle on n'a ordinairement plus de mauvais temps à craindre.

Il convient de semer le Cerfeuil bulbeux en terre fraîche mais saine, et sur fumure ancienne ou faite avec des engrais très consommés. La meilleure époque pour le semis est la fin du mois d'août; on répand la graine sur la terre en la recouvrant très peu; il suffit le plus souvent de bien tasser la terre après le semis.

La récolte se fait en juin-juillet de l'année suivante, lorsque les feuilles changent de couleur. Les racines, qui sont de la grosseur d'une petite carotte, se conservent comme les pommes de terre dans un endroit sec et sain, sans autre soin que de les remuer de temps en temps pour les empêcher de pousser.

Le Cerfeuil bulbeux est un excellent légume qu'on doit propager; sa saveur a beaucoup d'analogie avec celle de la châtaigne. Plus féculent que la pomme de terre, il sert aux mêmes usages et peut se préparer exactement de la même manière. En marinade, on le préférera au salsifis préparé de cette façon.

Cerfeuil de Prescott. Excellente variété plus grosse, plus fine que le Cerfeuil bulbeux ordinaire; les semis de cette race se font fin avril; on répand la graine en terre bien affermie et on piétine avec soin quand les jeunes plantes sont levées, car la graine lève promptement.

Les racines seront arrachées lorsque le feuillage sera complètement desséché, c'est-à-dire vers la fin août, et placées dans un lieu plutôt sec qu'humide, où elles se conserveront jusqu'en mars.

30 grammes contiennent 13,500 graines; la durée germinative n'est que d'un an.

CHAMPIGNON cultivé.

(*Agaricus edulis*. — *Fam. des Cryptogames.* — *Indigène.*)

Syn. fr. Champignon de Couche; Blanc de Champignon; Agaric comestible. — **Ital.** Pratajuolo maggioro bianco; Fungo Pratajuolo. **Esp.** Seta; Hongo. — **Angl.** Mushroom. — **All.** Tafelschwamm.

Champignons.

La première chose dont on doit s'occuper après le choix d'un emplacement convenable, dit M. Vilmorin, dont nous ne pouvons mieux faire que de reproduire la notice sur cette intéressante culture, c'est l'établissement de la couche qui doit servir à la production des champignons.

L'élément essentiel en est le fumier de cheval, et de préférence celui qui provient d'animaux vigoureux, bien nourris et ne recevant pas trop de litière. Il est désirable, en un mot, que le fumier soit chaud et pas trop pailleux. Ce fumier ne peut servir à la confection des couches tel qu'il sort de l'écurie, la fermentation en serait trop violente et donnerait une chaleur excessive. On peut en tempérer la force en y mêlant, aussi intimement que possible, un cinquième ou un quart de bonne terre de jardin. Les couches ou meules peuvent être immédiatement montées avec ce mélange, dont la fermentation lente ne donne qu'une chaleur soutenue et modérée; il faut avoir soin de monter la meule sur un emplacement très sain et plutôt sec que frais, et quand elle est terminée, on doit peigner avec soin les côtés, c'est-à-dire enlever les brins de paille qui dépassent, de manière à rendre les faces bien unies et bien fermes.

Il est difficile d'obtenir une bonne préparation du fumier, si l'on n'opère pas sur une certaine quantité à la fois; on ne peut guère traiter convenablement un tas de moins de 1 mètre cube; c'est là une cause fréquente d'insuccès dans les cultures bourgeoises; on doit tâcher de l'éviter, et, si les meules à monter en demandent une moindre quantité, il faut néanmoins en préparer au moins 1 mètre : ce qui ne servira pas aux champignons conserve sa valeur pour toutes les autres cultures potagères.

Pour garnir les meules, on opère de la manière suivante : on divise les morceaux ou galettes de blanc en fragments ayant à peu près l'épaisseur et la longueur de la main et seulement la moitié de la largeur, et on les introduit sur les faces de la meule en les espaçant de 25 à 30 centimètres en tous sens. Sur les meules de 50 à 60 centimètres de haut, qui sont les plus ordinaires, on a l'habitude de placer deux rangs de ces fragments, qu'on appelle *lardons* ou *mises*, en ayant soin de placer les lardons du rang supérieur au dessus de l'intervalle qui sépare ceux de l'autre rangée. Les lardons doivent être entrés dans la couche de toute leur longueur; on les introduit avec la main droite, pendant que de la gauche on soulève et écarte le fumier pour leur faire place.

Si la meule est montée dans un endroit à température constante et suffisamment élevée, il n'y a plus qu'à attendre la reprise du plant; si, au contraire, elle est placée au dehors ou exposée à des changements de température, il faut la recouvrir d'une enveloppe de paille de fumier long ou de foin qu'on appelle *chemise*, et qui sert à confiner autour de la meule une certaine quantité d'air participant de sa température chaude et uniforme.

Si le travail a été bien fait, et si les conditions sont favorables, le blanc doit commencer à végéter sept ou huit jours après le lardage des meules; il est bon de s'en assurer à ce moment, et de remplacer les lardons qui n'auraient pas pris, ce qui se reconnaît à l'absence de filaments blancs dans le fumier qui les entoure; quinze jours à trois semaines après le lardage, le blanc doit avoir envahi toute la meule et commencer à se montrer à la surface : il faut alors recouvrir de terre les côtés et le dessus de la meule; c'est l'opération que les champignonnistes appellent *gobeter* ou *gopter*. Il convient d'employer pour cet usage de la terre légère plutôt que trop compacte; elle doit être légèrement humectée sans être trop mouillée, et il est très utile qu'elle soit un peu salpêtrée; si elle ne l'est pas naturellement, on peut y ajouter une certaine proportion de vieux plâtras finement pulvérisés, ou bien l'arroser d'avance avec du purin. Le revêtement de terre doit avoir environ 2 centimètres d'épaisseur et être fortement tassé contre le fumier, de manière à y adhérer en tous ses points. Bien entendu, si la meule était recouverte d'une chemise, il faudrait la remettre en place après le goptage pour lequel on l'aurait enlevée.

Il est souvent possible de se dispenser entièrement d'arroser les meules à champignons; en tous cas, les arrosages doivent être très modérés et ne se donner que quand la surface de la terre devient tout à fait sèche.

Quelques semaines après l'opération du goptage, et plus ou moins rapidement suivant la température, les champignons commencent à paraître. On doit avoir soin, à mesure qu'on les cueille, de remplir le vide qu'ils laissent avec la même terre qui a servi à recouvrir la meule. La production laissée à elle-même se prolonge en général pendant deux ou trois mois. On peut entretenir plus longtemps la fertilité des meules au moyen d'arrosages faits avec de l'eau additionnée de purin, de guano ou de salpêtre. Si l'eau des arrosages peut être donnée à une température de 20 à 30 degrés, le résultat est d'autant meilleur; mais il faut arroser avec beaucoup de précautions pour ne pas salir ou endommager les champignons en voie de développement.

CHERVIS.

(Sium sisarum. — Fam. des Ombellifères. — Originaire de la Chine.)

Syn. fr. Chirouis; Girole. — **Angl.** Skirret. — **All.** Zuckerwurzel.
Esp. Chirivia tudesca. — **Ital.** Sisaro. — **Port.** Cherivia.

Plante *vivace* à la racine pivotante, charnue, farineuse, très sucrée; se mange comme les scorsonères et le salsifis. Les semis se font au printemps ou de septembre en octobre, en terre douce, fraîche et profonde ; quand les jeunes pieds ont quatre ou cinq feuilles, on les plante à demeure dans une bonne terre fraîche, riche et bien fumée; bassiner souvent, biner, sarcler et arroser fréquemment; le produit est assez considérable. Depuis novembre et tout l'hiver, à mesure des besoins, on fait la récolte des racines. La plantation des racines ou éclats de vieux pieds se fait au mois de mars ou avril; les soins sont les mêmes que pour les plants venus de semis.

30 grammes contiennent 7,875 graines. Le litre pèse 293 grammes. La durée germinative des graines est de trois années.

CHICORÉE frisée.

(Endivia crispa. — Chicorium Endivia. — Fam. des Composées. Originaire de l'Inde.)

Syn. fr. Endive. — **Angl.** Endive. — **All.** Endivien. — **Esp.** Endivia.
Ital. Endivia. — **Port.** Endivia.

VARIÉTÉS TRÈS RECOMMANDABLES. — *Chicorée d'Italie. — C. de Louviers. — C. de Meaux. — C. impériale. — C. de Ruffec. — C. de Rouen ou Corne de cerf. — C. Mousse frisée très fine. — C. toujours blanche. — C. frisée de Bordeaux. — C. bâtarde de Bordeaux. — C. de Picpus. — C. de Guilande. — C. Grosse pancalière. — C. d'Anjou.*

Annuelle et *bisannuelle*. — Dans nos contrées on sème principalement les Chicorées d'avril en juillet en pleine terre ; on repique le plant dans une planche bien préparée ; on le met en place en quinconce à 30 centimètres sur tous les sens. Il est utile de pailler préalablement les planches ; le paillis favorise la végétation et conserve l'humidité des arrosements qui doivent être continus ; par ce moyen, on obtiendra des Chicorées plus douces et plus tendres.

Lorsque ces plantes sont suffisamment garnies, on lie chacune d'un lien de paille pour faire blanchir le cœur, ce qui demande douze à quinze jours. On ne doit lier que par un temps sec, et ensuite n'arroser qu'au pied de la plante avec le goulot de l'arrosoir.

On commence à récolter des Chicorées en pleine terre dès la fin de juillet et au mois d'août, et l'on peut, avec quelques précautions, en conserver, soit sur place, soit dans une serre à légumes, jusqu'à la fin de l'hiver.

Les plantes qui se trouvent encore sur pied, lorsque les froids commencent, peuvent achever leur végétation en place, au moyen d'une couverture de feuilles ou de paillassons qu'on enlève si le temps se radoucit. Par ce procédé, on conserve tout l'hiver en pleine terre dans notre région les Chicorées scaroles qui sont beaucoup plus rustiques que les Chicorées frisées.

Dans le nord de la France, on cultive, en janvier-février-mars, les Chicorées sur couche et sous panneau ; on s'efforce d'obtenir 25 à 30 degrés de chaleur. Pour que le plant ne monte pas, il faut que les graines germent en vingt-quatre heures. Quinze à vingt jours après le semis, lorsque le plant a quatre petites feuilles, on le replante sur d'autres couches, également sous panneau, mais sur couche moins chaude. On obtiendra au printemps par cette culture artificielle des Chicorées parfaitement blanches et très bonnes.

Il y a une autre méthode qui consiste à semer la Chicorée sous cloche froide en octobre ; on repique pareillement sous cloche le jeune plant (dix ou douze plants sous chacune). En novembre, on met à demeure les Chicorées sous panneau, mais sur terre ; de cette façon on peut employer ces salades en janvier-février.

30 grammes contiennent 20,350 graines; le litre pèse 350 grammes. La durée germinative des graines est de dix années.

Chicorée d'Italie, race de Paris. Est particulièrement employée pour la culture sur couche; on doit surtout employer pour ce mode la vieille graine, parce qu'elle monte moins vite.

Chicorée d'Italie ou fine d'été. Convient pour les semis de première saison; lorsque la Chicorée pomme tardivement, elle est sujette à pourrir. Les feuilles sont plus courtes, plus larges, plus découpées, moins crêpues que la Chicorée de Meaux; la pomme est plus serrée et plus dure.

Chicorée d'Italie, race d'Anjou. Répandue depuis une dizaine d'années; tend à remplacer l'ancienne Chicorée d'Italie, dont elle est un perfectionnement; très fournie; les feuilles sont très découpées et très serrées les unes contre les autres.

Chicorée frisée d'été à cœur jaune. Excellente race, lente à monter, à cœur bien plein et devenant jaune naturellement.

Chicorée frisée grosse pancalière. Belle variété à feuilles dressées, cœur assez fourni, blanchissant sans être liée.

Chicorée de Meaux. Convient très bien pour l'automne; autrefois, c'était la seule cultivée. Les jardiniers maraîchers l'estiment beaucoup et nous croyons que c'est la variété la plus recommandable. Très fournie et plus rustique que la précédente.

Chicorée de Louviers. Est très rustique et vient très bien dans le milieu de l'été. Très frisée et très fournie, elle est très estimée.

Chicorée frisée fine de Bordeaux. Vigoureuse espèce qui forme des pieds énormes; les feuilles sont très fines et très frisées; très estimée sur nos marchés.

Chicorée bâtarde de Bordeaux. Race locale, très rustique, se cultivant pour l'automne, et tenant le milieu entre la Chicorée frisée et la Chicorée scarole. Les côtes sont très larges et à peine découpées. Dans nos contrées, cette variété passe l'hiver en pleine terre. On la lie pour faire blanchir l'extérieur de la touffe, et l'on obtient ainsi une salade abondante et assez tendre.

Chicorée de Ruffec. Belle variété touffue, côtes des feuilles très blanches, épaisses, très tendres et très charnues; plus fournie que la Chicorée de Meaux.

Chicorée Impériale frisée. D'un vert blond, à côtes larges, blanches et tendres; d'excellente qualité; peu exigeante sur le choix du terrain; vient partout très bien pendant l'été et l'automne.

Chicorée frisée, Corne de cerf ou rouennaise. A feuilles vert foncé finement découpées; a un cœur bien fourni, jaune et tendre; se sème en juillet comme la Chicorée de Meaux.

Chicorée mousse. Feuilles extrèmement fines, frisées et crêpues; s'emploie pour forcer, comme la Chicorée d'Italie.

Chicorée frisée mousse. Jolie petite race à feuillage très finement coupé.

Chicorée toujours blanche. Blonde, demi-pleine; vient très bien dans notre région.

Chicorée frisée de Picpus. Est très bonne, très rustique et très fournie; ressemble beaucoup à la Chicorée de Meaux; la côte est plus étroite que dans cette dernière espèce.

Chicorée frisée de Guilande. Grosse espèce, très rustique, très fournie et assez fine; elle est très cultivée par les maraîchers de Bègles à cause de son grand développement.

CHICORÉE Scarole.

Syn. fr. Escarole; Scariole. — **Esp.** Escarola. — **Ital.** Endivia Scarolia. **Angl.** Endive broad-leaved Batavian. — **All.** Winter Endivien ganzbreiter vollherziger Escariol.

Variétés. — *Chicorée Scarole ronde ou verte d'automne.* — *C. Scarole en cornet.* — *C. Scarole blonde ou à feuilles de laitue* (très larges feuilles). — *C. grosse de Limay.*

La culture des Chicorées Scaroles étant tout à fait analogue à celle des Chicorées frisées cultivées en pleine terre, nous croyons inutile de nous étendre plus longuement sur ce sujet. Cependant nous devons dire qu'on ne force pas les Chicorées Scaroles; ce sont des salades d'automne et d'hiver; on les sème généralement de juillet en septembre.

Chicorée Scarole ronde verte d'automne. Hâtive, très fournie et presque pommée; on la fait blanchir en relevant les feuilles qu'on réunit par un lien. On la sème ordinairement comme la Chicorée frisée en juillet; elle donne une excellente salade pendant la mauvaise saison; elle est rustique et bien fournie.

Scarole en cornet.

Chicorée Scarole large à feuilles de laitue. Belle et bonne espèce, mais plus délicate; elle craint l'humidité, elle donne un abondant produit pendant l'automne en hiver.

Chicorée Scarole en cornet, ou Béglaise. Résistant au froid; les feuilles sont blanches, recoquillées; pendant les grands froids, c'est souvent la seule salade qu'on puisse se procurer dans nos contrées où elle est avec raison très cultivée.

CHICORÉE sauvage.

(*Chicorium intybus*. — *Fam. des Composées.* — *Indigène.*)

Syn. fr. Chicorée amère ; Chicorée Barbe de Capucin. — **Ital.** Cicorea. **Port.** Chicoria. — **Esp.** Achicoria amarga ó agreste. — **Angl.** Chicory ; Succory. — **All.** Chicorie.

Variétés. — *Chicorée sauvage ou amère.* — *C. sauvage améliorée.* — *C. améliorée panachée.* — *C. à café.* — *C. Witteloof ou de Bruxelles à grosses racines.* — *C. sauvage améliorée frisée.*

Vivace. — La Chicorée sauvage qui est douée d'une grande amertume est cultivée comme salade pour être consommée verte ou blanche. On peut en avoir toute l'année au moyen de semis successifs en pleine terre. La Chicorée sauvage se sème très dru en planche, en bordures, en rayons ou à la volée.

Les feuilles de Chicorée sont, par suite, très serrées les unes contre les autres. On les récolte au fur et à mesure des besoins, en les coupant un peu au dessus de terre avec une faucille ou un couteau ; elles peuvent être ainsi coupées plusieurs fois dans l'année.

Pour avoir en hiver de la Chicorée sauvage blanche, appelée à Paris *Barbe de Capucin*, il faut, à la fin de l'automne, arracher des plants de Chicorée sauvage ou amère de semis de l'année, les disposer par lits alternés avec une légère couche de terre sablonneuse, le collet de la racine seulement en dehors, dans une cave ou cellier de température douce, à une complète obscurité. On arrose au besoin, on tond ou on cueille à la main une à une les feuilles qui ne tardent pas à pousser ; elles se renouvellent pendant tout l'hiver et font d'excellentes salades. Les jardiniers de Paris font des bottes d'une poignée de ces plantes avec leurs racines et les placent debout les unes près des autres sur des couches de fumier chaud, toujours à l'obscurité ; les feuilles poussent et allongent dans peu de jours, et ils portent ces bottes au marché.

Nous recommandons d'une manière toute particulière la *Chicorée sauvage améliorée*. Elle a beaucoup de ressemblance avec la Scarole, forme une pomme consistant en jets pressés les uns contre les autres; les feuilles sont très larges, très lisses. Cette Chicorée améliorée a les mêmes principes apéritifs que la Chicorée sauvage type, et son goût est bien préférable; peu d'amertume et peu de rugosité.

Chicorée sauvage à grosse racine de Bruxelles ou Wittloof (Endive). — Légume très estimé dans le Nord; on fait blanchir les feuilles et on mange la racine qui a un goût fin et agréable.

Les semis se font en juin en rayons dans une bonne terre profonde et riche. On laisse les plants se développer jusqu'à l'entrée de l'hiver en les sarclant et les arrosant. On arrache au commencement de novembre les racines, on en coupe toutes les feuilles à 3 centimètres au dessus du collet. On supprime toutes les pousses secondaires qui pourraient se montrer sur les côtés, ainsi que l'extrémité inférieure des racines, les réduisant toutes à une longueur de 20 ou 25 centimètres; elles sont alors prêtes pour la plantation. On ouvre une tranchée profonde de 40 ou 45 centimètres et on les y plante debout, rapprochées jusqu'à 3 ou 4 centimètres les unes des autres. De cette façon, le collet des racines doit se trouver à 20 centimètres environ en contre-bas du terrain environnant. On remplit alors complètement la tranchée avec de bonne terre légère et saine.

Si l'on veut faire entrer en végétation immédiatement les racines qu'on vient de planter, on étend sur la surface qu'on veut forcer un lit de fumier dont l'épaisseur doit varier suivant la nature même du fumier et la température régnante, mais ne doit pas être inférieure à 40 centimètres ni supérieure à 1 mètre.

Au bout d'un mois à peu près, la pousse sera développée; on enlève alors le fumier, on déterre la racine et l'on en détache la pomme blanchie avec une portion du collet.

On a essayé avec un certain succès de chauffer de nouveau les racines ainsi traitées; il se développe alors tout autour de la plaie faite au collet de nouvelles pousses assez nombreuses, composées chacune d'un certain nombre de feuilles qui donnent un produit intermédiaire comme aspect entre le Wittloof et la Barbe de Capucin ordinaire.

30 grammes de Chicorée sauvage contiennent 21,000 graines; le litre pèse 400 grammes. La durée germinative des graines est de huit années.

CHOU potager.

(*Brassica oleracea.* — *Fam. des Crucifères.* — *Indigène.*)

Syn. esp. Col. — **Ital.** Cavolo. — **Angl.** Cabbage. — **All.** Kohl.

Bisannuel et *trisannuel*. — Nous diviserons les Choux en cinq classes, savoir : 1° les *Choux cabus ou pommés*, à feuilles lisses et ordinairement glauques; 2° les *Choux de Milan*, plus ou moins pommés, à feuilles cloquées et généralement d'un vert foncé; 3° les *Choux verts ou sans tête*, qui peuvent durer deux ans et plus; 4° les Choux à racine ou tige charnue, constituant les diverses variétés de *Choux-Navets* et de *Choux-Raves*; 5° les *Choux-Fleurs* et les *Brocolis*.

Chou cabus ou pommé.

Syn. fr. Chou capu; Chou en tête. — **Esp.** Repolho; Col. — **Ital.** Cavolo cappuccio. — **Port.** Couve. — **Angl.** Round headed; Cabbage. **All.** Kopfkohl.

VARIÉTÉS PRÉCOCES DE PREMIÈRE SAISON. — *Chou Express. C. très hâtif d'Étampes.* — *C. d'York.* — *C. Pain de sucre.* — *C. Cœur de bœuf petit et gros.* — *C. hâtif de Wakefield.* — *C. Cabbage.* — *C. Bacalan gros et hâtif.* — *C. préfin de Boulogne-sur-Mer.* — *C. précoce de Tourlaville.* —

C. de Lingreville. — C. précoce de Louviers. — C. superfin. — C. prompt de Saint-Malo. — C. de Fumel ou C. femelle. — C. pommé plat de Paris. — C. nonpareil.

Ces Choux printaniers se sèment en toute saison; mais les véritables semis ont lieu d'août en septembre. On les repique en octobre au midi; au commencement de décembre, on les met en place; mais il est plus convenable de les laisser en pépinière et de ne les mettre à demeure qu'en février-mars. On sème aussi dans nos contrées ces Choux hâtifs sur couche et sous châssis en janvier, février et en mars, en pleine terre; on peut les récolter alors pendant l'été.

Les Choux aiment une terre franche, un peu fraîche et surtout bien fumée. Le chaulage, par un temps pluvieux ou avec la rosée, contribue à l'accroissement du Chou. Ce moyen consiste à répandre, à l'automne ou au printemps, de la chaux pulvérisée sur les feuilles ou sur la surface du sol. Un très bon engrais pour les Choux, très employé par les jardiniers maraîchers de notre région, c'est la plume de volaille qu'on enfouit dans le trou en transplantant le Chou. Les semis se font ordinairement à la volée en terre légère et meuble, à toutes les époques, à l'exception des mois de décembre et de janvier. Dans les chaleurs, il faut semer à l'ombre et, dans tous les cas, on donne de légers arrosements, surtout après le repiquage qui doit toujours se faire par un temps pluvieux et sombre. En repiquant, il faut éviter de presser la terre avec le plantoir, de serrer les racines et de trop sortir le collet de terre. Après la plantation, pour défendre les Choux des insectes, les saupoudrer de cendre le matin à la rosée.

Pour les différents Choux cabus, le nombre de graines contenues dans un gramme est d'environ 320; le litre pèse 690 grammes. La durée germinative est de cinq années pour toutes les graines de Choux, Choux-Fleurs et Choux-Raves.

Les *Choux d'York* commencent à donner vers la fin d'avril ou au commencement de mai; les pommes sont petites, allongées; ces Choux sont très précoces et très estimés. Puis viennent successivement les *Choux Bacalan*, très estimés à Bordeaux; pomme forte et se formant promptement.

Les *Choux Cœur de bœuf* sont aussi très précoces, très bons et méritent d'être cultivés. Nous recommandons d'une manière toute spéciale le *Chou Cabbage* qui est très précoce, très tendre et à pomme allongée.

Chou de Fumel ou C. femelle. Résiste admirablement aux chaleurs du Midi.

Chou préfin de Boulogne-sur-Mer. Race de Chou Cœur de bœuf, à pied court, pomme moyenne et allongée; se sème au premier printemps pour être cueilli en été; extrêmement hâtif; encore peu répandu.

Chou Express hâtif. Le plus précoce de tous les Choux; pomme petite. Bien productif étant planté plus serré.

Chou hâtif d'Étampes. Variété du Chou Cœur de bœuf; très hâtif; très bonne variété, plus volumineuse que le Chou Express.

Chou nonpareil. Bonne variété oblongue, précoce et productive.

Chou pommé plat de Paris. Pied très rond; pomme large, plate. C'est une variété hâtive, peu feuillue et tenant peu de place; très appréciée.

VARIÉTÉS DE DEUXIÈME SAISON. — *Chou pointu de Winnigstadl. — C. de Hollande hâtif et tardif. — C. de Schweinfurth très gros hâtif. — C. Joanet ou Nantais très hâtif. — C. Brunswick pied court. — C. Quintal ou gros d'Allemagne. — C. Saint-Denis ou Bonneuil* (très cultivé). *— C. gros de Vaugirard pour l'hiver. — C. conique de Poméranie. — C. petit hâtif d'Erfurt. — C. de Dax. — C. rouge gros pommé. — C. rouge foncé hâtif petit d'Utrecht. — C. de Habas. — C. de Noël. — C. Amager extra-tardif. — C. gaufré d'hiver. — C. Quintal d'Auvergne. — C. Cabus panaché.*

Les Choux hâtifs et tardifs d'été de deuxième saison se sèment à l'abri sur couche en décembre-janvier, et en pleine terre de mars en octobre. Les Choux d'hiver pommés, comme les Choux de Bonneuil, de Vaugirard, gros Quintal et de Dax, se sèment ordinairement en juin-juillet en pleine terre. Quand les plants ont quelques feuilles, on les repique à distance de 70 à 90 centimètres, suivant la grosseur de la pomme. Si on veut avoir de beaux Choux, le repiquage est une opération indispensable; les plants deviennent promptement plus vigoureux.

Dans cette deuxième variété, nous citerons comme étant très recommandables :

Chou Bonneuil.

Le *Chou Bonneuil ou de Saint-Denis*. Pied très court, feuille très glauque, pomme grosse, ordinairement aplatie, quelquefois ronde; variété la plus cultivée pour l'hiver; très appréciée, rustique.

Le *Chou Joanet ou Chou Nantais*. Variété excellente pour notre région; est très précoce, réussit très bien, et a encore le grand avantage de n'avoir pas le goût quelquefois musqué du Chou Bacalan ou du Chou d'York. Ce Chou est à tige très courte, à pomme presque plate; il est très hâtif, plus même que le Chou d'York.

Le *Chou de Brunswick pied court*. Très apprécié sur nos marchés; c'est un Chou d'été, demi-hâtif; pomme grosse, blanche, plate, très serrée; productif.

Chou pointu de Winnigstadt. Pomme conique, très serrée; bonne variété recommandable.

Chou de Winnigstadt.

Chou Quintal ou gros d'Allemagne. Excellent Chou d'hiver à pomme très grosse, très dure et très serrée; exige un terrain de première qualité. C'est le Chou employé pour la choucroute.

Chou Quintal ou gros d'Allemagne.

Chou de Schweinfurth. Très gros; c'est le plus volumineux, sinon le plus productif de tous les Choux cabus, très tendre, peu serré, mais ses qualités et sa précocité l'ont fait promptement apprécier de tous ceux qui l'ont cultivé; il vient dans les terrains maigres et secs, résiste à la chaleur. Si on le sème au mois d'avril, il peut être consommé dès la fin de juillet ou dans le mois d'août. Le Chou Schweinfurth est une des variétés les plus recommandables pour l'été et l'automne.

Chou conique de Poméranie.

Chou conique de Poméranie. Pomme en cône très allongé, très pleine et très serrée, très blanche à l'intérieur, se terminant en pointe par une feuille roulée en cornet sur elle-même. Variété tardive, se conservant bien; réussit mieux semée au printemps que si les semis sont faits à l'automne.

Le *Chou de Dax* qui est très gros, vert, pied haut, tardif, est très recommandable pour notre contrée; il résiste aux petites gelées. Semé en mai-juin, donne ses produits de novembre en février; feuillage abondant d'un vert plus foncé que celui du Chou Habas.

Chou de Vaugirard ou pommé d'hiver. Bon à cueillir à la fin de l'hiver, lorsque les autres variétés sont épuisées; côtes et nervures blanches fortement prononcées; pomme moyenne ronde ou aplatie, souvent un peu teintée de rouge en dessus. C'est une variété des plus rustiques.

Chou de Noël. Très rustique, se formant très bien à l'arrière-saison; précieux pour l'hiver; pomme ronde, ferme, d'un vert ardoisé.

Chou Amager extra-tardif. Le plus rustique des Choux pommés d'hiver; feuilles gris argenté; pomme arrondie très ferme et de longue conservation.

Chou Quintal d'Auvergne. Tardif, d'un fort développement; pomme dure et serrée atteignant souvent 50 centimètres de diamètre; variété à très grand rendement.

Chou gaufré d'hiver. Race trapue à feuilles extérieures curieusement ondulées sur les bords; pomme arrondie et ferme; très recommandable pour l'hiver.

Chou cabus panaché. Variété à la fois potagère et très ornementale par ses feuilles lavées et marbrées de blanc, de rose, de rouge et de lilas.

Chou pommé rouge. On en distingue deux races principales : le *gros* et le *petit*; on appelle ce dernier *Chou noirâtre petit d'Utrecht*; l'un et l'autre sont très estimés, on les mange en salade; ils servent aussi aux mêmes usages que les autres Choux pommés. Nous préférons le petit Chou rouge; il est plus hâtif que le Chou rouge gros. Semé en février sur couche, on peut le récolter en juillet-août, tandis que l'autre variété est beaucoup plus tardive. Tous les gros Choux cabus servent à faire la choucroute lorsque leur pomme est pleine et serrée.

Chou de Milan.

Syn. fr. Chou pancalier; C. cabus frisé. — **Ital.** Cavolo di Milano.
Esp. Col de Milan; Col Risada. — **Port.** Saboia. — **Angl.** Cabbage.
All. Savoyerkohl oder Wirsing.

VARIÉTÉS. — *Chou frisé de Milan très hâtif de la Saint-Jean.* — *C. de Milan petit hâtif d'Ulm.* — *C. de Milan court hâtif.* — *C. de Milan favori très frisé vert fin, hâtif.* *C. de Milan gros des Vertus.* — *C. de Milan ordinaire.* — *C. de Milan pancalier.* — *C. de Milan du Cap très frisé.* — *C. de Milan de Pontoise gros tardif dur d'hiver.* — *C. de Milan de Norwège tardif gros d'hiver.* — *C. de Milan doré.* — *C de Milan d'Aire.* — *C. de Milan très hâtif de Paris.* — *C. de Milan petit très frisé de Limay.* — *C. pancalier de*

Touraine. — *C. de Milan Victoria très frisé.* — *C. de Milan à tête longue.*

Les *Choux de Milan* ou pommés frisés se distinguent aisément des Choux cabus de la première classe à leurs feuilles fortement ridées ou cloquées; ils pomment comme eux, mais les feuilles qui composent leur tête ne sont jamais aussi serrées que dans les Cabus; leur saveur est aussi plus douce, moins musquée, que celle de ces derniers. Le Chou de Milan est très résistant au froid; la gelée, à moins qu'elle ne soit excessivement forte, attendrit le cœur sans le détruire.

Leur culture diffère peu de celle des Choux cabus; on les sème de mars en juillet. Dans le Bordelais, c'est en mai et en juin qu'on sème le plus de Choux Milan frisés. En attachant les feuilles ensemble, c'est-à-dire en les pressant l'une contre l'autre, lorsque les Choux commencent à être pommés, ils deviennent très blancs; leurs pommes se développent, et huit ou dix jours après ils peuvent être livrés à la consommation.

Chou de Milan gros des Vertus.

Le plus généralement répandu de cette classe est le *Chou de Milan des Vertus.* C'est le plus gros de tous les Choux de Milan; ses feuilles sont peu frisées, souvent d'un vert très glauque; pendant l'hiver, avec le Chou Bonneuil, ce sont les deux Choux qui ont le plus de vente sur nos marchés.

Chou de Milan du Cap. Très frisé, plus hâtif que le précédent, bien vert et bien cloqué, pomme moyenne; bonne variété.

Chou de Milan hâtif d'Aubervilliers. Variété hâtive de Chou de Milan des Vertus, à pied plus court. Le plus gros et le meilleur des choux de Milan pour la fin de l'été.

Chou de Milan très hâtif d'Ulm. A tige un peu haute, prompt à pommer, peu gros, excellent. C'est le plus précoce des Choux de Milan.

Chou de Milan doré. Ayant la pomme peu serrée et fort tendre, si on le consomme surtout après les gelées.

Chou pancalier de Joulin. Très hâtif, pomme petite, pied court. Les feuilles extérieures, d'une teinte presque noire, sont très charnues et sont aussi bonnes que la pomme elle-même.

Chou de Milan très hâtif de la Saint-Jean. Variété excessivement hâtive, à pomme en forme de Chou Cœur de bœuf.

Chou de Milan d'Aire. — Petite race à pied court et à feuilles finement cloquées; pomme ronde, ferme, d'excellente qualité.

Presque tout en pomme, ce Chou pourra être planté très serré.

Chou de Milan de Pontoise. Gros, très tardif, d'hiver.

Chou de Milan de Norwège. Peu frisé, pomme moyenne; résiste très bien à l'hiver. C'est le plus tardif des Choux; c'est aussi le plus rustique de tous les choux de Milan.

Chou de Milan court, hâtif ou nain. Excellent légume pour l'hiver. Ce Chou est très trapu, vert et très foncé; assez hâtif, à pomme tendre et très bon.

Chou de Milan petit très frisé de Limay. Très joli petit Chou extrêmement rustique, résiste aux froids les plus intenses; il est tardif. Pomme petite, arrondie, peu serrée; elle donne plutôt une large rosette de feuilles qu'une pomme proprement dite.

Chou de Bruxelles.

Syn. fr. Chou rosette; Chou à jets. — **Esp.** Bretones de Bruselas. **Ital.** Cavolo a germoglio. — **Port.** Couve de Bruxellas d'olhos repolhudos. — **Angl.** Cabbage Brussels Sprouts. — **All.** Grüner Sprossen.

Variétés. — *C. de Bruxelles ordinaire.* — *C. de Bruxelles nain.* — *C. de Bruxelles demi-nain de la Halle.*

Le *Chou de Bruxelles* est une variété du chou de Milan qui produit de petites pommes frisées à l'aisselle des feuilles et tout le long de la tige. La culture du Chou de Bruxelles a pris depuis quelques années une extension considérable dans les environs de Bordeaux. On fait les semis en pleine terre de la mi-avril jusqu'en juillet; on met le plant en place dans une terre légère, sablonneuse et même maigre. Les Choux de Bruxelles demandent des arrosements fréquents. On jouit de cet excellent légume depuis l'automne jusqu'à la fin de l'hiver; il résiste aux froids.

Chou de Bruxelles demi-nain de la Halle. — Variété ne dépassant pas 65 centimètres de haut, rustique et excessivement productive.

Chou de Bruxelles nain. — Tige forte ronde, de 50 centimètres de hauteur; pommes très nombreuses, grosses, serrées les unes contre les autres; précoce, mais la production dure moins que dans le Chou de Bruxelles grand.

Choux verts et Choux non pommés.

Syn. esp. Breton; Berza. — **Ital.** Cavolo verde. — **Angl.** Kale or Borecole. — **All.** Blatterkohl; Winterkohl.

Variétés. — *Chou cavalier ou à vache.* — *C. branchu du Poitou.* — *C. moellier rouge.* — *C. de Lannilis.* — *C. fourrager de la Sarthe.* — *C. frisé vert grand.* — *C. frisé vert pied court.* — *C. frisé rouge pied court.* —

C. frisé panaché rouge. — C. frisé panaché blanc. — C. frisé lacinié panaché. — C. marin. — C. crambé maritime. — C. Caulet de Flandre. — C. Palmier. — C. vivace de Daubenton. — C. mille-têtes (à tiges très nombreuses, malheureusement assez sensible au froid).

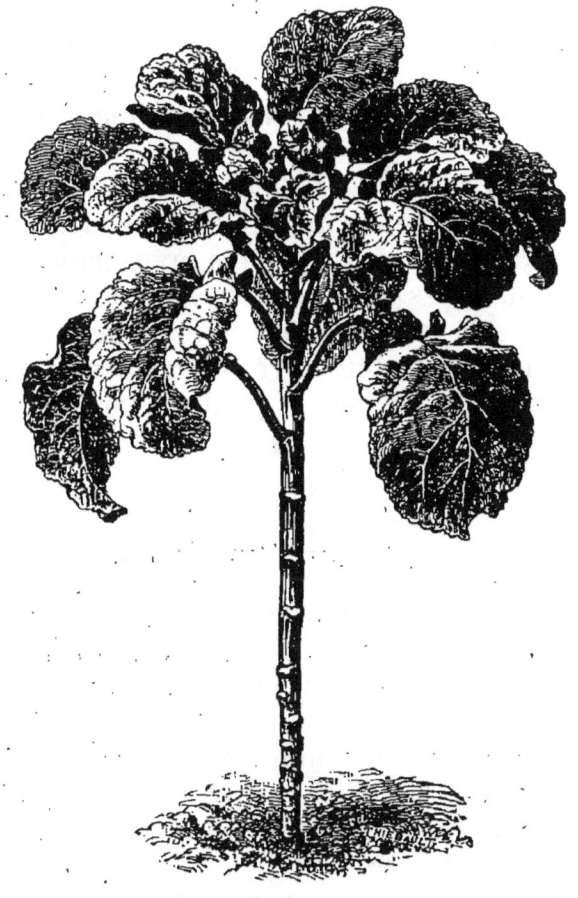

Chou Cavalier.

Nous ne nous étendrons pas sur cette variété de Choux qui rentrent plus spécialement dans la grande culture. On les sème au printemps en pépinière; on les repique vers le mois de mai pour les mettre en place dans le courant de l'été. Leur production se continue pendant l'automne et l'hiver. La plante ne monte alors à graine qu'au printemps de la seconde année qui suit celle du semis. On sème en pépinière, 250 grammes; en place, 1 kilo.

C'est un précieux fourrage pour tous les pays humides et à hivers tempérés; on ne saurait trop recommander la culture des variétés suivantes :

Chou Cavalier ou à vache. — S'élève à 2 mètres et plus sur une seule tige; ses feuilles sont grandes, unies ou faiblement cloquées; variété très rustique, résistant bien au froid.

Chou vert branchu du Poitou. — Moins élevé que le Cavalier, mais formant une touffe considérable et très productive; moins rustique que le précédent et souffrant davantage dans les hivers rigoureux. On emploie aussi les Choux verts dans les jardins comme plante d'ornement. Ils ont la propriété de résister au froid; aussi, dans le Nord, on s'en sert comme plante potagère lorsque la gelée a attendri leurs feuilles.

Chou Crambé maritime.

(*Crambe maritima.* — *Fam. des Crucifères.*)

Syn. fr. Chou marin. — **Ital.** Cavalo di Mare. — **Esp.** Soldanela maritima. — **Angl.** Sea-Kale. — **All.** Seekohl.

Plante *vivace* dont on mange les tiges comme l'Asperge après les avoir fait blanchir en couvrant la plante d'un pot ou en la buttant. Bien préparés, les Choux crambés conservent toute leur fermeté et présentent, avec une très légère amertume, une saveur de noisette très fine et très agréable. On sème en mars en pépinière; on éclaircit ensuite le semis qu'on transplante en mars l'année suivante en bonne terre meuble. Plus ordinairement on multiplie le Chou crambé par œilletons ou tronçons de racines en février, qu'on met reprendre dans des petits pots sur couche tiède.

Ce n'est que la troisième année que l'on butte pour faire

blanchir les feuilles, en les chargeant de 15 à 20 centimètres de terre légère. Quelquefois on se borne, quand on veut récolter peu à la fois, à recouvrir les œilletons à blanchir avec un pot à fleurs renversé que l'on recouvre en entier plus ou moins complètement de terreau de feuilles sèches. Si l'on veut forcer les plantes on se sert de fumier dont on entoure et recouvre le pot; au bout de quelques semaines les pousses sont suffisamment développées pour être cueillies. Le Crambé peut aussi être forcé en serre ou en bâche. On arrache les pieds en entier et on les place dans du sable frais. Les pousses doivent comme en plein air être soustraites à l'action de la lumière, soit par une épaisseur de sable ou de fumier, soit avec des pots. Comme amendement, le sel favorise la végétation du Crambé.

La graine non décortiquée pèse 210 grammes par litre et 30 grammes contiennent 450 à 500 graines; sa faculté germinative est d'une année.

Chou-Rave.

(Brassica caulo-rapa.)

Syn. fr. Chou de Siam. — **Ital.** Cavolo Rapa. — **Esp.** Col Rabano. **Port.** Couve Rabão. — **Angl.** Kohl-Rabi above ground. — **All.** Kohlrabi über der Erde; Oberkohlrabi.

Variétés. — *Chou-Rave sur terre blanc. — C. Rave violet. — C. Rave blanc très hâtif de Vienne. — C. Rave violet très hâtif de Vienne. — C. Rave sur terre violet Goliath.*

On mange la partie renflée de la tige avant qu'elle soit complètement développée; dans cet état, elle est tendre et participe, pour le goût, du chou et du navet et peut être employée aux mêmes usages que ce dernier.

Le *Chou-Rave* se sème en mai-juin à raison de 1 kilo de graines en lignes, 2 kilos à la volée, par hectare. Le repiquage se fait en place dans une terre bien travaillée.

Pendant les chaleurs on arrose abondamment afin d'avoir des Choux bien tendres et de bonne qualité. Les Choux-Raves résistent parfaitement aux gelées assez fortes.

Le *Chou-Rave violet Goliath* est une superbe variété qui atteint le poids énorme de 10 à 12 kilos sans devenir fibreuse. On le distingue par sa tige renflée au dessus de la terre et qui forme une boule sur le sommet, d'où les feuilles prennent naissance.

Chou-Rave blanc hâtif de Vienne.

Chou-Rave blanc hâtif de Vienne. — Jolie variété très fine et très précoce; il a très peu de feuilles. Cette variété se forme très vite. On peut le consommer deux mois et demi ou trois mois après le semis. Il y a une variété de *Chou-Rave violet hâtif de Vienne* pas aussi fin, ni aussi précoce que le précédent.

Le Chou-Rave rend de grands services dans les terres où le navet réussit mal; en été et en automne, il le remplace très bien, car à demi formé, c'est un légume très délicat. 30 grammes contiennent 9,000 graines.

Chou-Navet.

(*Brassica campestris.* — *Napo Brassica.*)

Syn. fr Chou-Rave en terre; Chou Turnep. — **Ital.** Cavolo Navone. **Esp** Col Nabo. — **Port.** Couve Nabo. — **Angl.** Cabbage Turnip rooted. **All.** Kohlrabi in der Erde.

Variétés. — *Chou-Navet blanc gros.* — *C. jaune ou Rutabaga.* — *C. Rutabaga col rouge.* — *C. Rutabaga des Kirving.* — *C. Rutabaga champion.* — *C. Rutabaga ovale.*

Le Chou-Navet produit une racine charnue ayant la forme d'un gros navet qui a la saveur du Chou-Rave. Cette variété, à l'opposé du Chou-Rave, produit sa racine en terre. Les semis se font en mai-juin, très clair, à la volée en place sans repiquage. On éclaircit les plants de 35 à 40 centimètres en tous sens, puis on se contente de donner quelques binages. Ces Choux résistent aux plus grands froids et on ne les arrache qu'à mesure des besoins. Ils remplacent avantageusement les Navets pendant l'hiver.

Il y a avantage à récolter, pour les faire consommer de suite, les Choux-Navets et Rutabaga avant qu'ils aient atteint leur complet développement.

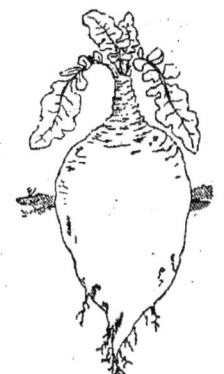

Chou-Navet blanc.

Les plus recommandables sont :

Chou-Navet jaune ou Rutabaga. Racine très grosse et très arrondie, à chair jaune; demande un terrain d'assez bonne qualité; ou dans des terrains siliceux des engrais phosphatés. Dans nos Landes de Gascogne, le Rutabaga réussit très bien, si on a le soin, au premier sarclage, de mettre autour de la racine du phosphate de chaux.

Chou Rutabaga des Kirving à collet rouge. Racine très volumineuse, presque sphérique; à chair jaune très compacte.

Chou-Navet blanc hâtif à feuille entière. Jolie race précoce, à racine bien lisse et bien blanche; chair tendre et de goût très agréable; à consommer à demi formé.

Chou Rutabaga jaune plat. Racine moyenne, bien nette, à collet fin.

Chou Rutabaga champion à collet rouge. Très belle race productive.

Chou Rutabaga ovale. Racine ovale, à collet rouge, d'une forme parfaite; très productif.

30 grammes contiennent 11,250 graines.

Chou-Fleur.

(*Brassica oleracea. — Botrytis cauliflora.*)

Syn. esp. Coliflor. — **Ital**. Cavolo di Malta; Cavolfiore. — **Port**. Couve Flor. — **Angl**. Cauliflower. — **All**. Blumenkohl.

Variétés. — *Chou-Fleur tendre de Paris ou Salomon, très hâtif. — C. nain hâtif d'Erfurt. — C. demi-dur de Paris. — C. dur de Paris. — C. demi-dur de Saint-Brieuc. — C. Lenormand extra. — C. Lemaître à pied court. — C. dur de Hollande. — C. dur d'Angleterre. — C. Impériale. — C. géant de Naples. — C. de Chambourcy gros.*

Les Choux-Fleurs sont toujours d'un succès incertain; aucune plante n'est plus sujette à l'influence des saisons. Comme on les sème généralement en pleine terre du mois d'avril jusqu'en juin, ils réussissent mal à cause de la chaleur et de la sécheresse. Pour obtenir de beaux Choux-Fleurs, il faut donner de copieux arrosements et les repiquer dans une bonne terre, douce et bien fumée. Sur un défoncement et dans un terrain neuf, comme une prairie retournée, on obtiendra de magnifiques produits.

Pour avoir des Choux-Fleurs à cueillir en juin-juillet, on sème sur couche en janvier-février.

Chou-Fleur tendre ou Salomon. Très hâtif; il a la tête moins grosse que celle du Chou-Fleur demi-dur; elle se forme plus vite, se divise plus promptement; les feuilles sont moins nombreuses, moins ondulées, moins renversées à leur extrémité, plus étroites; il est plus haut de pied. Ce même Chou-Fleur tendre, semé en avril en pleine terre comme le demi-dur, peut être consommé quinze jours plus tôt.

Chou-Fleur nain hâtif d'Erfurt. Pour la culture forcée sous châssis. On le sème au commencement du printemps et mieux dans notre région au milieu de l'été; on peut encore le semer en septembre, le repiquer sous châssis froid pour le planter ensuite sur couche à raison de six pieds par panneau; on obtiendra alors ce Chou-Fleur en avril-mai. Cette culture n'a pas été pratiquée dans notre contrée; on pourrait l'essayer. Ce Chou-Fleur donne une pomme très blanche, à grain fin, se formant promptement, mais ne se conservant pas longtemps ferme.

Chou-Fleur Alléaume. Pied court, pomme grosse, à grain très serré et très blanc; très hâtif; convient surtout pour la culture sur couche.

Chou-Fleur Lenormand.

Dans les Choux-Fleurs demi-durs, le plus rustique est le *Chou-Fleur demi-dur Lenormand*, très beau et de bonne qualité, pomme volumineuse. C'est le plus cultivé dans nos contrées pour être récolté en automne.

Chou-Fleur dur de Paris. Vient plus tard que le Chou-Fleur demi-dur; il ne s'en distingue que par moins de précocité, par sa feuille plus ample, par son pied un peu plus court; très recommandable pour l'hiver; il résiste plus aux gelées que les variétés précédentes. Le Chou-Fleur Lemaître se rapproche du demi-dur de Paris hâtif.

Chou-Fleur impérial. Plus vigoureux que le Chou nain d'Erfurt; sa pomme est plus forte; c'est une race très méritante.

Chou-Fleur de Russie. Excellente variété venant vers la Noël; sa pomme est forte, bien serrée.

Chou-Fleur d'Alger. Race tardive, mais remarquable par sa pomme, qui est très volumineuse.

C. dur de Hollande. Très rustique; hâtif; pomme très dure, serrée, pas très grosse.

C. de Walcheren. Le plus tardif des Choux-Fleurs en même temps qu'un des plus rustiques; il précède immédiatement les Brocolis. Il faut le semer en avril, pour le récolter avant les gelées.

30 grammes contiennent 11,250 graines. Le litre pèse 690 grammes. La durée germinative des graines est de cinq années environ.

Chou Brocoli.

(*Brassica oleracea.* — *Botrytis cymosa.*)

Syn. fr. Chou-Fleur d'hiver blanc hâtif. — **Ital.** Broccoli Romani; Cavolo Broccoli. — **Esp.** Broculi. — **Angl.** Broccoli. — **All.** Brocoli.

VARIÉTÉS. — *Chou-fleur d'hiver blanc hâtif.* — *C. Brocoli blanc.* — *C. Mammouth* (très beau). — *C. Brocoli rose.* — *C. Brocoli noir de Sicile ou Brocoli violet nain très hâtif. C. Brocoli violet pommé.* — *C. Brocoli violet branchu.* — *C. Brocoli blanc hâtif et tardif d'Angers à pomme très forte.* — *C. Brocoli de Roscoff.* — *C. Brocoli de Pâques.* — *C. Brocoli blanc extra-tardif.*

Les *Brocolis* se distinguent des Choux-Fleurs en ce qu'ils ont les feuilles ondulées, plus nombreuses et moins amples, et que leurs têtes sont moins volumineuses et généralement colorées autrement que dans les Choux-Fleurs proprement dits.

Beaucoup plus rustiques que ces derniers, ils peuvent supporter sans souffrir quelques degrés de froid. Comparés aux Choux-Fleurs, les Brocolis sont comme *bisannuels* à cheval sur deux ans. Dans notre département, on sème le Chou Brocoli de mai en juillet, à l'ombre, sur plate-bande terreautée. Lorsque le plant est suffisamment fort, on le repique en pépinière, et un mois après, on le met en place à 60 centimètres de distance en tous sens. Ils passent l'hiver et ne poussent qu'au premier printemps.

On remarque sur nos marchés une variété locale améliorée par nos jardiniers qui doit être recommandée à juste titre pour la grosseur de sa pomme, sa finesse et sa rusticité : c'est le *Brocoli violet pommé*, appelé à Bordeaux *Brocoli Malte*, aussi hâtif que le Brocoli blanc. La couleur violette de ses feuilles le met à l'abri des chenilles et des limaçons qui causent tant de ravages sur les autres Choux.

Chou Brocoli noir de Sicile. Très recommandable ; sa pomme est large, régulière, violet foncé ; grain assez gros et serré. On sème ce Brocoli en avril comme les Choux-Fleurs de printemps ; il est complètement pommé en septembre et, suivant l'époque des semis, peut être récolté jusqu'à la Noël.

Chou Brocoli blanc Mammouth. Variété très recommandable ; a le mérite essentiel d'être très rustique et tardif. Sa pomme est blanche et bien ferme ; il donne son produit vingt jours après le Brocoli blanc hâtif : c'est le meilleur éloge que nous puissions faire du Brocoli Mammouth.

Chou Brocoli d'Angers blanc. Pomme très grosse, très ronde ; grain blanc et serré.

Chou Brocoli blanc extra-tardif. Race vigoureuse, à pomme fine et ferme, donnant son produit après le Brocoli Mammouth et avant les Choux-Fleurs de printemps.

Chou Brocoli rose. Très récemment introduit dans les cultures ; nain et précoce ; se distingue par la couleur rose très originale de sa pomme.

Chou Brocoli violet branchu (appelé aussi *Broutes*). — Les branches se mangent comme les asperges, en salade ; très productif, très rustique et très apprécié dans la région du Sud-Ouest.

CIBOULE blanche hâtive.

(*Allium fistulosum*. — *Fam. des Liliacées*. — *Originaire de Sibérie*.)

Syn. fr. Ciboule de Saint-Jacques ; Oignon à tondre. — **Esp.** Cebolletta. — **Ital.** Cipoletta. — **Port.** Cebolinha. — **Ang.** Welsh Onion. **All.** Cipolle ; Schnittzwiebel.

Variétés. — *Ciboule commune*. — *C. blanche hâtive*. — *C. de Saint-Jacques vivace*. Cette variété ne produit pas de graines.

Vivace. Annuelle ou *bisannuelle* dans la culture. — Plante herbacée qu'on emploie comme condiment ; les feuilles ont un goût d'oignon très prononcé. Elle se sème au printemps et à l'automne en terre légère et substantielle ; on la laisse en place ou on la repique en bordure en mettant 10 centimètres de distance entre les touffes.

On traite ordinairement dans la culture cette variété comme une plante bisannuelle. Elle peut se propager aussi par la division de chacune de ses tiges renflée à la base et qui donne naissance à une nouvelle touffe.

Comme la Ciboule produit beaucoup de graine et qu'elle peut périr l'hiver, on préfère la semer tous les ans. Trois mois après le semis, on peut commencer à couper les feuilles.

30 grammes contiennent environ 9,000 graines. Leur durée germinative est de deux ou trois ans, et le litre pèse en moyenne 480 grammes.

CIBOULETTE.

(*Allium chœnoprasum.* — *Fam. des Liliacées.* — *Indigène.*)

Syn. fr. Civette; Appétit de Paris; Fausse Échalote. — **Ital.** Cipollina. **Esp.** Cebollana; Cebollino. — **Angl.** Chives. — **All.** Schnittlauch; Graslauch.

Vivace. — La Ciboulette ne donne pas de graines fertiles; on la multiplie de caïeux que l'on sépare en février, mars, avril et à l'automne, pour les planter en bordure; on prétend qu'elle a la propriété d'éloigner les insectes des carreaux du potager qu'elle entoure.

La Ciboulette est d'autant plus tendre et pousse d'autant mieux qu'on la coupe plus souvent. C'est la plante la plus vivace de la culture maraîchère. On emploie les feuilles comme celles de la Ciboule.

CONCOMBRE. — CORNICHON.

(*Cucumis sativus.* — *Fam. des Cucurbitacées.* — *Originaire des Indes.*)

Syn. ital. Cocomero; Citriolo. — **Esp.** Cohombro; Pepino. **Port.** Pepino. — **Angl.** Cucumber. — **All.** Gurke.

Variétés. — *Concombre blanc hâtif.* — *C. blanc très gros de Bonneuil.* — *C. de Russie très petit et très hâtif, ou C. Agourci.* — *C. vert demi-long ordinaire.* — *C. Cornichon Serpent.* — *C. vert long de Monroë.* — *C. vert très long de Chine.* — *C. jaune hâtif de Hollande.* — *C. Rollisson's Telegraph.* — *C. vert long Duc de Bedford.* — *C. vert très long géant de Quedlimbourg.* — *Cornichon fin de Meaux.* — *C. Cornichon vert de Paris.* — *C. vert long d'Athènes.* — *Cornichon amélioré de Bourbonne.*

Annuel. — Dans le Nord et surtout à Paris, on cultive le Concombre sur couche de décembre en mars; on le repique en pot sous châssis ou sous cloche.

Pour cette culture forcée, on emploie plus particulièrement le *Concombre blanc hâtif de Russie* ou *Concombre Agourci* ; c'est le plus précoce de tous, fort petit, fruit oblong, à écorce brune veinée de blanc, presque rond et venant par bouquets ; excellente variété. Tous les Concombres en général aiment la chaleur et l'eau.

Dans notre région, au mois d'avril on sème en pleine terre et en place dans des trous remplis de fumier couvert de terreau. Le *Concombre-Cornichon vert de Paris* ne se sème ordinairement qu'en place. En pleine terre on ne taille pas le Concombre ; aussi la floraison se prolonge-t-elle pendant plusieurs mois, quand on enlève les fruits à mesure qu'ils se forment.

Le Concombre-Cornichon demande moins de chaleur que le melon ; les fruits sont cueillis et consommés ordinairement avant maturité. De même que les melons, les Concombres demandent par dessus tout une terre riche, chaude et bien fumée ; ils ne redoutent rien tant que le froid et l'humidité.

Les jeunes fruits de toutes les espèces de Concombres peuvent être récoltés tous les deux jours, quand ils ont atteint la grosseur du petit doigt, pour être confits au vinaigre, et constituent alors ce qu'on appelle des Cornichons. En résumé, on appelle Concombre tous les Cornichons auxquels on laisse prendre un fort développement dans le but de les utiliser pour divers usages culinaires.

Comme la plupart des Cucurbitacées, les Cornichons sont des plantes volubiles ; aussi dans certaines parties de la France on cultive les Cornichons en lignes, et quand les plantes ont pris quelque développement, on les rame, comme on ferait des haricots ; l'effet que produit une plantation de Cornichons ainsi traités est assez pittoresque ; de plus, les plantes produisent beaucoup plus de fruits que par la méthode ordinaire. Par cette culture, les fruits sont modifiés : au lieu d'être arqués comme ils le sont généralement, les Cornichons sont alors droits et plus réguliers. Les soins à donner sont les mêmes pour les Cornichons ramés que pour ceux que l'on soumet à la culture ordinaire ou traînante.

On emploie plus spécialement pour confire le petit Cornichon vert de Paris.

Cornichon fin de Meaux. — Hâtif, très productif; fruit peu épineux, cylindrique; très recherché pour confire.

Concombre blanc très gros de Bonneuil. — Magnifique variété très productive, ovoïde, volumineuse, pour pleine terre, et qui donne un bon rapport pendant tout l'été.

Concombre grec vert long ou d'Athènes. — Très belle variété; fruit long, gros, bien plein, à chair blanche, fine, de très bon goût; lorsqu'il est encore petit, il peut être confit au vinaigre.

Concombre Fournier (vert long, fin, hâtif). — Variété précoce, très vigoureuse et productive; réussissant bien cultivée en plein air.

Concombre vert long maraicher. — Vigoureux, productif, nombreux et superbes fruits lisses, à chair tendre, pleine. Toutes les variétés anglaises de Concombres sont très fines et les meilleures pour la culture forcée, comme le *Concombre long de Monroë.* — *C. Duc de Bedford.* — *C. vert long Gladiateur.* — *C. vert long Rollisson's Telegraph.* — *C. vert long de Cardiff.* — *C. vert long de Quedlimbourg géant.* Variété hâtive et très productive.

30 grammes contiennent 1,050 graines; le litre pèse 500 grammes; la durée germinative est de huit années.

COURGE.

(*Cucurbita.* — *Fam. des Cucurbitacées.* — *Originaire des Indes.*)

Syn. fr. Citrouille; Potiron; Giraumont; Patisson. — **Esp.** Calabaza. **Ital.** Zucca. — **Port.** Cabaça. — **All.** Speise Kürbiss. — **Angl.** Gourd; Squash.

Annuelle. — Les variétés de Courges sont innombrables; on les a ramenées à trois espèces bien distinctes :

Cucurbita maxima. — *C. moschata.* — *C. Pepo.*

Cucurbita maxima.

(*Grosse Courge.*)

Syn. fr. Potiron. — **Ital.** Zucca. — **Esp.** Calabaza totanera. — **Angl.** Pumpkin. — **All.** Melonen; Kürbiss.

C'est cette espèce qui a donné naissance aux variétés de Courges les plus volumineuses et entre autres à celles qui sont connues sous le nom de *Potirons*. Les feuilles des *Cucurbita maxima* sont très grandes, réniformes, arrondies, jamais profondément divisées.

Les Potirons sont très cultivés pour les marchés et pour la consommation dans les fermes.

VARIÉTÉS. — *Potiron jaune gros.* — *P. blanc gros.* — *P. rouge vif d'Etampes.* — *P. vert gros.* — *P. vert d'Espagne.* — *P. gris de Boulogne.* — *P. Mammouth.* — *P. bronze de Montlhéry.* — *Courge brodée galleuse, ou Giraumont galleux d'Eysines.* — *C. Giraumont Turban.* — *C. Giraumont petit de Chine.* — *C. Marron ou Pain des pauvres.* — *C. de Valparaiso.* — *C. de l'Ohio.* — *C. verte de Hubbard.* — *C. Olive.* — *C. de Valence.*

Cucurbita moschata.

(*Courge musquée.*)

Les variétés qui dérivent de cette espèce ont toutes les tiges coureuses, longues et s'enracinant facilement; les feuilles et les pétioles sont recouverts de poils nombreux; les feuilles, d'un vert foncé, ne sont pas découpées.

VARIÉTÉS. — *Courge melonnée ou Melonnette de Bordeaux, longue et ronde.* — *C. pleine de Naples ou Porte-Manteau.* — *C. Cou tors du Canada.* — *C. de Yokohama.*

Cucurbita Pepo.

Cette espèce a donné naissance à un très grand nombre de races cultivées, qui reproduisent tous les caractères des espèces que nous avons décrites et appartenant à la plante mère.

Les Patissons, les Coloquintes, les petites Courges d'ornement, dont nous avons parlé dans la description des Fleurs de pleine terre, sont classés dans cette section.

Variétés. — *Courge à la moelle ou Moelle végétale.* — *C. blanche non coureuse ou C. de Virginie.* — *C. d'Italie ou Coucourzelle.* — *C. sucrière du Brésil.*— *C. des Patagons.* — *Courgeron de Genève.* — *C. Cou tors hâtive.* — *Citrouille de Touraine.* — *Patisson Bonnet d'Electeur ou Artichaut de Jérusalem.* — *Coloquintes-Courges d'ornement.*

On sème les Courges en avril en place dans des fosses de 50 centimètres de diamètre sur 40 centimètres de profondeur dont le fond est rempli de bon fumier fortement comprimé, qu'on recouvre de terreau. On creuse les fosses à 2 mètres de distance les unes des autres et on met dans chacune deux ou trois graines; après la levée, on ne laisse que les pieds les plus vigoureux. Ordinairement, on abandonne les Courges à leur développement naturel. Il est peu de plantes aussi avides d'eau que la Courge; elle ne peut s'en passer que dans un bon défoncement. Lorsque la Courge est en pleine végétation, que les fruits commencent à être bien formés, on pince la branche qui a pris naissance au point même où se trouve attaché le fruit et que l'on peut appeler fausse branche ou faux bourgeon. Après cette opération, les fruits grossissent beaucoup et très promptement.

Il y a un grand nombre de variétés; nous recommandons principalement la Courge qui donne les meilleurs résultats dans nos contrées : c'est la *Courge Giraumont d'Eysines*, excellent légume très farineux et très doux. La surface du fruit au moment de la maturité est toute couverte d'excroissances qui forment broderies. La chair de ce Giraumont est jaune orangé, très épaisse, très sucrée et de longue garde.

Giraumont d'Eysines.

Nous citerons encore :

Courge melonnée. Très estimée dans tout le Midi; chair rouge, très fondante.

C. de Naples ou Porte-Manteau. Excellente espèce, longue, contournée, chair très fine, se rapprochant de la Courge melonnée.

C. de l'Ohio. Fruit piriforme, à écorce et chair jaune orange; très bonne.

C. d'Italie ou Coucourzelle; Kürbiss. Non coūreuse; fruit long; écorce jaune panachée de vert; se consomme à demi formé.

Courge des Missions. — Fruit d'un blanc crème uni, chair jaune; de très longue garde.

Courge à la moelle végétale. Fruit ovale, à consommer à demi formé; écorce jaune panachée de vert; chair jaunâtre.

Courge Potiron vert d'Espagne. Variété très productive, à fruit très aplati, de bonne grosseur et à écorce lisse; sa chair est ferme et délicate; en résumé, c'est une bonne espèce.

Giraumont Turban. Le fruit est couronné; il est de très bonne qualité.

Potiron jaune vif gros d'Espagne. Variété d'un beau rouge vif brillant, ayant presque complètement remplacé l'ancien Potiron jaune gros; très beau fruit, aussi volumineux que ce dernier, à écorce plus fine, à chair plus épaisse, d'une couleur plus intense et de meilleure qualité.

Potiron gris de Boulogne. De longue conservation; peut se consommer à la fin de l'hiver, ce qui est un avantage pour le marché, car les autres variétés ont disparu à ce moment. L'écorce de ce Potiron est de couleur vert grisâtre, lisse ou marqué de broderies très fines; la chair d'un beau jaune d'or est épaisse, ferme, serrée et de bonne qualité.

Potiron rouge vif d'Étampes. Excellente variété d'un beau rouge vif brillant; aussi volumineux que le Potiron jaune gros; écorce plus fine et chair plus épaisse.

Potiron Mammouth. Bien distinct par la forme renflée et presque sphérique de ses énormes fruits; chair très épaisse, bien jaune et de bonne qualité.

Potiron bronzé de Montlhéry. Fruit arrondi, nettement côtelé; chair jaune, épaisse et d'excellente qualité. Se conserve très tard après les autres variétés.

Courge de Yokohama; C. du Japon. Variété coureuse, très intéressante, de très bonne qualité, un peu tardive, à fruit aplati.

Citrouille de Touraine, portant des fruits arrondis ou allongés qui atteignent le poids ordinaire de 40 à 50 kilogrammes. Cette variété n'est guère cultivée que pour la nourriture du bétail.

Pâtisson Bonnet d'Électeur. Se sème en pleine terre en avril-mai, dans des fosses remplies de terreau. Ce légume se mange à moitié mûr; cuit, il est farineux.

Pâtisson blanc américain. Fruit large, d'un blanc laiteux.

Pâtisson panaché amélioré. Beaucoup plus volumineux que le Patisson blanc ou jaune.

Les graines de Courge sont assez variables de grosseur et de couleur, mais toujours très lisses; en moyenne

30 grammes contiennent 90 graines et le litre pèse 400 grammes; la durée germinative est de six années.

CRESSON alénois.

(*Lepidium sativum*. — *Fam. des Crucifères.* — *Originaire de la Perse.*)

Syn. fr. Nasito; Anitor; Passerage cultivé. — **Ital**. Crescione inglese. **Esp**. Mastuerzo; Malpica. — **Port**. Mastruço. — **Angl**. Plain leaved Gardencress. — **All**. Gewohnliche grüne Kresse.

Variétés. — *Cresson alénois à large feuille.* — *C. alénois frisé.* — *C. alénois doré.* — *C. alénois nain frisé.* — *C. alénois commun.*

Annuel. — On emploie la feuille en fourniture de salade et comme condiment. On le sème en pleine terre une grande partie de l'année en lignes et en bordures le long des plates-bandes. Pendant l'été on le sème à l'ombre; comme le Cresson alénois monte promptement à graines, les semis doivent être répétés tous les quinze ou vingt jours.

La graine du Cresson alénois est une de celles qui germent le plus rapidement; à la température de 10 à 15 degrés centigrades, elle lève habituellement en moins de vingt-quatre heures.

Aussi on emploie le Cresson l'hiver dans les appartements pour se procurer de la verdure. On répand la graine sur de la mousse, du sable, ou sur un vase ou une bouteille recouverte d'un linge mouillé; en quelques jours on obtient une masse de verdure d'un fort joli effet.

Cresson alénois nain très frisé. Plus frisé que les autres variétés et ayant une saveur plus piquante.

30 grammes contiennent 13,500 graines; le litre pèse 730 grammes. La durée germinative des graines est de cinq années.

CRESSON de Fontaine.

(*Sisymbrium nasturtium.* — *Fam. des Crucifères.* — *Indigène.*

Syn. fr. Cresson d'Eau. — **Esp.** Berro. — **Ital.** Nasturzio acquatico; Crescione de Fontana. — **Port.** Agriâo. — **Angl.** Water Cress. **All.** Brunnenkresse.

Vivace. — Le Cresson de fontaine est très employé en salade; il croît naturellement sur le bord des ruisseaux; mais on le cultive beaucoup aux environs des grandes villes où la vente de ce produit est très facile et rémunératrice. Pour faire le semis, on arrête l'eau des ruisseaux, et dans le fond humide, on fait des sillons où l'on met la graine. Après le semis on arrête encore l'eau pendant quelques jours, parce qu'un très fort courant d'eau entraînerait la graine. On creuse aussi des fosses où on sème le Cresson, en ayant soin d'arroser abondamment ou de faciliter l'écoulement et l'infiltration des eaux. Le Cresson vient aussi dans des baquets remplis de terre que l'on tient toujours très humide et dans des fosses de ciment qu'on recouvre de planches l'hiver.

On sème le Cresson de fontaine au printemps et à l'automne. La récolte du Cresson se fait en toute saison, excepté pendant les grands froids où l'on submerge complètement le Cresson pour le mettre à l'abri de la gelée.

30 grammes contiennent 120,000 graines; le litre pèse 600 grammes. La durée germinative des graines est de cinq années.

CRESSON de Terre.

(*Erysimum præcox.* — *Fam. des Crucifères.* — *Indigène.*)

Syn. fr. Cresson de Jardin; Cresson vivace; Cresson des Vignes; Cressonnette. — **Angl.** Winter Cress. — **All.** Perennirende Amerikanische Kresse.

Bisannuel. — Le Cresson de terre ou de jardin s'emploie en salade comme le Cresson de fontaine; il a plus de goût, il est plus piquant que ce dernier; les feuilles sont employées comme condiment et garniture. On le sème clair et en lignes, à l'automne et au printemps, dans une terre fraîche et humide; mélangé à la Laitue, c'est un condiment très recommandable et très sain. Le Cresson de terre vient dans tous les jardins et si on l'a semé à l'automne, on se procure facilement l'hiver une salade abondante.

30 grammes contiennent 36,000 graines; le litre pèse 500 grammes. La durée germinative est de trois années.

DOUCETTE. (Voir *Mâche*.)

ÉCHALOTE.

Allium Ascalonicum. — Fam. des Liliacées. — Originaire de Palestine.)

Syn. esp. Chalota; Escalona. — **Ital.** Ascalonia; Scalogno. **Port.** Echalota. — **Angl.** Shallot. — **All.** Schalotte.

Variétés. — *Échalote ordinaire. — É. de Jersey.*

Vivace. — L'Échalote se multiplie par caïeux plantés en février et mars dans une bonne terre douce et saine, fumée de l'année précédente, l'Échalote craignant la fumure fraîche; les placer à 8 ou 10 centimètres de distance et presque à fleur de terre, afin d'éviter l'humidité qui est très préjudiciable. On choisit, pour replanter, les bulbilles les plus minces et les plus allongées, car ce sont celles qui produisent les plus beaux bulbes. Ne faire la récolte des bulbes que l'on veut conserver que lorsque les feuilles sont sèches; une fois arrachés, les laisser deux ou trois jours exposés au soleil, puis on les rentre dans un lieu sec. On mange les bulbes comme condiment et les feuilles comme assaisonnement et en fourniture de salade.

Échalote de Jersey. Variété excessivement précoce; elle ressemble aux oignons; les bulbes sont réunis en groupes; étant très tendre, elle ne se conserve pas très bien. C'est la seule Échalote qui, ordinairement, donne des graines qui ressemblent à celles de l'oignon; ces graines, semées au printemps, produisent des bulbes de bonne grosseur dans la même année.

ENDIVE. (Voir *Chicorée*.)

ÉPINARD.

(*Spinacia oleracea*. — Fam. des Chénopodées. — Originaire de l'Asie septentrionale.)

Syn. esp. Espinaca. — **Ital.** Spinaccio. — **Port.** Espinafre.
Ang. Spinach. — **All.** Spinat.

Variétés. — *Épinard d'Angleterre*. Très large feuille; graine piquante. — *É. de Hollande*. Graine ronde. — *É. de Flandre*. Très large; graine ronde. — *É. de Viroflay*. Graine ronde. — *É. à feuille de laitue*. — *É. lent à monter*. — *É. à feuille cloquée*. Graine ronde.

Annuel. — Cet excellent légume se sème de février en octobre. Pour avoir des Épinards en tout temps, il faut semer tous les mois, surtout pendant l'été; l'Épinard monte très vite à graine; faire les semis de cette saison à l'ombre; arroser fréquemment, faire tremper la graine une journée avant de la mettre en terre.

L'Épinard demande une terre bien fumée et bien ameublie; si on veut avoir de beaux produits, il faut semer clair. A Bordeaux, les jardiniers emploient préférablement l'*Épinard à feuille piquante*; ils trouvent que la feuille est plus large que celle de l'Épinard à graine ronde et qu'il est plus rustique. On possède aujourd'hui des races à graines rondes qui sont tout aussi vigoureuses et aussi lentes à monter.

Épinard d'Angleterre. Graines piquantes, à larges feuilles; résiste bien au froid.

Épinard à feuille d'oseille. Recommandable par sa lenteur à monter.

Épinard de Flandre. Très larges feuilles; la plus belle et la plus productive de toutes les variétés.

Épinard monstrueux de Viroflay. Vigoureuse espèce produisant des feuilles très larges et très étoffées.

Épinard à feuille de laitue. Très large, épais, vert foncé; la plante s'étend en une touffe arrondie qui a l'aspect d'une scarole ou d'un chou; très productif.

Épinard lent à monter. Les touffes sont serrées et compactes; monte à graine trois semaines plus tard que les autres variétés. On peut le semer à l'automne et au printemps.

Épinard paresseux de Catillon. Race résistant le mieux à la chaleur; feuilles larges, épaisses, légèrement cloquées.

Mais il est préférable d'avoir des Épinards toute l'année; ceux que l'on sème au printemps deviennent coriaces et prennent un goût fort et âcre à mesure qu'approche l'été et que la chaleur devient plus forte. Pour remédier à cet inconvénient, et pour se procurer cet excellent légume en tout temps, on emploie l'Épinard lent à monter, qu'on sème tous les quinze jours à partir du mois d'avril.

30 grammes de graines piquantes contiennent 2,360 graines; le litre pèse 375 grammes. 30 grammes de graines rondes contiennent 3,300 graines; le litre pèse 510 grammes. La durée germinative des graines est de trois années.

ESTRAGON.

(*Artemisia dracunculus.* — *Fam. des Composées.* — *Originaire de Sibérie.*)

Syn. fr. Absinthe Estragon; Serpentine. — **Ital.** Dragoncello. **Esp.** Estragon. — **Port.** Estragão. — **Ang.** Tarragon. — **All.** Dragun.

Plante *vivace*, d'assaisonnement et pour fourniture de salade; on l'emploie aussi pour aromatiser le vinaigre.

L'Estragon ne donne pas de graines fertiles ; on le multiplie par la séparation des pieds et on met les plants à 0^m,30 de distance l'un de l'autre, dans une terre bien labourée. Pour le conserver, on coupe les tiges au commencement de l'hiver, car il est un peu sensible aux gelées ; on recouvre les touffes de quelques centimètres de terreau et l'on met même quelquefois de la litière par dessus.

FENOUIL.

(Anethum Fœniculum. — Fœniculum dulce. — Fam. des Ombellifères. Indigène dans les terres sèches et chaudes du Midi.)

Syn. ital. Finocchio dulce. — **Esp.** Hinojo. — **Ang.** Fennel. **All.** Fenchel.

Variétés. — *Fenouil doux. — F. de Florence. — F. amer* ou *Fenouil commun.*

Bisannuel ou *vivace*. — On sème le Fenouil de mars en juin, en pépinière ; on repique alors les plants à 25 centimètres ; les semis se font aussi à la volée, dans une terre légère ou sablonneuse. Un mois après le repiquage, il faut butter souvent, afin de donner plus de force aux plantes, et faire blanchir le bas des tiges, qui est la seule partie qu'on mange. Ce buttage empêche le Fenouil de monter à graine. Il faut arroser beaucoup les jeunes plants pour faciliter la reprise et pour les faire croître promptement, afin qu'ils donnent des tiges épaisses. Ces tiges, encore tendres, se mangent crues ou en poivrade ; en Italie, on en assaisonne presque tous les mets. La finesse, la saveur et l'odeur de ce légume sont bien préférables, dit-on, au céleri. C'est surtout le *Fenouil de Florence* qu'on cultive pour manger le renflement qui se produit au collet de la plante ; ce légume, qu'on consomme cuit ou cru en poivrade, a un goût sucré et un parfum délicat. On le sème au printemps, en lignes, et on le consomme pendant l'été et l'automne suivants.

Le Fenouil doux se sème aussi en rayons, à l'automne, pour produire au printemps et pendant le cours de l'été.

30 grammes contiennent 3,300 graines; le litre pèse 420 grammes. La durée germinative des graines est de quatre années.

FÈVES.

(*Faba major*. — *Fam. des Papilionacées*. — *Originaire de Perse*.)

Syn. ital. Fava. — **Esp.** Haba. — **Port.** Fava. — **Ang.** Broad-Bean. **All.** Gartenbohnen.

Variétés. — *Fèves de Marais*. — *F. de Windsor*. — *F. de Windsor verte*. — *F. de Séville à très longue cosse, très hâtive*. — *F. d'Aguadulce hâtive et très productive*. — *F. Julienne*. — *F. naine verte de Beck*. — *F. Perfection*. — *F. hâtive de Mazagran*.

Annuelle. — On mange le grain en vert ou en sec. Les Fèves à grains verts ont l'avantage de pouvoir être consommées dans un état plus avancé que les autres.

On sème en place depuis octobre jusqu'en février (les semis d'octobre ou novembre sont préférables), et les variétés précoces sont moins sujettes aux pucerons noirs.

Les semis se font en rayons ou en touffes espacés de 30 centimètres en mettant trois ou quatre Fèves par trou. Cette plante demande une terre forte, labourée, fumée, et une exposition au midi. On doit pincer les Fèves, c'est-à-dire supprimer le bout des jeunes pousses, au moment de la floraison. Cette opération a pour but d'arrêter la sève et de la refouler vers les parties inférieures où elle provoque le développement vigoureux des gousses. Les Fèves pincées sont plus précoces et se trouvent souvent garanties des pucerons qui les assiègent en quantité innombrable. Nous conseillons la *Fève de Séville hâtive à très longue cosse*, qui est une excellente variété très productive, et la *Fève d'Aguadulce*, qui est très grosse, très hâtive et très productive; les cosses atteignent 30 à 35 centimètres de longueur et renferment 8 à 9 grains; les cosses sont plus grandes que dans aucune autre variété.

Nous le répétons, les deux variétés de Fèves les plus cultivées dans notre région sont avec raison la Fève de Séville et la Fève d'Aguadulce, qui sont excessivement hâtives et productives.

Fève Perfection. Variété nouvelle, robuste et très productive; tiges hautes et fortes; très recommandable pour les climats froids.

Les graines de Fèves, grosseur moyenne, pèsent 620 grammes par litre et 500 grammes contiennent 275 graines environ; leur durée germinative est de six années.

FRAISIER.

(*Fragaria.* — Fam. des Rosacées. — *Indigène.*)

Syn. esp. Fresal. — **Port.** Morangueiro. — **Ital.** Fragaria. — **Angl.** Strawberry. — **All.** Erdbeere.

VARIÉTÉS. — *Fraisier des Alpes ou de tous les mois, à fruit rouge* (même variété à fruit blanc). — *F. sans filet à fruit rouge.* — *F. sans filet à fruit blanc.* — *F. Ananas.* — *F. Capron framboisé ou Belle Bordelaise.* — *F. Comtesse de Marne.* — *F. Crémone.* — *F. Dawlon.* — *F. Marguerite.* — *F. Princesse Alice.* — *F. Princesse royale.* — *F. Sir Harry.* — *F. Swainstone-Seedling.* — *F. Docteur Morère.* — *F. Jucunda.* — *F. La Chalonnaise.* — *F. Ellon improved.* *F. Victoria.* — *F. Général Chanzy.* — *F. Vilmorin.*

Vivace. — Il y a un très grand nombre de variétés de Fraisiers; nous citons les espèces que nous croyons les plus recommandables. Le Fraisier est peu difficile sur le choix du terrain et demande peu de chaleur pour venir à parfaite maturité. C'est le fruit qui, sous notre climat, mûrit le premier; c'est aussi celui qui donne le plus longtemps.

Les Fraisiers se multiplient par les coulants. Il n'y a que deux variétés de Fraisiers qui se multiplient par l'éclat de leurs pieds : le Fraisier Buisson et le Fraisier de Gaillon ; mais on peut reproduire aussi les Fraisiers de graines; toutefois ce dernier procédé n'est guère usité que pour la Fraise des Quatre Saisons et pour celle des bois, qui se conservent franches par le semis. La plupart des autres variétés perdent facilement par ce moyen les caractères et les qualités qui les distinguent.

On ne saurait trop cependant engager les amateurs de Fraises à faire des semis; aussi nous citerons les recommandations que faisait sur ce sujet l'honorable comte de Lambertie si compétent en matière horticole.

« Adoptez, disait-il, la Fraise des Quatre Saisons à fruits rouges et avec filets. Renouvelez-la toujours de graine. Semez cette graine à une époque autant que possible se rapprochant du 1er mai. Le jeune plant levé, piquez-le vers la fin de juin, en pépinière, à distance de 10 centimètres, au soleil, et humectez plusieurs fois par jour jusqu'à la reprise. Repassez ce même plant, fin juillet, sur une deuxième pépinière, avec un écartement de 25 centimètres en tous sens.

» Au 15 octobre, toutes les plantes se touchent; ce sont des plantes faites, de première force. Les enlever alors en motte, les mettre en place définitive, en planche dans les carrés; tracer quatre rayons à 30 centimètres de distance, et planter à 50 dans la ligne; sentiers de 80 centimètres entre les deux filets extérieurs des deux planches. Chaque touffe devant être enlevée en grosse motte avec un transplantoir, elle ne souffre nullement; pas un pied ne bouge, malgré la plus grande intensité de l'hiver.

» Toutes les plantes sont en plein rapport au printemps. »

30 grammes contiennent 8,340 graines. La durée germinative des graines est de quatre ans.

GESSE cultivée.

(*Lathyrus sativus. — Fam. des Légumineuses — Indigène.*)

Syn. fr. Lentille d'Espagne; Pois carré. — **Ital.** Cicerchia bianca. **Esp.** Arveja. — **Angl.** Chickling Vetch. — **All.** Essbare Platterbse.

Annuelle. — Cette légumineuse est surtout employée dans la grande culture; on la sème en lignes en mars-avril comme les pois. On mange d'ordinaire les graines en purée lorsqu'elles sont mûres. La Gesse a des propriétés lactifères. Ce légume pour être bien cuisant réclame un sable gras. Fumer le sol avec de la cendre : la Gesse sera plus tendre et plus farineuse. Autrement, ce légume ne demande aucun soin spécial; il vient en tout terrain.

30 grammes contienent 120 graines; le litre pèse 750 grammes. La durée germinative des graines est de cinq années.

GIRAUMONT. (Voir *Courge*.)

GOMBO.

(*Hibiscus esculentus. — Fam. des Malvacées. — Originaire de l'Amérique méridionale.*)

Syn. fr. Gombaud; Ketmie comestible. — **Ital.** Ibisco. — **Esp.** Gombo. **Angl.** Okra.

VARIÉTÉS. — *Gombo à fruit long.* — *G. à fruit rond.* — *G. nain*, plus hâtif que le Gombo long.

Annuel. — Cette plante est cultivée pour ses capsules dont on fait, lorsqu'elles sont jeunes et tendres, un ragoût liquide et visqueux très recherché par les créoles qui en aiment la saveur acidulée. Aux colonies on en fait un très grand usage. On sème sur couche depuis février jusqu'en mai. Dès que les plantes sont de force à être repiquées, on les transplante à 65 centimètres de distance en terre légère, bien fumée. Pendant les fortes chaleurs de l'été, il faut beaucoup arroser.

Sous le climat de Bordeaux, les graines de Gombo mûrissent généralement bien. On a proposé cette graine comme succédané du café.

30 grammes contiennent 450 graines de Gombo. Le litre pèse 620 grammes. La durée germinative des graines est de cinq années.

HARICOT.

(Phaseolus vulgaris. — Fam. des Légumineuses. — Originaire des Indes orientales.)

Syn. ital. Fagiuolo. — **Esp.** Habichuela. — **Port.** Feijão.
Angl. French Bean. — **All.** Bohne.

Annuel. — Il n'y a peut-être point de légume qui ait produit plus de variétés par le fait de la culture. Toutes ne sont pas également avantageuses à cultiver et leur qualité dépend souvent de celle du terrain. Aussi il y a des races locales très méritantes qui dégénèrent quand on veut en pratiquer la culture ailleurs.

Les Haricots sont divisés en deux groupes principaux suivant leur manière de végéter : les uns poussent des tiges volubiles plus ou moins longues, que l'on est obligé de soutenir avec des rames; les autres restent bas et se soutiennent d'eux-mêmes.

Nous les classerons donc en : *Haricots à rames* et *Haricots nains*, qui se divisent à leur tour en : Haricots à rames à parchemin; Haricots à rames sans parchemin ou Mangetout; Haricots nains à parchemin; Haricots nains sans parchemin ou Mangetout; Haricot Dolique ou Asperge.

Nous citerons dans ces diverses subdivisions les variétés les plus recommandables et les plus connues par leur bon rapport.

Haricots a rames a parchemin. — *Haricot Riz.* — *H. rouge d'Orléans ou de Chartres.* — *H. Sabre à très grande cosse.* — *H. de Soissons*, le plus estimé en sec. — *H. demi-Soissons.* — *H. d'Espagne rouge.* — *H. d'Espagne blanc.* — *H. de Siéva.* — *H. de Lima.* — *H. du Cap marbré.* — *H. de Soissons rouge.* — *H. de Liancourt*, grain blanc gros.

Haricots a rames sans parchemin ou Mangetout. — *Haricot d'Alger ou H. Beurre noir*, excellente espèce. — *H. de Prague marbré.* — *H. Princesse.* — *H. Coco blanc Mongeon ou H. Sophie blanc tardif.* — *H. Coco rouge ou violet mi-tardif.* — *H. Prédome.* — *H. Beurre blanc.* — *H. Beurre ivoire.* — *H. du Mont-d'Or.* — *H. blanc grand Mangetout à longue cosse.* — *H. Mangetout de Saint-Fiacre.* — *H. Reine de France.* — *H. Sabre noir sans parchemin.* — *H. d'Alger Saulnier.* — *H. Intestin à cosse très charnue*, très productif. — *H. de Plain-Palais.* — *H. blanc de Genève.* — *H. Princesse à rames.* — *H. zébré gris.*

Haricots nains a parchemin. — *Haricot Bagnolet.* — *H. Bagnolet à feuille d'ortie.* — *H. Capucine blanc.* — *H. Capucine café*, rustique. — *H. Flageolet blanc premier choix.* — *H. Flageolet jaune.* — *H. Flageolet rouge.* — *H. nain hâtif de Hollande*, très employé pour la culture forcée sous châssis. — *H. noir hâtif de Belgique*, le plus précoce de tous les Haricots, très bon pour manger en vert. — *H. nain parisien.* — *H. nain vert de Vaudreuil.* — *H. jaune très hâtif de Chalindrey.* — *H. Riz nain.* — *H. Soissons nain ou gros pied.* — *H. suisse blanc.* — *H. suisse rouge.* — *H. suisse sang de bœuf.* — *H. suisse ventre de biche.* — *H. de Saint-Esprit.* — *H. Flageolet Chevrier ou à grain toujours vert.* — *H. Comtesse de Chambord.* — *H. Bonnemain.* — *H. jaune Cent pour Un.* — *H. Flageolet très hâtif d'Étampes.*

Haricots nains sans parchemin ou Mangetout. — *Haricot du Canada jaune.* — *H. de la Chine jaune.* Variété très productive, excellente, fraîche, écossée ou sèche; le grain est arrondi, assez gros, jaune pâle. — *H. nain blanc sans parchemin.* — *H. de Prague marbré hâtif.* — *H. nain blanc quarantain.* — *H. Emile.* — *H. Prédome nain.* — *H. Princesse nain.* — *H. Beurre blanc.* — *H. Beurre du Mont-d'Or.* — *H. d'Alger Beurre noir nain.* — *H. Beurre doré nain.* — *H. Beurre nain de Digoin.* — *H. du Bon Jardinier.* — *H. nain lyonnais à grain blanc.*

Haricot Dolique ou Haricot Asperge. — Ses gousses viennent très longues tout en étant fort tendres ; on peut les manger en vert. — *H. Dolique de Cuba.* Variété très vigoureuse.

La culture des Haricots est très facile ; on peut commencer à les semer en pleine terre au 15 ou 20 mars à une bonne exposition, dans des terres douces, légères et fraîches ; ce sont celles qui conviennent le mieux à ce légume. Dans les terres fortes et compactes, il faut qu'elles soient suffisamment ameublies et fumées. Dans les terres légères, et surtout sous un climat sec, on sème par touffes pour ombrager les pieds et conserver plus d'humidité ; on met alors cinq ou six graines dans chaque trou. Dans les terres fortes, on doit semer en lignes, grain à grain, à environ 8 centimètres de distance, avec un intervalle de 30 à 40 centimètres entre les lignes. On donne au moins deux binages, et au second on rechausse légèrement les plants. Il faut éviter de travailler les Haricots lorsque les feuilles sont mouillées, ce qui exposerait celles-ci à se rouiller. Le Haricot est très sensible au froid ; il lui faut une température chaude pour qu'il se développe vigoureusement ; une gelée de 1 à 2 degrés le fait périr.

C'est sans contredit le légume dont on fait le plus grand usage ; on mange le grain sec ou avant sa maturité et les cosses encore jeunes, ou formées avec le grain dans les espèces sans parchemin dites Mangetout.

Les Haricots nains peuvent être forcés sur couche chaude et sous châssis pendant l'hiver ; le plant tout jeune est repiqué sur des couches de moindre chaleur ; on donne de l'air progressivement à mesure que le plant prend de la force, mais surtout à l'époque de la floraison. Les espèces les plus employées pour cette culture de primeur sont le *Haricot noir nain hâtif de Belgique,* cosse droite légèrement marbrée, très hâtif, rustique, recherché pour la cueillette en vert, très propre à la culture forcée; le *Haricot Flageolet jaune,* qui est très précoce et qui a une très belle gousse pour cueillir en vert; grain jaune, forme allongée; et le *Haricot nain hâtif de Hollande,* cosse longue, étroite, excellente en vert.

Haricot Flageolet Chevrier à grain toujours vert. Le grain du Haricot Chevrier conserve aussi bien après la cuisson que lorsqu'il est sec la couleur verte. Il sera bon d'arracher les pieds un peu avant la maturité complète et de les laisser sécher à l'ombre; on aura de cette manière des graines d'un vert franc et intense.

Haricot jaune très hâtif de Chalindrey. Très précoce, productif, très nain; convenant surtout pour la culture sous châssis.

Citons encore dans les variétés naines pour la culture en pleine terre pour manger le grain en vert ou en sec trois espèces locales très méritantes : *Haricot Capucine blanc, H. Capucine rouge, H. Capucine café,* qui sont excessivement rustiques et productives.

Haricot Flageolet nain de Paris. Couleur blanc verdâtre; est aussi très apprécié sur nos marchés.

Haricot très hâtif d'Étampes. Le plus hâtif des Haricots Flageolets, très fertile, rustique, nain; excellent en sec et pour la culture de primeur; grain blanc long.

Haricot de Soissons nain gros pied; H. Sabre nain; font des touffes très grosses et très ramifiées; les cosses sont très longues et très larges.

Haricot nain lyonnais. Cosse très longue, cylindrique, très tendre; grain brun foncé, long.

Haricot nain lyonnais à grain blanc. A sur le précédent l'avantage d'être à grain blanc.

Haricot Beurre du Mont d'Or nain. Cosse jaune pâle, très franchement sans parchemin, très productif.

Haricot nain Merveille de Paris. D'une production abondante et soutenue; cosses longues, fines, d'un beau vert.

Haricot Gloire de Lyon nain. Grain gris; hâtif et productif.

Haricot Beurre nain de Digoin. Variété touffue et ramifiée, à cosse bien jaune, épaisse et sans parchemin; elle est très productive, extrêmement vigoureuse et très résistante aux intempéries.

Haricot de la Chine jaune. Très recommandable; très bon frais et sec; peau fine, farineux, fertile; une des meilleures variétés pour manger en sec.

Haricot Saint-Esprit; H. à l'Aigle ou *H. à la Religieuse.* Grain blanc, long, marqué ou zébré de noir.

Dans les Haricots à rames sans parchemin, nous engageons à cultiver le *Haricot d'Alger Beurre noir*; sa cosse est très tendre même quand le grain est entièrement formé, et il est très précoce; le *Haricot Princesse*, grain blanc rond; un des meilleurs Haricots sans parchemin. Le *Haricot du Mont-d'Or* est une excellente variété peut-être supérieure aux autres comme Haricot Mangetout; son grain est violet.

Haricot blanc grand Mangetout à longue cosse. Excellente variété très productive; cosse très longue; grain blanc allongé plat.

Haricot Beurre ivoire. Grain pourpre foncé; cosse d'un blanc d'ivoire; excessivement tendre.

Haricot jaune Cent pour Un. Remarquable par son grand produit et par sa précocité; les tiges sont naines; le grain est jaune café au lait, tacheté de brun.

Haricot Flageolet nain à feuille gaufrée. Ressemble beaucoup comme forme et comme couleur de grain au Flageolet ordinaire; mais il est plus précoce et plus productif; il est très nain; aussi il sera très recherché pour la culture forcée sous châssis.

Nous recommandons, dans les Haricots à rames à parchemin, le *Haricot de Soissons*, qu'on cultive presque partout, qui est très fertile et très farineux; le *Haricot Sabre* à graine blanche; ses cosses sont d'une grandeur extraordinaire; jeunes, elles font d'excellents Haricots verts; parvenues à toute leur grosseur, elles sont encore tendres et charnues et peuvent être consommées en cet état; enfin, le grain vert ou sec est égal et peut-être supérieur à celui du Haricot de Soissons; il monte très haut et il lui faut de très grandes rames; sa production est considérable.

Haricot demi-Soissons ou de Tarbes. Très productif, très rustique et très apprécié dans tout le Sud-Ouest.

Haricot Riz. Grains blancs, petits, un peu allongés; estimé de beaucoup de personnes comme légume sec; il est très productif.

Haricot Mongeon blanc ou Coco. Produit beaucoup, résiste très bien à la sécheresse, et est d'une grande fertilité dans nos contrées pendant les mois d'août et septembre.

Haricot Asperge ou Dolique de Cuba. Produit considérablement; peut être consommé en vert; ses cosses atteignent 30 à 35 centimètres de long.

Les Haricots les plus cultivés pour leurs grains dans les jardins sont les *H. Flageolets blancs ou verts*; dans nos contrées, on y joint les *H. Mongeons blancs et gris*.

Dans la grande culture, on cultive surtout les Haricots de Soissons et Sabre à rames; leur grain est très estimé à cause de la finesse et du peu d'épaisseur de la peau; ces variétés sont rustiques et surtout très productives.

Le litre de Haricots de Soissons pèse 720 grammes; 500 grammes contiennent environ 600 graines. Le litre de Haricots Riz pèse 830 grammes; 500 grammes contiennent 3,500 graines. La durée germinative est de trois ans environ; mais après la première année, les Haricots ne donnent pas de cosses, ils ne poussent qu'en feuilles.

IGNAME de la Chine.

(Dioscorea Batatas. — Fam. des Dioscorées.)

Syn. fr. Igname; Patate. — **Esp.** Name; Igname. — **Angl.** Chinese Potato; Yam. — **All.** Chinesische Yamswurzel.

Vivace. — Racine de couleur jaune brun, longue de 50 centimètres; tige volubile de 1^m,50, qui n'a pas besoin d'être ramée; on peut la laisser ramper sur le sol.

La saveur des racines tuberculeuses de l'Igname de la Chine diffère peu de celle de la pomme de terre; elles sont aussi riches en fécule, et peuvent comme celle-ci recevoir toutes sortes d'assaisonnements.

On multiplie l'Igname de la Chine en plantant en mai ou avril, sans plus de soins que n'en exige la culture bien comprise de la pomme de terre; dans la grande culture, elle pourrait même remplacer cette dernière par ses bonnes qualités.

On plante les Ignames de la Chine en lignes, à 20 ou 25 centimètres de distance en tous sens les unes des autres. Dans les terrains siliceux, qui conviennent mieux que tous les autres à la culture de cette plante, la récolte des Ignames de la Chine peut être faite l'année même de la plantation; alors l'arrachage n'est pas plus coûteux que l'arrachage des carottes longues. Ordinairement, pour obtenir de cette plante tout ce qu'elle peut produire, il faut laisser les racines en terre pendant deux ans. A cette époque, le rendement en racines de l'Igname de la Chine dépasse toujours beaucoup, la seconde année, ce que la même étendue de terrain aurait pu produire de Pommes de terre. Les plantes qui sont ramées donnent un produit plus important que celles dont les tiges traînent à terre. On arrache l'Igname dès que les tiges sont sèches; c'est l'opération la plus dispendieuse de cette culture; les racines s'enfonçant très profondément dans le sol, il faut fouiller le terrain jusqu'à 60 centimètres et souvent davantage pour enlever les tubercules sans les rompre. — L'Igname de la Chine peut se conserver hors de terre aussi longtemps que la Pomme de terre.

LAITUE cultivée.

(Lactuca sativa. — Fam. des Composées. — Originaire de l'Asie centrale ou de l'Inde.)

Syn. port. Alface. — **Esp.** Lechuga. — **Ital.** Lattuga. — **Angl.** Lettuce. — **All.** Lattich.

1° LAITUES POMMÉES DE PRINTEMPS. — *Laitue à bord rouge ou cordon rouge à graine blanche. — L. Crêpe à graine* noire. — L. Dauphine. — L. Gotte à graine noire. — L. Georges. — L. Tom-Pouce.

2° Laitues pommées d'été ou d'automne. — *Laitue Batavia blonde. — L. Batavia frisée allemande. — L. Batavia brune. — L. blonde d'été ou royale. — L. blonde de Berlin. — L. blonde trapue. — L. Bossin très grosse. — L. Chou de Naples. — L. grosse brune paresseuse. — L. blonde de Chavigné. — L. impériale. — L. Monte à Peine. — L. palatine ou rousse, jaune verte. — L. sanguine ou flagellée à graine blanche. — L. turque ou de Russie. — L. blonde de Versailles. — L. Méterelle. — L. palatine. — L. Lebœuf* (race intermédiaire entre les Laitues pommées et les Laitues romaines). — *L. du Trocadéro. — L. Merveille des Quatre Saisons. — L. Besson rouge. — L. verte grasse. — L. de l'Ohio.*

3° Laitues pommées d'hiver. — *Laitue brune d'hiver. — L. Babiane. — L. Coquille. — L. Morine. — L. Passion. — L. Roquette. — L. rouge d'hiver. — L. d'hiver de Trémont.*

4° Laitues se coupant petites et en toute saison. — *Laitue à couper ou petite Laitue. — L. blonde à couper. — L. frisée de Californie. — L. frisée d'Amérique. — L. frisée à couper Beauregard.*

Il n'y a pas de jardins où on ne cultive cet indispensable légume, qu'on trouve sur la table du pauvre et du riche; c'est le condiment obligatoire d'un bon repas, et souvent c'est le mets principal du travailleur. Si la Laitue, comme aliment, est une nourriture saine et de facile digestion, son suc trouve une très grande application en médecine, à cause de ses propriétés rafraîchissantes et calmantes. Après le mois de mars, tous les semis de Laitue ont lieu en pleine terre; on repique trois semaines après le semis; une terre légère, fraîche et substantielle est celle qui convient le mieux; arroser fréquemment après le repiquage du plant pour obtenir des Laitues tendres et douces.

Dans les terres fortes et sèches, il faut pailler les planches avant de planter. Nous lisons dans plusieurs journaux horticoles la recette suivante pour empêcher les Laitues de monter à graine : « Quand on possède beaucoup de Laitues pommées à la fois, pour les conserver dans cet état pendant longtemps, il faut passer légèrement la main sous le pied de la plante et couper la grosse racine qui lui sert de pivot; les autres petites racines suffiront pour la nourrir, mais ne lui fourniront pas assez de suc pour jeter sa tige en l'air. »

Les Laitues se divisent en trois classes : *Laitues pommées*; *Laitues romaines ou Chicons, Laitues à couper ou naissantes*.

Les *Laitues pommées* présentent elles-mêmes quatre subdivisions distinctes suivant les saisons : *Laitues pommées de printemps; Laitues pommées d'été; Laitues pommées d'automne; Laitues pommées d'hiver*.

30 grammes contiennent environ 24,000 graines; le litre pèse 430 grammes. La durée germinative des graines est de cinq années.

Laitues pommées.

LAITUES POMMÉES DE PRINTEMPS.

Laitue Babiane de Bordeaux. Est la plus répandue sur notre marché, et à juste titre. Elle est blonde, bordée de rose, rustique, très grosse et très pommée; elle résiste bien au froid, puisqu'elle apparaît sur nos marchés à la fin de l'hiver.

Laitue Gotte à graine noire. Une des plus estimées, à cause de sa grande précocité; elle est petite, fort blonde, pomme vite, lente à monter, très usitée pour les cultures forcées. Dans le Nord, son utilité est très reconnue; elle peut comme salade succéder à la *Mâche*. Elle convient spécialement pour les plantations sur couche, sous cloche et sous châssis. Semée à la fin d'août ou en septembre et mise en pleine terre, elle supporte l'hiver sans aucun abri.

Laitue Gotte lente à monter. Hâtive, presque toute en pomme; monte lentement.

Laitue royale brune. Excellente Laitue d'hiver et de printemps, très appréciée de nos maraîchers; rustique et hâtive, pommant très bien. Semer en mars; repiquer en avril.

Laitue Tom Pouce. Très jolie petite Laitue de printemps, spécialement appropriée à la culture forcée.

Laitue Crêpe à graine noire et blanche. Très propre à la culture sous châssis; petite Laitue appliquée sur terre, d'un vert très pâle, presque blanchâtre.

Laitue blonde de Versailles. A graine blanche; pour le printemps et l'été; de culture facile, lente à monter, blonde, à pomme grosse; sa feuille est croquante et blanchit facilement.

Laitue à bord rouge ou cordon rouge. Variété précoce, très rustique et d'excellente qualité. Les feuilles sont d'un vert blond un peu huilé, le dessus de la pomme teint de rouge. En été, elle est prompte à se faire, tient peu sa pomme et monte rapidement; mais, semée à l'automne, elle passe très bien l'hiver et conserve parfaitement sa pomme.

Les *Laitues de printemps* se sèment en janvier, sur couche, et en février-mars à un bon abri, sur du terreau, au pied d'un mur, à une exposition chaude. On les repique en avril, et elles commencent à donner fin mai et en juin.

LAITUES POMMÉES D'ÉTÉ.

Laitue grosse blonde paresseuse. A graine blanche; superbe Laitue d'été et d'automne, plus grosse que la blonde d'été, pommant très bien et gardant longtemps sa pomme, d'ailleurs tendre et de bonne qualité.

La *Laitue fidèle* de Bordeaux mérite d'être répandue à cause de sa lenteur à monter à graine.

Laitue grosse brune paresseuse. A graine noire; peut être considérée comme une des bonnes Laitues d'été; résiste beaucoup à la sécheresse; sa pomme est très développée. Très cultivée par les maraîchers; elle résiste assez bien à l'hiver.

Nous citerons encore :

Laitue turque. Presque unie, d'un vert terne; pomme très grosse et ferme; un peu tardive, une des plus belles et des meilleures pour l'été.

Laitue Méterelle. Très cultivée dans nos contrées pour l'été. Variété très rustique et extrêmement productive.

Laitue blonde de Berlin. A graine noire. Cette Laitue pomme très bien, demeure longtemps tendre et de bonne qualité. Elle est rustique et hâtive; sa pomme est très grosse; son poids atteint 500 grammes.

Laitue blonde trapue. Une des bonnes Laitues d'été, très tendre et de bonne qualité; elle est rustique, un peu tardive; tient très bien sa pomme et peut passer l'hiver en pleine terre.

Laitue de Malte. Belle variété; très bonne, tendre, douce, rustique et tardive. Sa pomme est très grosse.

Laitue de Bellegarde. Grosse espèce ayant les feuilles découpées.

Laitue Merveille des Quatre Saisons. Graine noire. Excellente espèce; très tendre, rouge foncé; se sème en toutes saisons, résiste à l'hiver; la plus appréciée à Paris.

A cause de la chaleur et de la sécheresse, les Laitues d'été sont les plus difficiles à cultiver; aussi nous indiquons, sans la recommander, car elle est de qualité inférieure et est surtout employée pour la nourriture des animaux, une Laitue très résistante, montant difficilement : c'est la *Laitue Chou de Naples*, formant une pomme forte, tendre et ronde, rappelant la pomme d'un chou. Citons encore :

Laitue Batavia blonde, qui est très grosse et très résistante à la sécheresse; une des plus volumineuses.

Laitue Batavia frisée allemande. Graine blanche; très frisée, ressemblant à une chicorée; les feuilles sont recoquillées, très blanches et très tendres.

Laitue Batavia brune. Graine noire, pomme très grosse, peu serrée, allongée, ressemblant à une Laitue romaine; variété très estimée dans le Midi.

Laitue Bossin. Une des plus grosses Laitues cultivées; rustique, un peu grossière comme qualité.

Laitue du Trocadéro ou L. Lorthois. Donne une pomme grosse, ferme, un peu aplatie; variété très rustique et très savoureuse.

Laitue Chou de Naples.

Laitue de l'Ohio. Graine blanche. Bonne laitue d'été, très estimée, frisée, à grosse pomme ferme, très lente à monter.

Laitue blonde de Chavigné. Pomme grosse, régulière, très blonde. Belle et bonne race.

Laitue verte grasse. Pomme moyenne, arrondie, serrée, d'un vert intense, feuilles épaisses, larges, savoureuse; bonne race.

Laitue Monte à Peine verte. Petite race à pomme très dure, d'un vert blondissant; très recommandable.

Les Laitues d'été se sèment depuis le mois d'avril sans interruption en pleine terre. A cette époque, il convient de semer peu et souvent, afin de ne pas laisser vieillir les plants, qui monteraient à graine.

Si l'on sème les graines au moment des fortes chaleurs, il faut les faire tremper une journée dans l'eau. Dès que les plants ont obtenu cinq feuilles, il faut les repiquer. Les Laitues d'été demandent des arrosements fréquents et abondants; un bon paillis recouvrant le sol entretient la fraîcheur et active la végétation.

LAITUES POMMÉES D'AUTOMNE.

Laitue Méterelle. Blond foncé; bonne variété; forme une grosse pomme, tendre; vient dans tous les terrains et passe assez bien l'hiver. On peut la semer aussi en mars pour la consommer l'été.

Laitue jaune brune de Bordeaux ou brune de Gênes. Très recommandable pour tout l'été et l'automne; résiste bien à la chaleur; sa pomme est très lente à monter à graine.

Laitue palatine à graine noire. Feuilles unies, fortement teintées de rouge; vient facilement sans exiger un bon terrain; se forme vite; productive.

Laitue de Fontenay. — Belle race de Laitue pommée, lente à monter.

Laitue rousse Monte à Peine. Pomme moyenne, régulière, légèrement lavée de rouge brun. Belle Laitue.

LAITUES POMMÉES D'HIVER.

Laitue royale brune d'hiver. Cultivée avec succès par les maraîchers de Bordeaux.

Laitue Passion à graine blanche. Plus verte que blonde, parsemée de quelques faibles taches rougeâtres. Elle est tellement rustique, qu'on peut la cultiver en pleine terre pendant tout l'hiver.

Laitue Morine. Pomme très grosse, très tendre, verte, excessivement rustique; se cueille en hiver et au printemps; c'est la meilleure des Laitues d'hiver.

Laitue brune d'hiver. Excellente race, rustique; tient bien sa pomme, moins ferme que celle de la Laitue Morine.

Laitue sanguine améliorée. A graine blanche; jolie pomme moyenne, régulière, jaune, fortement maculée et flagellée de rouge brun; les feuilles extérieures sont encore plus finement coloriées. Très belle et bonne Laitue; passe bien l'hiver.

Laitue d'hiver de Trémont. Pomme grosse, ferme, d'un vert blond lavé de roux ; très rustique.

Laitue grosse blonde d'hiver. Très rustique, productive et bien tendre.

Laitue rouge d'hiver. Bonne variété, hâtive, productive et rustique ; belle pomme, se maintient bien.

Les Laitues d'hiver se sèment depuis le milieu d'août jusque dans le milieu de septembre. A la fin d'octobre, lorsque le plant forme une petite rosette, qu'il a déjà cinq à six feuilles, on le plante à demeure dans une situation chaude, aussi abritée que possible. Pendant les grands froids, on peut garantir les plantes avec des paillassons qu'on enlève dès que le temps le permet. Les Laitues d'hiver ne souffrent pas de la neige. En février, les Laitues d'hiver recommencent à végéter ; les pommes commencent à se former fin mars-avril.

En résumé, les meilleures Laitues pour notre région sont : les Laitues Babiane, Gotte, Môterelle, à bord rouge, grosse blonde paresseuse, blonde de Berlin, de Versailles, Merveille des Quatre Saisons, de l'Ohio, du Trocadéro, Turque, Palatine, Passion, Morine.

Laitues romaines.

Syn. fr. Chicon ; Laitue lombarde. — **Esp.** Lechuga romana ; Lechuga de Oreja de Mulo. — **Port.** Alface romana. — **Ital.** Lattuga romana. **Angl.** Cos Lettuce. — **All.** Römischer Lattich.

Variétés. — *Laitue romaine verte maraîchère.* — *L. romaine grise maraîchère.* — *L. romaine blonde maraîchère.* — *Laitue romaine Alphange.* — *L. romaine pomme en terre.* — *Laitue romaine de la Madeleine.* — *L. romaine monstrueuse.* — *L. romaine panachée, sanguine ou flagellée.* — *L. romaine verte d'hiver.* — *L. romaine ballon ou romaine de Bougival.* — *L. panachée perfectionnée,* se coiffant sans être liée. — *L. romaine Asperge.*

Les Laitues romaines se distinguent des Laitues pommées ordinaires par la forme de leurs feuilles, qui sont allongées, et par le grand développement que prend la nervure du milieu des feuilles. Dans quelques variétés, il se forme une véritable côte blanche, tendre et très épaisse.

Pour les premiers semis de printemps, on préfère la Laitue romaine blonde maraîchère, ainsi que la verte.

Laitue romaine verte du Bouscat. Espèce améliorée par les jardiniers de Bordeaux, qui lui ont donné le nom de l'endroit où elle est le plus cultivée. Elle est hâtive, se sème pour le printemps et pour l'été; elle pomme très bien d'elle-même, sans être liée; sa graine est blanche.

Laitue romaine blonde.

Laitue romaine blonde maraîchère. Plus grosse que la précédente, très tendre et croquante; n'a pas besoin d'être attachée pour fermer sa pomme.

Laitue blonde hâtive de Trianon. Très hâtive, pomme très pleine et très grosse; n'a pas besoin d'être liée.

Laitue blonde lente à monter. Très précieuse nouveauté, qui sera très appréciée pour l'été, car elle résiste à la chaleur.

Laitue romaine blonde de Brunoy. A graine blanche. La plus grosse de toutes les Laitues romaines. Très rustique et assez tendre, gardant peu sa pomme et ayant besoin d'être liée comme la Laitue Alphange pour se former; elle passe assez bien l'hiver; pèse 675 grammes.

Laitue romaine monstrueuse. Belle race à feuilles rougeâtres; donne souvent plusieurs têtes.

Laitue romaine rouge d'hiver. La plus rustique et supportant le mieux les gelées.

Laitue romaine panachée améliorée. A pomme très grosse, se coiffant naturellement, très lente à monter à graine.

Laitue romaine Gigogne. Curieuse race, portant à l'aisselle des feuilles inférieures des rejets feuillés tendres et nombreux constituant une excellente salade.

Laitue romaine ballon; R. de Bougival. Cette variété est la plus volumineuse de toutes les Romaines connues jusqu'à présent. Très vigoureuse, elle donne une pomme grosse, arrondie, pleine et ferme; très rustique et très productive; paraît convenir aux semis d'automne.

Les Laitues romaines se sèment depuis le mois de mars jusqu'en juillet; on repique les plants en place, à 25 centimètres de distance, lorsqu'ils ont obtenu cinq feuilles. Les Laitues romaines pour l'hiver se sèment en septembre, comme la Laitue romaine verte d'hiver et la Laitue rouge d'hiver.

Laitues à couper.

Syn. fr. Petite Laitue. — **Ital.** Lattuga di Taglio; Lattughina.
Esp. Lechuguino. — **All.** Schnitt Salat.

Toutes les Laitues blondes peuvent servir de Laitue à couper sans qu'il soit nécessaire de les repiquer; mais il y a plus d'avantage à semer la *Laitue naissante.* C'est ainsi qu'on appelle à Bordeaux la Laitue à couper

On la sème à la volée et en place (sans repiquer), depuis septembre jusqu'en mars, dans les planches de choux, de carottes, d'oignons ou de radis, ou bien en rayons ou en bordures. Dans les Laitues à couper, nous trouvons, dans le catalogue de la maison Vilmorin :

Laitue frisée de Californie. Cette race forme une rosette large et bien fournie ; les feuilles sont étalées et fortement gaufrées ; très lente à monter.

Laitue frisée d'Amérique. Variété très intéressante, à feuille très frisées et découpées, fortement teintées de rouge bronzé ; très recommandable.

Nous pourrions citer un très grand nombre de Laitues cultivées dans notre pays ou ailleurs pour les différentes saisons ; mais nous avons voulu surtout indiquer les variétés les plus méritantes et celles qui ont donné les meilleurs résultats dans notre région.

LENTILLES.

(*Ervum lens.* — *Fam. des Légumineuses.* — *Indigène.*)

Syn. esp. Lenteja. — **Ital.** Lente. — **Port.** Lentilha. — **Angl.** Lentil. **All.** Linse.

Variétés. — *Lentille grosse blonde.* — *L. petite dite à la Reine.* — *L. verte du Puy.* — *L. petite rouge Lentillon.*

Annuelle. — On mange le grain à l'état sec, comme les haricots. Semer depuis mars jusqu'en mai, en touffes ou en rayons espacés de 25 centimètres ; réussit mieux et produit davantage dans les terrains légers, secs et sablonneux (c'est du moins dans ceux-là qu'elle graine plus abondamment) ; elle donne beaucoup de feuilles et peu de semences dans les terrains gras. On doit utiliser la partie la plus mauvaise de son jardin potager pour y semer les Lentilles.

30 grammes contiennent 320 graines ; le litre pèse 800 grammes. La durée germinative des graines est de trois ans.

MACHE.

(*Valerianella olitoria*. — Fam. des Valérianées. — *Indigène*.)

Syn. fr. Doucette. — **Esp.** Canonigos. — **Ital.** Dolcetta. — **Port.** Herva benta. — **Angl.** Corn-Salad. — **All.** Ackersalat; Lammersalat.

Variétés. — *Mâche à feuille ronde*. — *M. ronde à grosse graine*. — *M. d'Italie ou Régence*. — *M. verte à cœur plein*. — *M. d'Italie à feuille de laitue*. — *M. verte d'Étampes*. — *M. dorée*.

Annuelle. — Les feuilles de la Mâche se mangent au printemps; c'est une salade qu'on apprécie beaucoup à cette époque de l'année. Les semis se font en rayons ou en bordure, à la volée, depuis le 15 août jusqu'à la fin d'octobre, dans une terre douce et bien meuble. On recouvre très légèrement la graine avec un râteau et on arrose si cela devient nécessaire. On préfère les petites plantes trapues à celles qui prennent un trop grand développement. Les graines d'un an lèvent mieux que les graines fraîches.

Mâche verte à cœur plein. Cette variété est une excellente acquisition par sa vigueur et sa rusticité, par la blancheur de ses feuilles très ramassées et très compactes; elle forme une petite pomme.

Mâche d'Italie à feuille de laitue. Feuillage large, vert blond doré.

Mâche dorée. Nouvelle variété, bien particulière par la jolie teinte dorée que prend le feuillage en se développant.

Mâche verte d'Étampes (à feuille veinée). Bien rustique; se fane moins vite, une fois cueillie, que les autres Mâches.

30 grammes de Mâche contiennent 21,600 graines; le litre pèse 310 grammes. La durée germinative des graines est de cinq années.

MAÏS.

(*Zea Maïs.* — *Fam. des Graminées.* — *Originaire du Pérou.*)

Syn. fr. Blé de Turquie ; Froment des Indes. — **Ital.** Formentone.
Esp. Maiz. — **Port.** Milho. — **Ang.** Indian Corn. — **All.** Mais.

Variétés. — *Maïs quarantain jaune.* — *M. à poulet.* — *M. ridé sucré.* — *M. du Minnesota.*

Annuel. — Les jeunes épis encore tendres de tous les Maïs se préparent au vinaigre comme les Cornichons ; on préfère pour cet usage le Maïs quarantain et le Maïs à poulet, à cause de leur précocité, de la petitesse de leurs épis et du peu de volume des plantes.

On cultive peu en France les Maïs sucrés, qui aux États-Unis sont très estimés ; on les sème d'avril en juin. Lorsque les épis sont encore laiteux, on les fait bouillir entiers et on mange, assaisonnés au beurre, les grains, qui ont un peu la saveur et la consistance des petits pois.

Le litre de Maïs sucré pèse 640 grammes ; 30 grammes contiennent 150 graines environ. La durée germinative est de deux années.

MELON.

(*Cucumis melo.* — *Fam. des Cucurbitacées.* — *Originaire de l'Inde.*)

Syn. esp. Melon. — **Port.** Melão. — **Ital.** Popone. — **Angl.** Melon.
All. Melone.

Annuel. — On classe les Melons en trois groupes : 1° *Melons brodés ;* 2° *Melons Cantaloups ;* 3° *Melons à écorce unie mince* (les *Melons d'hiver,* les *Melons d'eau ou Pastèques* rentrent dans cette classification).

1° Variétés de la première classe (Melons brodés). — *Melon maraîcher.* — *M. maraîcher de Saint-Laud.* —

M. de Cavaillon. — M. de Honfleur. — M. sucrin de Tours. — M. Ananas à chair rouge. — M. Ananas d'Amérique à chair verte. — M. sucrin à chair blanche. — M. vert grimpant à rames. — M. de Pierre-Bénite. — M. Victoire de Bristol. — M. Boule d'Or (Melon Golden Perfection). — M. Muscade des États-Unis.

Cette race de Melon est d'une réussite facile ; elle est très cultivée dans le midi de la France en plein champ ; on en fait une grande culture aux environs de Bordeaux, par exemple à Libourne, Blaye et Royan, et dans le Lot-et-Garonne.

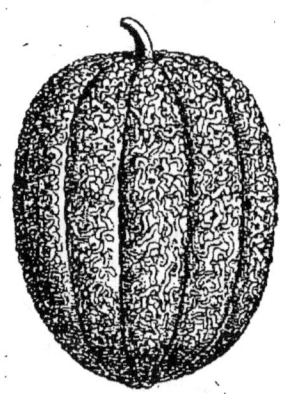

Melon de Cavaillon.

En avril-mai, en terrain sec et chaud, dans un sol calcaire plutôt qu'argileux, on creuse de petites fosses qu'on remplit d'un mélange de bonne terre et de fumier consommé ; on y sème quatre ou cinq graines, et quand elles sont levées, on ne laisse que deux plants. Dans cette variété, les *Melons de Cavaillon* sont les plus rustiques et ceux qui atteignent le plus gros volume. Ils sont oblongs et brodés. Il y a des Melons Cavaillon à chair rouge et à chair verte. Les premiers sont les plus répandus.

Melon sucrin de Tours. Très estimé ; oblong ; sa chair est rouge, ferme et sucrée. Il est en outre d'une culture facile ; produit abondamment dans les grandes chaleurs.

Melon sucrin à chair blanche. D'une culture facile, noue facilement son fruit; c'est une des meilleures variétés.

Melons Ananas. Très recommandés parce qu'ils sont presque toujours bons; d'une réussite facile; leur chair est fondante et très parfumée.

Melon vert grimpant à rames. Récemment introduit dans la culture maraîchère : très bonne acquisition. On met le plant contre un mur ou un treillage pour le faire grimper au fur et à mesure que les tiges s'allongent. Ces Melons donnent en été des fruits exquis et atteignant un plus gros volume que ceux qui viennent au niveau du sol.

Melon de Pierre Bénite. Variété exquise à chair rouge très fondante. Ce Melon doit être propagé à cause de sa rusticité. Semé sur couche et sous châssis en janvier, ou en avril en pleine terre, il donne pendant deux mois environ des fruits très succulents.

Melon Boule d'Or (M. Golden Perfection). Fruit sphérique, d'un beau jaune d'or; chair vert pâle, épaisse, sucrée, parfumée.

2º Variétés de la deuxième classe. — *Melon Cantaloup orange.* — *M. Cantaloup noir des Carmes.* — *M. Cantaloup Prescott hâtif à châssis.* — *M. Cantaloup gros Prescott fond blanc argenté.* — *M. Cantaloup d'Alger.* — *M. Cantaloup à chair verte.* — *M. Cantaloup sucrin.* — *M. Cantaloup noir de Hollande.* — *M. Cantaloup noir de Portugal.* — *M. Cantaloup de Bellegarde.* — *M. Cantaloup de Passy.* — *M. Cantaloup de Dollon.* — *M. Cantaloup de Vaucluse ou de Cavaillon.* — *M. Cantaloup Pomme.*

Les Melons Cantaloups sont les plus cultivés et les plus estimés; c'est du reste avec raison, car presque tous sont d'excellente qualité. Dans notre région, on les cultive en pleine terre de la même manière que les Melons brodés; souvent on fait lever leur plant sous châssis, en pots; on les repique en pleine terre, lorsqu'ils ont trois ou quatre feuilles, en ayant bien soin de les couvrir de cloches de verre qui concentrent les rayons solaires et la chaleur; de cette façon, on obtient des fruits plus précoces.

Pour la culture des Melons sur couche et sous châssis, on emploie principalement les *Melons Cantaloups petit Prescott, gros Prescott, noir des Carmes*, et le *Cantaloup orange*, le plus hâtif des Melons.

Melons Cantaloup Prescott.

Melon Cantaloup gros Prescott. Marqué de nombreuses galles. C'est un des plus exquis que nous connaissions : très gros, côtes prononcées, chair orangée, très épaisse, extrêmement fine, juteuse et fondante. C'est du reste le plus cultivé pour le marché; il a engendré d'innombrables sous-variétés : Cantaloups Prescott fond blanc argenté, fond gris, fond noir, etc.

En janvier, on sème sur de bonnes couches, recouvertes de 35 centimètres de moitié de bonne terre et moitié de terreau. Les semis se font aussi avec succès dans de petits pots qu'on place également sous châssis. On arrose et l'on couvre avec des cloches ou des châssis; quand le plant est levé, on l'habitue peu à peu à l'air, en ayant bien soin de le recouvrir la nuit.

En mai, on donne un léger coup de binage autour de chaque plant, pour que la terre ne se tasse pas. Dès que les œilletons auront atteint 3 centimètres de longueur, on devra pincer l'extrémité de chaque plante; quand le fruit aura atteint la grosseur d'une noix, il faudra pincer l'extrémité de la branche qui aura porté fruit et supprimer toutes les ramifications que la principale branche aura produites. Chaque plante ne doit donner que trois fruits au plus, afin qu'ils soient beaux et d'une complète maturité. Dans un terrain bien défoncé, les Melons se passent des arrosements, et même ils peuvent être cultivés deux années de suite.

Cantaloup petit Prescott. Variété du gros Cantaloup, fond noir ou brun, un peu aplati aux extrémités, couronné avec un point saillant au centre de la couronne, à côtes galleuses, chair rouge; hâtif; des meilleurs pour le châssis et la culture forcée.

Cantaloup noir des Carmes. Fruit rond, vert noir, sans galles; côtes peu relevées, quoique bien prononcées; chair rouge vineux, fondante, excellente. Cette variété, quoique un peu forte en bois et en feuilles, fait fort bien sous châssis, elle y est très hâtive.

Cantaloup d'Alger. Fruit moyen, arrondi, galles assez nombreuses, vert foncé, sur un fond vert cendré; chair rouge, juteuse et parfumée; rustique et productif; demi-hâtif.

Cantaloup de Bellegarde. Fruit oblong, lisse; chair orangée, épaisse, excellente; le plus hâtif des Cantaloups.

Cantaloup à chair verte. Très sucré et fondant; demi-hâtif; de moyenne grosseur. Cette variété est de bonne qualité; la plante est vigoureuse, mais elle noue tardivement ses fruits.

3° VARIÉTÉS DE LA TROISIÈME CLASSE. — *Melon de Malte à chair rouge.* — *M. de Malte à chair blanche.* — *M. de Chypre.* — *M. de Perse.* — *M. de Valence.*

Ces Melons se distinguent par une écorce lisse; leur chair est rouge ou d'un blanc verdâtre, extrêmement juteuse et fondante, pour ainsi dire toute en eau, tant la saveur en est sucrée quoique un peu fade. Il faut un automne très sec pour obtenir une bonne réussite dans cette culture, surtout dans notre région, où ces Melons d'hiver mûrissent mal.

Nous recommandons spécialement dans cette classe le *Melon de Malte à chair rouge* et *à chair blanche*, de forme allongée, très hâtif; chair assez épaisse, juteuse; saveur sucrée et aromatisée.

Melon de Chypre. Maturité assez hâtive; est de bonne qualité; fruit oblong, à côtes peu marquées, d'un blanc grisâtre très légèrement brodé, tandis que les sillons sont d'un vert foncé; chair orangée, ferme, très épaisse, d'un goût relevé.

Melon de Valence. D'excellente qualité.

Le Melon Cantaloup fut apporté vers le quinzième siècle d'Arménie en Italie, d'où Charles VIII le fit venir en 1495.

Originaire d'Afrique, le Melon à chair verte a été introduit en France en 1777 par un moine de Grammont.

Nous avons résumé dans une petite note les indications les plus pratiques sur la culture du Melon; nous croyons devoir la transcrire ici, vu l'importance de ce précieux légume :

« Il existe un vieux dicton souvent répété : « Qu'il faut » couper cent Melons pour en trouver un de bon. » Nous croyons que ce proverbe est faux, et nous nous proposons de le prouver, si on pratique la culture que nous allons brièvement exposer. Nous avons maintes fois entendu dire qu'à Paris tous les Melons sont exquis; nous sommes entièrement de cet avis, et la raison en est facile à expliquer :

» Le Melon est originaire des parties chaudes de l'Asie; il demande un terrain très riche et très fertile pour prospérer et produire de beaux fruits. Il exige pour végéter une température élevée; elle doit être supérieure à 12 degrés centigrades. Plus il fait chaud, plus les Melons sont bons.

» Dans les environs de Paris, où la production du Melon est devenue une grande industrie, on se sert de la chaleur artificielle pour pratiquer cette culture. Les Melons sont semés en *janvier* ou *février* sur couche chaude.

» Le repiquage se fait également sur couche dans la

quatrième semaine qui suit le semis; ils sont élevés ensuite constamment sous châssis; quelquefois, en été, on remplace les châssis par des cloches de verre.

» Sous notre climat du Sud-Ouest, la température, depuis quelques années, a beaucoup varié; de 25 à 28 degrés pendant le jour, le thermomètre est descendu quelquefois, la nuit, à 5 ou 6 degrés et même à zéro dans les mois de mai et de juin. Aussi la culture du Melon en plein air est devenue difficile; les fruits viennent à l'arrière-saison, à une époque où ils se vendent mal. En outre, avec le froid et la pluie, il faut lutter contre la rouille et les insectes qui dévorent les jeunes plants, et contre les maladies cryptogamiques.

» Nous conseillons à ceux qui veulent manger de bons Melons, ou qui tiennent à obtenir un revenu avec cette plante, d'exécuter les semis vers le mois de février sur une couche de bon fumier chaud (quelques personnes sèment dans des petits pots remplis de terreau, placés aussi sous châssis, et réussissent très bien).

» Lorsque le plant a quatre feuilles, on le met en place, à 60 centimètres de distance, dans des plates-bandes préalablement défoncées, fortement fumées et terreautées. On ouvre une tranchée de 50 centimètres de large et de 25 centimètres de profondeur, qu'on remplit de fumier long, à demi consommé : la terre est replacée ensuite par dessus; on obtient ainsi un léger ados. Sur le milieu de ce sommet, on apporte du terreau sur toute la longueur, pour transplanter le jeune plant de Melon dans cet excellent compost.

» Pour les préserver des froids tardifs et pour obtenir des fruits plus précoces, on emploie encore les châssis, qu'on enlève à volonté. Ce moyen est bien préférable aux cloches, car toute la plante est couverte. Il faut leur donner des arrosements abondants; sous l'influence de cette humidité chaude, ces plantes prennent un rapide développement. Les pulvérisations de jus de tabac ou de bouillie bordelaise les défendent de la rouille et des autres maladies cryptogamiques; leur feuillage reste parfaitement vert.

» Quelques jours après avoir mis le plant en place, on l'étête, c'est-à-dire qu'on lui coupe la tige primitive au dessus de la troisième feuille. On ne laisse se développer que deux branches, qu'on taille à leur tour au dessus de la sixième feuille, lorsqu'elles ont atteint huit à dix feuilles. Toutes les ramifications inutiles sont supprimées, pour ne pas laisser perdre la sève au détriment du fruit.

» Dès que les Melons sont formés, on choisit les deux plus vigoureux, ceux dont le pédoncule est gros et bien pris, et l'on supprime tous les autres rudiments de fruits.

» Beaucoup d'horticulteurs, surtout dans la culture forcée, ne laissent qu'un Melon par pied, qui devient alors énorme et excellent comme qualité.

» Pour les cultures de primeur, on emploie généralement le *Cantaloup Prescott hâtif* et le *Cantaloup noir des Carmes*, qui sont bons et recommandables à cause de leur précocité, mais un peu petits comme volume.

» Le Melon le plus répandu, le plus apprécié sur les marchés, d'une belle grosseur et presque toujours excellent, est le *Melon Cantaloup Prescott fond blanc*, dont nous ne saurions jamais trop encourager la culture.

» En avril-mai, en terrain sec et chaud, dans un sol calcaire plutôt qu'argileux, on creuse de petites fosses qu'on remplit d'un mélange de bonne terre et de fumier consommé : on sème quatre ou cinq graines, et quand elles sont levées, on ne laisse que deux plants. On donne ensuite les autres soins que nous avons indiqués plus haut. La graine de Melon âgée de trois ans est regardée comme la meilleure. Les graines âgées donnent des fruits plus francs, mais les plantes sont moins vigoureuses que celles provenant de graines récentes; en revanche, leur fructification est plus certaine. »

Si on veut manger de bons Melons, qu'on les oublie, après les avoir cueillis, cinq ou six jours dans une bonne cave fraîche, et jamais vous n'aurez mangé un fruit aussi sucré et aussi parfumé.

Le litre de graines pèse à peu près 360 grammes et

30 grammes en contiennent 1,050 en moyenne. La durée germinative des graines dépasse souvent dix ans.

MELON d'Eau.

(Cucurbita citrullus. — Fam. des Cucurbitacées. — Originaire d'Afrique.)

Syn. fr. Pastèque; Melon d'Espagne; Melon d'Amérique. — **Ital**. Cocomero di Pistoia; Anguria. — **Esp**. Sandia. — **Port**. Melancia. **Angl**. Water Melon. — **All**. Wassermelone.

Variétés. — *Melon d'eau* ou *Pastèque à graine rouge*. — *M. Pastèque à graine noire*. — *M. Pastèque très hâtif de Russie*. — *M. Pastèque panaché du Chili à graine grise*. — *M. Pastèque Seikon*.

Annuel. — On mange le fruit, on en fait aussi des confitures ou on le confit par tranches pour mêler à des fruits confits ou avec du moût de raisin.

Les Melons d'eau sont excessivement rustiques et peu exigeants sur le choix du terrain; on les sème en place, de mars en mai, dans une terre défoncée; ils donnent un produit remarquable, qui est très apprécié dans la grande culture.

Ils se distinguent extérieurement des autres races de Melons par une écorce lisse ordinairement verte ou bigarrée de vert foncé ou de vert clair; ils sont à graines rouges ou à graines noires.

Le *Melon à graines rouges* est sphérique, presque rond; il est excessivement rustique et productif; sa chair est aqueuse, d'un blanc verdâtre, très juteuse et fondante. Cette variété est surtout employée pour conserves ou confitures, pour être confite par tranches et pour être consommée par les animaux; elle est aussi très appréciée dans la grande culture.

Le *Melon à graines noires* donne des fruits oblongs ou très allongés; leur chair est rouge, très fondante, très juteuse et sucrée. Cette race se mange surtout crue, et c'est cette espèce, avec ses nombreuses sous-variétés, qui se cultive le plus généralement sur les bords de la Méditerranée.

Les Melons d'eau à graines rouges ou noires ne mûrissent pas dans notre région. Ils sont dépourvus d'odeur; mais ils se recommandent par deux qualités précieuses : celle de n'être point fiévreux et celle de pouvoir se conserver jusqu'au milieu de l'hiver.

La maison Vilmorin recommande une nouvelle variété : le *Pastèque Seikon,* comme étant le plus hâtif de tous les Melons d'eau et pouvant très bien mûrir ses fruits sous le climat de Paris. Le fruit est sphérique, à peau vert foncé, veiné de noir; le feuillage est très découpé et distinct.

Melon d'eau Pastèque très hâtif de Russie. Autre variété nouvelle; peau vert olive; chair fondante et juteuse; mûrissant sur couche sous le climat de Paris.

MORELLE de l'Ile de France.

(*Solanum nigrum.* — *Fam. des Solanées.* — *Originaire d'Europe et d'Amérique.*)

Syn. fr. Morelle noire; Brède; Herbe aux Magiciens. — **Ital.** Erba Mora. — **Esp.** Yerba Mora. — **Angl.** Nightshade. — **All.** Nachtschatten; Nachtschattenkraut.

Annuelle. — Les habitants de l'Ile de France et de Bourbon mangent cette plante, préparée en épinard; elle y est appréciée pour cet usage. Cette plante se multiplie seulement de graines semées clair en place, en mars, avril et mai.

La Morelle noire croît spontanément en France; elle n'est employée à aucun usage.

30 grammes contiennent 22,500 graines et le litre pèse 600 grammes. Leur durée germinative est de six années.

MOUTARDE blanche.

(*Sinapis alba.* — Fam. des Crucifères. — *Indigène.*)

Syn. fr. Sénevé blanc; Plante au Beurre. — **Ital.** Senapa bianca.
Esp. Mostaza blanca. — **Angl.** Mustard. — **All.** Senf.

Variétés. — *Moutarde blanche.* — *M. noire.*

Annuelle. — On emploie les jeunes feuilles de Moutarde blanche et noire en fourniture de salade; pour cet usage, semer très épais. Cette plante pousse très vite, et au bout d'une dizaine de jours, on peut employer les jeunes feuilles, qui sont très tendres.

C'est avec la graine de Moutarde noire qu'on prépare le condiment connu sous le nom de Moutarde de table. La graine de la Moutarde blanche s'emploie comme remède.

Il y a dans 30 grammes de Moutarde blanche environ 6,000 graines. 30 grammes de Moutarde noire contiennent 18,000 graines; le litre pèse 750 grammes. La durée germinative est de quatre années.

Moutarde de Chine à feuille de chou. Grande plante atteignant, quand elle est en fleur, 1^m,20 à 1^m,50 de hauteur. La Moutarde à feuille de chou se sème au mois d'août, en pleine terre, en planches ou en rayons. Au bout de six semaines, on peut commencer à cueillir des feuilles, et la récolte se prolonge jusqu'aux grands froids. Les feuilles se mangent cuites comme les épinards; elles donnent un produit très abondant et d'un goût très agréable. C'est un des légumes verts les plus appréciés dans les pays chauds.

Moutarde de Chine à racine tubéreuse. Racine blanche piriforme, ressemblant à un navet et servant aux mêmes usages. On râpe la racine comme celle du raifort pour remplacer la Moutarde qu'on fabrique avec la graine.

NAVET.

(*Brassica Rapa.* — *Brassica Napus.* — *Fam. des Crucifères.* — *Indigène.*)

Syn. franç. Navet-Rave. — **Ital.** Navone; Rapa. — **Esp.** Nabo.
Port. Nabo. — **Angl.** Turnip. — **All.** Rübe; Herbst-Rübe.

Variétés. — *Navet des Vertus long, race Marteau.* — *N. long de Clairfontaine.* — *N. long de Meaux.* — *N. rose du Palatinat.* — *N. gros long d'Alsace.* — *N. noir long.* — *N. de Freneuse.* — *N. petit de Berlin ou de Tellau.* — *N. des Vertus rond ou rond de Croissy.* — *N. noir rond ou plat.* — *N. Rave Turnep ou Rabioule.* — *N. blanc plat hâtif.* — *N. rouge plat hâtif.* — *N. Rave d'Auvergne à collet rouge hâtif et tardif.* — *N. Rave du Limousin.* — *N. de Norfolk blanc.* — *N. de Norfolk à collet rouge.* — *N. jaune Boule d'Or.* — *N. jaune de Malte.* — *N. jaune de Finlande.* — *N. jaune de Montmagny.* — *N. jaune de Hollande.* — *N. Boule de Neige.* — *N. de Munich rouge plat hâtif de mai.* — *N. très hâtif de Milan à collet violet.* — *N. de Milan blanc.* — *N. jaune d'Aberdeen à collet violet.* — *N. blanc rond de Jersey.* — *N. blanc Globe à feuille entière.* — *N. écarlate du Kashmyr.* — *N. blanc dur d'hiver.*

Bisannuel. — Sous le nom de Navet, nous comprenons non seulement le Navet proprement dit, mais aussi la Rave et le Turnep. Nous croyons que cette classification est la plus juste et la plus claire.

Parmi nos plantes potagères, nulle n'est plus facilement et aussi profondément modifiée par le sol et le climat que le Navet, à ce point que la même variété, transportée d'un lieu à un autre, devient méconnaissable, et que la plupart ne conservent leur qualité que dans les localités exceptionnellement favorables dont elles ont pris le nom.

On sème le Navet ou la Rave de juin à la fin d'août, dans une terre fraîchement remuée par un labour profond; le Navet aime une terre fraîche et sablonneuse. Le semis se fait clair et à la volée, à raison de 40 grammes par are; on sarcle le jeune plant et on l'éclaircit. Pour avoir des Navets très précoces, on en sème dès le mois de mars, mais ils montent alors facilement; c'est le Navet demi-long des Vertus et le rond hâtif qu'on emploie pour ces semis de printemps; autant que possible, il ne faut employer que de la graine de deux ans ou plus; celle de l'année donnerait des plants sujets à monter avant d'avoir formé leurs racines.

A peine levés, les Navets sont exposés aux attaques des altises, leurs plus redoutables ennemis et ceux qu'il est le plus difficile de combattre. Arroser fréquemment et abondamment; éclaircir les plants, pour que les racines ne se gênent pas. Il faut commencer à récolter les Navets lorsqu'ils ont atteint la moitié ou les trois quarts de leur grosseur totale : ils sont plus tendres et plus délicats.

On mange les racines cuites et accommodées de diverses manières.

Les Navets les plus usités à Bordeaux sont :

Navet demi-long des Vertus. Très remarquable par sa belle forme, par son bout arrondi, par la finesse de sa chair, par sa précocité et sa qualité.

Navet rond des Vertus ou *Navet de Croissy*. A peau lisse, fine; chair blanche, serrée, sucrée; maturité demi-hâtive; se prêtant très bien à la culture forcée.

Ce sont les deux variétés qu'on sème le plus au printemps.

Navet-Rave du Limousin. Très aplati; réussit moins que toutes les autres variétés dans les terres consistantes, fortes; convient surtout aux climats frais et humides, aux sols légers. C'est le plus volumineux et le plus productif des Navets cultivés en France.

Navet-Rave Turnep. Le plus rustique de tous les Navets; vient bien en terrain léger; s'accommode aussi de terres fortes, même de celles où l'argile domine; il est gros, à collet vert, rond, un peu plat, hâtif et productif; résiste aux plus grands froids; il est aussi très employé en agriculture.

Rave d'Auvergne à collet rouge. Se sème en fin juillet-août; racine aplatie, collet violet, volumineux; sa chair est fine et serrée; vient bien en sol argileux fort, argilo-siliceux; mais on l'emploie surtout en grande culture.

Navets de Norfolk.

Nous en dirons autant du *Navet de Norfolk blanc*, qui atteint des proportions énormes; productif, tardif; il est à collet vert et à collet rouge. Ces variétés s'emploient aussi dans la culture maraîchère; leur chair est délicate.

Nous recommandons aussi le *Navet de Munich rouge plat de mai*. Très belle race, excessivement hâtive. Les racines sont extrêmement lisses et nettes, à collet fin; n'ayant qu'une faible quantité de petites feuilles; c'est un grand avantage, qui permet de le cultiver comme culture dérobée dans les endroits inoccupés du jardin. Le Navet de Munich est une petite Rave, très plate, arrondie au milieu; la partie enterrée est blanche et le collet est fortement teinté de rouge violacé. Par son extrême précocité, cette variété est très recommandable pour le marché ; elle est de trois semaines plus hâtive que les autres espèces ; elle produit au bout de trois mois des racines de plus de 25 centimètres de diamètre, lorsque les autres espèces atteignent à peine la moitié de ce volume. Les semis se font depuis mars jusqu'en octobre.

Navet Boule d'Or. Très jolie variété à racine sphérique, d'un jaune franc et se formant très promptement.

Navet de Montmagny. Excellente race potagère. Racine demi-plate, à collet rouge, jaune foncé dans la partie en terre ; chair jaune, assez ferme, tendre ; très précoce. C'est un des plus agréables au goût.

Navet jaune de Finlande. Racine aplatie, chair jaune ; des plus rustiques, assez hâtif ; convient bien pour les semis d'arrière-saison. Quand les racines sont jeunes, la chair en est fine et très agréable.

Navet gros long d'Alsace. Racine à moitié hors de terre ; long, atteignant un volume considérable, blanc, à collet vert, tendre, assez aqueux ; très bonne variété, demi-tardive.

Navet rond blanc Boule de Neige. Ce Navet, à racine globuleuse, comme forme ressemble beaucoup au Turnep ; il est très fin, d'un blanc pur, précoce ; les semis se font à partir du mois d'avril.

Navet très hâtif de Milan. A collet violet, à feuille entière. Le Navet rouge de Milan est un des plus précoces qui existent ; il convient admirablement pour la culture forcée, même au printemps. La racine en est petite ou moyenne, très aplatie, complètement lisse, blanche en terre et d'un rouge violacé vif au collet. Saveur un peu forte.

Navet de Milan blanc. Le plus lisse et le plus précoce des Navets ; extrêmement recommandable pour la culture forcée.

Navet demi-long blanc à forcer. Très hâtif ; peut se semer sur couche au printemps et produire dès le début de l'été sans monter à graine ; employé aussi pour la pleine terre ; chair très fine.

Navet rose du Palatinat. Racine sortant de terre et piriforme, longue, blanche, à collet rose et à chair très tendre et très douce. Cette variété se recommande par son volume et sa précocité ; elle convient pour le potager, mais mieux encore pour la grande culture, à cause de son produit.

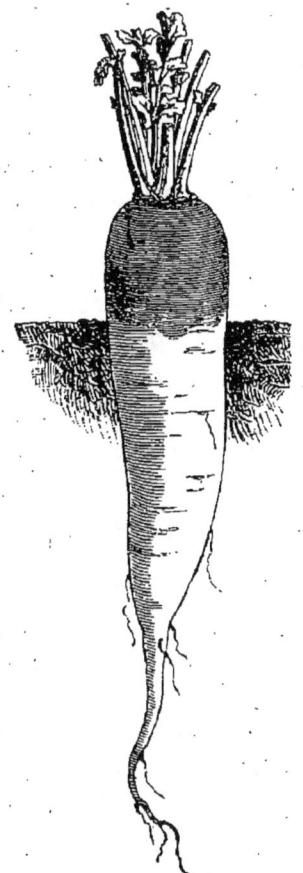

Navet du Palatinat.

Navet blanc dur d'hiver. Nouvelle variété à racine conique, bien blanche et bien nette ; chair ferme et sucrée ; d'excellente qualité ; on ne peut plus recommandable comme Navet d'arrière-saison ; se développe rapidement.

30 grammes contiennent 7,500 graines ; le litre pèse 660 grammes. Leur durée germinative est de cinq années.

OIGNON.

(*Allium cepa.* — Fam. des Liliacées. — Originaire de l'Asie.)

Syn. fr. Oignon. — **Esp.** Cebolla. — **Ital.** Cipolla. — **Port.** Cebola. **Angl.** Onion. — **All.** Zwiebel.

Variétés : *Oignon rouge pâle ordinaire.* — *O. rouge foncé.* — *O. rosé de bonne garde.* — *O. paille ou jaune des Vertus.* — *O. jaune de Lescure ou de Saint-Urgent.* — *O. blanc hâtif de Paris.* — *O. blanc gris.* — *O. piriforme.* — *O. de Madère.* — *O. géant de Rocca.* — *O. blanc hâtif de Barletta.* — *O. blanc très hâtif de mai.* — *O. hâtif à la Reine.* — *O. sous terre.* — *O. Patate.* — *O. d'Égypte à rocamboles.* — *Petit O. de Mulhouse.* — *O. jaune de Danvers.* — *O. blanc de Nocera.* — *O. Calawissa.* — *O. blanc Globe.* — *O. plat de Côme.* — *O. rond de Hollande.* — *O. jaune de Russie.* — *O. géant de Zittau.* — *O. jaune soufre d'Espagne.* — *O. de Trébons.* — *O. jaune de Villefranche.* — *O. jaune de Cambrai.* — *O. pâle de Niort.*

Bisannuel et vivace. — On mange le bulbe cuit ou cru, ou confit dans le vinaigre. Les Oignons sont un des produits les plus importants du jardin potager. Aussi la culture a fait naître un très grand nombre de races et de variétés. Les plus répandues en France et surtout dans les provinces du Midi sont au nombre de trois : l'*Oignon blanc, rouge* et *jaune*; ce dernier, plus facile à conserver que les autres, leur est généralement préféré par les cultivateurs et occupe des espaces de terrain considérables dans la Gironde, le Lot-et-Garonne et la Haute-Garonne. La plupart des variétés d'Oignon sont de garde et se consomment surtout en hiver et au printemps; quelques-unes, au contraire, et les deux sous-variétés de l'*Oignon blanc* (l'*Oignon blanc gros* et l'*Oignon blanc hâtif*) sont du nombre, doivent être consommées à la fin du printemps et en été; elles pourriraient presque toujours si on essayait de les conserver jusqu'en hiver.

A part l'Oignon d'Égypte bulbifère et l'Oignon Patate, qu'on multiplie au moyen de caïeux ou de petits bulbes qu'ils produisent, toutes les autres races se reproduisent de graines.

En plantant au printemps les bulbilles que cette espèce produit au haut de sa tige et qu'on a conservées l'hiver, chacune d'elles se transforme, dans l'été, en un Oignon ordinairement fort gros. Si au printemps suivant on replante quelques-uns de ces gros Oignons, chacun d'eux en reproduira deux ou trois autres de moyenne grosseur, que l'on trouvera au pied quand on l'arrachera; donc il y a multiplication en terre par les caïeux et hors de terre par les rocamboles ou bulbilles.

Citons dans ces espèces l'*Oignon de Mulhouse* jaune, qui se reproduit par de petits bulbes qu'on replante.

Ces petits Oignons jaunes, venus de graines semées, l'année précédente, sont plantés, l'année suivante, en mars et deviennent au bout de deux mois de gros Oignons, qu'on peut consommer de suite.

Oignon de Catawissa. Vivace. Espèce américaine donnant des tiges très vigoureuses qui se subdivisent et sont terminées par de petits bulbes à la manière des Oignons à rocamboles, mais bien plus abondamment; cette espèce est des plus précieuses, parce qu'elle est d'une vigueur remarquable. Elle commence à végéter dès la fin d'août et maintient cette végétation jusqu'en juin, fournissant abondamment de très bons Oignons verts comme la ciboule. Elle forme des touffes énormes. A replanter tous les quatre ou cinq ans.

L'Oignon, comme l'ail, aime une terre légère, franche et riche en humus; si la terre qui doit le recouvrir n'a pas été antérieurement fortement fumée, il faut ne pas lui ménager l'engrais et introduire celui-ci dans la terre longtemps à l'avance, pour que le fumier ait le temps de se décomposer et fournisse à la plante un sol fécond qui favorise et active la présence du bulbe.

Dans notre région, on cultive principalement la variété dite de *Lescure* ou de *Saint-Urgent* : c'est l'Oignon qui a le plus de vente et qui se conserve le plus longtemps;

on sème d'août en septembre dans une terre bien labourée, douce, plutôt légère que forte, riche d'engrais, mais fumée de vieille date. On repique ce plant en mars-avril après avoir raccourci un peu les feuilles pour éviter une trop grande évaporation et retranché une partie des racines afin de ne pas les replier dans le trou; on les met en place à 20 centimètres en tous sens, en les enterrant très peu et en les assujettissant fortement. On termine la plantation par un arrosage copieux. Les soins à donner ensuite consistent en arrosages, sarclages et binages, selon le besoin.

Plusieurs cultivateurs de nos contrées ne sèment l'Oignon en planche et en pépinière qu'en décembre et en janvier. Ce jeune plant est bon à repiquer en place en avril. Cette méthode donne souvent dans le Blayais les meilleurs résultats. On évite surtout que l'Oignon monte à graine à l'été. Dans le Haut-Languedoc, aux environs de Toulouse, on sème en plein champ en février, on éclaircit le jeune plant au printemps et les Oignons qu'on laisse en place prennent un bon développement.

Il y a un autre système de culture qui donne les meilleurs résultats pour la culture des Oignons précoces : c'est le moyen employé pour la culture de l'*Oignon de Port Sainte-Marie* qui, dans le Lot-et-Garonne, est une source de grand commerce et de grand revenu.

Lorsqu'on a du beau plant en automne, on peut avec plein succès planter quelques planches en octobre dans une terre légère et riche, afin d'avoir des Oignons précoces au printemps. L'*Oignon blanc cuivré de Port Sainte-Marie* se prête bien à cette culture.

L'Oignon se récolte lorsque les feuilles jaunissent et se dessèchent; si, à l'automne, on veut hâter sa maturité, on détourne la sève au profit du bulbe en tordant les feuilles et les couchant sur le sol avec le dos d'un râteau ou plus simplement avec le pied. L'Oignon arraché doit rester quelques jours sur le terrain pour qu'il sèche; puis, à l'aide de ses fanes, on le tresse en chaînes, qui sont ensuite suspendues dans un local sec et aéré; c'est une bonne manière pour les conserver.

Dans les gros Oignons, après l'*Oignon de Lescure*, qui est le meilleur, nous recommandons l'*Oignon jaune des Vertus* ou *Oignon jaune paille*, excellent et de bonne garde.

L'*Oignon rouge foncé*, large et plat, est préféré du côté de Libourne à tous les autres. On l'appelle *Oignon rouge de Castillon*.

Oignon rosé de bonne garde. Très beau bulbe comme forme et couleur, d'une étonnante conservation.

Oignon d'Espagne. Très gros, jaune paille, se conservant bien, surtout recommandable pour le Midi.

L'*Oignon jaune de Danvers*. Belle race américaine très hâtive, bulbe sphérique à collet fin, de bonne garde; se consomme avant l'hiver.

Oignon poire ou piriforme. Rougeâtre, à chair dure, saveur un peu forte, de longue garde.

Oignon géant de Rocca. Magnifique variété dans le genre de l'Oignon de Madère, mais se conservant beaucoup mieux.

Oignon blanc rond dur de Hollande. Aussi hâtif que l'Oignon blanc de Paris et se conservant très bien pendant l'hiver; excellente race.

Oignon jaune géant de Zittau. Oignon jaune, très gros, rond, de très bonne garde.

Oignon de Côme. Cet oignon est considéré en Italie comme une variété du plus haut intérêt. Il est surtout remarquable par le grand produit qu'il donne. Ces Oignons qui sont d'une forme ronde un peu aplatie, ont une couleur blanc jaune, avec une légère teinte rouge, et ils sont de la grosseur d'une nèfle. Cette race est demi-hâtive et de bonne garde; elle réussit très bien dans les climats très froids et on peut l'appeler une spécialité pour les endroits en montagnes.

Oignon Globe. Bulbe presque sphérique assez gros, de couleur jaune cuivré; maturité demi-tardive. Cette variété se conserve longtemps sans pousser.

Oignon rouge pâle de Niort. De grosseur moyenne; maturité demi-hâtive; très apprécié dans l'Ouest.

Oignon rouge pâle. Très cultivé dans le centre de la France.

Oignon blanc gros. Très employé par les habitants de nos campagnes pour être mangé, cru ou cuit au four, en salade ; dans nos palus, il atteint un très grand volume. Ne se conserve pas l'hiver.

Oignon de Madère, ou de *Bellegarde*. Rouge pâle, très doux, très gros ; très estimé dans le Midi ; mérite d'être propagé.

Dans le Nord et le Centre, on sème l'Oignon en place de la mi-février à la mi-mars ; on couvre le semis de terreau de feuilles ou de marc de raisin ; une fois qu'il est levé, on sarcle et on éclaircit le jeune semis, en laissant une distance entre chaque plant, pour qu'il puisse grossir ; le terrain doit être préparé et fumé comme pour l'Oignon qu'on repique. A Bordeaux, où cette méthode est peu usitée, elle serait bonne à suivre lorsque les semis d'automne n'ont pas réussi.

On en pratique une autre, surtout pour l'Oignon blanc hâtif de Paris et l'Oignon blanc gros, qu'on consomme frais, à mesure des besoins. On sème l'Oignon *très épais*, en place, dans un sol léger ; on donne de l'eau pour assurer la levée, puis on se dispense de tout arrosage et de tout éclaircissage ; on obtient ainsi des petits Oignons à confire. Ils peuvent aussi se conserver en lieu sec pendant l'hiver et sont très recherchés pour être employés entiers dans les sauces. Ces bulbilles sont destinées à remplacer les jeunes plants ; mises en place en février ou mars à 15 ou 18 centimètres en tous sens, elles arrivent à donner en juin-juillet de gros et beaux Oignons.

Pour les semis précoces, nous citerons :

Oignon blanc hâtif de Paris. Très doux, très précoce et d'excellente qualité.

Oignon blanc hâtif de Nocera. Très petit, excessivement hâtif.

Oignon blanc hâtif à la Reine. Très remarquable par sa précocité, et par sa forme petite mais très régulière ; c'est le plus hâtif de tous les Oignons. Semé en février, il peut être employé en mai ; il est d'excellente qualité.

Oignon blanc très hâtif de Barletta. Bulbe très petit,

plat, excessivement hâtif; très recommandable pour primeur.

Oignon blanc hâtif de mai. Très joli petit Oignon blanc argenté, à chair blanche; ne se conserve pas.

Les Oignons destinés pour la récolte de la graine se plantent fin février et mars; et parfois même l'Oignon blanc avant l'hiver; quand ils poussent trop, on les espace d'environ 30 centimètres.

La graine est bonne pendant deux ans, rarement trois. 30 grammes contiennent 7,500 graines. Le litre pèse 450 grammes.

OSEILLE.

(*Rumex acetosa.* — Fam. des Polygonées. — Vivace. — Indigène.)

Syn. esp. Acedera. — **Ital.** Acetosa. — **Port.** Azedas. — **Ang.** Sorrel. **All.** Sauerampher.

Variétés. — *Oseille large de Belleville.* — *O. vierge.* — *O. vierge à feuilles cloquées.* — *O. ronde*, très résistante à la sécheresse.

C'est de toutes les plantes potagères de nos jardins la plus rustique et celle qui demande peut-être le moins de culture. On multiplie l'Oseille par semis ou par éclat des vieux pieds; le semis donne des plantes plus vigoureuses et de plus longue durée; par la transplantation des éclats on perpétue sûrement les variétés de choix.

On sème l'Oseille à la volée en février, mars, avril, et d'août en octobre, en bordures, et en planches si l'on cultive pour vendre au marché, car l'Oseille est fréquemment employée comme les épinards.

Pendant l'été, sous l'influence de la chaleur, l'Oseille devient excessivement acide; pour éviter cet inconvénient, il faut en semer une bordure au nord, en terre fraîche; on atténuera aussi l'acidité en la tondant souvent. L'Oseille est insensible au froid, elle ne gèle jamais, les gelées ralentissent sa végétation sans l'arrêter complètement.

L'Oseille doit être changée de place tous les quatre ou cinq ans.

On cultivera de préférence l'*Oseille de Belleville*; ses feuilles sont plus larges et moins acides que celle de l'Oseille commune.

Oseille vierge (Rumex montana). Cette espèce est peut-être moins acide que l'Oseille de Belleville; elle a aussi l'avantage de pousser plus tôt; elle convient mieux pour planter en bordures, puisque ne donnant pas de graines, elle ne pullule pas comme les autres; l'une et l'autre se multiplient d'éclats de pieds pour les conserver franches. Cette variété a l'inconvénient d'avoir le pétiole un peu court quand elle commence à pousser.

On emploie beaucoup les feuilles d'Oseille cuite.

30 grammes contiennent 29,100 graines. Le litre pèse 690 grammes. Durée germinative des graines, deux ans.

OSEILLE Patience.

(*Rumex patientia. — Indigène.*)

Syn. fr. Patience; Épinard immortel; Oseille Épinard. — **Esp.** Romaza . **Ital.** Rombice; Lapazio. — **Port.** Labaça. — **Ang.** Garden Patience. **All.** Englischer Spinat.

Vivace. — La Patience est moins acide que l'Oseille, elle est extrêmement productive et très remarquable par sa précocité; elle commence à donner des feuilles au commencement de l'hiver, alors qu'il n'y a pas encore de verdure nouvelle, lorsque les choux, les poirées et l'oseille manquent dans nos champs et dans nos jardins; aussi cette plante est d'un grand secours dans notre région du Midi où on l'emploie pendant de longs jours pour faire la soupe.

On multiplie l'Oseille Patience de semis ou par éclats comme l'Oseille, mais il est préférable de la semer, car elle réussit très bien par ce mode de culture. On la sème en mars ou avril, même dès le mois de février dans une planche bien préparée et bien fumée, en lignes de préférence afin de pouvoir travailler la plante dès que les pousses de Patience atteindront quelques centimètres. Si le temps est sec, on tient le semis constamment arrosé ; dans ces cas, dehors, il croit à vue d'œil. Lorsque le jeune plant a la grosseur d'un crayon, on le repique en planche et en bordure en l'espaçant de 40 centimètres dans tous les sens. Le terrain qui convient le mieux à l'Oseille Patience est une terre profonde un peu humide, à une exposition mi-ombragée.

30 grammes contiennent 1,350 graines. Le litre pèse 620 grammes. La durée de germination des graines est de quatre ans.

OXALIS crénelée.

(*Oxalis crenata.*)

Syn. esp. Oka; Oxalida. — **Angl.** Oxalis.

Variétés. — *Oxalis tubéreuse.* — *O. rouge.* — *Oxalis Deppei.* — *O. Oseille.*

Ces tubercules, gros comme des noix, se mangent comme des pommes de terre, les tiges et les feuilles comme l'oseille. Planter les tubercules en mai à 40 centimètres de distance et butter les tiges, au fur et à mesure qu'elles poussent, en les couvrant de terre légère ou de terreau, pour favoriser la formation des tubercules, en ayant soin de laisser toujours hors de terre l'extrémité de la tige sur une longueur de 15 à 20 centimètres. La récolte des tubercules ne se fait que lorsque l'extrémité des tiges a été détruite par les gelées.

Oxalis Deppei. On mange dans cette variété les racines, qui ressemblent à de petits navets. Elles sont tendres et aqueuses; le goût en est fade.

L'Oxalis Deppei se multiplie par les bulbilles qui se forment en grand nombre vers le collet des racines; on les plante au mois d'avril en bonne terre légère, soit en bordure, soit en rangs espacés de 30 à 40 centimètres.

PANAIS.

(*Pastinaca sativa.* — *Fam. des Ombellifères.* — *Indigène.*)

Syn. esp. Pastinaca; Chirivia. — **Ital.** Pastinaca. — **Port.** Pastinaca. **Angl.** Parsnip. — **All.** Pastinake.

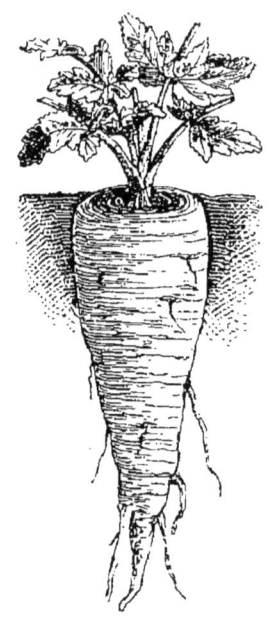

Panais.

Variétés. — *Panais long.* — *P. rond hâtif.* — *P. demi-long.* — *P. long de Guernesey.*

Bisannuel. — Les racines sucrées et aromatiques du Panais sont dans certaines contrées l'indispensable assaisonnement du potage; on assure même que pendant l'été il a la propriété de conserver le bouillon plus longtemps. Le Panais se consomme aussi préparé en salade ou en sauce. Le Panais se cultive comme la carotte; il peut seulement se semer plus tôt au printemps, dès le mois de février ou de mars; le *Panais long* demande une terre profonde et bien préparée; il est très employé en agriculture. Depuis quelques années on a essayé avec succès le Panais amélioré de M. *Le Bian.*

Le *Panais rond* à racine courte et arrondie en forme de toupie est une des meilleures variétés connues; elle est hâtive et convient plus particulièrement aux terrains peu profonds; c'est celui qui est le plus employé et avec raison pour la culture potagère.

Le *Panais de Guernesey* est le plus productif et le plus recommandable des Panais longs; il est moins hâtif que le Panais rond.

Panis Sutton's Student. Cette variété est très appréciée en Angleterre. Il est hâtif, rond, d'un goût très fin, reste longtemps en terre sans devenir ligneux; il est rustique et très résistant au froid.

Le Panais est très cultivé dans l'arrondissement de Lesparre; son usage est peu répandu à Bordeaux, et nous croyons qu'on l'apprécierait s'il était plus connu. Le Panais aime une terre franche, bien profonde et bien fumée. On le sème très dru en février-mars; on éclaircit le plant ensuite, en le sarclant.

30 grammes de Panais contiennent 6,300 graines. Le litre pèse 220 grammes. La durée germinative des graines est de deux ans. Il faut environ 60 grammes de graines par are. On peut, sans inconvénient, laisser le Panais en terre pendant l'hiver, car il ne craint nullement la gelée.

PATATE.

(Convolvulus Batatas. — Originaire de l'Amérique méridionale.)

Syn. fr. Patate douce; Batate; Artichaut des Indes. — **Esp.** et **Port.** Batata. — **Ital.** Batate; Patata. — **Angl.** Sweet Potato. **All.** Batate.

VARIÉTÉS. — *Patate douce.* — *P. rouge ou violette.* — *P. rose de Malaga.*

Vivace, mais *annuelle* dans la culture. — Pour planter les premières Patates, on prépare dans la première quinzaine de février une couche de 50 centimètres avec du fumier de cheval ; on peut y mélanger des feuilles ; on la couvre de quelques centimètres de terre, environ 8 centimètres, sur laquelle on place les Patates, qui à leur tour sont couvertes de 10 centimètres de terre. Lorsque les jets que produisent les tubercules ont atteint 8 centimètres au dessus du sol, on les détache avec la main, en enlevant avec chaque bourgeon une portion de tubercule.

On les transplante dans une terre douce et riche, à bonne exposition. La Patate a du reste été cultivée pour la grande culture et a donné un produit plus important que la pomme de terre. Sa racine grosse, charnue, farineuse et sucrée, agréable au goût, fournit un très bon aliment, qui est surtout estimé par les personnes qui ont habité les pays chauds, où elle remplace la pomme de terre.

On exagère la difficulté de cette culture : une fois qu'on a obtenu des boutures, on les place à 30 centimètres sur le rang, et les rangs sont distancés d'environ 1^m,30. On sarcle ces tubercules jusqu'à ce que la pousse couvre le sol ; ensuite on abandonne la plantation à elle-même. C'est en septembre-octobre qu'on fait la récolte des Patates ; on les arrache par un temps sec. Pour les conserver, il faut les mettre dans un lieu aéré et à l'abri de l'humidité sur un lit de sciure ou de sable ; éviter que les tubercules se touchent.

Patate violette ou rouge. La plus sucrée, la plus parfumée de toutes. Les tubercules en sont très longs et très minces ; la peau est rouge violacé ; la chair est blanche à l'intérieur. Cette variété est celle qui est la plus cultivée en France.

PATIENCE. (Voir *Oseille Patience.*)

PATISSON. (Voir *Courge.*)

PERSIL.

(*Apium Petroselinum*. — *Fam. des Ombellifères*. — *Originaire de Sardaigne*.)

Syn. esp. Peregil. — **Ital.** Petrosellino; Prezzemolo; Erbetta.
Port. Salsa. — **Angl.** Parsley. — **All.** Petersilie.

Variétés. — *Persil commun*. — *P. nain très frisé*. — *P. grand de Naples*. — *P. à grosses racines*. — *P. à feuilles de fougère*. — *P. frisé*. — *P. double*.

Bisannuel. — Les graines et les feuilles sont aromatiques, on emploie les feuilles cuites ou crues; c'est de toutes les plantes potagères celle qui est la plus employée comme assaisonnement. On sème le Persil depuis février jusqu'en octobre dans une bonne terre meuble en bordure le long des planches occupées par d'autres plantes dont la fumure et les arrosements lui profitent. Pour le conserver l'hiver, placer le Persil au pied d'un mur exposé au midi, car il est un peu sensible au froid.

Les graines mettent ordinairement un mois à lever. Le Persil a produit plusieurs bonnes variétés, telles que le *Persil nain très frisé*, remarquable par sa petite stature, par sa lenteur à monter et par ses feuilles qui sont tellement crispées qu'elles ressemblent à de la mousse.

Persil très frisé vert foncé. Belle variété, moins haute et à feuillage beaucoup plus foncé que l'ancienne race.

Persil à feuilles de fougère. Acquisition nouvelle de premier mérite; il est compact, frisé, d'une belle couleur. Ce Persil est précieux non seulement pour le jardin potager, mais aussi pour la formation des corbeilles et pour l'ornementation des tables.

Persil de Naples. Très élevé; il a de larges feuilles et de larges côtes; on le repique et on le fait blanchir comme le céleri.

Persil à grosse racine. Sa racine est très grosse et très charnue, sa saveur a de l'analogie avec celle du céleri-rave ; on l'emploie de la même manière. On le sème en mars et en avril très clair, puis on l'arrache en automne pour le conserver à la cave dans du sable ; on peut avoir ainsi des jeunes feuilles pendant l'hiver.

30 grammes de graines en contiennent 10,500 ; le litre pèse un peu plus de 500 grammes. La durée germinative des graines est de trois années au moins.

PIMENT.

(Capsicum annuum. — Originaire de l'Amérique du Sud.
Fam. des Solanées.)

Syn. fr. Poivre d'Espagne ; Poivron. — **Ital.** Pepe. — **Esp.** Pimiento. **Port.** Pimenta ; Pimentão. — **Ang.** Pepper. — **All.** Spanischer Pfeffer.

Variétés. — *Piment rouge long ordinaire. — P. de Cayenne long étroit. — P. jaune long. — P. gros carré doux. — P. monstrueux. — P. Tomate rouge. — P. Tomate jaune. — P. du Chili. — P. Cerise. — P. violet. — P. doux d'Espagne ou de Montagne. — P. carré doux d'Amérique. — P. Ruby King. — P. Trompe d'Éléphant. — P. Mammouth jaune d'or. — P. vert de Montmagny.*

Annuel dans la culture ; *vivace* dans les pays chauds. On mange le fruit du Piment cru ou confit et comme assaisonnement. Séchés et broyés, on en fait le poivre de Cayenne ou poivre rouge. Les Piments se sèment sur couche en février ou mars, ou en avril sur plate-bande terreautée ; repiquer fin avril ou commencement de mai en pleine terre substantielle au midi ; arroser fréquemment pendant les grandes chaleurs. On cultive principalement les variétés suivantes : *Piment poivre long rouge* ou *jaune* qui ne diffèrent entre elles que par la couleur de leurs fruits. Ce sont les deux espèces les plus répandues. Une sous-variété du Piment rouge long est le *Piment de Cayenne* qui se distingue du précédent par sa forme qui est légèrement courbée à l'extrémité. Il est d'un goût toujours très brûlant et très âcre ; on l'appelle vulgairement *Piment enragé*.

Piment du Chili. Race des plus précoces et des plus productives ; c'est celui qui pour mûrir demande le moins de chaleur. Le fruit est mince, petit et pointu, d'un rouge vif écarlate et d'un goût très brûlant. Il y a une telle abondance de fruits sur les pieds ordinairement qu'ils sont aussi nombreux que les feuilles.

Piment gros carré doux. Fruit obtus, presque carré, marqué de quatre sillons profonds, qui le divisent en quartiers ; sa chair est épaisse et a une saveur complètement douce. On le consomme surtout cuit.

Piment doux d'Espagne. Fruit très beau, long et doux, mesurant 16 centimètres sur 6. Exige une température très chaude.

Piment Cerise. Fruit rond et de saveur très forte, très brûlante ; maturité assez tardive.

Piment Tomate. Il y a deux variétés dans cette race : l'une à fruit rouge, l'autre à fruit jaune. Sous ces deux couleurs, le fruit est arrondi de forme et ressemble à une tomate ; la chair est douce ; mûrit assez tardivement.

Piment chinois. Fruits très nombreux, dressés, coniques, passant du vert au jaune, au violacé, au rouge corail.

Piment Trompe d'Éléphant. Fruit volumineux, de forme curieuse, d'un beau rouge vif et de saveur douce.

Piment Mammouth jaune d'or. Précoce ; fruit gros.

Piment à Bouquets rouge. Fruits agglomérés en bouquets.

30 grammes de graines en contiennent environ 4,500 ; le litre pèse 450 grammes. Leur durée germinative est de quatre années.

PIMPRENELLE.

(*Poterium sanguisorba.* — *Fam. des Rosacées.* - *Indigène.*)

Syn. fr. Petite Pimprenelle. — **Esp.** Pimpinela. — **Port.** Pimpinella. **Ital.** Bibinella ; Pimpinella. — **All.** Garten-Pimpinelle ; Becherblume. **Angl.** Burnet.

Plante *vivace* dont on fait de jolies bordures, que l'on tond pour les rendre productives. La production des feuilles est plus abondante et plus soutenue quand on a soin d'empêcher les plantes de fleurir. On emploie la Pimprenelle comme fourniture de salade. C'est aussi un excellent fourrage recommandé en agriculture et qui ne demande aucun soin d'entretien. On la sème en avril en rayons espacés de 25 à 30 centimètres ou en bordures ; il faut environ 300 grammes de graines par are. Après le semis on étend un léger paillis sur toute la planche et on arrose au besoin.

38 grammes contiennent 4,500 graines et le litre pèse 280 grammes. La durée germinative est de trois années.

PISSENLIT.

(*Taraxacum Dens Leonis*. — *Leontodon Taraxacum*. — Fam. des Composées. — Indigène.)

Syn. fr. Dent-de-Lion. — **Esp**. Diente de Leon ; Amargon. — **Ital**. Dente di Leone. — **Angl**. Dandelion. — **All**. Löwenzahn.

Variétés. — *Pissenlit à large feuille*. — *P. à cœur plein amélioré*. — *P. amélioré très hâtif*. — *P. vert de Montmagny*. — *P. Chicorée*.

Vivace. — Cette plante, connue de tout le monde, serait une de nos meilleures salades, si elle était plus généralement cultivée. On apprécie le Pissenlit qu'on trouve abondamment dans les prés, malgré son amertume et sa rugosité. C'était autrefois le seul que l'on consommait à l'état vert en salade ; maintenant on le fait blanchir, et c'est l'objet d'une grande culture et d'un important commerce aux Halles de Paris.

Quand on connaîtra mieux les variétés améliorées par la culture, il n'y aura pas de jardins potagers où on ne trouvera cet excellent légume.

Pissenlit à cœur plein amélioré. Plus tendre que les autres espèces, d'un vert plus jaunâtre et plus feuillu au printemps.

Pissenlit amélioré très hâtif. Belle variété très hâtive ; convient surtout pour la culture forcée ; très productif ; à large feuille.

Pissenlit vert de Montmagny. Race nouvelle, vigoureuse et productive, se prêtant bien à l'étiolage.

Pissenlit Chicorée. Encore un nouveau Pissenlit, qui forme une touffe très fournie de feuilles longues et dressées.

Comme toutes les variétés cultivées, le Pissenlit se sème en sillons ou en planches au mois d'avril ; on recouvre à l'automne le plant avec de la terre. Dès la fin de l'hiver, les plantes percent la couverture de terre et elles sont alors blanchies et bonnes à consommer.

La culture du Pissenlit est très facile : une fois que le plant est assez fort, on le repique dans des fosses de 15 à 20 centimètres de profondeur ; et à l'automne, lorsqu'on veut faire blanchir le Pissenlit, on comble les fosses avec la terre qui a été enlevée au printemps.

Les pieds de Pissenlit qui ne sont pas utilisés perdent l'hiver leurs feuilles ; mais au printemps il leur en repousse en abondance de nouvelles. Aussi ces pieds donneront un très bon produit au printemps de la deuxième année.

30 grammes contiennent environ 36,000 graines ; le litre pèse 270 grammes. La durée germinative est de deux années.

PISTACHE de terre. (Voir *Arachide*.)

POIREAU.

(*Allium porrum.* — *Fam. des Liliacées.* — *Originaire de Suisse.*)

Syn. fr. Porreau ; Porette. — **Ital.** Porro. — **Esp.** Puerro. — **Port.** Albo porro. — **Angl.** Leek. — **All.** Lauch.

VARIÉTÉS. — *Poireau long d'hiver.* — *P. gros court.* — *P. très gros jaune du Poitou.* — *P. très gros court de*

Rouen. — *P. monstrueux de Carentan*. — *P. de Mussel-bourg*. — *P. géant d'hiver d'Italie*.

Bisannuel. — On mange la base des feuilles formées en faisceau qu'on nomme communément racine. Les Poireaux se divisent en deux races : le Poireau long et le Poireau court.

Poireau long ordinaire. Très rustique ; se consomme pendant tout l'hiver. La partie blanche de la tige est plus longue que dans le Poireau gros court, mais moins grosse. Le Poireau gros court est très apprécié dans la Gironde ; il grossit assez promptement et atteint une belle proportion ; ses feuilles sont larges et forment éventail ; il mérite d'être propagé ; il est assez sensible au froid.

Poireau gros court de Rouen. Rustique ; résistant à l'hiver ; il atteint quelquefois la grosseur du bras dans les terres riches et profondes.

Poireau monstrueux de Carentan. Gros, énorme, court et très rustique. Son feuillage est très foncé.

Poireau géant d'hiver d'Italie. Variété énormément grosse, productive et rustique ; résiste aux plus grands froids ; sa tige atteint 25 centimètres de longueur sur 4 à 6 centimètres de diamètre ; sa chair est d'une saveur très douce ; les feuilles bien étalées en éventail sont amples, peu nombreuses et d'une belle couleur vert glauque foncé. On peut le consommer à partir du mois de septembre et pendant tout l'hiver.

Le Poireau demande une terre substantielle et autant que possible fumée dans l'automne qui précède l'année du semis ; un amendement très favorable au Poireau, c'est le marc de raisin.

La terre ayant été ameublie, on sème le Poireau, dans nos contrées, de décembre en juillet, en pépinière en pleine terre et à la volée ; il faut environ 100 grammes de graines par are. Lorsque le plant a atteint la grosseur d'un porteplume, on le repique, autant que possible par un temps pluvieux ou du moins couvert, en lignes et en planches, à 16 centimètres en tous sens, en ayant soin de couper l'extrémité des racines ; après quoi, on le met en place à 10 centimètres de profondeur. Plus le Poireau est enterré, plus il a de blanc. Pendant l'été, on sarcle et on bine ; souvent l'on sème entre les planches, en culture dérobée, des radis, laitues et des autres fournitures de salade; on arrose pendant les grandes chaleurs. Après la plantation, il est nuisible de couper les feuilles des Poireaux, dans le but de les faire grossir ; cette opération détermine souvent la pourriture du cœur et de la plante entière.

Les Poireaux repiqués au mois de mai commencent à donner vers le mois de septembre. On peut en obtenir un peu plus tôt en semant dès le mois de février pour repiquer vers la fin d'avril.

30 grammes contiennent 12,000 graines ; le litre pèse 550 grammes. La durée germinative est habituellement de trois années.

Le Poireau a été introduit dans la culture en 1562.

POIRÉE blonde.

(Beta vulgaris. — Fam. des Chénopodées. — Indigène.)

Syn. fr. Joute; Bette blonde. —**Ital.** Bietola. — **Esp.** Acelga; Bleda. **Port.** Acelga. — **Angl.** White Beet; Leaf-Beet. — **All.** Mangold.

Bisannuelle. — On emploie les feuilles pour corriger l'acidité de l'oseille. On la fait servir aux mêmes usages que les épinards. Dans les Poirées à carde, outre la partie verte de la feuille, on mange les pétioles et les côtes qui sont très larges, tendres, charnus et qui fournissent un légume agréable et d'un goût tout particulier. On consomme surtout les cardes au gratin. Cette plante a tous les caractères botaniques de la betterave, à cela près que la culture en a développé les feuilles et non pas les racines. On la sème en rayons de février en août ; lorsque les graines sont levées, on éclaircit les plants pour qu'ils se trouvent à 4 ou 5 centimètres les uns des autres. On peut commencer à récolter la Poirée six semaines après le semis. Si le temps est sec, il faut arroser ; pendant l'été, faire tremper les graines avant de les mettre en terre.

La graine de la Poirée est semblable à celle de la betterave, mais cependant d'ordinaire un peu plus petite.

30 grammes contiennent 1,800 graines et le litre pèse 250 grammes. La durée germinative est de six années et plus.

POIRÉE blonde à carde blanche.

Syn. fr. Bette à carde. — **Esp.** Acelga á cardo. — **Ital.** Bietola a cardo. **Angl.** Silver Beet; Swisschard. — **All.** Silberbeete; Breitrippige.

Variétés. — *Poirée à carde blanche.* — *P. rouge du Chili.* — *P. jaune du Chili.* — *P. blonde à couper.* — *P. à carde blanche de Lyon.* — *P. à carde blanche frisée.*

Les feuilles de la Poirée à carde peuvent être mangées comme la Poirée blonde mélangées à l'oseille et aux épinards; mais son principal usage, c'est qu'elle fournit des côtes larges et tendres excellentes à consommer à la manière des asperges ou blanchies comme les cardons et préparées au gratin. C'est une plante dont la culture devrait être plus répandue. Si elle est un peu moins rustique que la variété ordinaire (carde blonde) elle est beaucoup plus productive; il y a peu de légumes qui demandent moins de soin et qui fournissent des feuilles plus amples, très ondulées; les pétioles et leurs côtes atteignent et dépassent fréquemment 10 centimètres de largeur.

On la sème en février-mars pour produire en automne, et en juillet-août pour être employée au printemps. Elle ne demande après le semis que d'être éclaircie, puis on repique les plants à 40 centimètres de distance. A Lyon, où on la cultive beaucoup, on la butte comme l'artichaut. Il y a plusieurs variétés de Poirées cardes, comme nous le disions plus haut; mais la *Poirée à carde blanche* de

Lyon est la plus cultivée; elle est à très grosses côtes que l'on fait blanchir en les buttant.

La *Poirée jaune* nous a paru être d'excellente qualité; c'est une très belle plante aux côtes très larges et très délicates au goût.

La *Poirée à carde blanche frisée* est aussi une belle variété, vigoureuse et productive; le feuillage en est cloqué et frisé; le pétiole est large et charnu.

La *Poirée à carde du Brésil* est beaucoup plus employée comme plante ornementale que comme légume.

POIS.

(*Pisum sativum.* — Fam. des Légumineuses, — Originaire de *l'Asie occidentale.*

Syn. esp. Guisante. — **Port.** Ervilha. — **Ital.** Piso; Pisello.
All. Pea. — **Angl.** Erbse.

Annuel. — Nous diviserons les Pois en trois classes : 1º *Pois à écosser à rames;* 2º *Pois à écosser nains;* 1º *Pois sans parchemin* ou *Mangetout.* Cette dernière division renferme des Pois nains et des Pois à rames.

Nous citerons les variétés par ordre de précocité :

1º Variétés a écosser a rames. — Pois à grains ronds blancs (classés par ordre de précocité) : *Pois Express,* le plus hâtif de tous les pois. — *P. Prince Albert.* — *P. Émeraude.* — *P. Merveille d'Étampes.* — *P. Michaux de Ruelle.* — *P. Éclair.* — *P. Daniel O'Rourke.* — *P. de Clamart hâtif.* — *P. Caractacus.* — *P. Michaux de Hollande.* — *P. Michaux ordinaire ou Michaux de Paris, ou P. de la Sainte-Catherine.* — *P. Rival d'Essex; Suprême de Laxton.* — *P. Léopold II.* — *P. de Marly.* — *P. d'Auvergne ou Serpette.* — *P. Sabre.* — *P. de Marly.* — *P. de Clamart tardif.* — *P. Victoria Marrow.*

Pois à grains ronds verts à rames : *Pois William hâtif.* — *P. vert Cent pour Un.* — *P. Serpette vert.* — *P. Prizetaker.* — *P. vert normand ou Pois carré vert.*

Pois à grains ridés blancs à rames : *Pois Shah de Perse.* — *P. Téléphone.* — *P. Alpha de Laxton.* — *P. Criterium.* — *P. ridé gros blanc à rames.*

Pois à grains ridés verts à rames : *Pois ridé de Knight sucré.* — *P. ridé gros vert à rames.* — *P. ridé vert Champion d'Angleterre.* — *P. ridé vert Mammouth.* — *P. ridé Champion d'Écosse.* — *P. ridé Perfection de Veicht.*

2° Variétés a écosser nains et demi-nains. — Pois à grains ronds blancs (toujours par ordre de précocité) : *Pois nain très hâtif à châssis.* — *P. nain hâtif ou Pois Lévêque.* — *P. très nain de Bretagne.* — *P. nain très hâtif d'Annonay.* — *P. très nain Couturier.* — *P. nain hâtif anglais.* — *P. Bishop à longues cosses.* — *P. Mac-Lean's blue Peter.* — *P. nain de Hollande.* — *P. Charge-bas.*

Pois à grains ronds verts à écosser : *Pois nain hâtif anglais.* — *P. Fillbasket ou P. Plein le Panier.* — *P. sup-planter.* — *P. Orgueil du Marché.* — *P. Princesse Royale.* — *P. Invincible de Sharpe.* — *P. nain vert impérial.* — *P. nain vert gros ou de Prusse.* — *P. vert petit.* — *P. nain vert ordinaire de Hollande.* — *P. ridé nain blanc hâtif.*

Pois à grains ridés verts à écosser : *Pois Merveille d'Amérique.* — *P. Profusion.* — *P. Stratagème.* — *P. Serpette nain.* — *P. Mac-Lean's Best of all.* — *P. Bijou de Mac-Lean's.* — *P. Turner's Emerald.* — *P. Dr Mac-Lean's* (nouveau). — *P. Wilson.* — *P. ridé très nain à bordures.* — *P. Yorkshire Hero.* — *P. Oméga.* — *P. ridé nain vert.*

3° Pois sans parchemin ou Mangetout. — Pois goulus à rames : *Pois sans parchemin de Quarante Jours.* — *P. Corne de Bélier à grandes cosses et à fleurs blanches.* — *P. sans parchemin géant à très larges cosses.* — *P. Beurre.* — *P. Mangetout à rames à grain vert.* — *P. sans parchemin fondant de Saint-Désirat.*

Pois sans parchemin ou Mangetout nains : *Pois sans parchemin très nain hâtif à châssis.* — *P. sans parchemin breton hâtif.*

Les Pois de toutes variétés ne sont pas difficiles sur la qualité du terrain; ils préfèrent cependant un sol sain et léger; mais ce qui leur convient le mieux, c'est une terre neuve, ou du moins qui n'ait pas produit de Pois depuis plusieurs années. Les Pois se sèment en rayons à 30 centimètres les uns des autres; il faut leur donner un engrais bien consommé : la cendre de bois, le marc de raisin favorisent d'une manière remarquable leur production.

Comme la culture des Pois prend depuis quelques années une très grande extension dans notre région, où elle est la source d'un grand revenu, nous avons cru pouvoir intéresser en exposant le résultat d'une expérience que nous avons faite cette année sur plus de vingt variétés de Pois.

Pour la plantation, nous avons observé pour chaque espèce l'époque généralement indiquée dans les ouvrages d'horticulture. Quant aux Pois hâtifs, nous sommes partisan pour notre contrée du semis au mois d'octobre. En effet, si on plante à la fin de ce mois, les Pois seront bien poussés avant l'hiver, et par conséquent assez attachés à la terre pour que les gelées ne les soulèvent pas, et quand les premières chaleurs se feront sentir, ces Pois qui seront plus âgés fructifieront plus tôt que ceux qui auront été plantés à la fin de l'hiver. Il se pourrait même, s'il survenait plus tard de fortes gelées, fin janvier ou en février, que ces derniers fussent soulevés de terre, et comme leurs racines sont encore jeunes à cette époque, ils courraient le risque d'en souffrir et leur fructification même serait retardée.

Du reste, il y a des Pois d'arrière-saison qu'il faut semer en janvier et qui viennent mieux à cette époque.

Pour les Pois hâtifs semés en même temps, il ne faut pas attacher une importance trop grande à la précocité d'une espèce sur l'autre; il y a une différence sans doute, mais de bien peu de jours; maintenant, la durée de production de chaque espèce varie beaucoup.

1° POIS A RAMES.

Dans les *Pois hâtifs à rames,* nous recommandons d'une manière toute spéciale, pour sa grande fertilité et même pour sa précocité, le *Pois de Clamart hâtif,* hauteur 1^m,50 à 1^m,70, précoce, très productif, cosses longues, assez fortement courbées : la tige en porte dix étages en moyenne. Elles sont très pleines, contenant de sept à neuf grains qui arrivent très vite à se toucher et à s'aplatir les uns contre les autres; à la maturité, ils sont carrés et presque ridés, de couleur blanche très légèrement verdâtre. Le Pois Clamart donne un peu avant le Pois Michaux; il vaut mieux que lui, il est plus fertile et la production en est à peu près aussi soutenue.

Le *Pois Merveille d'Étampes* est des plus recommandables; sa tige s'élève à 1^m,20. Grain blanc; cosses superbes réunies par deux; elles sont longues, larges, un peu courbées vers l'extrémité; elles sont pleines et contiennent dix à douze grains. Variété précoce et productive; convient pour la culture maraîchère et pour la confiserie.

Un Pois très cultivé, dont l'éloge n'est pas à faire, dans notre département où les cultivateurs maraîchers l'estiment beaucoup pour sa rusticité et son rendement avantageux, c'est le *Pois Michaux de Ruelle,* que les jardiniers appellent aussi *Pois fleuriste* pour indiquer sa grande fertilité; il vient de bonne heure, huit jours après le Pois Prince Albert.

Depuis plusieurs années, nous avons observé la culture du Pois Michaux de Ruelle et de toutes les autres variétés et nous sommes arrivé à conclure que pour le marché, pour fournir aux confiseurs, pour faire la culture en grand de ce produit, le *Pois Michaux de Ruelle,* le *Pois Clamart hâtif* et le *Pois Merveille d'Étampes* passent avant toutes les autres espèces; ce sont les plus productifs de tous les Pois à rames et ceux qui résistent le mieux aux intempéries des saisons dans nos contrées, avec le Pois Michaux de Hollande.

Les fleurs du Pois Michaux de Ruelle sont très blanches, grandes; elles commencent à paraître au dixième nœud et la tige, qui s'élève de 1 mètre à 1^m,25, porte jusqu'à dix étages de fleurs et de fruits. La cosse est droite, large, un peu obtuse à l'extrémité, et contient sept ou huit grains blancs, ronds et assez gros.

Parmi les Pois très hâtifs, nous avons remarqué le *Pois Michaux de Hollande*. Hauteur 1 mètre. Sa cosse est plus petite que celle du Pois Michaux de Ruelle; plus hâtif que ce dernier, il est moins productif, puisque, pincé à propos, on peut se dispenser de le ramer. Cependant sa fertilité est assez rémunératrice pour qu'on puisse le cultiver en plein champ pour l'approvisionnement des marchés. Quoique ses cosses, au nombre de dix, soient un peu courtes, elles sont bien pleines et contiennent huit à neuf grains moyens, presque ronds, devenant bien blancs à la maturité.

Le Pois Michaux de Hollande est excessivement rustique et résiste au froid; on le sème de bonne heure, fin octobre et dans le mois de novembre.

Pois Prince Albert. Hauteur, 70 centimètres; grain blanc; le plus hâtif de tous. Très sujet à la gelée; c'est grand dommage, car il est très apprécié des confiseurs.

Pois Express. Hauteur, 90 centimètres; aussi hâtif que le Pois Prince-Albert; grain vert, très sucré; ses cosses sont nombreuses et contiennent huit à neuf grains très réguliers comme grosseur.

Pois Caractacus. Très précoce, de production moyenne, à petites cosses, rustique; hauteur, 90 centimètres; grain blanc. Il tend à remplacer le Pois Prince Albert.

Pois Daniel O'Rourke. Hauteur, 80 centimètres; grain blanc; très hâtif; cosses longues, bien remplies.

Pois Éclair. Très hâtif; longue cosse, grain blanc; hauteur, 90 centimètres.

Pois Léopold II. Hauteur, 1^m,20; cosse large, grosse, un peu arquée; grain gros, abondant; hâtif et productif. Sa récolte dure à peine une douzaine de jours. Le grain devient promptement farineux.

Pois William Ier. Sa tige atteint 1^m,40; plus hâtif que le Pois Michaux de Hollande; la production en est remarquablement soutenue; cosses d'un vert foncé, étroites, courbées en serpette et très pleines; grains au nombre de sept à dix par cosse, d'un vert foncé, très serrés les uns contre les autres, restant, à la maturité, aplatis et d'un vert franc, d'un goût excellent. C'est un des Pois les plus cultivés en Angleterre.

Pois Serpette vert à rames. Hauteur, 1^m,60; gros grain vert; productif, demi-hâtif; belle cosse très verte et bien pleine. Le Pois Serpette vert commence à fleurir un jour ou deux avant le Pois d'Auvergne; mais la production en est moins prolongée : elle n'excède pas ordinairement trois semaines.

Pois Sabre. Hauteur 1^m,50; grain blanc gros; un peu oblong, productif; cosse longue, recourbée dans le sens contraire de celle du Pois d'Auvergne; sa production est moins prolongée.

Pois vert Cent pour Un. Nouvelle variété à demi-rame; 1 mètre à 1^m,10; demi-hâtive et extrêmement productive.

Dans la seconde quinzaine de décembre et en janvier, nous avons fait semer le *Pois d'Auvergne*, remarquable par sa cosse recourbée qui lui a fait donner le nom de *Pois Serpette*; très recherché des confiseurs à cause de sa finesse, très avantageux pour les cultivateurs à cause de son rendement abondant, qui n'est dépassé par aucune autre espèce; il vient quinze jours après le Pois Michaux, et sa durée de production est très longue.

Pois de Marly. Un des meilleurs Pois et des plus productifs, mais haut; sa tige vigoureuse et ramifiée atteint 1^m,80 et plus, et demande donc de grandes rames; cosses droites, longues de 7 centimètres; ses grains sont très gros; il est tardif.

Le *Pois Clamart tardif* est un Pois d'arrière-saison recommandable, qui peut être cultivé dans les terrains frais jusqu'à la fin de l'été. Sa tige atteint 1^m,50 à 1^m,80 de hauteur. Cosses petites; grains blancs tassés, si serrés dans les cosses qu'ils s'aplatissent.

Les Pois ridés à rames et nains forment une classe excessivement nombreuse; ils sont presque tous d'origine anglaise.

Dans les Pois ridés à rames hâtifs, qui tous réclament de grandes rames, car leurs tiges sont très élevées, nous recommanderons les nouvelles races suivantes, aussi précoces que le Pois Prince Albert : le *P. Shah de Perse*, ridé blanc; le *P. Alpha de Laxton*, ridé vert, hauteur 90 centimètres. Tous les Pois ridés aiment une terre profonde et fraîche. Dans les Pois de moyenne saison de cette espèce, citons le *P. ridé Criterium* et le *P. Téléphone*; hauteur, 1^m,20; grain ridé vert pâle, gros; belle cosse longue. Dans les Pois tardifs, un des meilleurs Pois ridés pour manger en vert, c'est le *P. Knight sucré*; très productif, tardif; hauteur 1^m,80; grain ridé blanc; et le *P. grand vert Mammouth*, qui exige un climat frais et tempéré; c'est un des plus tardifs de tous les Pois cultivés. Les cosses sont en général réunies par deux; elles sont très larges et longues.

2º POIS NAINS.

Dans les Pois ridés verts nains, nous avons surtout remarqué la production d'un nouveau Pois: le *P. Merveille d'Amérique*, très précoce et le plus productif que nous ayons cultivé; il ne dépasse guère en hauteur 25 à 30 centimètres; nous avons compté en moyenne 30 à 35 cosses sur une seule plante; ces cosses, longues de 7 à 9 centimètres, contiennent chacune sept à dix graines. C'est donc une variété très méritante.

Pois très hâtif à châssis. Hauteur, 25 centimètres; grain blanc; le meilleur pour forcer.

Pois ridé très nain à bordures. Jolie variété, très naine et très hâtive.

Pois ridé nain vert hâtif. Précoce, très fertile; donne très longtemps; très fin, goût sucré.

Pois Serpette nain. Hauteur, 30 à 35 centimètres; cosses très nombreuses, longues, bien pleines; grain ridé vert.

Pois Stratagème. Hauteur, 60 centimètres; grain vert ridé; belles cosses; variété très productive.

Dans les Pois nains à grains ronds, nous ne saurions trop recommander le *P. Charge-Bas*, le *P. Bishop* et le *P. nain vert de Prusse*. Le *P. Charge-Bas* vient très bien dans nos landes de la Gironde; sa cosse est large; il est tardif, rustique et très abondant comme produit. Il peut être cultivé dans les vignes comme le Pois anglais Bishop. Ce *P. Bishop nain*, de 40 à 50 centimètres, vient sans rames; il est remarquable par la longueur de sa cosse et par sa précocité. Le *P. nain vert de Prusse* peut être conservé pour manger sec; il est rustique et de bonne qualité; grain gros; hauteur, 50 centimètres.

Pois Orgueil du Marché. Hauteur, 50 centimètres; grain vert; très belles cosses; variété bien productive.

Le *Pois Fillbasket* ou *Pois Plein le Panier*, que nous avons essayé plusieurs années de suite, est très méritant; il peut se cultiver sans rames; sa tige s'élève de 50 à 70 centimètres; il est très ramifié, à feuillage assez fin et grisâtre, à cosses nombreuses toujours réunies par paires, assez fortement arquées et extrêmement pleines; les grains sont verts et légèrement ridés. Le Pois Plein le Panier mérite, comme le Pois Merveille d'Amérique, d'être introduit dans la grande culture; il est très productif, de demi-saison.

Pois supplanter. A production abondante et soutenue, à cosses longues et très larges.

Pois invincible de Sharpe. D'une fertilité extraordinaire, est remarquable par ses cosses très longues, un peu arquées, contenant onze à douze grains larges, d'une couleur verte très foncée. Ce Pois est très rustique; la tige atteint 80 à 90 centimètres de hauteur.

3° POIS SANS PARCHEMIN OU MANGETOUT.

Dans les variétés de Pois sans parchemin, dont on peut manger la cosse tout entière, nous donnerons une mention spéciale au *Pois Mangetout Corne de Bélier*, il est tardif et très productif dans les bons terrains, se plaît beaucoup dans les sols frais. Les cosses atteignent 10 à 12 centimètres de longueur sur une largeur de 2 à 3 centimètres ; elles contiennent habituellement de cinq à huit grains assez gros, arrondis, espacés, d'un vert très pâle, devenant, à la maturité, blancs et parfaitement ronds.

Pois sans parchemin de Quarante Jours. Hauteur, 1 mètre ; variété à grain blanc, presque sans parchemin ; aussi hâtive que le Pois Prince Albert ; cosses droites, un peu pointues vers l'extrémité. Ce Pois se ramifie très rarement, mais il porte jusqu'à quinze ou dix-huit étages de cosses qui se développent successivement, de sorte qu'il y en a de mûres et sèches au bas de la tige, tandis que les fleurs continuent à paraître au sommet ; souvent la floraison continue ainsi pendant plus de deux mois.

Pois sans parchemin Beurre; Pois Beurre. Ce Pois se distingue bien nettement de tous les autres Pois sans parchemin par le renflement et l'épaisseur de sa cosse très charnue, qui arrive promptement à être plus épaisse que large. Hauteur de la tige, 1^m,20. Excellente variété à grain blanc, bien rond.

Pois Mangetout à rames à grain vert. Nouvelle variété très productive ; cosses bien remplies.

Pois sans parchemin très nain hâtif à châssis. Haut de 25 centimètres. Très bonne variété pour châssis et pour bordures ; cosses au nombre de cinq à sept étages.

Pois sans parchemin nain hâtif breton. Très productif aussi ; tige droite élancée de 50 à 60 centimètres ; se tient debout sans rames.

Tous les Pois que nous avons essayés ont été semés dans un terrain argilo-siliceux ; on a fait un rayon de 5 centimètres de profondeur, on y a mis du fumier mélangé de marc de raisin. Cet engrais est très favorable à cette culture.

En résumé, il y a quatre variétés de Pois à rames que nous recommandons spécialement pour leur fertilité et leur bonne qualité aux cultivateurs qui portent leurs produits au marché pour être vendus aux confiseurs ou pour être consommés de suite. Ce sont :

Pois de Clamart hâtif. — Pois Merveille d'Étampes. — Pois Michaux de Ruelle. — Pois d'Auvergne.

Qu'on essaie pour les cultures bourgeoises ou d'amateurs : *Pois William. — Pois Express. — Pois Prince Albert. — Pois Caractacus. — Pois Michaux de Hollande. — Pois de Marly. — Pois Daniel. — Pois Sabre. — Pois Serpette vert.*

Dans les Pois ridés à rames :

Pois Shah de Perse. — Pois Téléphone. — Pois Knight sucré.

Dans les Pois nains, mettons en première ligne :

Pois Merveille d'Amérique. — Pois Fillbasket ou Plein le Panier. — Pois Bishop hâtif. — Pois Charge-Bas. — Pois Orgueil du Marché. — Pois Stratagème. — Pois nain vert gros de Prusse. — Pois Impérial.

Dans les Pois, le litre pèse en moyenne de 730 à 810 grammes, et 500 grammes contiennent de 2,000 à 2,500 graines, ou 10 grammes de 40 à 50 graines. La faculté germinative de tous les Pois en général est de trois années environ et quelquefois plus.

POIS CHICHE.

(Cicer Arietium. — Fam. des Légumineuses. — Originaire de l'Europe méridionale.)

Syn. fr. Garvance; Caseron; Café français; Pois vécu ou bécu, dans le Lot-et-Garonne; Pois blanc; Pois cornu; Tête de Bélier. — **Ital.** Cece. **Esp.** Garbanzas. — **Port.** Chicharo. — **Angl.** Chickpea; Egyptian Pea. — **All.** Kicher-Erbse.

Annuel. — Plante à tige raide, presque toujours ramifiée, très près de terre, atteignant 50 à 60 centimètres de hauteur, velue, ainsi que les feuilles; gousses courtes très renflées, contenant deux grains dont l'un monte quelquefois. Grain arrondi, mais déprimé et aplati sur les côtés, et présentant une sorte de bec formé par le relief de la radicelle.

Le Pois chiche se sème au printemps, quand la terre est déjà échauffée, et se cultive à peu près de la même manière que les Haricots nains.

Dans le Midi, on mange les grains mûrs, à l'état frais, et le plus souvent secs, soit entiers, soit en purée.

Le litre pèse 780 grammes et 10 grammes contiennent 30 grains.

POMME DE TERRE.

(Solanum tuberosum. — Fam. des Solanées. — Originaire de l'Amérique méridionale.)

Syn. ital. Patata. — **Esp.** Batata; Patata. — **Port.** Batata. **Angl.** Potato. — **All.** Kartoffel.

Variétés (par ordre de précocité). — *Pomme de terre Marjolin jaune demi-longue*, très hâtive. — *P. Marjolin Têtard*, plus grosse que la Marjolin, mais un peu moins hâtive. — *P. Victor*, extra-hâtive. — *P. Kidney rouge hâtive (Wonderful)* — *P. Early rose.* — *P. Blanchard.* — *P. à feuilles d'ortie.* — *P. Caillou blanc.* — *P. Flocon de Neige.* — *P. Princesse.* — *P. Rognon rose.* — *P. jaune ronde très hâtive.* — *P. Institut de Beauvais* (des plus recommandables). — *P. Chave jaune*, très grosse, hâtive, productive. — *P. Quarantaine de la Halle ou de Noisy.* — *P. d'Eysines ronde hâtive.* — *P. Eiffel Quarantaine plate hâtive.* — *P. Segonzac ou Saint-Jean jaune ronde hâtive*, très productive. — *P. Grampian rouge ronde.* — *P. Éléphant blanc*, très longue et très grosse. — *P. farineuse rouge ronde.* — *P. Merveille d'Amérique rouge ronde*, variété de grande culture. — *P. Pousse-Debout*, rouge rosé, longue. — *P. Reine des Polders.* — *P. Prince de Galles à chair jaune*, très productive. — *P. Rosette*, rose vif, demi-hâtive. — *P. violette d'Irlande*

— *P. Vitelotte rouge longue*. — *P. violette*, très productive. — *P. jaune de Hollande*. — *P. Magnum bonum*. — *P. Van der Veer*. — *P. Chardon jaune ronde*, très tardive, productive. — *P. Champion*. — *P. Seguin*. — *P. géante bleue*. — *P. Modèle*, tubercule arrondi. — *P. géante sans pareille*. — *P. Rousselte*, de qualité parfaite. — *P. Imperator de Richter*. — *P. La Czarine*. — *P. La Bretonne*. — *P. la Meilleure de Bellevue*. — *P. de Jeancé*. — *P. Saucisse*. — *P. Truffe*.

Annuelle; vivace par ses tubercules. — On plante les Pommes de terre en hiver (en février-mars) et au commencement du printemps, dans un terrain bien défoncé, fumé depuis longtemps ; on fait des trous à 35 centimètres les uns des autres sur la ligne et à 10-15 centimètres de profondeur. Dans les terres froides argileuses, il faut les planter moins profondément que dans les terres siliceuses ; les rangs doivent être espacés de 60 centimètres les uns des autres. Un mois après la plantation, il faut butter fortement les pommes de terre.

On conseille une nouvelle méthode consistant à poser le tubercule sur le sol bien préparé, puis à le recouvrir avec la charrue d'une couche de 10 à 12 centimètres de terre ; les germes ne seront pas gênés par le tassement de la terre, ils se développeront plus nombreux et plus promptement. Lorsqu'on partage les Pommes de terre, il faut laisser les morceaux partagés dans un endroit aéré pendant un ou deux jours pour que la plaie se sèche ; il est reconnu que si on les plante aussitôt coupés, il s'en pourrit beaucoup en terre. En les plantant, avoir le soin autant que possible de mettre les yeux tournés vers l'orifice du trou.

La plantation de Pommes de terre à l'automne présente quelques avantages : rendement plus fort à égalité de surface et de semence employée que pour les plantations de printemps.

Par contre, les tubercules sont parfois exposés à périr en terre dans les hivers très froids ou trop humides ; il faut les planter plus profondément qu'au printemps.

Une question qui est souvent posée : vaut-il mieux employer pour la plantation de gros tubercules que des petits? Nous répondrons affirmativement. En plantant une Pomme de terre, on fait une bouture; plus le sujet auquel on la prend est vigoureux, plus il donnera des rejetons abondants. Nous croyons donc que, pour planter, il faut employer les Pommes de terre les plus belles et les plus saines, de formes régulières et reproduisant exactement les caractères de la variété que l'on veut cultiver; chaque œil détaché avec une portion du tubercule peut servir à la multiplication des Pommes de terre; mais il est préférable de planter des tubercules entiers ou d'en partager de gros en deux ou trois.

Nous venons d'exposer notre opinion sur la dimension de grosseur des tubercules qu'on veut employer comme semence. Beaucoup de praticiens sont d'avis qu'il est préférable de planter des tubercules entiers, mais de dimensions moyennes, et surtout bien constitués.

Si on veut augmenter le rendement de la récolte des Pommes de terre, lorsque les tiges sont à moitié de la hauteur qu'elles atteignent habituellement selon les races, il faut les butter.

Car il ne faut pas perdre de vue que les Pommes de terre se plaisent dans un sol remué souvent et profondément; elles aiment les sarclages et les binages fréquents.

C'est un bon usage de couper les fleurs des Pommes de terre : on refoule la sève et on la fait passer au profit des tubercules.

Le nombre des variétés de Pommes de terre est prodigieux. On en compte plusieurs milliers et le nombre en augmente tous les ans, car il y a beaucoup de semeurs. Il est toujours avantageux au jardinier qui cultive un potager suffisamment étendu d'y semer tous les ans au printemps une certaine quantité de Pommes de terre; ces semis ne donnent jamais la première année que des tubercules d'un très petit volume, mais ces tubercules employés l'année suivante pour les plantations donnent toujours des plantes d'une fécondité extraordinaire. On ne doit pas espérer que ce degré de fécondité se maintienne les années suivantes; néanmoins, l'expérience prouve que les Pommes de terre de semis restent pendant plusieurs générations vigoureuses, très productives et beaucoup moins sujettes que les autres aux atteintes de la maladie.

La graine de la Pomme de terre est lenticulaire, aplatie; sa durée germinative est de trois années. 30 grammes contiennent 105,000 graines; le litre pèse 500 grammes.

Nous lisons dans plusieurs journaux horticoles qu'un préservatif infaillible contre la maladie des Pommes de terre, est de faire dissoudre un kilogramme de chaux vive dans cinq litres d'eau; quand la dissolution est complète, on ajoute un kilogramme de fleur de soufre; l'on verse ensuite ce liquide, légèrement épais, sur les semences de Pommes de terre, de façon qu'elles soient bien recouvertes de ce mélange, qui doit rester adhérent.

Pour éviter la maladie de la Pomme de terre, certains agriculteurs ont essayé avec succès de faire tremper les semences, quelques heures avant de les mettre en terre, dans une dissolution de sulfate de fer : un kilogramme pour douze litres d'eau; et ensuite, lorsque la Pomme de terre commence à fleurir, on jette à la volée sur la plante du sulfate de fer en poudre.

Les Pommes de terre hâtives et principalement les variétés de Pommes de terre *Marjolin* demandent à être plantées quand les germes sont sortis et même lorsqu'ils sont un peu développés; avoir bien soin de ne pas les briser, conserver ces variétés hâtives dans des paniers placés dans des caves sèches. Pour toutes les autres variétés, planter les Pommes de terre avant qu'elles ne soient germées : les pousses qu'elles émettent avant la plantation épuisent les tubercules, et leur végétation est moins vigoureuse.

Quand les tubercules des variétés hâtives sont suffisamment poussés, vers le mois de décembre ou de janvier, on les met sous châssis dans du terreau mélangé de bonne terre de jardin; on arrose modérément d'abord, puis plus abondamment, à mesure que les plantes prennent plus de force, et on donne de l'air toutes les fois que le temps le permet. Obtenir des Pommes de terre précoces, c'est un avantage réel pour les maraîchers. Pour avoir des primeurs, on emploie généralement la *Pomme de terre Marjolin*, qui se recommande par sa grande précocité et par la qualité très fine de sa chair; la *Marjolin Têtard* jaune, plus grosse et plus productive que la précédente, mais un peu moins hâtive; excellente variété; nous recommandons aussi la *Pomme de terre Royal Kidney hâtive*, jaune, oblongue, hâtive et productive, à peau lisse, d'excellente qualité, très recommandable pour la culture forcée.

On pourra se servir aussi, pour la culture forcée, d'une variété très hâtive et très productive, la *Pomme de terre Early rose*, à tubercules arrondis, à peau rose et à chair blanche, et très farineuse; sa grande fertilité l'a déjà fait admettre dans la grande culture.

La *Pomme de terre à feuille d'ortie*, jaune, demi-longue, aussi hâtive que la Pomme de terre Marjolin, est plus productive pour la pleine terre.

Pomme de terre Victor extra-hâtive. Très hâtive et très productive; tubercules oblongs, méplats, à peau lisse; d'excellente qualité. Très recommandable pour la culture de primeur.

Pomme de terre Joseph Rigault. Jaune, longue, plate; chair jaune, fine, farineuse; hâtive.

Pomme de terre d'Eysines ronde. Excellente variété, de grosseur moyenne, très ronde, jaune, à chair ferme; très cultivée aux environs de Bordeaux; elle approvisionne nos marchés comme Pomme de terre hâtive, et il s'en fait un grand commerce d'exportation.

Pomme de terre Princesse jaune longue. Très mince; chair ferme, très jaune; excellente pour la cuisine; demi-hâtive.

Pomme de terre prolifique de Bresse. Jaune pâle; oblongue, aplatie, chair blanche, yeux peu marqués.

Pomme de terre Quarantaine de la Halle ou de Noisy. Jaune, demi-longue, demi-hâtive, productive. Cette variété remplace dans les cultures l'ancienne Pomme de terre jaune longue de Hollande.

Pomme de terre Quarantaine plate hâtive. Demi-hâtive et très productive. Tubercules en amande, assez gros, lisses; chair jaune; d'excellente qualité.

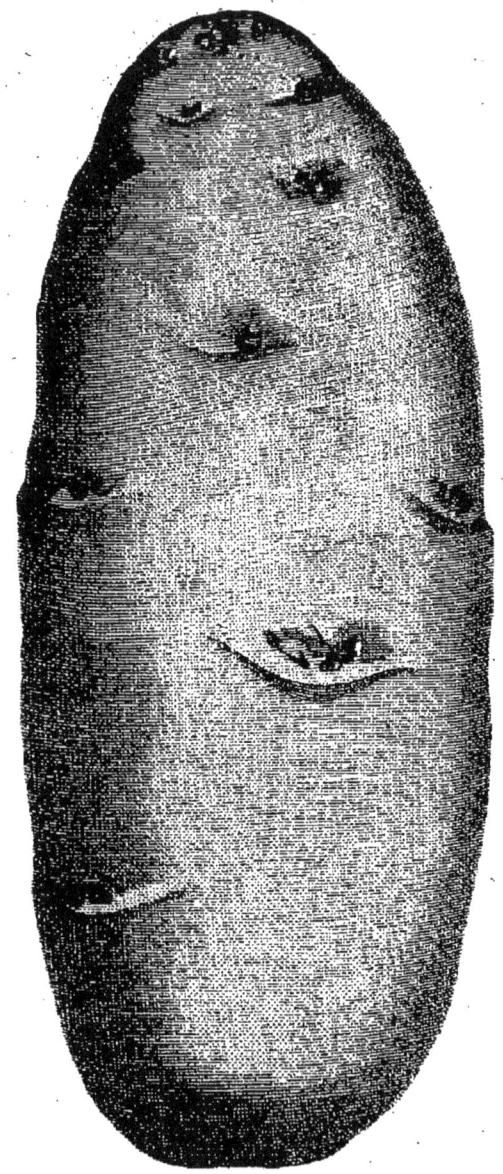

Pomme de terre Early rose.

Pomme de terre Magnum bonum. Jaune, oblongue, demi-tardive, très fertile.

Pomme de terre Institut de Beauvais. C'est une des meilleures variétés que nous connaissions. Jaune, très grosse, peau légèrement rosée; tubercule aplati, oblong; chair blanche, fine; très productive, excellente et très fertile.

Pomme de terre prolifique de Bresse. Jaune pâle; oblongue, aplatie; chair blanche, yeux peu marqués.

Pomme de terre Caillou blanc. Jaune pâle, très aplatie, très bien faite; demi-hâtive, productive.

Pomme de terre Roussette. Nouveauté recommandable. Rouge grisâtre, arrondie, régulière; chair jaune pâle; de qualité parfaite.

Pomme de terre Segonzac ou Saint-Jean de Paris. Jaune, farineuse; très fertile, demi-hâtive; c'est une variété qui donne dans notre région les meilleurs résultats et qu'on emploie pour la grande culture.

Pomme de terre Vitelotte. Rouge, longue; bonne espèce demi-tardive, productive; yeux entaillés; recherchée pour la cuisine, parce qu'elle ne se défait pas dans les ragoûts.

Pomme de terre Shaw (Chave). Jaune, ronde, grosse, très productive, farineuse et d'excellente qualité. Elle est très cultivée aux environs de Paris. Plantée en avril, elle vient dans le courant du mois d'août.

Pomme de terre Blanchard. C'est une bonne variété précoce, productive, de bonne garde; la chair en est farineuse et jaune. La récolte peut se faire vers la fin de juillet. Les tubercules ne sont pas très gros, mais ils sont nombreux.

Pomme de terre Flocon de neige (Snowflake Potato). C'est une des meilleures variétés d'origine américaine; elle est précoce et peu productive, il est vrai; la chair est d'excellente qualité; farineuse, blanche, de forme oblongue.

Pomme de terre Prince de Galles. Très productive, précoce; tubercules irréguliers, chair jaune; très bonne.

Pomme de terre Seguin. Variété très recommandable. Jaune, ronde, hâtive, de qualité excellente, n'est pas sujette à la maladie; son rendement est considérable.

Pomme de terre Grampian. Bonne variété. Ronde ou aplatie, très régulière de forme; un peu tardive; productive ; d'une grande rusticité.

Pomme de terre Champion. Variété très bonne pour la grande culture. Elle est extrêmement vigoureuse et productive; sa chair est jaune ; elle mûrit à l'arrière-saison.

Pomme de terre farineuse rouge. Ronde, tardive, très productive; excellente qualité, de longue garde.

Pomme de terre Modèle. Tubercule arrondi, parfaitement uni, sans bosses ni cavités; à chair jaune pâle. Cette race est tardive, se conserve sans pousser jusqu'au mois d'avril.

Pomme de terre géante bleue. Tubercule violet, gros et très gros; chair blanche ; variété extrêmement productive et riche en fécule.

Pomme de terre Van der Veer. Cette espèce est tardive, excessivement productive ; doit être recherchée pour la grande culture et la féculerie ; sa chair est jaune, sa forme est ronde ; grosse.

Pomme de terre Merveille d'Amérique. Variété encore de grande culture, comme la *Pomme de terre Chardon ;* elle est rouge, ronde, très grosse, demi-tardive, très productive, de qualité ordinaire.

Pomme de terre Imperator de Richter. Jaune pâle, demi-longue; très farineuse ; très productive, vigoureuse, résistant aux maladies; recherchée pour la distillerie.

La Czarine. De grand mérite, comme rendement et conservation. Tubercules souvent énormes, jaune panaché de rouge; chair jaune pâle, ferme, farineuse et de bonne qualité.

Pomme de terre La Bretonne. Tubercules oblongs, blanc rosé panaché de rouge près des yeux ; chair farineuse et d'excellente qualité. Bien moins tardive qu'*Imperator* et *Géante bleue*, elle est, comme celle-ci, à grand rendement et convient aussi bien à la féculerie qu'à la consommation.

Dans les variétés tardives nous citerons encore :

Pomme de terre Éléphant blanc. Très volumineuse; tardive.

Pomme de terre géante sans pareille. Tubercules énormes, jaunes, arrondis; de bonne qualité et de longue conservation; chair jaune, pleine, farineuse; variété vigoureuse, d'un rendement extraordinaire.

Pomme de terre Saucisse blanche. Jaune, demi-longue, aplatie, à peau lisse.

Pomme de terre Pousse-Debout ou Pomme de terre rouge longue de Hollande. Très tardive, productive, de longue garde.

En résumé, nous recommandons les variétés suivantes :

Pour forcer : Pommes de terre *Marjolins, Victor, Royal Kidney.*

Hâtives pour la pleine terre : *Early rose, Institut de Beauvais, Blanchard, Flocon de Neige, Magnum bonum, Segonzac ou Saint-Jean de Paris, d'Eysines.*

Pour la grande culture : *Imperator de Richter, Van der Veer, Merveille d'Amérique, La Czarine.*

POTIRON. (Voir *Courge*.)

POURPIER doré à larges feuilles.

(*Portulaca oleracea.* — *Fam. des Portulacées.* — *Originaire de l'Inde.*)

Syn. ital. Porcellana dorata. — **Esp.** Verdolaga. — **Port.** Beldroega. **Angl.** Golden Purslane. — **All.** Gelber Portulak.

Annuel. — On consomme les feuilles cuites ou crues, confites dans le vinaigre ou en salade; le Pourpier est très estimé comme fourniture de salade à cause de ses qualités douces et rafraîchissantes. Les semis se font très clair en place et sur la surface du sol, depuis avril jusqu'en août, dans une terre légère et bien divisée.

La récolte des tiges et des feuilles peut commencer environ deux mois après le semis et se renouveler deux ou trois fois sur les mêmes plantes, à condition d'arroser souvent.

On compte 25,000 graines dans 10 grammes; le litre pèse 610 grammes. La durée germinative des graines est de sept années au moins.

RADIS.

(Raphanus sativus. — Fam. des Crucifères. — Originaire de l'Asie méridionale.)

Syn. fr. Petite Rave; Rave. — **Ital.** Rafano; Ravanello; Radice. **Esp.** Rabanito. — **Port.** Rabão; Rabanete. — **All.** Radies; Rettig. **Angl.** Radish.

Annuel. — On connaît un grand nombre de variétés de Radis. On peut les répartir en deux classes : 1° *Radis de petite race*, ou Radis de tous les mois; 2° *Radis de grosse race*.

Les racines de Radis se servent crues, comme hors-d'œuvre.

1° Variétés de petite race (radis de tous les mois). — *Radis rond rose ou saumoné. — R. rond rose à bout blanc. — R. rond rose hâtif. — P. rond écarlate, hâtif. — R. rond rouge sang de bœuf. — R. blanc hâtif de Hollande. — R. violet hâtif. — R. Globe écarlate. — R. rond violet à bout blanc. — R. demi-long violet à bout blanc. — R. demi-long rose, forme d'olive. — R. demi-long rose à bout blanc. — R. demi-long écarlate hâtif. — R. demi-long blanc hâtif. — R. demi-long écarlate à bout blanc. — R. jaune ou roux d'été. — R. rond jaune d'or hâtif de tous les mois. — R. gris rond d'été. — R. noir petit de tous les mois. — R. noir long d'été. — R. blanc rond d'été. — R. long rose à châssis. — R. d'été jaune d'or ovale.*

2° Variétés de grosse race. — *Radis rose de Chine. — R. noir gros d'hiver rond et long. — R. gros blanc d'Augsbourg. — R. violet gros d'hiver. — R. blanc de Russie. — R. blanc à collet violet. — R. gris d'hiver de Laon. — R. demi-long blanc de Strasbourg ou R. de l'Hôpital. — R. blanc géant de Stuttgard. — R. blanc long de Californie.*

— *R. long violet d'hiver de Gournay.* — *R. long rose ou saumoné (appelé Rave).* — *Rave blanche à collet vert.* — *R. écarlate à bout blanc ou R. d'Amiens.* — *R. Violette.* — *R. à collet violet.* — *R. tortillée du Mans.* — *R. de Vienne ou Radis long blanc de mai.* — *Rave des Marais.*

Le Radis est peu difficile sur le choix du terrain ; un sol ferme et un peu frais est celui qui lui convient le mieux. Après le semis, recouvrir la graine avec un râteau, très légèrement, et tasser un peu la terre pour hâter la germination des semences. Les Radis se sèment toute l'année, depuis le mois de février jusqu'au mois de décembre, habituellement à la volée et en planche ; pendant l'hiver, on sème à l'abri d'un mur ou contre un ados exposé au midi ; dans le Nord, on les sème sous châssis et sur des couches de fumier recouvertes de terreau. Pour avoir des Radis à livrer continuellement à la consommation, il faut faire des semis tous les huit jours. Quelques jours suffisent au développement du Radis, qui, récolté trop tard, se creuse et perd ses qualités.

30 grammes contiennent 3,600 graines et le litre pèse 900 grammes. Leur durée germinative est de cinq années. Avec 30 grammes de graines, on ensemence une surface de six mètres.

Les *Radis noirs d'hiver* et tous les *gros Radis* se sèment en juin-juillet-août à la volée ; on éclaircit les plants. Le *Radis rose d'hiver de Chine*, quoique considéré comme Radis d'hiver, nous a très bien réussi, semé au printemps et pendant l'été. Trois semaines après le semis, on peut l'arracher pour le consommer. La couleur de ce Radis est d'un rose très vif, sa racine est allongée, la chair est ferme et d'une saveur piquante. Il doit être préféré au Radis noir ; il vient beaucoup plus promptement, il est bien plus tendre et on peut en récolter en toute saison. Nous croyons que parmi toutes les variétés de gros Radis le *Radis de Chine* est pour le moment le plus estimé. Il faut le cueillir avant son complet développement ; il est plus tendre et meilleur.

Pendant l'été, les semis doivent se faire à l'ombre.

On emploie le *Radis rose de tous les mois*, très tendre et dont l'éloge n'est pas à faire. C'est le plus cultivé depuis longtemps et avec raison. Ce Radis se forme en vingt jours; petite racine aplatie, pivotante, très forte; feuillage court et ramassé.

Nous recommandons un nouveau Radis d'origine allemande encore plus précoce que le *Radis rond rose hâtif* : c'est le *Radis Globe écarlate*. Il prendra la première place pour la culture de primeurs. Son feuillage est très fin, court et clair; sa chair est d'un blanc pur; il vient si vite qu'il n'est jamais creux, ce qui arrive trop fréquemment pour les Radis demi-longs à bout blanc. Lorsqu'on le connaîtra, nous prédisons un grand succès au marché au Radis Globe écarlate : les consommateurs n'en voudront pas d'autres.

Radis à forcer rond écarlate à bout blanc. Très jolie variété nouvelle, de forme régulière et de couleur très agréable; se forme très rapidement; feuillage peu développé.

Radis rond rose à bout blanc. Cette variété mérite d'être cultivée : elle est jolie à l'œil, elle est très prompte à se former; mais par contre, elle se creuse rapidement et doit être arrachée et consommée dès qu'elle est formée. Ce Radis ne réussit bien que dans le terreau ou dans une terre bien friable, bien meuble et riche en humus.

Radis rond écarlate hâtif. Très jolie race, à racine bien ronde, d'une couleur extrêmement vive; chair blanche, ferme, croquante, très agréable. Cette variété peut se former en vingt jours.

Radis rond rouge sang de bœuf. Variété vigoureuse; reste longtemps sans devenir creux.

Radis rond violet à bout blanc. Belle petite race, produisant en paquet un très joli effet par son coloris très foncé vers le collet et blanc à l'extrémité de la racine. Variété intéressante pour la culture forcée.

Radis à forcer demi-long rose à bout blanc. Joli Radis à forcer, extra-hâtif; il est bon à consommer vingt jours après le semis.

Citons encore, comme Radis très cultivés dans les races

hâtives : le *Radis demi-long rose à bout blanc* (appelé *Radis parisien* par les jardiniers de Bordeaux). Ce Radis est très employé pour la culture maraîchère ; il est très précoce, d'un joli effet réuni en paquet ; mais il devient promptement creux, si on ne l'arrache pas dès qu'il est ormé.

Radis demi-long écarlate hâtif (forme olive). Bien jolie espèce, très hâtive ; réussit parfaitement en pleine terre ; il met environ vingt à vingt-deux jours pour se former.

Radis demi-long écarlate à bout blanc. Racine d'une belle couleur vive à petit bout blanc bien net et bien marqué.

Radis demi-long blanc hâtif. Racine très régulière, en forme d'olive, d'un blanc pur très frais ; la chair, très blanche et croquante, n'a pas une saveur très forte.

Radis demi-long à bout blanc.

Radis à forcer demi-long blanc très hâtif. Très précoce ; collet fin, à feuillage court ; parfaitement approprié à la culture sur couche.

Radis rond blanc. Remplace très bien le rond rose pendant les grandes chaleurs ; il résiste mieux que toutes les autres variétés à la sécheresse ; saveur très piquante.

Radis jaune d'or hâtif et *Radis jaune d'or ovale*. Deux excellentes variétés nouvelles ; chair fine et ferme, piquante.

Radis jaune extra-hâtif. Recommandable pour sa jolie couleur jaune et sa grande précocité.

Radis jaune ou roux d'été. Racine sphérique; peau jaune foncé ou grisâtre; se forme en cinq semaines; chair blanche, serrée; saveur très piquante.

Radis rond gris d'été. Même qualité, même forme que le précédent, peau plus noire. Ces deux variétés sont surtout employées pour les semis d'été.

Radis rond noir petit hâtif d'été. Variété plus tardive que le Radis gris d'été; se sème en avril; la peau est noire, la chair très blanche, serrée, d'un goût très piquant.

Radis noir long d'été. Chair blanche, goût relevé; réussit très bien de mars en juillet.

2° Variétés de Radis de grosse race. — Ceux qui aiment les Radis piquants devront cultiver le *Radis long blanc d'Augsbourg*. Au bout d'un mois et demi, il prend un développement considérable, et il ressemble alors à un gros navet; du reste, il a été employé pour remplacer ce dernier avec succès; il est moins fort une fois cuit. Il pourrait être employé dans la grande culture avec utilité. Ce Radis se sème surtout pour l'hiver; mais comme sa végétation est assez rapide, on peut le cultiver comme Radis d'été ou d'automne, en le semant dès le mois de juin.

Radis long rose. Très cultivé pour le printemps; très long; peau d'un rouge cramoisi vif, d'un rose plus pâle vers l'extrémité inférieure; chair blanche, ferme, aqueuse, très croquante, fraîche; saveur peu piquante; recherché pour sa précocité.

Radis blanc de Stuttgard. Le plus gros des Radis d'été; de très bonne qualité.

Radis demi-long blanc de Strasbourg ou Radis blanc de l'Hôpital. Cette espèce est assez précoce; on peut commencer à consommer ce Radis au bout de six semaines environ, quand il est arrivé aux deux tiers de sa grosseur; chair blanche assez tendre, légèrement piquante; il continue à s'accroître sans rien perdre de ses qualités, et la production peut s'en prolonger ainsi pendant un mois.

Radis blanc de Russie. Radis d'hiver extrêmement productif, gros, long, atteignant un très grand développement et se conservant très bien, pourvu qu'on le sème à la fin de juin ou en juillet; semé plus tôt, il devient creux et il n'est plus bon qu'à la nourriture des animaux.

Radis long noir gros d'hiver. Très gros Radis long qu'on sème en juillet-août et qui se conserve tout l'hiver; chair dure, piquante.

Radis d'hiver de Laon. Gros, long; très bonne variété.

Rave écarlate à bout blanc; Rave d'Amiens. Excellente petite Rave précoce.

Rave de Vienne ou *Radis long de mai.* Cette race est précoce : elle se forme en quatre ou cinq semaines; la chair en est très tendre, croquante et aqueuse.

Rave rose à bout blanc. Variété un peu tardive, mais lente à se creuser.

Rave des Marais. Radis excellent pour la table lorsqu'il est jeune, un mois après le semis; ensuite, il prend un très grand développement.

Rave violette. Racine très longue et très effilée, d'un violet presque noir; chair presque transparente. Il lui faut un mois pour se développer.

En résumé, les meilleurs Radis sont : *Radis à forcer rond rose hâtif. — R. rond rose à bout blanc. — R. demi-long rose à bout blanc. — R. rond écarlate. — R. rond blanc d'été. — R. rond jaune extra-hâtif. — R. à forcer demi-long blanc très hâtif.*

Dans les Radis de grosse race : *Radis rond rose de Chine.— R. long blanc d'Augsbourg.— R. noir long d'hiver.*

RAIFORT sauvage.

(*Cochlearia Armorica. — Fam. des Crucifères. — Indigène.*)

Syn. fr. Cran ou Cranson de Bretagne; Moutarde des Allemands; Moutarde des Capucins; Rave de Campagne. — **Esp.** Rabano. **Ital.** Rafano. — **Port.** Rabào de Cavalho. — **Angl.** Horse-Radish. **All.** Meerrettig.

Vivace. — Ce Raifort est cultivé pour sa racine, qui est longue de 35 centimètres et dont la saveur est très piquante. Cette racine, cylindrique, s'enfonce profondément en terre; la peau est un peu rugueuse, d'un blanc jaunâtre; chair blanche, un peu fibreuse, d'un goût très fort et brûlant; après avoir été râpée, elle peut servir à remplacer la moutarde, ce qui fait que dans le Nord, on cultive le Raifort sous le nom de Moutarde d'Allemagne. On le râpe sur des tranches de viande froide ou bien on s'en sert comme assaisonnement pour le bouilli, à la manière de la moutarde.

Le Raifort se plaît surtout dans une terre profonde et fraîche à exposition ombragée.

On le multiplie au printemps ou à l'automne par tronçons de racines, que l'on plante en rangs espacés de 50 à 60 centimètres et à 25 centimètres l'un de l'autre sur les rangs. Plus le terrain aura été bien défoncé et fumé avant la plantation, plus la récolte des racines sera abondante. Dès la première année de la plantation, on peut commencer à arracher le Raifort; mais il est bon de ne l'arracher qu'à la fin de la deuxième année : la production sera plus considérable.

Les soins à donner à cette plante consistent en quelques binages. On peut laisser les Raiforts en place indéfiniment, mais il est préférable de renouveler une partie de la plantation tous les ans, pour ne consommer que des racines de quatre ou cinq ans au plus.

On cultive beaucoup cette plante pour la nourriture des animaux.

RAIPONCE.

(*Campanula Rapunculus.* — *Fam. des Campanulacées.* — *Indigène.*)

Syn. fr. Bâton de Job; Cheveux d'Évêque; Pied de Sauterelle; Rave sauvage. — **Ital.** Raponzolo. — **Esp.** Reponche. — **Port.** Rapuncio. **Angl.** Rampion. — **All.** Rübchen; Rapunzel.

Bisannuelle. — On mange les feuilles en salade, ainsi que la racine qui est blanche et cassante. Il existe deux variétés de Raiponce : la velue et la glabre, qui est préférable. Cette plante vient naturellement dans les vignes, au bord des fossés, le long des haies.

La Raiponce se sème à la volée en juin-juillet; les semis faits plus tôt sont exposés à monter à graine; la graine est excessivement fine, il faut la mêler avec du sable ou de la terre fine et très sèche pour que le semis ne soit pas inégal; ne pas recouvrir la graine avec de la terre, étendre seulement un peu de fumier, arroser légèrement pour hâter la germination, et pendant les chaleurs il faut donner des arrosements abondants. On doit éclaircir le plant si le semis est trop dru. La récolte des feuilles peut commencer au mois d'octobre ou de novembre et se continuer pendant l'hiver. Les graines de Raiponce sont les plus petites graines des plantes potagères; elles sont au nombre de plus de 25,000 dans un gramme; le litre pèse 800 grammes. La durée germinative des graines est de cinq années.

RHUBARBE hybride.

(*Rheu barbarum. — Fam. des Polygonées. — Originaire de l'Asie.*)

Syn. ital. Rabarbero austriaco; Rabarbaro. — **Esp.** Ruibarbo hibrida. **Port.** Rhuibarbo. — **Angl.** Hybrid Rhubarb. — **All.** Bastard Rhabarber.

Variétés. — *Rhubarbe du Népaul. — R. ondulée. — R. Groseille. — R. officinale. — R. hâtive de Tobolsk. — R. Queen Victoria. — R. Mitchell's Royal Albert.*

Vivace. — Les pétioles de feuilles de Rhubarbe sont de grande consommation en Angleterre. On les prépare en pâtisserie ou en confitures; on en fait aussi un sirop qui est trouvé excellent. On sème en terre légère, soit en terrine, soit en plate-bande, en mars-avril et de septembre en novembre. Les plants se mettent en place, après leur première année, à environ 1^m,30 de distance, dans une terre saine et profonde. Tous les soins consistent à couper les vieilles feuilles et à donner chaque année un binage au printemps. On commence ordinairement à couper les pétioles vers la fin de mai ou commencement de juin. La Rhubarbe se multiplie aussi par la séparation des touffes que l'on divise au printemps, en ayant soin de veiller que chaque éclat soit muni au moins d'un germe reproducteur.

Comme la propagation de la Rhubarbe se fait toujours par éclats, il est bon, pour empêcher l'épuisement des pieds de Rhubarbe, de supprimer toutes les tiges florales aussitôt qu'elles se montrent.

Pour faire la cueillette, il faut couper toutes les feuilles ras de terre, ne ménageant que les petites du centre, non encore développées. On peut ainsi obtenir jusqu'à trois coupes par an, à moins que l'on ne cueille plus souvent et patiemment, au fur et à mesure du besoin, selon l'emploi : légume ou conserves.

On compte environ 1,500 graines de Rhubarbe dans 30 grammes; elles pèsent, suivant les variétés, 80 à 120 grammes par litre. La durée germinative des graines est de trois années.

Toute la plante moins la racine est comestible.

Le limbe des feuilles s'emploie à la manière des épinards, avec cet avantage précieux qu'on peut en avoir de bonne heure au printemps et sans interruption tout l'été, alors que ceux-ci ne donnent plus. La préparation est absolument la même, ayant au préalable débarrassé les feuilles des pétioles ou queues et des côtes, que l'on réserve pour confitures ou tartes.

Les panicules ou tiges non encore ouvertes, et lorsqu'elles sont en boutons serrés, se préparent comme les choux-fleurs et fournissent un mets délicat.

Avec les pétioles et les côtes des feuilles, on fait d'excellentes confitures. Pour cela, il faut, quand les feuilles ont acquis leur entier développement, les couper ras de terre, détacher les pétioles et les plus grosses côtes, les couper en petits morceaux après avoir enlevé avec la pointe du couteau l'épiderme ou pellicule qui les recouvre, c'est-à-dire les avoir pelés, opération facile (le limbe utilisé ainsi qu'il a été dit, comme les épinards). Ceci fait, prendre un poids de sucre égal à celui des morceaux ou tronçons de pétiole, faire fondre le sucre sur le feu avec très peu d'eau; lorsque le tout entre en ébullition, y jeter la Rhubarbe, la laisser cuire pendant trois quarts d'heure, en ayant soin de remuer sans cesse. La cuisson achevée, mettre en pots, qu'on ne recouvre de papier qu'au bout de quelques jours. On peut à volonté ajouter avant cuisson du zeste de citron haché menu, à raison d'un zeste par kilogramme de Rhubarbe. Les confitures ainsi obtenues sont vertes et ressemblent un peu à celles de prunes; elles ont bon goût, même sans citron, sont légèrement aigrelettes, très saines et d'une bonne conservation.

On peut encore faire, avec la même partie de la plante, des tartes excellentes (et cela à une époque où les fruits manquent), en plaçant les morceaux sur ou dans la pâte, crus comme des pommes ou cuits comme la marmelade.

Tels sont les différents usages auxquels peut servir la Rhubarbe, et ils sont suffisamment nombreux pour décider bon nombre d'amateurs à l'introduire dans leur jardin. Ils auront lieu d'en être satisfaits, cela n'est pas douteux. C'est surtout lorsque les groseilles, les abricots ou les prunes manquent, que cette plante sera d'un précieux secours. Très répandue, n'apporterait-elle pas quelque compensation dans les années de disette où les fruits font complètement défaut?

ROMARIN.

(*Rosmarinus officinalis.* — *Fam. des Labiées.* — *Indigène.*)

Syn. fr. Encensoir; Herbe aux Couronnes. — **Ital.** Rosmarino. **Esp.** Romero. — **Port.** Rosmarinho; Alecrim. — **Angl.** Rosemary. **All.** Rosmarin.

Vivace. — Sous-arbrisseau commun sur les coteaux calcaires du Midi et sur les bords de l'Océan et de la Méditerranée. La tige du Romarin est ramifiée, ligneuse, à rameaux dressés garnis de feuilles. Le Romarin ne demande pour ainsi dire aucune culture; quelques touffes plantées en terre saine, à une exposition au midi, y produisent pendant de longues années, sans exiger aucun soin. Les semis de Romarin se font pendant tout le printemps; on peut repiquer en place, une fois que les plants sont assez forts pour supporter la transplantation; ils commenceront à produire l'année suivante. Les feuilles servent comme assaisonnement pour aromatiser les mets.

30 grammes contiennent 27,000 graines; le litre pèse 400 grammes. La durée germinative des graines est de quatre années.

ROQUETTE.

(*Eruca sativa. — Brassica Eruca. — Fam. des Crucifères. — Indigène.*)

Syn. fr. Salade de Vingt-quatre Heures; Roquette des Jardins. **Ital.** Eruca. — **Esp.** Jaramago; Roqueta. — **Port.** Rinchaô. **Angl.** Rocket. — **All.** Rauke.

Annuelle. — Les jeunes feuilles se mangent en salade. Les semis se font en place, par planches ou en rayons, de mars en juin et de septembre en décembre. On éclaircit, on sarcle et on arrose, pour diminuer la saveur acide de cette plante, qui est surtout très cultivée dans le Midi. Au bout de six semaines ou deux mois après le semis, on peut commencer à couper les feuilles, qui repoussent assez abondamment au printemps ou à l'automne. En été, la plante monte rapidement à graine.

Les graines sont brunes et lisses, au nombre de 16,500 dans 30 grammes; le litre pèse 750 grammes. La durée germinative des graines est de quatre années.

SALSIFIS.

(*Tragopogon porrifolium. — Fam. des Composées. — Indigène.*)

Syn. fr. Cercifix; Salsifis blanc; Barberon. — **Esp.** Salsifi blanco. **Ital.** Salseña; Barbadibecco. — **Angl.** Salsify. — **All.** Haferwurzel.

Bisannuel. — Le Salsifis se sème en mars, avril et mai, en ligne ou à la volée en rayons écartés de 25 à 30 centimètres, en terre profonde et substantielle, fumée de l'année précédente. Si le plant est trop épais, il faut l'éclaircir et enlever les mauvaises herbes, donner des binages et des sarclages fréquents. On commence à récolter les racines de cet excellent légume en octobre, puis successivement jusqu'au printemps. Ses racines sont longues, pivotantes, charnues; elles atteignent 15 à 20 centimètres de longueur. La peau est jaunâtre, assez lisse. Les racines sont d'autant plus belles et plus lisses que le terrain a été mieux préparé et défoncé. Les feuilles sont droites, très longues et étroites; lorsqu'elles sont jeunes et tendres, elles sont très bonnes en salade. La graine de Salsifis est longue, ordinairement recourbée, pointue aux deux extrémités. On mange les racines cuites; c'est un légume très estimé.

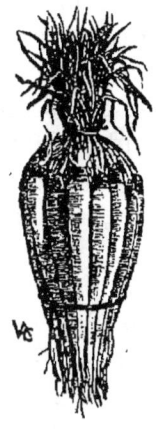

Salsifis blanc.

30 grammes contiennent environ 3,000 graines et le litre pèse 230 grammes. La faculté germinative se conserve sûrement pendant deux ans, et souvent elle se prolonge au delà.

SALSIFIS noir. (Voir *Scorsonère*.)

SARRIETTE commune ou annuelle.

(*Satureia hortensis.* — *Fam. des Labiées.* — *Indigène.*)

Syn. fr. Sarriette des Jardins; Herbe de Saint-Julien; Savourée.
Ital. Coniella; Santoreggia. — **Esp.** Ajedrea. — **Port.** Segurelha.
Angl. Summer Savory. — **All.** Bohnenkraut; Saturei.

Variétés. — *Sarriette vivace ou S. des Montagnes.*

Annuelle. — Cette plante aromatique est employée particulièrement pour assaisonner les petits pois et les fèves. La Sarriette se sème au printemps : on répand la graine sur le sol sans la couvrir; ensuite elle se ressème tous les ans d'elle-même, sans qu'il soit nécessaire de lui donner aucun soin. Mais on préfère ressemer tous les ans la Sarriette commune, qui vient très vite, puisque, semée en mars-avril, on commence en juin à cueillir les extrémités des tiges. La plante se ramifie et produit de nouvelles pousses pendant plusieurs semaines.

La *Sarriette vivace* a une tige ligneuse d'environ 30 à 40 centimètres de hauteur, très ramifiée dès la base. Cette variété se sème au printemps ou à la fin de l'été, en bordures ou en rayons; elle est rustique, ne redoute que l'humidité stagnante. La Sarriette vivace ne demande pas du tout d'entretien; il faut seulement au printemps, pour s'assurer une production plus abondante, rabattre les tiges à 10 centimètres de la souche. Les feuilles et les jeunes pousses s'emploient comme assaisonnement de la même manière que celles de la Sarriette annuelle. Les jardiniers de Bordeaux ne sèment que la Sarriette annuelle.

30 grammes de *Sarriette annuelle* contiennent 45,000 graines. Le litre pèse 500 grammes et la durée germinative des graines est de trois ans.

La *Sarriette vivace* a la graine très fine; 30 grammes contiennent 75,000 graines. Le litre pèse 430 grammes. La durée germinative des graines est de trois années.

SCOLYME D'ESPAGNE.

(*Scolymus Hispanicus.* — *Fam. des Composées.* — *Indigène.*)

Syn. fr. Cardonille; Épine jaune. — **Esp.** Escolimo; Cardillo. **Ital.** Barba gentile. — **Ang.** Golden Thistle.

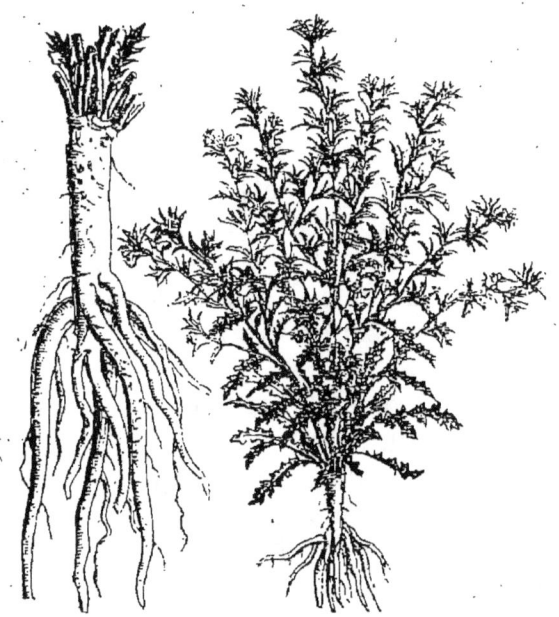

Scolyme d'Espagne.

Bisannuel. — On se plaint souvent que le Salsifis réussit difficilement dans notre région, où il devient branchu et filamenteux, ou est très lent à donner un produit qu'on puisse convenablement livrer à la consommation.

Aussi conseillons-nous d'essayer le Scolyme d'Espagne (*Scolymus Hispanicus*), plante indigène de la Provence et du Languedoc, qui végète abondamment à l'état sauvage dans ces diverses contrées, où on la trouve dans les lieux secs et incultes.

La culture a beaucoup amélioré cette plante, qui est restée cependant excessivement rustique; aussi, elle est appelée, lorsqu'elle sera plus connue, à être employée aux mêmes usages que le Salsifis dans tous les terrains de la Gironde où ce dernier ne réussit pas.

La racine de ce légume est longue, charnue et bien ronde; elle se développe plus promptement que le Salsifis; trois mois après le semis, on peut consommer le Scolyme; à cette époque, la chair est très fine et très tendre. Les racines peuvent atteindre 25 à 30 centimètres de longueur sur 2 centimètres environ de diamètre. On commence à semer cette graine très clair et à la volée, ou mieux en ligne, à la fin de mai, car plus tôt elle monterait à graine. Du reste, à partir de cette époque, les semis peuvent s'effectuer jusqu'à l'automne; alors on aura un excellent légume pendant l'été et l'hiver. Si on veut que cette racine soit tendre, il ne faut pas la laisser en terre plus de cinq à six mois. Les semis du mois d'août nous ont toujours bien réussi; alors, on peut arracher le Scolyme pour le consommer en janvier, février, mars et pendant le carême.

Les feuilles du Scolyme ont l'apparence d'un chardon, c'est son seul défaut, car il arrive que les jardiniers qui ne le connaissent pas s'empressent de l'arracher comme ils feraient d'une mauvaise herbe.

Malgré cet inconvénient, le Scolyme est très apprécié de tous ceux qui l'ont essayé; sa culture est si facile et ce légume si délicat, qu'il ne peut que se propager dans nos jardins.

30 grammes contiennent environ 6,000 graines et le litre pèse environ 125 grammes. La durée germinative des graines est de trois années.

SCORSONÈRE.

(*Scorzonera Hispanica*. — *Fam. des Composées.* — *Originaire d'Espagne.*)

Syn. fr. Salsifis noir; Scorsonère d'Espagne; Écosse noir; Corcionnaire.
Ital. Scorzonera. — **Esp.** Escorzonera. — **Port.** Escorcioneira.
Angl. Scorzonera; Spanish Salsify. — **All.** Schwarzwurzel; Scorsoner.

Vivace. — La racine est noire et la culture est la même que celle pratiquée pour le Salsifis. On mange les racines cuites de même que les Salsifis ; on peut aussi employer les feuilles en salade. On sème à la volée à raison de 100 grammes de graines par are, en mars-avril et de juillet en août ; on éclaircit le plant, on le sarcle et on donne quelques binages. A l'inverse de ce qui se produit dans tous les autres légumes de cette section, les racines de la Scorsonère restent tendres et continuent à grossir après une première floraison ; elles atteignent leur développement complet lorsque les plantes ont porté graine deux fois de suite. La Scorsonère diffère donc du Salsifis en ce qu'elle lui est supérieure comme finesse et que sa racine, qu'on ne mange que la seconde et la troisième année des semis, ne durcit pas, se conserve très tendre encore. Dans les terres très douces, elle acquiert promptement une grosseur suffisante ; on peut la récolter dès la première année. Si on ne la consomme pas après la première année, lorsque les graines sont mûres, on coupe les tiges ras de terre, et la plante émet de nouvelles feuilles.

C'est une plante excessivement précieuse et qui doit être propagée ; en faisant des semis tous les ans, on aura toujours chez soi un excellent légume, très délicat, qu'on pourra arracher à mesure des besoins. Nous croyons même que cette plante potagère introduite dans la grande culture, trouverait un débouché facile sur nos marchés et deviendrait promptement pour le propriétaire un produit rémunérateur.

Le seul reproche qu'on puisse faire à cette plante et bien à tort, c'est qu'elle occupe le terrain trop longtemps. Aussi est-elle peu cultivée dans les jardins maraîchers qui environnent les villes où le sol est toujours employé par des cultures successives.

Les graines de Scorsonère sont blanches, lisses, très longues, au nombre de 2,700 dans 30 grammes et pèsent 260 grammes par litre. Leur durée germinative est de deux ans au moins.

SOJA HISPIDA. — **Pois oléagineux**. (Voir aux *Plantes fourragères*.)

SOUCHET comestible.

(*Cyperus esculentus.* — *Fam. des Cypéracées.* — *Indigène.* — *Originaire surtout du Midi de l'Europe.*)

Syn. fr. Amande de terre. — **Esp.** Chufa. — **Ital.** Mandorla di terra. **Angl.** Rush Nut. — **All.** Cypergrasswurzelesbare; Erdmandel.

Vivace. — Plante *annuelle* dont les racines sont garnies de petits tubercules comestibles ayant le goût de l'amande; on en extrait une très bonne huile. Les tubercules se mangent rôtis ou crus; on en fait aussi une sorte d'orgeat. Ils se plantent en mars à la profondeur de 3 centimètres, en terre légère et humide, bien ameublie, par touffes espacées d'environ 30 centimètres; dans chaque trou on loge trois tubercules; avant la plantation, on fait tremper les tubercules dans l'eau. Comme les touffes de Souchet s'étendent et s'accroissent beaucoup pendant l'été, on propage aussi cette plante par la division des touffes. En octobre, on les arrache et on les conserve pour l'usage et pour les planter l'année suivante dans un endroit sec et à l'abri de la gelée; les tubercules prennent en séchant un goût plus doux et plus agréable qu'à l'état frais.

STACHYS AFFINIS.

(*Stachys tuberifera.* — *Crosnes du Japon.* — *Choro-Gi.*)

Cette plante encore peu répandue est très rustique et très productive; elle vient dans tous les jardins. On récolte à l'automne des rhizomes qui atteignent la grosseur d'une petite carotte ou d'un oxalis crenata. On peut les consommer tout l'hiver, en les arrachant à mesure des besoins. On les accommode comme les salsifis ou les haricots flageolets.

TÉTRAGONE cornue.

(*Tetragonia expansa.* — *Fam. des Mesembrianthémées.* — *Originaire de la Nouvelle-Zélande.*)

Syn. fr. Épinard de la Nouvelle-Zélande ; Tétragone étalée ; Épinard d'été. **Ital.** Tetragona. — **Angl.** Spinach New-Zealand. — **All.** Spinat Neuseelandischer.

Tétragone.

Annuelle. — Nous ne saurions trop recommander la propagation de la Tétragone, dont le mérite comme épinard d'été est incontestable. On mange les feuilles hachées et cuites comme celles de l'épinard.

L'avantage particulier de la Tétragone, c'est que plus il fait chaud, plus elle produit. Cette plante est rampante ; lorsqu'elle est développée, elle couvre le terrain à plusieurs mètres autour d'elle. Faire tremper la graine vingt-quatre heures avant de la semer. Les semis se font à la fin d'avril et en mai, en terre douce terreautée. On met trois à quatre graines par touffe, pour ne laisser ensuite que le pied le mieux venant. On sème aussi dans des pots ou des caisses, pour repiquer ensuite à demeure. La germination des graines est assez difficile; une fois que la plante est poussée, elle réussit presque sans soins.

Ce légume mérite d'être cultivé dans tous les jardins potagers, où il rendra pendant l'été de très grands services. A cette époque de l'année, sous l'influence de la chaleur, l'épinard monte à graine ; la Tétragone le remplacera avec succès.

La Tétragone a des propriétés peut-être plus hygiéniques encore que l'épinard; elle est antiscorbutique et rafraîchissante. Deux ou trois pieds de cette plante suffisent pour donner une production très abondante pendant tout l'été.

30 grammes contiennent environ 300 à 320 graines et le litre pèse 225 grammes. La durée germinative des graines est de cinq années.

La Tétragone a été introduite de la Nouvelle-Zélande en 1772.

THYM.

(*Thymus vulgaris. — Fam. des Labiées. — Indigène.*)

Syn. fr. Thym ordinaire. — **Esp**. Tomillo. — **Ital**. Erbucci; Pepolino; Sermollino; Timo. — **Port**. Tomilho. — **Angl**. French Thyme. **All**. Französischer Thymian.

Variétés. — *Thym d'hiver ou T. d'Allemagne; Thym Serpolet,* petit sous-arbrisseau à tiges grêles, raides, ligneuses, ramifiées, portant des fleurs petites d'un lilas rosé.

On emploie les feuilles pour aromatiser les mets.

Le Thym se sème en avril, en terre douce et à une exposition chaude, pour faire des bordures dans le jardin potager; il est bon de les refaire tous les trois ou quatre ans. Le Thym se multiplie aussi par la séparation des touffes au printemps; mais, en général, on préfère le semis qui donne des plantes vigoureuses et qui sont en pleine production l'année suivante.

30 grammes contiennent 180,000 graines et le litre pèse 680 grammes. La durée germinative des graines est de trois années.

TOMATE.

(*Solanum lycopersicum.* — Fam. des Solanées. — Originaire de *l'Amérique méridionale.*)

Syn. fr. Pomme d'Amour; Pomme d'Or; Pomme du Pérou. — **Ital.** Pomo d'Oro. — **Esp.** Tomate. — **Port**. Tomate. — **Angl.** Tómato; Large red Love-Apple. — **All.** Liebesapfel; Tomate.

Variétés. — *Tomate Reine des Hâtives.* — *T. rouge grosse.* — *T. rouge à tige raide de Laye.* — *T. rouge grosse hâtive.* — *T. Chemin rouge hâtive.* — *T. Mikado écarlate.* — *T. Mikado violette.* — *T. Champion.* — *T. jaune Ficarazi.* — *T. Président Garfield.* — *T. Roi Humbert.* — *T. Cerise.* — *T. rouge ronde petite.* — *T. en Poire.* — *T. jaune grosse.* — *T. Greengage.* — *T. Trophy.* — *T. Pomme rouge* ou *T. Hataway's excelsior.* — *T. Perfection.* — *T. Pomme violette.* — *T. Pomme rouge.* — *T. rouge grosse hâtive à feuille crispée.* — *T. rouge naine hâtive.* — *T. jaune ronde grosse hâtive.* — *T. jaune ronde petite.* — *T. Ponderosa de Henderson's.*

On mange les fruits cuits ou crus en salade. La fabrication des conserves de Tomates constitue, à Bordeaux et dans le Midi, une industrie très développée.

Les Tomates se sèment sur couche et sous châssis en janvier-février; on repique plus tard, en mai, les plants en pleine terre et à bonne exposition. Les terres sablonneuses et calcaires conviennent à cette plante. Dans les terres argileuses, la plante vient aussi belle, mais les fruits sont plus petits et ils ne viennent qu'un mois plus tard. Dans les terres maigres, il faudra mettre beaucoup de fumier. Les Tomates demandent beaucoup d'eau, et on ne doit pas leur ménager les arrosements.

On peut leur donner des engrais liquides, si l'on désire avoir des fruits nombreux et beaux.

En mettant les Tomates en place suivant les variétés, on espace les plants de 50 à 80 centimètres. Dès que les Tomates ont 40 à 50 centimètres de hauteur, il faut les soutenir au moyen d'un simple tuteur, ou on les palisse contre un fil de fer qu'on étend d'un bout à l'autre du rang.

Comme les Tomates sont très productives, il est souvent nécessaire de supprimer les bouquets de fleurs qui se développent tardivement et qui fatigueraient la plante sans donner des fruits pouvant arriver à maturité dans le courant de l'été. Il est bon de supprimer quelquefois une partie des pousses; on ne laisse sur la tige que les feuilles principales et les fruits qui commencent à se former.

Par la culture forcée, on peut obtenir des Tomates à partir de la fin d'avril; les plantes accomplissent alors leur végétation en serre sur couches. Ces premiers semis se font en janvier; il y a des maraîchers qui sèment même en décembre. Depuis quelques années, dans plusieurs contrées et surtout dans notre région, au moment où les Tomates commencent à mûrir, elles sont attaquées par une maladie assez semblable à celle dont les pommes de terre et la vigne (cette dernière sous le nom d'anthracnose) sont affectées. Lorsque les premiers fruits commencent à jaunir, les tiges se maculent de taches noires et les feuilles basses sont grillées comme si le feu y était passé. Le soufrage répété sur les jeunes plants n'a produit aucun effet. Les Tomates, semées et plantées tardivement, qui ont fleuri fin août, n'ont pas eu la maladie.

Mais les fruits des Tomates précoces sont devenus tout noirs. Les Tomates cultivées en plein champ sont moins atteintes que celles qui sont cultivées dans le jardin potager.

Voici le procédé que nous avons employé avec succès. Nous avons fait arroser les Tomates, à la pomme de l'arrosoir, avec une dissolution de 1 kilogramme de sulfate de fer dans 12 litres d'eau. Le sulfate de cuivre et la chaux, ou Bouillie bordelaise, avec 6 kilos de sulfate de cuivre et 3 kilos chaux par hectolitre d'eau, produisent le meilleur effet contre les maladies cryptogamiques. Il faut pratiquer les traitements avant la floraison et ensuite sur les jeunes fruits. On conseille un nouveau procédé qui consiste à chauler la graine comme celle du blé, avant de la mettre en terre.

A Bordeaux, on cultive beaucoup et avec raison la *Tomate rouge grosse Bayonnaise*, excellente comme qualité, à côtes peu marquées; la *Tomate rouge lisse* ou *Tomate Trophy*, remarquable par la beauté et par la gros-

Tomate Trophy.

seur de ses fruits, qui sont complètement lisses, à chair rouge, pleine. Elle est sortie de la Tomate rouge grosse, mais elle est encore plus développée, très pleine, très productive et de qualité supérieure. C'est la plus recommandable de toutes les variétés si nombreuses de Tomates.

Tomate rouge grosse hâtive. Excellente variété, très productive, mûrissant quinze jours ou trois semaines plus tôt que la Tomate rouge grosse.

Tomate rouge grosse hâtive lisse à feuille crispée. Cette espèce est une amélioration de la Tomate rouge grosse ; ses fruits sont beaucoup plus gros, ordinairement lisses et à côtes peu profondes ; ils sont très pleins.

Tomate Pomme rouge ; T. Halaway excelsior. Fruit bien moins gros que la précédente. Cette variété a la chair plus pleine que les Tomates à côtes.

Tomate Mikado écarlate. Fruit énorme, bien lisse, d'un beau rouge vif, très juteux.

Tomate Perfection. Fruit gros, rond, rouge très vif, lisses ; chair très pleine ; demi-hâtive, productive.

Tomate Ponderosa de Henderson. Très grosse variété, bien rouge, ronde, juteuse et bien pleine, qui nous vient d'Amérique ; elle mérite d'être cultivée, à cause de sa qualité et de sa fertilité, à côté de la Tomate Trophy.

Tomates Pomme rose et *P. violette*. Ces deux variétés sont très productives et très jolies de forme, à peau lisse.

Tomate Président Garfield. Fruit excessivement volumineux et juteux.

Tomate rouge naine hâtive. Fruit de grosseur moyenne, remarquablement hâtive et productive.

Tomate Champion. Variété à port raide et vigoureux ; fruits très nombreux, lisses, d'un rose violacé.

Tomate Reine des Hâtives. Variété d'une précocité exceptionnelle, vigoureuse et productive ; fruits lisses, d'un rouge écarlate, se conservant longtemps.

Tomate Roi Humbert. Fruit rouge écarlate, allongé en forme d'œuf ; très productive.

Tomate Chemin rouge hâtive. Fruits très nombreux, ronds, rouge très vif ; recommandable.

Tomate jaune grosse lisse. Fruit jaune d'or bien lisse ; chair très pleine ; variété très fertile, un peu tardive.

Tomate Greengage. Plante très rustique, très fertile ; fruits de belle forme ronde, jaune d'or et de qualité exquise. Placée à une bonne exposition, elle donne des fruits jusqu'à l'hiver.

Nous recommandons pour la grande culture tout spécialement les *Tomates Trophy*, *Mikado écarlate*, *Ponderosa*.

Les graines de Tomate sont blanches, très aplaties, au nombre de 10 à 12,000 graines dans 30 grammes; le litre pèse 300 grammes. La durée germinative des graines est de quatre années.

La Tomate a été importée en Europe vers la fin du xvie siècle.

TOPINAMBOUR. (Voir aux *Plantes fourragères*.)

PLANTES POUR METTRE EN BORDURES DANS LE JARDIN POTAGER

On sème :

Basilic, Cerfeuil, Chicorée sauvage, Cresson alénois ou Anitor, Ciboule blanche, Laitue à couper, Oseille, Persil, Pimprenelle des Jardins, Pois très nain de Bretagne, Sarriette, Sauge.

On plante :

Ciboule ou Civette, Estragon, Échalote, Oseille, Thym, Fraisier, Oxalis, Romarin.

PLANTES MÉDICINALES DU POTAGER

L'article suivant de M. Laurence a été publié par divers journaux horticoles; nous le reproduisons.

« Suivons l'ordre alphabétique :

» L'Ail ouvre nécessairement la marche; outre la propriété que les gousses d'Ail ont de relever la saveur des mets, elles ont celle de faciliter la digestion. Les Romains ne l'ignoraient pas et administraient de l'Ail écrasé dans du vin à leurs bœufs dès qu'ils ne ruminaient plus. La médecine reconnaît à cette plante le pouvoir de détruire les vers intestinaux. A cet effet, on en fait bouillir deux ou trois gousses dans du lait, et on avale la décoction. Quelquefois, on fait infuser 100 grammes d'Ail dans un litre de vin blanc, et les personnes qui sont tourmentées par des vers boivent à jeun deux ou trois verres de cette infusion. Cette plante est antiscorbutique et combat dans certains cas l'hydropisie.

» L'Angélique, qui figure souvent sur les plates-bandes du potager, est excitante, stomachique et sudorifique. On l'emploie en infusion, à raison de 20 grammes de jeunes tiges fraîches par litre d'eau. On en fait des conserves au sucre; enfin, avec ces jeunes tiges, on prépare un ratafia assez estimé.

» L'Artichaut est utilisé comme fébrifuge. Les paysans du Berry qui souffrent des fièvres intermittentes emploient, pour s'en guérir, la feuille d'Artichaut réduite en poudre. Quelques personnes, dans le même cas, boivent des infusions de feuilles fraîches ou desséchées. On a vu des paysans faire bouillir des racines d'Artichaut avec du vin blanc, pour combattre l'hydropisie et la jaunisse. Enfin, on assure que les Artichauts crus, mangés à la poivrade, font cesser la diarrhée.

» L'Asperge jouit d'une grande réputation dans la médecine populaire, comme diurétique et calmant.

» Le docteur Broussais était grand partisan du sirop de pointes d'Asperge. La préparation de ce sirop, essayé avec succès dans les hypertrophies du cœur et les hydropisies qui en dépendent, est très facile : on rogne le bout des Asperges et on les broie dans un mortier; après cela, on les met dans un linge et on les presse fortement pour en extraire le jus. On fait chauffer ce jus avec du sucre, dans la proportion de 1 kilogramme par 500 grammes. On écume, on filtre et on conserve dans un endroit frais.

» Certaines personnes, qui souffrent de rhumes, de catarrhe bronchique ou d'affections de la vessie, assurent qu'elles se trouvent bien de l'eau dans laquelle on a fait cuire des Asperges.

» Le Basilic entre dans la composition de l'eau vulnéraire que l'on fait boire à la suite des chutes ou des coups violents. Les individus qui ont perdu le sens de l'odorat, comme cela arrive dans le rhume de cerveau, le retrouvent souvent en prisant de la poudre de Basilic, qui provoque les éternuements.

» La Bourrache est signalée comme plante émolliente, diurétique et sudorifique. Autrefois, on prenait de la Bourrache, du Cresson et du Pissenlit, que l'on hachait pour en exprimer le jus, et l'on buvait ce jus, au printemps, à jeun, quinze jours de suite. On appelait cela du jus d'herbes.

» La Capucine, dont les boutons et les jeunes graines s'emploient en conserves, jouit de propriétés stimulantes, toniques et antiscorbutiques. Les décoctions de tiges, fleurs et feuilles de Capucine ont rendu des services reconnus dans le traitement du catarrhe pulmonaire. En 1777, Arnold constata que les graines de Capucines mûres et sèches étaient purgatives.

» Les Carottes crues ont été ordonnées aux enfants pour détruire les vers intestinaux; le jus exprimé sans cuisson calme la toux des enfants; la Carotte râpée et appliquée sur les cancers et dartres douloureuses apaise sensiblement la douleur. Employée pour les brûlures, elle empêche les cloches de se former. Des infusions de graines de Carotte augmentent l'appétit et facilitent la digestion. La décoction de cette racine est employée comme diurétique, comme apéritive dans la jaunisse; combat les maladies du foie; aussi cette plante cuite est consommée sous le nom de Carotte à la Vichy.

» Les Choux ont, à ce qu'on assure, remplacé les médecines à Rome, pendant plusieurs siècles, et on leur attribue encore toutes sortes de vertus. On vante le Chou rouge dans les inflammations chroniques des poumons. Avec du jus de Chou rouge et du sucre, on prépare un excellent sirop pectoral. L'eau qui a servi à cuire n'importe quelle variété de Chou combat l'enrouement et la toux.

» La Citrouille, râpée et appliquée sur les brûlures, procure un rapide soulagement. Les graines de Citrouille, pilées dans un mortier avec du sucre, débarrassent du ver solitaire.

» La racine du Fraisier est diurétique et astringente, et une décoction de la même plante rend de grands services dans les hémorragies. Des feuilles de Fraisier, infusées dans l'eau-de-vie, ont arrêté des diarrhées persistantes. On prétend que des personnes ont été guéries de la goutte en mangeant des Fraises matin et soir.

» La salade de Laitue procure un bon sommeil et est d'un bon effet sur les hypocondriaques. Les cataplasmes de Laitue calment les érysipèles et les inflammations.

» Le sirop de Navet est très efficace dans les maladies de poitrine.

» Les Oignons sont apéritifs et diurétiques; cependant, crus, ils sont nuisibles aux tempéraments sanguins et bilieux. L'Oignon cuit sous la cendre et mangé à l'huile est un remède populaire contre l'enrouement; l'Oignon cuit, employé à l'usage externe, fait mûrir les phlegmons, clous ou panaris.

» Le Persil est employé en tisane pour combattre les fièvres intermittentes. Les semences de Persil sont un des plus précieux emménagogues sous le nom d'*Apiol*.

» Le Poireau a les mêmes propriétés que le Chou.

» Le Radis contient du soufre et est efficace dans les maladies de la gorge.

» Le sirop de Raifort est dépuratif et antiscorbutique comme le Cresson de terre.

» Le Cresson de fontaine est bon pour la poitrine.

» Les feuilles de la Raiponce passent pour apéritives et rafraîchissantes.

» Le Thym est une plante stimulante; les bains dans lesquels on l'utilise sont très salutaires aux enfants faibles.

» On voit par cette notice qu'on n'a pas besoin de sortir du jardin potager pour trouver des remèdes à bien des maladies. »

QUATRIÈME PARTIE

AGRICULTURE

DESCRIPTION DES PLANTES FOURRAGÈRES

NOTIONS AGRICOLES

L'agriculture est l'art de cultiver la terre et de lui faire rendre tous les produits, en qualité et en quantité, aux moindres frais possibles. Elle s'occupe des terres labourables, des prairies, des pâturages, des vignes, des bois, des jardins et des vergers, etc.

Pour bien réussir dans une exploitation agricole, il faut que l'agriculteur connaisse principalement quatre choses : 1° *qu'il sache bien la nature des terrains qu'il doit travailler ;* 2° *la manière de recueillir, augmenter, enrichir et appliquer les divers engrais et amendements ;* 3° *qu'il sache combien il importe de faire les labours et les autres façons à donner aux terres selon les saisons ;* 4° *qu'il connaisse quelles sont les plantes les plus utiles à cultiver, celles qui s'accorderont le mieux à son terrain et qui lui donneront les meilleurs revenus.* Nous développerons principalement cette quatrième partie en décrivant les plantes fourragères et économiques.

I. — DES TERRAINS EN GÉNÉRAL

On divise les terrains en quatre catégories principales, sous le rapport de leur plus ou moins de consistance, savoir: 1° *la terre franche*; 2° *la terre forte ou argileuse*; 3° *la terre sablonneuse ou siliceuse*; 4° *la terre calcaire*.

1° La TERRE FRANCHE est la terre d'alluvion qui couvre le fond des vallées; elle participe de la nature des terres fortes et de celle des terres légères; elle tient le milieu entre elles sous le rapport de la ténacité. Sur 100 parties, la terre franche contient en moyenne 50 à 60 parties de sable et de gravier, 25 à 30 parties d'alumine, 10 à 12 parties de chaux. 8 à 12 parties d'humus, quelques sels de fer, de phosphore, de potasse. Elle est meuble, consistante et pénétrable à l'eau. Cette terre est la moins coûteuse en travail et la plus productive en récolte. L'eau ne séjourne jamais à sa surface, les labours s'y donnent plus facilement et plus souvent que dans les autres sols. Ces terrains sont appelés sains parce qu'ils reçoivent et laissent échapper avec mesure alternativement l'humidité et la chaleur dans les conditions de temps et de quantité les plus favorables à la végétation des plantes.

Dans les bonnes terres franches ou de consistance moyenne ou d'alluvion, l'agriculteur cultivera presque toutes les plantes, principalement les graines de toute espèce et en particulier: l'*orge*, les *haricots*, les *pois*, le *maïs*; toutes les plantes fourragères; les *pommes de terre*, les *navets*, les *betteraves*, le *colza*, le *lin*, le *chanvre*, le *tabac*; dans les parties basses et irrigables, les *prairies* donneront des produits abondants. Les *arbres* de toutes sortes et la *vigne* y croîtront très vite.

2° La TERRE FORTE OU ARGILEUSE a beaucoup de ténacité et est à cause de cela très difficile à travailler.

Sur 100 parties, elle renferme 50 à 80 parties d'argile, 5 à 12 parties d'humus et une bien faible quantité de sable et de chaux. Elle a l'inconvénient de ne pas être pénétrable à l'eau, et de se durcir considérablement pendant la sécheresse, au point que la charrue ne peut l'entamer. Durant la pluie, elle se colle aux instruments aratoires; on ne peut pas, on ne doit pas la remuer quand elle est trop sèche ou trop humide. Ces terres ont bien besoin d'être nivelées et drainées pour donner une issue à l'eau. L'argile pure ou terre glaise sert à fabriquer les poteries, les tuiles, les briques, etc. Ces terrains absorbent une grande quantité d'eau; aussi ils sont généralement froids et humides, il se dessèchent très lentement. Les engrais dans ces sols argileux se décomposent plus lentement, aussi les plantes en profitent peu à peu, leur végétation n'est pas aussi rapide que dans les terres franches. Les terres fortes qui se dessèchent et se durcissent facilement ont besoin d'être divisées par le sable, par le gravier, les cailloux, le mâchefer, le gravois, la marne maigre, les coquillages, les engrais végétaux enfouis en vert, les fumiers. Dans les bons sols argileux, l'agriculteur cultivera parmi les grains : le *blé*, *l'avoine* et les *fèves*; — parmi les fourrages : le *trèfle de Hollande*, les *pois*, les *vesces*, les *gesses*, la *chicorée sauvage*, les *choux*; — parmi les produits racines : les *rutabagas*, les *choux-raves*, les *betteraves*; — parmi les plantes oléagineuses : le *colza*, le *pavot*, la *moutarde*. Il utilisera les terrains médiocres de même nature en *prairies naturelles* ou *pâturages* et les plus mauvais terrains en *plantation d'arbres*; les *acacias* et les essences d'arbres à *bois blancs* seront généralement les variétés qui y réussiront le mieux.

3º La TERRE SABLONNEUSE OU SILICEUSE est celle dont les différentes parties constitutives se trouvent naturellement dans un grand état de division et qui par conséquent n'offrent que peu de résistance aux instruments de labour. Sur 100 parties la terre sablonneuse contient 60 à 95 parties de sable ou de gravier ; le reste peut être de la chaux, de l'argile ou de l'humus. Cette terre couvre une immense étendue dans les landes de Gascogne, dans les landes de Bordeaux et sur le littoral de nos mers. On ne peut la bonifier que par la pratique du marnage et des fumures.

Les terrains ainsi constitués sont secs, chauds ou arides, l'eau y passe comme à travers un crible et la chaleur les pénètre avec la même facilité ; ils perdent l'humidité et absorbent ou conservent d'autant mieux la chaleur qu'ils se trouvent le plus souvent sur un lit de sable pur, de gravier ou de cailloux. Ces terres légères, peu consistantes, très pénétrables à l'air et à l'eau, ont besoin d'être resserrées par les amendements suivants : la boue des chemins, le limon des fossés, la vase des rivières et des marais, l'argile pure, la marne grasse, le plâtre, les terreaux gras et les fumiers froids. Les plantes qu'on doit cultiver de préférence sur les terrains sablonneux ou terres légères en général sont, pour les grains : le *seigle* et le *sarrasin*; — pour les fourrages artificiels : le *trèfle annuel*, *trèfle incarnat* ou *farouch*, la *lupuline*, la *spergule*; — pour les racines fourragères ou alimentaires : les *raves*, les *pommes de terre*, les *carottes*; pour les plantes oléagineuses : la *navette*, le *pavot-œillette*. Les *prés* et les *pâturages* arrosés y donnent des produits satisfaisants en qualité et en quantité. Les arbres résineux et certaines autres essences y croissent parfaitement.

4° La TERRE CALCAIRE est celle qui sur 100 parties renferme 15 à 40 parties de chaux et une quantité variable d'argile, de sable et d'humus, qu'on appelle vulgairement terreau. Plus la chaux s'y trouve au dessus de 40 parties, plus cette terre est stérile ; elle prend alors le nom de terre crayeuse, et ne devient propre à la végétation que par l'emploi des amendements et des engrais.

On appelle *marne* le mélange de la chaux minérale et de l'argile. Le blé réussit très bien dans ces terres ; on les appelle aussi à cause de cela *terres à froment*.

Les *terres calcaires* à cause de leur couleur blanche s'échauffent difficilement ; elles conservent l'eau à l'intérieur et forment après les pluies une croûte à leur surface.

Ces terrains demandent à être amendés avec du sable, du terreau noir, des fumiers, des engrais végétaux qu'on enfouit en vert, de la tourbe, de la suie, du guano et de la poudrette. Avec ces engrais on cultive dans ces sols calcaire : *blé, avoine, seigle, orge, haricots, pois chiches, lentilles, raves, navets, colza, lupuline, sainfoin, pimprenelle, spergule, pommes de terre, vigne,* etc.

Voilà les quatre catégories principales de terrains ; il y a bien d'autres variétés, mais elles empruntent pour la plupart leurs noms aux substances déjà décrites et à quelques autres qui s'y trouve mêlées.

Les *terrains marécageux ou tourbeux* peuvent être cultivés lorsqu'ils sont assainis. Aux environs des grandes villes, les marais fournissent en abondance des légumes, lorsqu'on peut colmater ces marais en transportant des terres fertiles ; on obtient aussi par cette méthode des sols de première qualité, où les céréales et les prairies réussissent parfaitement.

Les *sols granitiques ou schisteux* sont un composé de sable ou de gravier résultant de la division de la roche ou pierre dure appelée granit. Le *schiste* est une pierre qui se détache par feuilles comme l'ardoise. On donne ce nom générique de schiste à toutes les pierres qui se divisent en lames, quelle que soit la consistance de ces lames. Un terrain de granit ou de schiste pur est impropre à la culture ; mais lorsqu'il y entre une certaine proportion d'argile, de chaux ou d'humus, ces sols deviennent très fertiles et conviennent pour la culture du *seigle,* de l'*orge,* des *raves,* des *navets,* des *arbres fruitiers* et des *arbres résineux,* suivant le climat et l'exposition. Les prairies naturelles y réussissent bien dans les vallées et dans les terrains qu'on peut arroser.

Les autres variétés de terres végétales sont : l'argile et le sable fin, sans calcaire, donnant la *glaise ou terre à brique* ; — l'argile et la chaux fournissent *la marne* ; — la chaux, le gravier et le sable forment la terre *sablo-calcaire* ; — l'argile, le gravier et le sable, la terre *argilo-sablonneuse* ; — le gravier forme la terre *graveleuse* ; — le limon, la terre *limoneuse* ; — le sable et l'argile, lorsque le sable domine, forment la terre de *boulbène*; — le tuf, la *terre tuffière*; — le sable et les plantes mal décomposées fournissent la *terre tourbeuse*, légère et aride, connue des jardiniers sous le nom de terre de *bruyère*. Elle peut contenir 50 à 80 parties de matières organiques.

Ce n'est qu'associés les uns avec les autres, *argile* avec *calcaire*, *calcaire* avec *argile*, *silice* avec *terreau* ou *humus*, *terreau* avec *silice*, ce n'est qu'en ôtant l'eau où il y en a trop, en amenant de l'eau où il n'y en a pas assez, qu'on obtient des sols cultivables et de bon rapport.

Tantôt dans nos terrains c'est l'argile qui domine, tantôt c'est le calcaire, tantôt c'est la silice. Aussi pour faire rapporter à leurs terres les plantes qui y conviennent le mieux, les cultivateurs doivent commencer par les connaître. Un sol riche pour un vigneron est souvent pauvre pour un fermier, un sol riche pour un fermier est souvent pauvre pour un vigneron. Les terrains où le calcaire domine donnent de bons vins et de bons fruits. Les sols où l'argile a le dessus seront très favorables à la culture du blé, qui y sera abondant, très lourd et bien nourri. Dans les terrains siliceux on obtiendra de beaux colzas et de bonne navette; les avoines et tous les fourrages racines s'y développent parfaitement.

Au dessous de la terre végétale ou sol arable, sol actif, sol qui produit, il y a dans tout terrain, n'importe la profondeur, un sol inerte ou sous-sol : le sol arable reçoit les labours et les influences de l'atmosphère; le sous-sol au contraire n'est pas atteint par les cultures; il ne peut fournir d'aliment qu'aux arbres et aux plantes à racines pivotantes. Il est placé entre la couche végétale et la couche imperméable qui est le tuf ou la roche qui forme l'extérieur de la charpente de le terre.

Un sous-sol argileux convient aux terres légères qui se dessèchent facilement, parce que ne laissant point passer facilement l'eau qui lui arrive il communique de sa fraîcheur aux racines des végétaux. Mais si ces racines tendent à pivoter à une grande profondeur, il ne faut pas mettre ces plantes dans ces terrains, le sous-sol en question les arrête dans leur croissance et les végétaux languissent et meurent. Un sous-sol sablonneux ou graveleux convient aux terres fortes et compactes. Un sous-sol de marne et de calcaire convient parfaitement aux terrains argileux et siliceux. Un sous-sol de rocher convient dans les climats humides comme le nôtre aux terres légères.

Certaines plantes sauvages qui viennent naturellement dans certains terrains indiquent la nature du sous-sol, par exemple : les signes auxquels on reconnaît l'existence d'un sous-sol de marne calcaire, c'est quand il pousse dans les champs de l'yèble ou sureau des champs ; l'yèble passe pour indiquer une bonne nature de terre ; la ronce traînante indique aussi un sous-sol de marne calcaire.

Comme le tussilage ou pas d'âne, la chicorée sauvage, les centaurées et l'agrostis traçante indiquent un sol argileux. Lorsqu'on voit croître naturellement l'anthyllis vulnéraire, les prêles, la laitue vivace, les lotiers et les chardons, on peut reconnaître un sol argilo-calcaire.

La flore spontanée des terrains sablonneux, c'est l'élyme, le roseau, l'ajonc, le plantain corne de cerf, la menthe, le serpolet, le thym et la sauge.

Les terres volcaniques, tourbeuses, schisteuses, légères et arides fournissent la bruyère, la fougère, la gentiane, la digitale, la guimauve, l'astragale, le pissenlit, le genêt, etc., etc.

La profondeur des terrains consiste dans la couche ou épaisseur de terre arable ou végétale, c'est-à-dire de terre susceptible de culture productive.

Cette profondeur varie beaucoup et il est essentiel de la connaître pour y cultiver les différentes espèces de plantes suivant le développement que prennent leurs racines.

La couche de terre végétale est dite profonde quand elle dépasse 35 centimètres ; moyenne, lorsqu'elle en a 15 au moins, et faible si elle en a moins de 12.

Ce sont les variétés de terrains qui font les variétés de produits ; tel terrain qui ne convient pas à certaine plante convient merveilleusement à certaine autre. Il n'y a véritablement de sol pauvre que celui qui n'a pas de profondeur ; rappelons le vieux proverbe : « Rivière profonde porte bateau ; terre profonde porte récoltes. »

Les seigles, avoines, orges, froments et sarrasins peuvent prospérer sur des terrains qui n'ont que 15 centimètres de terre végétale.

Les pâturages donnent des produits satisfaisants sur des terrains qui n'ont que 10 centimètres de profondeur végétale ; tandis que certaines plantes à racines persistantes, betteraves, carottes fourragères, chanvre, etc., exigent une épaisseur d'au moins 15 centimètres pour atteindre leur entier développement. Quelques autres plantes, telles que la luzerne, le tabac, le houblon, etc., demandent une couche végétale de 50 à 70 centimètres de profondeur.

On peut donner la profondeur au terrain par des transports de terre propre à la culture ou par des labours graduellement plus profonds qui ramènent à la surface les parties infertiles du sous-sol qui s'ameublissent et se fertilisent au contact des engrais, de l'action du soleil, des pluies et de l'air.

Nous allons passer en revue rapidement les *amendements* qui peuvent corriger les défauts naturels du sol ainsi que les *engrais* qui ajoutent au sol les substances qui peuvent nourrir les plantes et que la culture lui a enlevées ou peut lui enlever.

II. — DES AMENDEMENTS ET DES ENGRAIS

1° DES AMENDEMENTS. — Les différentes manières d'être du sol que nous venons de décrire font les bons et les mauvais terrains. On est obligé d'admettre tous les sols, les bons comme les mauvais ; seulement la science de l'agriculture consiste à chercher à rendre meilleure chaque espèce de sol, en modifiant la combinaison des éléments qui composent le sol de la façon la plus favorable au plus fort rendement de tel ou tel produit. C'est là ce qu'on appelle amender la terre.

L'amendement le plus durable et le plus utile que l'agriculteur puisse employer sur les terrains qu'il possède, consiste dans le mélange des diverses qualités de terre qui se corrigent ainsi l'une par l'autre. On appelle cela : *faire des transports de terre*.

Un agriculteur possède, par exemple, une terre trop argileuse et une terre trop légère ; ce qu'il peut faire de plus avantageux pour les améliorer, c'est de les amender l'une par l'autre, en les mélangeant jusqu'à ce que la couche arable se trouve suffisamment modifiée. Par les transports de terre on change complètement la nature même d'un terrain, on lui donne certains avantages qui lui manquaient; et on le rend propre à recevoir des cultures plus importantes qui jusque-là ne pouvaient pas réussir.

Après les mélanges des terrains, les amendements les plus usités en agriculture sont : la *chaux*, la *marne*, le *plâtre*, le *phosphate de chaux*, les *cendres*, la *suie*, la *boue des fossés et des chemins*, la *vase des rivières et des marais*, et enfin toutes les opérations qui peuvent modifier la nature et la qualité du sol, comme l'*écobuage*, le *drainage*, les *labours*, les *défoncements* et l'*irrigation*.

Suivant la nature du terrain on emploiera les amendements suivants :

Dans les terres fortes qui sont ordinairement froides et humides, plus ou moins compactes, retenant l'eau à l'intérieur et à la surface, la laissant aller difficilement, on divisera ces sols par le sable, le gravier, les cailloux, le mâchefer ou escarbilles; c'est un mélange des cendres et scories provenant de la combustion du coke, du charbon de bois et du charbon de terre, qu'on retire des fourneaux des usines; par les gravois : on appelle ainsi tous les débris des démolitions, plâtres, mortiers, chaux, débris de tuiles; par la marne maigre, c'est un mélange d'argile et de sable, c'est la pierre à chaux de consistance solide qui s'émiette à l'air libre, au froid et à la pluie; par les coquillages, qu'il faut écraser avant de les employer.

Dans les terres légères qui sont peu consistantes, poreuses et sujettes à la sécheresse, on se servira pour les amender de matières grasses et liantes, telles que la boue des chemins, excellent engrais pour la vigne, le limon des fossés, la vase des rivières et des marais, le plâtre, les terreaux gras, les fumiers froids, l'argile pure, la marne grasse ou chaux hydraulique. C'est un mélange d'argile et de 50 à 80 parties de chaux grasse.

Dans les terres calcaires qui, par rapport à leur couleur blanche, s'échauffent difficilement, conservent l'eau à l'intérieur et forment après les pluies une croûte à leur surface, il faut leur mélanger du sable avec de l'argile, des fumiers acides, des fumures en couverture, avec des terreaux noirs, de la tourbe, du mâchefer, de la suie, de la poussière de charbon, du guano et de la poudrette, du noir animal (c'est la poudre des os calcinés mêlée au sang des animaux). Le noir animal contient ordinairement 75 °/₀ de phosphate de chaux.

La CHAUX ou le CHAULAGE a pour effet de détruire ou de modifier dans le sol les substances nuisibles aux plantes. Le chaulage fait périr les mauvaises herbes et les insectes, il ameublit le terrain en favorisant la décomposition des débris végétaux et animaux qu'il renferme et rend en même temps ces engrais propres à servir directement de nourriture aux plantes. Dans les terrains chaulés, les grains seront plus pesants, le blé contiendra plus de farine.

Avant d'ensemencer un terrain lorsqu'il est préparé, ou sur les prairies naturelles ou artificielles, on porte 25 à 50 hectolitres de chaux vive par hectare; on la dispose en petits tas, à deux ou trois mètres de distance, on la recouvre légèrement de terre, et lorsque la chaux est fusée, on la mêle avec la terre qui la recouvre et on la répand aussi uniformément que possible sur la surface du sol. Cet amendement agit efficacement sur tous les terrains en général qui ne contiennent pas de chaux et principalement sur les terres marécageuses, argileuses, tourbeuses, schisteuses ou granitiques.

Le chaulage peut se renouveler avec succès tous les six ou huit ans. Comme cette opération (nous en dirons autant pour le marnage) a la propriété de décomposer plus vite les débris animaux et végétaux contenus dans le sol, les plantes absorbent beaucoup plus vite la nourriture qui résulte pour elles de cette décomposition; il faut donner dans l'intervalle de nouveaux engrais.

Le MARNAGE agit sur le sol à peu près comme le *chaulage*; il convient surtout aux sols qui sont dépourvus de principes calcaires. Les effets de la marne sont moins rapides, mais plus durables que ceux apportés par la chaux; ils se prolongent souvent pendant plus de vingt ans, quand on applique à haute dose la marne calcaire.

La marne ameublit le sol, le rend plus facile à labourer, plus perméable, et par conséquent plus accessible aux influences de l'atmosphère.

La seule précaution à prendre pour l'emploi de la marne, c'est de la laisser exposée longtemps à l'air avant de la répandre, afin qu'elle se dessèche et soit facilement pulvérisée pour être ensuite mélangée au sol.

Les PHOSPHATES et principalement les PHOSPHATES DE CHAUX entrent dans la composition de tous les corps animaux; c'est l'élément principal des os des animaux; il fait également partie de toutes les matières végétales.

Les principales variétés du phosphate de chaux sont : le noir animal et les phosphates fossiles. La plante prend beaucoup de phosphate au sol, aussi il faut restituer à la terre ces éléments qui sont nécessaires à la végétation de toutes les plantes agricoles et spécialement pour les légumineuses à graines, les prairies artificielles et les céréales.

Le PLATRE apporte au sol du sulfate de chaux; c'est un amendement très précieux. Il s'emploie cru ou cuit, mais réduit en poudre aussi fine que possible. Quand les gelées du printemps ne sont plus à craindre et que les jeunes plantes sont imprégnées de la rosée du matin, ou par une douce pluie, on le répand à la volée à raison de deux ou trois hectolitres ou 200 à 250 kilos à l'hectare sur toutes les espèces de trèfle, sur la luzerne, la lupuline, et sur les prés où ces plantes croissent en abondance ; sur les pois, les vesces, les haricots, les lentilles, les fèves, choux et oignons. Le plâtrage se fait donc soit au moment où ces plantes commencent à pousser, soit après une coupe sur la deuxième coupe de fourrage. Le plâtre excite puissamment la végétation, il force les plantes à tirer du sol plus de nourriture qu'elles n'en auraient tiré ; il double et triple souvent le produit des fourrages. On doit semer le plâtre à reculons ; si l'on opérait autrement, les pas du semeur soulèveraient une partie du plâtre qui resterait sans effet.

Les scories de déphosphoration sont très recommandables par leur richesse en acide phosphorique, et très utiles pour les terrains qui en manquent et pour les plantes où cet élément domine comme les céréales. Sur les prairies et les sols dépourvus de chaux, un épandage de ces scories produit le meilleur effet.

Les CENDRES et la SUIE se placent sur les terres ensemencées ou sur les prairies bien égouttées à la dose de 20 à 30 hectolitres à l'hectare. Ces engrais sont excellents ; ils détruisent les mauvaises herbes et favorisent la végétation des céréales et des légumineuses. La suie, ayant la double propriété d'échauffer les terres calcaires blanches et froides, doit toujours être employée sur couverture ; son odeur forte éloigne les insectes des récoltes et en fait périr un grand nombre. Les cendres les plus favorables à la végétation sont les cendres de bois qui ont servi au lessivage du linge et qui sont connues sous le nom de *charrées*.

L'ÉCOBUAGE est une opération qui consiste à calciner la couche supérieure du sol et à la mélanger ensuite à la terre ; c'est l'ameublissement des terrains en friche, c'est un moyen facile et peu coûteux de nettoyer les terrains remplis de mauvaises herbes, de rendre fertiles des landes incultes, de détruire les œufs et les larves des insectes nuisibles et de donner un engrais potassique qui enrichit le sol et favorise ensuite la croissance de toutes récoltes.

Pour pratiquer l'écobuage, on découpe d'abord le sol par bandes de terre avec la herse ou une charrue destinée à cet usage. On dessèche ces tranches de terre au soleil avec toutes les plantes et broussailles qui s'y trouvent, et l'on assemble ensuite tous ces objets; lorsqu'ils sont suffisamment desséchés, on les fait brûler lentement; on répand ensuite ces cendres et on les égalise sur le sol un ou deux jours avant les semailles.

Le DRAINAGE a pour but de faire écouler du sol l'excès d'eau qu'il peut contenir. On y parvient de deux manières: 1° au moyen de fossés et de rigoles d'écoulement pratiqués à ciel ouvert (*drainage extérieur*); par un système de tuyaux établis sous terre, ou par de grosses pierres qu'on jette dans le fond d'une tranchée, des tuiles sous lesquelles l'eau s'infiltre et s'écoule; quand la pierre manque, on emploie de gros branchages, des troncs de sapins, par exemple, qu'on place de manière à former un vide au fond de la tranchée, et on couvre d'une épaisseur de terre suffisante pour que la charrue ne puisse pas déranger ce travail (*drainage intérieur*). Ce dernier mode porte plus particulièrement le nom de *drainage*.

Le drainage produit de bons effets dans tous les terrains trop humides. Il facilite les labours. Une terre drainée devient plus productive, elle ne craint plus autant la sécheresse. Il est utile dans tous les sols où domine l'argile et qui, par suite, sont généralement trop compactes et trop humides. L'eau stagnante tue la plante, l'eau courante la vivifie; l'eau ne fait que passer dans le terrain drainé pour dissoudre les engrais et les servir aux racines des plantes, au lieu de les asphyxier par un trop long séjour, comme cela a lieu dans les sols marécageux où aucune plante de bonne qualité ne peut vivre.

L'IRRIGATION consiste à faire circuler l'eau d'une rivière, d'un étang ou d'un réservoir artificiel, à travers les champs cultivés, d'où cette eau va s'infiltrer dans le sol. C'est un système d'arrosage propre aux terres arables. Les irrigations sont utiles dans toutes les terres, excepté dans les sols qui sont trop mouillés. Elles sont particulièrement favorables aux terres sableuses, trop sèches et trop chaudes. L'effet général de l'irrigation est de répandre de l'eau dans le sol, à l'époque où elle est le plus utile à la végétation. Qui a de l'eau a de l'herbe. Il ne faut jamais perdre de vue que les deux agents de la végétation sont : la chaleur et l'eau. L'opération de l'irrigation devient un *colmatage* lorsque les eaux apportent avec elles des limons (terres argileuses assez fines pour être entraînées par l'eau), chargés de matières organiques, de sels alcalins et calcaires et d'autres matières alimentaires pour les plantes.

2º DES ENGRAIS. — On appelle engrais, en agriculture, toute matière qui, enfouie dans le sol, peut fournir aux plantes les éléments organiques ou minéraux dont elles sont formées. Le plus important de tous les engrais est le fumier de ferme. On peut dire qu'en général, toute matière susceptible de décomposition putride, c'est-à-dire pouvant se pourrir, constitue un engrais.

Les amendements dont nous venons de parler n'excluent pas les engrais, ils les rendent au contraire indispensables, car ils donnent aux plantes plus de voracité, en quelque sorte, pour s'emparer de la nourriture. Prenant plus de sucs nourriciers, les plantes se développent davantage, et on a besoin de restituer au sol des éléments qui entretiennent toujours la vigueur des plantes.

On range les engrais dans quatre grandes classes :

1º Les *engrais végétaux*; 2º les *engrais animaux*; 3º les *engrais mixtes*; 4º les *engrais chimiques*.

1º Les engrais végétaux. — Ils comprennent toutes les matières végétales : tiges, feuilles, fruits, bourgeons, rameaux, branches, écorce, racines, herbes, en un mot, toutes les parties des plantes soumises à la décomposition, sans addition de matières animales.

On emploie encore comme engrais, en agriculture, les résidus des fabriques, les tourteaux de colza et des autres graines oléagineuses, les marcs de poires, de pommes, de raisins, les résidus des brasseries et des féculeries, les pulpes des distilleries. Les tourteaux, marcs, pulpes, sont desséchés et réduits en poudre; on peut les employer isolément comme les guanos ou bien les mélanger au fumier.

On donne plus particulièrement le nom d'*engrais vert* aux plantes cultivées pour être enfouies.

On sème certaines plantes destinées à donner une fumure pour le champ qui les a portées. Ce sont le lupin blanc, les fèves, les féveroles, les choux, le colza, les vesces, les pois, la moutarde, le sarrasin ou blé noir, la spergule, le trèfle, la luzerne, le fenugrec, la navette et le madia sativa. Quand ces plantes ont pris un certain développement, on passe la charrue dans le champ. Les mottes sont retournées sens dessus dessous, et les plantes vertes qui étaient à la surface du sol se trouvent ainsi enfouies. Elles deviennent un excellent engrais, mais particulièrement pour les terres calcaires.

Le principal mérite de cet engrais, c'est de procurer de la fraîcheur aux terres chaudes, de diviser les terres fortes, de les rendre plus meubles, plus légères, plus faciles au travail et plus productives. L'engrais vert rend les terres légères et poreuses plus liantes, et débarrasse le sol des mauvaises herbes. Ces engrais ont l'avantage encore d'amender et de bonifier les terres éloignées de la ferme ou enclavées dans d'autres propriétés et dont l'abord difficile ne permet pas au cultivateur d'y porter les engrais quand il le faut. L'enfouissement des plantes destinées à servir d'engrais doit être fait avant la formation des graines, parce que la formation des graines enlève au sol la meilleure partie des sucs nourriciers qu'il contient, et parce que les semences mûres germeraient de nouveau et affameraient la récolte qu'on voudrait faire venir sur ce terrain. Pour servir d'engrais végétal on doit choisir les plantes qui ont les feuilles larges et grosses et d'une végétation rapide sans être épuisante, qui par l'abondance de leurs feuilles se nourrissent principalement des gaz qu'elles absorbent dans l'atmosphère et par les eaux de pluie, et n'empruntent que fort peu de nourriture à la terre.

On restitue ainsi au sol les éléments qu'il a fournis aux plantes et on les restitue à l'état d'une matière organique jeune, et d'une décomposition très facile. Ce n'est pas tout : on enrichit la terre arable des éléments que l'air a pu fournir à ces plantes.

Dans les terrains qu'on laissait en jachère autrefois, on sème maintenant des fourrages qui peuvent être d'un grand secours pour les agriculteurs dans les années de sécheresse; au lieu de les enfouir, on les fauche, si besoin est.

Voici comment on emploie les engrais verts :

Le *lupin blanc* se sème en septembre dans les terres légères, à raison de 2 hectolitres par hectare, et on l'enfouit en mai-juin, dans les vignes; on le laboure en avril dans nos contrées.

Le *colza d'hiver ou d'automne*, très riche en matières azotées, se sème en août et septembre et on l'enfouit en avril.

On sème les *fèves* et les *féveroles* en septembre pour les enfouir en mars ou avril.

Les *pois*, les *vesces* ou *pezillons* se sèment à l'automne pour les enfouir en avril-mai.

Le *trèfle incarnat* ou *farouch* est un excellent engrais vert, très rustique, qu'on ensemence en été ou au commencement de l'automne, pour être enfoui au printemps. Ce trèfle réussit très bien dans les sols siliceux et argilosiliceux.

Le *sarrasin*, qu'on met en terre en septembre, se sème en juin à raison de 60 litres à l'hectare.

La *navette* et la *moutarde* se sèment, en été, sur un chaume retourné; 6 à 8 kilos de graines à l'hectare; on les laboure au printemps.

La *spergule* se sème en mai; on peut semer et enfouir trois fois cette plante depuis mai jusqu'en novembre.

La seconde ou la troisième coupe du *trèfle ordinaire* s'enfouit comme engrais vert, et c'est un des meilleurs.

Après avoir enfoui la deuxième pousse d'un *trèfle de Hollande* de quinze mois, on obtient, sur ce terrain, des récoltes superbes.

Varechs ou Goémons. — La mer rejette sur les rivages de l'Océan des plantes marines appelées *varechs* ou *goémons*, que les agriculteurs voisins de la mer recueillent et qu'ils enfouissent comme engrais vert, ou qu'ils mettent en tas mélangés à du fumier de ferme. Ces plantes contiennent des principes salins très utiles à la végétation.

Tourteaux. — Les tourteaux s'appliquent aux sols légers, argilo-siliceux ou siliceux; ils conviennent surtout aux terres calcaires; ils produisent peu d'effet sur les terrains argileux ou humides. On les répand, réduits en poussière, à la volée, quelques jours avant l'ensemencement, et on les couvre par un léger coup de herse.

Terreaux de ville. — Un engrais très riche, très employé et très favorable aux vignes, à leur développement rapide et qui pousse à la fructification, surtout dans les sols siliceux et argilo-siliceux, c'est le *bourrier* ou terreau de ville, composé de détritus de ménage ou de balayures des rues.

Cet engrais varie dans sa composition suivant l'époque de l'année : il renferme, de novembre en avril, une plus grande quantité d'acide phosphorique; au printemps et en été, il contient beaucoup plus de matières azotées. Voici une analyse des bourriers de la ville de Bordeaux, qui a été faite en janvier.

Composition pour 100 :

  Azote.......................... 1 02
  Acide phosphorique............. 1 57
  Potasse 0 56

Ces terreaux, enfouis dans les jardins potagers quelque temps avant de les ensemencer, ont fourni des récoltes maraîchères superbes.

Ces matières fertilisantes, très fermentescibles, apportent au sol qu'elles enrichissent une grande chaleur, et produisent d'excellents résultats sur les plantes; la durée de leur effet se prolonge pendant trois ou quatre ans. C'est à l'automne et pendant l'hiver qu'on exécute les terreautages, c'est-à-dire en novembre, décembre, janvier, février. Les engrais chimiques se répandent au printemps.

La balayure de ces *terreaux de ville*, en couverture sur les prairies et les pelouses de gazon, contribue à lui donner une luxuriante végétation; mais si le temps est chaud, si le sol est trop sec, il est bon d'arroser pour éviter que cet engrais ne brûle l'herbe naissante.

2º **Les engrais animaux**. — Les engrais qui constituent les *engrais animaux* sont de deux sortes : les excréments des animaux sans addition d'aucun corps étranger, et les débris ou résidus de leur corps : tels que la chair, le sang, la peau, les issues, le poil, le cuir, les plumes, la laine, les chiffons de laine, la corne et les os.

Les engrais animaux sont supérieurs à tous les autres; ils sont généralement riches en azote et en phosphate; ils se nitrifient et fermentent rapidement. Cette décomposition rapide entraîne celle du terreau; aussi ces engrais durent peu de temps, il faut leur faire succéder du fumier qui est très long à se décomposer, ou tout autre engrais végétal.

Les engrais animaux qu'on emploie sans mélanges quelquefois et qui sont les plus riches en azote et les plus énergiques pour la végétation des plantes sont : les excréments des carnivores, tels que ceux de l'homme et de quelques oiseaux; ils viennent au premier rang; — les excréments des granivores, tels que ceux de la plupart des oiseaux, des moutons, du cheval et de la chèvre, viennent au second rang; — les excréments des herbivores, tels que ceux des bêtes bovines et porcines, viennent au dernier rang.

Vidanges-Engrais. — Gadoues. — Les vidanges des villes, allongées d'eau et fermentées, sont employées avec succès : on obtient avec cet engrais des effets remarquables pour faire pousser l'herbe dans les prairies, les fourrages dans les champs, et pour donner de la vigueur à la vigne. Mais il est préférable de verser cet engrais sur le terreau et de bien le mélanger au lieu de le mettre directement dans le sol.

Poudrettes. — Les matières solides des vidanges débarrassées des liquides et désinfectées sont livrées à l'agriculture sous le nom de poudrettes.

La poudrette contribue à faire produire beaucoup de grains, elle influe sur la plante, elle améliore peu le sol. On l'applique surtout aux cultures industrielles, telles que le pavot, le colza, le chanvre, le lin, l'oignon et le tabac.

Déjections des bestiaux. — Elles servent plus souvent et mieux à faire le fumier; cependant quelquefois on les emploie seules, comme le crottin de cheval, la bouse de vache.

Parcage. — Le parcage consiste à maintenir les troupeaux, au moyen de barrières mobiles, sur le même terrain qu'ils engraissent de leurs déjections pendant un temps déterminé.

Urines; purins. — L'urine de l'homme et des animaux est sans contredit le plus puissant de tous les engrais. Elle entre ordinairement dans la composition des fumiers, unie aux matières fécales. Mélangée seule avec de l'eau, on s'en sert pour irriguer ou arroser les champs et les prairies.

On recueille le purin en établissant au dessous de la fosse à fumier un réservoir, auquel on fait aboutir les rigoles des étables, et où découle le jus du fumier.

Les urines les plus riches en azote, qui s'y trouve contenu de 12 à 16 pour 100, sont dans l'ordre suivant :

l'urine du cheval, l'urine du mouton et de la chèvre ; l'urine du bœuf et de l'homme, et l'urine du porc et des jeunes veaux.

Déjections des oiseaux. — On emploie en agriculture la fiente de la volaille : poules, dindons, oies, canards, etc., et la *colombine*, déjections des pigeons.

Ce sont d'excellents engrais, très actifs. On réduit ces substances en poudre, et on les répand au printemps sur les plantes qui commencent à se développer lorsqu'on prévoit une pluie douce.

La fiente de volaille et la colombine s'emploient à la dose de 350 kilogrammes par hectare.

Guano du Pérou. — Les guanos naturels sont des amas d'anciennes déjections d'oiseaux. Nous en recevons d'Amérique, des îles qui avoisinent les côtes du Chili, de la Colombie et du Pérou, des quantités considérables. Le guano s'applique particulièrement à la culture des céréales, du froment, du maïs et aux prairies naturelles, on emploie en épandage sur les jeunes plants 225 kilos de guano par hectare. L'emploi du guano seul surexcite la végétation, appauvrit en peu d'années les terres sèches, et épuise complètement les terres médiocres ; on l'emploie avantageusement avec d'autres engrais.

Guano artificiel. — On fabrique sous le nom de guano des engrais composés de matières animales de provenances diverses, telles que : les poissons putréfiés, les os, les résidus de boucherie, la chair des animaux, surtout celle provenant des équarrissages.

Issues et extraits d'animaux. — On emploie encore en agriculture le sang des abattoirs ; c'est un des engrais les plus riches. On vend le sang desséché et réduit en poussière ; le sang liquide en arrosement sur les fumiers produit encore de plus grands avantages.

On se sert aussi des résidus de boucherie, de corne de cheval, recueillie par les maréchaux, des débris de vieux cuirs, des déchets de laine et une foule d'autres matières animales.

Les CHIFFONS DE LAINE contiennent beaucoup d'azote ; appliqués aux terres légères et aux sols argileux, ils produisent d'assez bons résultats. On peut aussi les enfouir avec succès dans les terrains siliceux. Dans notre pays, on en fume les vignes. Cet engrais est assez long à se décomposer ; il pousse à la végétation de cette plante, mais il n'influe pas beaucoup sur la production du raisin ; on en met ordinairement 750 grammes par pied de vigne.

3° **Les engrais mixtes.** — DU FUMIER DE FERME. — Ils sont composés à la fois de matières végétales et de matières animales. Les matières végétales les plus usitées comme litière et qui constituent les fumiers sont : les diverses espèces de paille, les feuilles sèches, la bruyère, la mousse, la balle de froment, les joncs, les roseaux, les genêts et les tiges des mauvaises herbes desséchées avant la maturité de leurs graines. La qualité du fumier est d'autant meilleure qu'il y a moins de litière. La paille est sans contredit la meilleure des litières qu'on puisse employer et celle qui produit le meilleur fumier. Elle absorbe mieux que les feuilles et les autres végétaux les matières qu'elle reçoit ; elle fermente et se décompose plus vite dans le sol. Le fumier de ferme est l'engrais par excellence ; ce n'est pas le plus énergique de tous les engrais, mais c'est le plus complet parce qu'il réunit tous les éléments nécessaires pour assurer la fécondation du sol. Le fumier de ferme est composé de la *litière*, des *excréments* et des *urines*.

Les ENGRAIS MIXTES se divisent en engrais *chauds* et en engrais *froids*. Les engrais chauds sont le fumier de mouton, de chèvre, de cheval et de lapin ; ces engrais conviennent surtout aux terrains froids, humides et argileux. Les plantes oléagineuses se trouvent particulièrement bien de celui de mouton.

Les engrais froids sont ceux des bêtes à cornes et des porcs ; ce fumier fermente plus lentement ; son action est plus durable ; il convient à tous les terrains et à toutes les plantes, mais spécialement il faut employer les engrais froids pour les terres sableuses qui décomposent très vite les fumiers ; aussi ces terres veulent des fumures légères mais fréquentes.

Quand on sort le fumier des étables, on doit le mettre sous des hangars pour que le soleil et la pluie ne le détériorent pas, et le placer sur un pavé incliné, afin que le jus ou purin s'en écoule facilement et n'empêche pas la fermentation d'avoir lieu. Le fumier sera étendu en couches aussi uniformes que possible et sera pressé et fréquemment arrosé avec le purin à l'aide d'une pompe ou de toute autre manière.

Des composts. — Les composts sont le mélange des matières végétales ou animales que les cultivateurs trouvent sous leur main, telles que les feuilles et tiges des plantes, dépouilles des légumes, herbes provenant du sarclage, boue des chemins, vase des fossés, cendres, débris d'animaux, marcs de raisins, poussières, balayures, etc. Toutes ces matières, entassées dans des fosses peu profondes, fermentent et se décomposent lentement et forment un engrais mixte d'autant meilleur qu'ils contiennent moins de terre. Ces composts sont très employés par les jardiniers pour les plantes florales.

4° **Les engrais chimiques**. — « Depuis des siècles, dit M. le marquis de Paris, dans ses « Notes et conseils sur l'emploi des engrais chimiques », on demande à la terre de rapporter et on lui a toujours enlevé les éléments de fertilité, sans jamais les lui rendre complètement. Autrefois la terre, par la jachère, se reposait, et ses éléments fertilisants pouvaient se dissoudre et devenir abondants et assimilables ; tandis qu'aujourd'hui, comme les récoltes se succèdent tous les ans, ils n'en ont plus le temps, et les plantes ne trouvant plus de nourriture en quantité suffisante, il faut leur en donner et changer la manière de cultiver. Qui n'a pas vu, en effet, une terre ayant bien porté de la luzerne et n'en voulant plus ? C'est que cette terre n'a plus assez de certains éléments; le fumier ne les contient pas tous dans de bonnes proportions : d'où l'utilité des engrais chimiques. Le fumier, en effet, ne peut contenir que les éléments qui se trouvent dans la terre d'où il vient, les déjections des animaux ne contenant que ce qu'ils ont absorbé; et si un élément manque à la terre, il ne peut donc se trouver dans le fumier, et on aura beau employer de fortes fumures, on ne donnera jamais à la terre l'élément qui lui manque. Il faut de plus que l'engrais soit soluble et facilement assimilable, ce que n'est pas le fumier.

» L'analyse des plantes a prouvé qu'elles contenaient toutes quatorze éléments toujours identiques, dont cinq principaux, les autres s'y trouvant en très petites quantités et étant toujours dans le sol en assez grande abondance pour leurs besoins. Les cinq éléments qui sont indispensables se trouvent dans diverses proportions, suivant la nature des plantes, et si dans la terre ils ne se trouvent pas dans cette proportion, il faut y mettre celui qui fait défaut; sans cela la plante ne pousse pas; avec le fumier seul on ne peut le faire, au lieu qu'avec les engrais chimiques, on peut les combiner de manière à augmenter l'élément qui manque; mais le fumier est toujours nécessaire pour faire de l'humus et retenir les engrais chimiques qui ne doivent venir qu'en complément. On devra donc mettre une demi-fumure de fumier et compléter par des engrais chimiques qui sont plus facilement assimilables.

» Les cinq éléments dont on a à s'occuper sont : l'azote, l'acide phosphorique, la potasse, la chaux et le fer.

» Il y a deux sources d'azote : le nitrate de soude; le sulfate d'ammoniaque.

» On obtient l'acide phosphorique par le superphosphate de chaux, le phosphate minéral, les scories de déphosphoration.

» La potasse s'obtient par le chlorure de potassium;

» La chaux par le sulfate de chaux (plâtre);

» Le fer par le sulfate de fer.

» Le sulfate de fer est très utile à employer, car le fer rend les minéraux du sol parfaitement assimilables et se trouve dans toutes les plantes.

» Le fer fixe l'ammoniaque dans le sol, il oxyde les matières organiques et il aide à l'assimilation de l'acide phosphorique.

» Il est très important, dans les mélanges des matières fertilisantes, de bien les mélanger, de les réduire en poudre aussi fine que possible et de les répandre très également.

» Le nitrate de soude s'enfonce en terre; il s'emploie pour les plantes à racines pivotantes, et seulement au printemps, car il est facilement assimilable.

» Le sulfate d'ammoniaque, au contraire, reste près de la surface de la terre; il s'emploie pour les plantes à racines peu profondes et on peut le mettre à l'automne, mais mieux au printemps.

» Le nitrate de soude doit s'employer dans les terrains compacts où la nitrification se fait difficilement, et le sulfate d'ammoniaque dans les terrains légers.

» Le superphosphate de chaux s'emploie soit à l'automne, soit au printemps, car il est facilement assimilable; on peut le remplacer par du phosphate minéral ou des scories de déphosphoration, mais alors employés à l'automne avec le fumier, car ils sont moins assimilables et il en faut plus.

» L'azote sert à la partie foliacée des plantes, quand elles ne poussent pas ou que les feuilles sont jaunes et pour donner une poussée.

» L'acide phosphorique sert à former la charpente des plantes, le grain, les fruits, la luzerne et la vigne.

» La potasse est pour la luzerne et la vigne.

» Le plâtre pour la luzerne.

» Le fumier ne contient pas tous les éléments de fertilité en quantité suffisante et facilement assimilables. En effet, l'azote du fumier n'est assimilable au moment de son emploi que dans une faible proportion, et il ne le devient que dans la suite par sa transformation en nitrate par l'effet de l'air, de l'eau et du calcaire. L'acide phosphorique du fumier est peu soluble, ou ne s'y rencontre que dans de trop faibles proportions, et il est toujours insuffisant. La potasse et la chaux se dégagent plus facilement du fumier.

» Le fumier n'étant qu'un emprunt fait au sol et ne représentant qu'une partie des éléments qu'il a fournis aux récoltes, puisque par la vente des récoltes et des animaux, on exporte en grande partie les éléments qu'ils ont absorbés pour se développer, ces éléments ne reviennent pas à la terre. Le fumier ne peut donc satisfaire que partiellement à la loi de restitution, et à plus forte raison ne peut servir à élever le niveau de la fertilité du sol. Les engrais chimiques, au contraire, puisés au dehors, représentent bien réellement un apport de richesse.

» Le fumier restera une nécessité, et il faut en augmenter la production et surtout en améliorer la qualité; mais il faut proscrire la théorie du fumier à outrance, dont l'application n'a jamais fourni de récoltes intensives comme on peut le faire avec les engrais joints au fumier.

» Pour améliorer le fumier, il faut répandre dessus de temps en temps du phosphate minéral et du sulfate de fer, avoir une fosse à purin et arroser le fumier avec les liquides de la fosse pour qu'il soit humide et non mouillé.

» La manière la plus économique de procurer à la terre l'azote est la sidération, c'est-à-dire l'enfouissement en vert d'une récolte de fourrage; pour l'acide phosphorique, on répand sur les fumiers, au sortir de l'étable, du phosphate minéral; on enrichit ainsi le fumier de l'élément qui lui fait le plus ordinairement défaut. L'acide phosphorique est de tous les éléments le plus utile, et c'est celui qui est le plus rare dans les terres; il faut donc, et sans crainte, en mettre en assez grande proportion; ce que les plantes ne prendront pas restera dans le sol et l'améliorera.

» La potasse ne doit pas être donnée en très grande abondance, car l'excès de cet alcali peut être nuisible et brûler.

» La chaux n'est jamais nuisible.

» Quant à l'azote, s'il est assimilable, l'excès en est tout aussi nuisible que son défaut, car il provoque la verse; c'est ce qui arrive lorsque l'on fait des fumures de fumier exagérées et que l'année est humide; on peut y remédier en mettant de l'acide phosphorique qui donne de la force à la plante.

» L'engrais ne doit jamais être mis en contact avec la semence, dont il gêne la germination; il doit être placé dans le sol aussi haut que possible, afin que les jeunes racines le trouvent; il descend sous l'influence des eaux et suit les racines dans leur marche vers le sous-sol. On doit l'enterrer par un labour léger ou par un fort hersage; on peut aussi l'employer en couverture au printemps, mais seulement quand les plantes ont acquis une certaine force et par un temps qui menace la pluie, pour le dissoudre et le faire pénétrer dans la terre.

» Tout l'art agricole consiste donc à maintenir le sol, par des labours profonds, dans un état physique convenablement favorable à la végétation, et à entretenir, par des engrais bien choisis, sa richesse en éléments de fertilité dans les proportions les plus favorables aux récoltes qu'il s'agit d'obtenir. »

Pour qu'une terre soit féconde, il faut donc qu'elle ait été préparée à recevoir les plantes par le travail mécanique du sol. Les principales opérations de la culture sont : les *labours*, les *hersages*, les *roulages*, les *binages*, les *sarclages* et les *buttages*.

III. — DES LABOURS

On pratique les labours dans les jardins avec la *bêche*, dans les vignes avec la *houe* et la *charrue*, dans les champs avec la *charrue*.

Le meilleur labourage s'exécute à la *bêche*; avec cet instrument on remue une couche profonde de terre, on la divise parfaitement, on arrache les mauvaises herbes à fond et on retourne complètement la terre de manière à mettre dessus ce qui était en dessous et dessous ce qui était en dessus.

Vient ensuite le labourage qui s'exécute à la *houe* ou *pioche*; le travail fait à la houe est meilleur, plus profond que le travail fait à la charrue, mais il ne retourne pas aussi bien le sol que le travail fait à la bêche.

En dernier lieu vient le labourage à la *charrue*; c'est l'instrument le plus nécessaire pour la grande culture.

Les principaux effets des labours sont : 1º de ramener à la surface les parties profondes du sol; 2º d'ameublir la terre; 3º d'enfouir les amendements, les engrais et les semences.

Les terres fortes argileuses, argilo-siliceuses et argilo-calcaires, veulent être labourées pendant les beaux jours de l'automne, quand elles ne sont ni trop sèches ni trop humides. La terre profite ainsi des influences du soleil, et peut être convenablement hersée, roulée, quand il s'est formé sur le labour une légère croûte à la surface. Un seul labour imprudent sur les terres fortes quand elles sont trop mouillées ou qu'il pleut beaucoup de suite après le labour et lorsqu'il dégèle gâte la terre pour plusieurs années.

Un labour profond convient dans les terres riches; dans les labours ordinaires, la terre est remuée à la profondeur de 15 à 25 centimètres. Les labours de défoncement atteignent 30 à 35 centimètres de profondeur et quelquefois davantage.

Dans les labours superficiels, la terre n'est attaquée qu'à la profondeur de la main, de 8 à 12 centimètres.

Les terres calcaires, siliceuses, granitiques et sablo-calcaires, gagnent à être labourées avec la pluie ou pendant qu'elles sont un peu humides; les terres franches, de bruyère, tourbeuses et volcaniques, veulent être labourées par un beau temps. Un labour trop profond produit un mauvais effet sur les fonds maigres qui reposent sur le sable ou l'argile froide.

Pendant les grandes chaleurs de l'été et la sécheresse, il faut labourer aussi profondément que possible les terres légères pour conserver la fraîcheur du sol; si la couche de terre légère labourée est mince et trop divisée, la chaleur du soleil qui entre dedans jusqu'au fond la dessèche, la brûle, la grille, lui enlève toute son humidité, ainsi que tous les engrais animaux qui peuvent s'y rencontrer. En un mot, c'est le moyen d'épuiser une terre légère que d'écorcer seulement la surface du sol au moment des grandes sécheresses.

Hersage. — C'est une opération excellente après les labours que de briser les mottes et de diviser la terre; par ce moyen, on arrache les mauvaises herbes coupées par la charrue; on mêle au sol les semences, les engrais et les amendements qu'on répand à sa surface. Une bonne façon de hersage vaut un labourage. Rien ne nettoie le sol comme le hersage. Le hersage des plantes poussées, du blé et autres céréales, ne doit être pratiqué que lorsque la terre se réduit en poussière sous une faible pression. L'avantage du hersage est de chausser les plantes et de les faire taller. Le hersage est aussi très utile aux prairies naturelles et artificielles; il détruit la mousse et ouvre le sol aux influences de l'air et à celle des engrais qu'on répand ordinairement après l'opération.

Roulage. — Si les mottes ont résisté à ce premier hersage, on fait passer le rouleau qui est un cylindre de fonte, de pierre ou de bois pour les écraser, et ensuite on herse de nouveau. Les effets du roulage sont de tasser le sol et d'égaliser sa surface, de briser les mottes en les écrasant. Les rouleaux munis de dents de fer conviennent à ce travail.

Il est nécessaire de rouler les terres par un temps sec; il faut que la terre ne s'attache pas au rouleau, ce qui serait préjudiciable. C'est une bonne opération d'exécuter le roulage sur les semences qui demandent à être enterrées profondément. La germination est ainsi facilitée par la pression de la terre contre la graine, et l'humidité du sol s'en conserve beaucoup plus longtemps. Pendant la sécheresse, les terres roulées gardent mieux la fraîcheur que celles qui ne l'ont pas été.

Binages et Sarclages. — Le *binage* est une opération qui a pour objet d'entretenir la terre dans un état permanent d'ameublissement, afin que les plantes puissent mieux profiter des influences de l'air et de l'humidité. Le *sarclage* a pour but de tenir le terrain toujours net de mauvaises herbes. Dès que les mauvaises herbes commencent à paraître, il faut sarcler, comme on devrait biner toutes les fois que la superficie du terrain fait croûte.

Le sarclage et le binage sont surtout très utiles pour les plantes racines et les plantes maraîchères qui sont beaucoup plus cultivées actuellement dans les champs. Autrefois on pratiquait le système des *jachères* ; pendant toute une saison, pendant toute une année même, on laissait après une récolte de céréales le terrain se reposer. On donnait au sol, pendant ce laps de temps, trois ou quatre labours, on hersait le sol avec un scarificateur pour le débarrasser des mauvaises herbes.

Maintenant cette méthode est abandonnée ; on veut profiter des engrais qu'on donne au terrain, et on plante des cultures racines ou des légumineuses, comme : maïs, carottes, betteraves, pommes de terre, pois, haricots, navets, choux, etc., qui demandent à être souvent sarclées et buttées. Par ces cultures, on obtient un revenu ; le sol est bien entretenu de façons de labours, de fumier et on le débarrasse des mauvaises herbes. Voilà la meilleure preuve de l'utilité du sarclage et du binage.

Buttage. — Le *buttage* a pour but d'accumuler la terre au pied des plantes en pleine végétation. On butte les vignes et la plupart des plantes sarclées, telles que les pommes de terre, le maïs, le colza, etc. On fait ce travail immédiatement après le binage.

En accumulant la terre végétale au pied des plantes, on met une plus grande quantité d'engrais à la portée des racines. Souvent il en résulte la formation de racines adventives qui prennent ce surcroît de nourriture ; la végétation devient plus vigoureuse et la récolte plus belle.

IV. — DES CULTURES

Des assolements. — On entend par assolements une succession de cultures et de récoltes qui revient sur le même terrain, après le même espace de temps.

La nécessité des assolements est fondée sur l'expérience que l'agriculture a faite du prompt épuisement des terres lorsqu'on y cultive plusieurs fois de suite les mêmes plantes et du succès de certaines récoltes succédant à certaines autres.

On a vu que toutes les plantes ne tirent pas du sol la même nourriture; qu'il y en a de plus ou moins épuisantes et qu'il y en a même d'améliorantes. Varier les récoltes de manière à varier les cultures et à utiliser successivement, pour les diverses productions agricoles, toutes les substances nutritives contenues dans le sol, les renouveler par l'application judicieuse des engrais et des amendements, tel est l'art des assolements.

Dans la répartition des assolements l'agriculteur doit rechercher : les espèces de plantes qu'il doit cultiver par rapport à la nature du terrain, au climat, à la facilité des débouchés, enfin les besoins de l'exploitation et les avantages qu'il peut trouver à cultiver telle ou telle récolte.

Par exemple dans un assolement quadriennal la rotation des cultures se succédera de la manière suivante : 1° les céréales d'hiver; 2° les plantes sarclées; 3° les céréales de printemps; 4° les plantes annuelles.

Nous avons dit qu'il y avait des plantes dont la culture nettoyait et améliorait le sol; ce sont : les trèfles, sainfoins, luzernes, fèves, betteraves, pommes de terre, choux, carottes, navets, sarrasins, colzas, pavots, lesquelles tirent leur principale nourriture de l'atmosphère et laissent à la terre plus d'engrais qu'elles ne lui en absorbent; elles favorisent par leur croissance rapide et les cultures qu'on leur donne la destruction des mauvaises herbes.

Les plantes qui épuisent le sol sont : les froments, seigles, avoines, orges, lin et chanvre, lesquelles tirent leur principale nourriture de la terre, et dont le peu d'abondance de leurs feuilles permet aux herbes nuisibles de se développer, d'infester le sol et d'étouffer parfois les plus belles récoltes.

Les plantes culturales. — Ces plantes se divisent en trois catégories, savoir : 1° les plantes *céréales*, dont les graines servent à la nourriture des hommes et des animaux; 2° les plantes *fourragères*, qui servent à nourrir les animaux; 3° les plantes *industrielles* et *commerciales*.

1° Les principales *céréales* sont : le blé ou froment, le seigle, l'orge, l'avoine, le sarrasin, le maïs, le millet ou millade, panis, moha, escourgeon, épeautre, sorgho et alpiste.

Toutes les plantes céréales que nous venons d'énumérer appartiennent à la famille botanique des *graminées*; sauf le sarrasin qui appartient à la famille des *polygonées*.

2° Les plantes *fourragères* se divisent en quatre grandes sections ou familles botaniques, savoir : la famille des *légumineuses*, celle des *crucifères*, celle des *graminées* et celle des *plantes racines* appartenant à diverses familles botaniques.

Les principales *légumineuses* sont : la luzerne, le sainfoin ou esparcette, le trèfle, la fève, la féverole, la vesce, la jarosse, la lupuline, les haricots, les pois, les lentilles, les gesses, le mélilot, la minette, les lupins, les genêts, les ajoncs, la serradelle, le fenugrec, le galega.

Les principales *crucifères* sont : le raifort, la ravenelle, les choux, le chou-rave, le colza, le chou-navet, les raves et navets, les rutabagas, les moutardes, la cameline, le pastel, la spergule, la chicorée, la pimprenelle.

Les principales *graminées* sont : le ray-grass ou ivraie, l'agrostis, le brome, la canche, la cretelle, le dactyle, l'élyme, la fétuque, la fléole, le fromental, la flouve, le gourbet ou roseau des sables, la houque, le pâturin ou poa, le vulpin des prés, les céréales.

Les principales plantes *racines* sont : les pommes de terre, betteraves, carottes, raves, navets, turneps, choux rutabagas, choux-raves, topinambours, panais, raiforts, radis, patates, ignames.

3° Les principales plantes *industrielles* ou *commerciales* se divisent, suivant leur constitution et leur emploi, en plantes oléagineuses, textiles, tinctoriales et médicinales.

Nous ne parlerons ici que des plantes que l'on cultive dans les champs et qui sont pour la plupart annuelles, comme : le colza, la navette, la moutarde blanche, le lin, le chanvre, le pavot ou œillette, le soleil ou hélianthe, le tabac, la menthe, le coton.

Nous avons cru devoir traiter, vu leur importance, de l'exploitation des *arbres fruitiers*.

La dimension de notre ouvrage ne nous permet pas de parler ici des autres plantes commerciales qui sont des arbustes ou de grands arbres, comme la vigne, l'olivier, le mûrier, le noisetier, l'amandier, le châtaignier, l'avelinier, l'oranger, etc.

DES PRAIRIES ARTIFICIELLES OU FOURRAGES ARTIFICIELS ET DES PRAIRIES NATURELLES

Des prairies artificielles. — On appelle prairies artificielles, pour les distinguer des prairies naturelles, prés, herbages ou pâturages, les champs ensemencés pour peu d'années, d'une seule espèce de plante, quelquefois de deux, destinée à être coupée, soit pour être mangée en vert, soit pour être convertie en foin. On distingue deux sortes de fourrages artificiels; les meilleures plantes pour la composition des prairies artificielles sont les fourrages artificiels proprement dits, tels que : luzerne, sainfoin, les vesces noires et les vesces rousses ou pezillon, trèfle de Hollande, trèfle blanc et trèfle incarnat ou farouch, avoine, seigle, orge, lupuline ou minette dorée, la pimprenelle, millade, alpiste, maïs, millet, sorgho sucré, moha, ivraie d'Italie, ivraie d'Angleterre ou ray-grass, moutarde, lupin, pois bizaille ou pois gris, serradelle, etc. Certaines de ces plantes temporaires se mélangent ensemble : vesce ou pois gris et seigle ; vesce ou pois gris et avoine ; pois et vesce ; trèfle incarnat et avoine d'hiver ; trèfle incarnat et ray-grass ; féverole, avoine et vesce ; féverole, pois gris et avoine ; maïs et colza ; maïs, colza et sarrasin ; pois gris, vesce et sarrasin.

Le climat, la composition du sol, sa situation, doivent présider, en général, à la formation des mélanges. Certaines des plantes que nous avons citées plus haut se sèment dans nos contrées presque toujours seules, comme le maïs, la millade, le sorgho, les lupins, le moha, la moutarde, etc.

Les fourrages artificiels racines sont : les pommes de terre, topinambours, betteraves, carottes, navets, raves, panais, colza, etc.

Les prairies artificielles sont, avec les racines fourragères, le principal point de départ des améliorations possibles en agriculture. Elles donnent en effet le moyen d'entretenir les bestiaux sans prés naturels et d'en nourrir une plus grande quantité ; elles permettent, par conséquent, d'augmenter les profits qui résultent de l'élevage et de l'engraissement du bétail et de doubler la richesse du sol par les trésors d'engrais, si l'on peut parler ainsi, dont elles sont la source. Partout où la culture des plantes fourragères a été introduite, le nombre des bestiaux a considérablement augmenté, ils ont été mieux nourris et sont devenus une source féconde de profits ; les terres y sont mieux cultivées, mieux fumées et rapportent davantage.

Cette culture est appuyée sur les principes suivants :
Les greniers à grains sont dans les étables.
Le pain est dans la viande.
A l'accroissement des populations, il faut l'accroissement du bétail.

Quantité de graines mondées de fourrages à semer seul par hectare et par journal de 31 ares 93 centiares.

	Par hectare.	Par journal.
	Kilos.	Kilos.
Alpiste.	20	7
Avoine.	150	50
Betterave (à la volée).	6	2
Carotte.	4	1 500
Chicorée sauvage.	15	5
Chou cavalier.	1	» 350
Colza	4	1 500
Fenugrec.	15	5
Féverole.	120	40
Foin épuré.	300	100
Galega.	30	10
Lupin	100	40
Lotier.	8	3
Lupuline ou Minette.	20	7
Luzerne.	24	9
Maïs quarantain	80	28
Moutarde.	10	4
Navet-Rave	3	1
Navette	6	2
Orge.	130	45
Panis Millade.	25	8
Panis Moha	25	8
Primprenelle	30	10
Pois gris.	150	50
Pomme de terre fourragère. . . .	1,000	325
Ray-grass.	100	40
Sainfoin	120 (4 hect. 50 lit.)	40
Sarrasin (Blé noir).	70	25
Seigle.	140	45
Serradelle	30	10
Sorgho sucré.	15	5
Soleil (Tournesol).	5	2
Spergule	30	10

	Par hectare.	Par journal.
	Kilos.	Kilos.
Topinambour	1300 (20 hectol.)	450
Trèfle de Hollande	20	7
Trèfle hybride	10	3
Trèfle blanc	12	4
Trèfle incarnat (Farouch)	25	8
Vesce ou Pezillon	120	40

Des prairies naturelles. — Les prés peuvent être établis dans toutes les espèces de terre; la condition la plus essentielle est que le terrain soit assez humide, les vallées irrigables, les parties basses des propriétés conviennent le mieux aux prés naturels. Les qualités du sol influent beaucoup sur la quantité et sur la qualité de l'herbe. Les terrains argileux et marécageux donnent le plus mauvais foin. Les terrains sablonneux et légers, à sous-sol perméable, donnent beaucoup de foin; mais la qualité n'en est pas très nutritive. Les bons terrains calcaires, profonds et substantiels, sont ceux qui donnent le meilleur foin.

Presque tous les terrains abandonnés à eux-mêmes se recouvrent d'un gazon formé par la réunion d'un plus ou moins grand nombre d'herbes différentes. Cette végétation, pour ainsi dire spontanée, ne s'arrête pas dans nos régions pendant l'hiver, elle souffre surtout de la sécheresse des étés brûlants. Si on irrigue ces terrains, on peut avoir d'excellents pacages.

Pour établir une *prairie naturelle*, on mélange diverses graminées avec des légumineuses dans certaines proportions, en associant les plantes qui peuvent s'adapter le mieux à la qualité du terrain à ensemencer. Comme nous le disions plus haut, en semant séparément ces graines, on obtient des prairies artificielles.

Pour créer une prairie naturelle, le sol doit être profondément défoncé, nivelé et drainé; la première condition de succès, c'est que les eaux puissent s'écouler facilement. Les semis ont lieu généralement en automne et au printemps. Les semis d'automne sont préférables pour notre climat, on obtient des produits plus prompts et plus abondants; au printemps suivant, on peut faire une première coupe d'herbe.

On prend pour semences des graines provenant d'un pré établi dans de bonnes conditions; toutes les graminées constituent la graine de foin. Il faut 300 kilos de bonne graine de foin bien épurée par hectare. Quand la graine de foin est bonne, on obtient par ce mélange d'excellentes prairies.

Maintenant, si on veut être plus certain du succès et si on connaît bien la nature du terrain qu'on veut ensemencer, on sèmera un mélange de graminées et on choisira les plantes les plus rustiques, celles qui s'accommodent le mieux de la sécheresse si le terrain est sec; pour un sol aride, par exemple, on mettra : la flouve odorante, la brize moyenne, la houque laineuse, le fromental, l'avoine jaunâtre, la fétuque rouge des prés, le ray-grass anglais.

A ces graminées, on pourra joindre : la pimprenelle vivace, le trèfle jaune, la lupuline ou minette, etc.

Pour les terrains frais, on emploiera : la fléole, le vulpin des prés, le dactyle pelotonné et le pâturin des prés, la fétuque, l'agrostis. On pourra y ajouter : le trèfle des prés, la luzerne, la lupuline, le lotier corniculé; si le terrain est surtout calcaire, on y sèmera le sainfoin avec succès. Nous donnerons plus loin une composition des graines de prairies suivant la nature des terrains.

Il faut environ 125 à 160 kilos de graine par hectare; avec les graminées qu'on sème séparément, on ajoute une certaine quantité de graines de foin, suivant la variété de plantes qu'on emploie.

Les semis de graine de foin et de graminées se font à la volée par un temps calme, et on enterre à la herse. Parfois on sème avec la graine de prairies, à l'automne, de l'avoine, pour préserver les jeunes pousses de prairies du froid et contre les ardeurs du soleil de leur premier été. Le sainfoin et la luzerne mélangés à ces graines de foin et semés ensemble donnent pendant les deux premières années; dès la troisième année, les autres plantes plus vigoureuses prennent le dessus et le pré est établi. Le meilleur engrais des prés est le purin. La première coupe des foins est faite vers la fin de mai. Le pré est ensuite livré au pâturage. Si la saison le permet, on peut obtenir une deuxième coupe ou regain à la fin de l'été.

Le foin est la nourriture par excellence des chevaux, des bœufs et des moutons; c'est cet aliment que l'on prend comme base pour calculer les rations d'élevage, d'entretien et d'engraissement des bestiaux. Les produits des prés sont consommés soit à l'état de foin sec, soit à l'état de pâture verte.

Les prairies sont l'âme d'une ferme : sans fourrage, pas de bétail; sans bétail, pas d'engrais, pas de lait, pas de viande, pas de grande culture possible. Rappelons le vieil adage agricole : Qui fait des prés fait du blé. Les fourrages demandent peu de soins; ils ne sont pas sujets à être dévastés par les orages, la grêle et les gelées; ils croissent naturellement; le plus souvent c'est le bétail qui les récolte en les mangeant dans les pâturages.

MÉLANGE DE GRAMINÉES SUIVANT LA NATURE DU SOL [1]

POUR TERRAIN SEC :

100 kilos graine de Foin épurée (de grave). — 6 kilos Fétuque ovine. — 8 kilos Fétuque rouge. — 10 kilos Brome des prés. — 8 kilos Fromental. — 4 kilos Avoine jaunâtre. — 10 kilos Ray-grass d'Italie. — 3 kilos Canche flexueuse. — 2 kilos Cretelle des prés. — 3 kilos Flouve odorante. — 2 kilos Agrostis traçante. — 3 kilos Trèfle blanc. — 159 kilos de ce mélange à l'hectare.

---

(1) En semant épais, on obtiendra plus tôt la formation d'une prairie et la récolte sera plus abondante.

POUR TERRAIN FRAIS OU HUMIDE :

100 kilos graine de Foin épurée (de palus). — 5 kilos Agrostis traçante. — 15 kilos Ray-grass anglais. — 10 kilos Pâturin ou Poa. — 4 kilos Fléole des prés. — 5 kilos Vulpin des prés. — 5 kilos Houque laineuse. — 3 kilos Flouve odorante. — 2 kilos Trèfle blanc. — 3 kilos Trèfle de Hollande. — 152 kilos de ce mélange à l'hectare.

POUR TERRAIN MARÉCAGEUX :

100 kilos graine de Foin (de palus). — 7 kilos Pâturin aquatique. — 7 kilos Fléole des prés. — 10 kilos Ray-grass anglais. — 3 kilos Vulpin genouillé. — 5 kilos Dactyle pelotonné. — 7 kilos Agrostis traçante. — 5 kilos Phalaris roseau. — 144 kilos de ce mélange à l'hetare.

POUR TERRAIN OMBRAGÉ :

100 kilos graine de Foin épurée. — 10 kilos Dactyle pelotonné. — 6 kilos Pâturin des bois. — 6 kilos Canche élevée. — 8 kilos Brome gigantesque. — 10 kilos Ray-grass anglais. — 6 kilos Houque laineuse. — 4 kilos Flouve odorante. — 150 kilos de ce mélange à l'hectare.

POUR TERRAIN ARGILEUX :

100 kilos graine de Foin. — 15 kilos Ray-grass anglais — 10 kilos Fromental. — 10 kilos Fétuque. — 1 kilo Lotier velu. — 3 kilos Canche. — 3 kilos Trèfle hybride. — 2 kilos Trèfle blanc. — 5 kilos Fléole des prés. — 3 kilos Vulpin des près. — 2 kilos Brize moyenne. — 154 kilos de ce mélange à l'hectare.

POUR TERRAIN CALCAIRE :

100 kilos graine de Foin. — 15 kilos Sainfoin. — 10 kilos Pimprenelle. — 5 kilos Fromental. — 5 kilos Minette dorée

ou Lupuline. — 5 kilos Fétuque ovine. — 3 kilos Flouve. — 10 kilos Brome des prés. — 10 kilos Ray-grass d'Italie. — 163 kilos de ce mélange à l'hectare.

POUR TERRAIN ARGILO-SILICEUX :

75 kilos graine de Foin. — 3 kilos Dactyle pelotonné. — 4 kilos Fétuque des prés. — 5 kilos Fromental. — 8 kilos Houque laineuse. — 15 kilos Ray-grass d'Italie. — 1 kilo Vulpin des prés. — 2 kilos Agrostis traçante. — 6 kilos Canche flexueuse. — 2 kilos Flouve odorante. — 2 kilos Pâturin des prés. — 2 kilos Fléole des prés. — 1 kilo Trèfle blanc. — 1 kilo Trèfle hybride. — 127 kilos de ce mélange à l'hectare.

POUR TERRAIN ARGILO-CALCAIRE :

80 kilos graine de Foin. — 4 kilos Brome des prés. — 5 kilos Dactyle pelotonné. — 6 kilos Fétuque rouge. — 15 kilos Ray-grass anglais. — 8 kilos Fromental. — 3 kilos Vulpin des prés. — 6 kilos Agrostis traçante. — 1 kilo Cretelle des prés. — 1 kilo Lotier corniculé. — 4 kilos Pâturin des prés. — 2 kilos Trèfle blanc. — 137 kilos de ce mélange à l'hectare.

MÉLANGE POUR TERRE D'ALLUVION :

80 kilos graine de Foin. — 6 kilos Brome des prés. — 4 kilos Dactyle pelotonné. — 4 kilos Fétuque des prés. — 5 kilos Fromental. — 7 kilos Ray-grass anglais. — 2 kilos Vulpin des prés. — 2 kilos Agrostis traçante. — 1 kilo Flouve odorante. — 1 kilo Pâturin des prés. — 2 kilos Fléole. — 1 kilo Trèfle blanc. — 135 kilos de ce mélange à l'hectare.

SOL DESTINÉ AUX PATURAGES QU'ON NE FAUCHE PAS :

100 kilos graine de Foin. — 10 kilos Pimprenelle grande. — 7 kilos Brome des prés. — 2 kilos Trèfle nain blanc. —

2 kilos Cretelle des prés. — 5 kilos Fléole des prés. — 1 kilo Chicorée sauvage. — 1 kilo Lotier corniculé. — 2 kilos Flouve odorante. — 3 kilos Agrostis traçante. — 8 kilos Sainfoin. — 8 kilos Ray-grass d'Italie. — 149 kilos de ce mélange à l'hectare.

MESURES AGRAIRES

Hectare, valant : 10,000 mètres carrés.
Are (unité) : 100 mètres carrés.
Centiare : 1 mètre carré.
Journal (mesure locale), 31 ares 93 centiares : 3,193 mètres carrés.
Carterée (mesure locale) : 2,000 mètres carrés.

Semis d'automne : *Septembre, octobre, novembre.*
Semis d'hiver : *Décembre, janvier, février.*
Semis de printemps : *Mars, avril, mai.*
Semis d'été : *Juin, juillet, août.*

DESCRIPTION

DES

PLANTES FOURRAGÈRES

ET ÉCONOMIQUES

Agrostis vulgaire. Graminée vivace, tardive, foin fin pour pâturage; croît en tout terrain, vient bien à l'ombre. *Semis d'automne et de printemps.* 10 kilos de graine à l'hectare. L'hectolitre pèse environ 20 kilos.

Agrostis traçante; *Fiorin (Agrostis alba; Agrostis stolonifera).* Plante excessivement traçante, gazonnant rapidement; foin fin de bonne qualité; forme prés et pâturages; vient en tous terrains, surtout dans les sols frais et humides, même dans les plus médiocres. *Semis d'automne et de printemps.* 10 kilos de graine à l'hectare.

Agrostis d'Amérique (*Herd-grass; Agrostis dispar*). Plante vivace tallant beaucoup; très vigoureuse, de longue durée, à feuilles plus larges que les autres Agrostis; foin de très bonne qualité, un peu gros; réussit bien dans les sols calcaires un peu frais et les sables fertiles. *Semis d'automne et de printemps.* 10 kilos de graine à l'hectare.

Ajonc; *Lande; Thuie; Jaugue; Brusc; Genêt épineux; Jonc Marin (Ulex Europœus).* Arbuste presque sans feuilles, toujours vert, très piquant, rustique, souvent employé pour former des haies, soit vives, soit sèches. Une fois écrasées pour briser les épines, les pousses de l'année de ce fourrage vert sont de bonne qualité; elles sont très estimées pour les chevaux. L'Ajonc enfoui ou brûlé sur place est un très bon engrais pour la terre; il aime les terrains sablonneux, siliceux; vient dans les landes et sur les dunes; il est d'une grande ressource pour les pays pauvres qui le font manger pendant l'hiver aux bestiaux; il faut 4 kilos par hectare de graine pour former des haies. Les semis se font de préférence en *mars* dans une céréale; avec 15 kilos de graine à l'hectare, si on sème à la volée. La graine pèse environ 70 kilos l'hectolitre.

Alpiste; *Graine de Canarie; Millet long (Phalaris Canariensis)*. Plante annuelle; graine employée pour la nourriture des oiseaux. Ce fourrage est très recherché des animaux. Les terrains secs peu élevés conviennent à cette plante. L'Alpiste se sème en *avril-mai*; pour fourrage vert, on peut le couper trois ou quatre mois après le semis. Il faut 25 kilos de graines à l'hectare. Si on veut récolter la graine, on sème clair et à la volée à la même époque dans une terre meuble, saine et bien fumée; 20 kilos de graines suffiront alors pour ensemencer un hectare.

Avoine (*Avena sativa*). Demande une terre un peu fraîche; on la cultive seule pour son grain; on peut l'associer aux vesces ou au trèfle incarnat, afin de les faucher ensemble. Il faut semer au *printemps*, et mieux dans nos contrées à *l'automne*, à raison de 150 kilos de graines à l'hectare.

Avoine blanche de Sibérie. Variété vigoureuse, fertile et hâtive; grain blanc, assez long, renflé, bien plein.

Avoine noire de Brie. Grain très lourd; paille grosse; très bonne et très productive, un peu tardive; demande à être cultivée dans une terre riche et fraîche.

Betterave fourragère (*Beta vulgaris*). On sème de mars en mai, à la volée 6 kilos, en ligne 4 kilos; on repique à raison de 40 à 60,000 plants par hectare, dans une terre substantielle, fraiche et profonde; elle préfère un terrain argilo-siliceux.

Les meilleures variétés de Betterave sont :

Betterave champêtre *ou Disette d'Allemagne rose*. Hors terre; très volumineuse, très productive; très usitée dans nos contrées où elle donne les meilleurs résultats.

Betterave blanche à collet vert; *Disette à chair blanche*. Hors terre; très grosse, très estimée.

Betterave rouge Globe. Racine arrondie, presque entièrement hors de terre; chair blanche zonée de rose.

Betterave Disette Mammouth. Race très vigoureuse et très productive, de forme longuement ovoïde, très droite en terre, ne se déjetant pas; chair zonée de rose vif.

Betterave Disette Corne de Bœuf. Presque entièrement hors de terre; très longue, contournée; peau rose; chair blanche veinée de rose.

Betterave jaune Globe. Racine jaune, arrondie, grosse, très nette, presque entièrement hors de terre; très rustique, de bonne garde; vient dans un sol léger et peu profond. Variété excesivement productive. C'est une des races les plus cultivées.

Betterave jaune ovoïde *ou Disette géante*. A chair blanche.

Betterave ovoïde des Barres. Très productive; propre aux sols peu profonds, calcaires; très nutritive; de longue garde.

Betterave jaune géante de Vauriac. Plus volumineuse que la *Betterave ovoïde des Barres*, elle possède un ensemble des meilleures qualités : beauté de forme, arrachage facile, rendement énorme; d'excellente conservation. C'est une variété fourragère hors ligne.

Betterave jaune Tankard. Racine presque cylindrique; chair zonée de jaune; variété productive et très nutritive.

Betterave de Silésie *ou à sucre*. C'est la variété qui est spécialement cultivée pour les sucreries et les distilleries;

elle est très rustique; sa racine est blanche, presque entièrement enterrée.

Betterave blanche à sucre améliorée Vilmorin. La plus riche de toutes en sucre; de bonne forme et de bon rendement; en terre bien cultivée.

Betterave blanche à collet rose. Très productive, très vigoureuse; peut être utilisée avantageusement comme racine fourragère.

Brome des Prés (*Bromus erectus; B. pratensis*). Graminée vivace, très durable, hâtive, productive; fourrage un peu dur, assez gros et de bonne qualité; se maintient très longtemps; remonte assez franchement; vient dans tous les terrains, pourvu qu'ils ne soient pas trop humides, végète avec vigueur, réussit dans les sables médiocres, les terres calcaires, maigres et sèches. *Semis d'automne et de printemps.* Si on sème le Brome seul, il faut 60 kilogrammes de graines à l'hectare; l'hectolitre de graine pèse environ 45 kilogrammes.

Brome des Bois (*Brachypodium sylvaticum; Bromus sylvaticus*). Belle graminée vivace commune dans les bois, garnit les massifs et les bois taillis; vient très bien à l'ombre et forme un gazon luxuriant; aime les terrains frais et un peu consistants, soit en plaine, soit en coteau. 60 kilogrammes de graines à l'hectare. La graine pèse environ 190 grammes par litre.

Brome de Schrader à épi large. Vivace, fourrageux, tige haute bien feuillée, remarquable par sa précocité et sa végétation soutenue très tard à l'automne; demande un terrain de bonne qualité et frais; doit être semé seul. 50 kilos de graine à l'hectare.

Toutes les variétés de Brome se sèment au *printemps* et à *l'automne*.

Canche élevée (*Aira cespitosa*). Graminée vivace, très peu productive, à panicules très élégantes; produit un foin gros, dur, à feuilles coupantes, peu recherché des animaux. Se rencontre dans les prés, les pâtures, les clairières et les bas-fonds des bois, en touffes assez volumineuses; se plait surtout dans les terres fraiches et humides. Très propre pour gazonner les bords des étangs et des marais. L'hectolitre de graine pèse environ 15 kilos et l'on ensemence ordinairement à raison de 30 à 40 kilos à l'hectare.

Canche flexueuse (*Aira flexuosa*). Vivace hâtive, produisant un foin dur et de mauvaise qualité; espèce peu productive, très abondante dans les terres de bruyère et autres terrains secs et siliceux et surtout les coteaux boisés.

Carotte blanche à collet vert (*Daucus Carota*). On sème de *mars* en *juin*. 3 kilos en ligne; à la volée 5 kilos par hectare. Racine très grosse, longue; produit considérable; demande une terre substantielle et profonde; les plants doivent être espacés de 10 à 12 centimètres pour bien grossir; la Carotte est très aimée des chevaux et cette nourriture leur est favorable.

Carotte blanche améliorée d'Orthe. Racine blanche à collet vert, sortant moins de terre que la précédente; racine plus courte, mais plus charnue; très productive.

Carotte rouge longue de Toulouse. Variété recommandable, très longue; vient très grosse dans les terres profondes et riches; chair rouge, très nutritive, moins aqueuse que les Carottes blanches; doit être employée de préférence pour la nourriture des jeunes chevaux.

Carotte blanche des Vosges. Racine demi-longue, conique, pointue, charnue, très grosse, blanc jaunâtre, enterrée; vient dans les terres peu profondes; elle est bien productive, d'un arrachage facile et de bonne conservation.

Carotte jaune d'Achicourt *ou jaune longue.* Variété excellente, productive et de bonne garde.

On peut aussi employer comme Carottes fourragères les variétés potagères suivantes: *Carotte rouge longue de Saint-Valéry; Carotte rouge pâle des Flandres; Carotte rouge longue d'Alstringham; Carotte lisse de Meaux.*

Carotte jaune obtuse du Doubs. Racine longuement conique à bout obtus, à chair et peau jaunes ; très productive ; recommandable comme légume et plante fourragère.

Chanvre ; *Chènevis (Cannabis sativa)*. Demande une terre franche, légère et substantielle ; cultivé comme plante textile et pour ses graines qui sont oléagineuses ; nourriture estimée pour la volaille et les oiseaux ; elle active et augmente la ponte. Fumer et labourer la terre en automne. *Semis en mars*. 200 kilos de graine à l'hectare. La graine pèse 50 à 55 kilos l'hectolitre.

Chicorée sauvage *(Chicorium intybus)*. Plante vivace, très hâtive, rustique, produisant de quatre à six ans ; réussit bien dans tous les terrains, mais est d'un grand produit dans les terres fraîches et profondes, dans les terres argilo-calcaires ou calcaires argileuses. Les semis se font depuis le mois de *février* jusqu'en *octobre*. Si on la coupe avant la floraison, elle peut donner quatre à cinq coupes d'excellent fourrage ; pâturage très estimé, résistant bien à la sécheresse. On peut la mélanger avec la pimprenelle, le sainfoin, le trèfle incarnat, la minette et le dactyle. On sème à la volée 12 à 15 kilos à l'hectare. La graine pèse 400 à 450 grammes le litre.

Chou cavalier ; *Chou Vache (Brassica oleracea acephala)*. Bon fourrage, très rustique, ne craignant pas le froid, d'une excellente ressource pendant l'hiver ; atteint 1 mètre à 1^m,50 de hauteur. Semer en pépinière un peu clair en *mars-avril* pour repiquer en place en *mai-juin*. Il faut 1 kilo de graine à l'hectare ou 40,000 plants pour garnir la même quantité de terrain. La graine pèse de 650 à 700 grammes le litre.

Chou branchu du Poitou. Très rameux et feuillu ; variété très fourrageuse ; moins rustique que le précédent et souffrant davantage dans les hivers rigoureux.

Chou moellier. Tige verte très grosse ; les bestiaux mangent cette moelle avec avidité. Il est un peu sensible à la gelée, demande un climat tempéré. Les tiges dépouillées de leurs feuilles peuvent se conserver pendant l'hiver.

Chou moellier blanc et **Chou moellier rouge.** Feuilles rougeâtres; plus résistants à l'hiver que le précédent.

Chou frisé vert grand du Nord. Tige de 1^m,30 garnie et terminée par un faisceau de feuilles ondulées. Ce Chou résiste aux hivers les plus rigoureux. Semer en *mars-avril* ou en *juillet-août*.

Il existe une variété de Chou frisé rouge encore plus rustique.

Les Choux cabus peuvent être avantageusement cultivés comme fourrage.

Chou-Colza d'hiver ou *d'automne* (*Brassica campestris oleifera*). Le semis d'été ou d'automne produira au printemps un excellent fourrage. Il faut 3 kilos de graine à la volée à l'hectare.

On le cultive aussi pour ses graines oléagineuses et pour être enfoui en terre comme engrais à cause de sa richesse en azote. On emploie alors 4 à 5 kilos de graine à l'hectare. La graine pèse 65 à 67 kilos l'hectolitre.

Chou-Colza de printemps; *C. Colza de mars*. Très précoce. Donne une bonne récolte de graines en automne; 1 kilo de graine par hectare suffit si on sème en pépinière, 3 kilos de graine à la volée. Recommandé par quelques praticiens pour les semis d'automne afin d'obtenir au printemps un fourrage plus précoce qu'avec le Chou-Colza d'hiver. C'est au Chou-Colza de mars qu'on devra donner la préférence pour les semis de printemps. Il peut être semé seul ou en mélange avec d'autres plantes pour couper en vert.

Cette plante exige un bon terrain, et comme elle épuise le sol, il lui faut une fumure abondante. On emploie le Chou-Colza d'hiver ordinairement pour la récolte de la graine. La graine contient 30 à 40 % d'huile bonne pour l'éclairage, etc. *Semis au printemps.*

Chou-Navet (*Brassica campestris*). Se cultive pour sa chair blanche, ferme et substantielle; résistant au froid;

il se conserve en terre jusqu'au printemps. Les semis se font de *mars* en *juin* dans une terre meuble et conservant un peu la fraîcheur. Il faut à la volée 3 kilos de graine à l'hectare, 1 kilo en ligne. On peut également pratiquer les semis en pépinière et repiquer les plants à demeure environ six semaines après la levée. 40,000 plants suffisent pour garnir un hectare.

Chou-Navet blanc à collet rouge. Même qualité que le précédent; n'en diffère que par la couleur rouge ou violacée de la racine et des feuilles.

Chou Rutabaga *ou Chou-Navet jaune; Navet de Suède*. Racine très grosse et très arrondie, à chair jaune; demande un terrain d'assez bonne qualité. Ces Choux Rutabaga viennent bien dans les sables des landes, en ajoutant à la terre du phosphate de chaux. Il faut 2 kilos de graine en ligne, 3 kilos à la volée; on met les plants en place en les repiquant à 30 centimètres les uns des autres.

Chou Rutabaga Champion. Très belle race à racine grosse, arrondie ou légèrement déprimée, rouge violacé en dessus, rouge saumoné en terre.

Chou Rutabaga Skirving. Collet rouge; chair jaune très compacte. A la volée, on sème 3 à 4 kilos par hectare, en ligne 2 kilos. La graine de Choux-Navets et Rutabaga pèse environ 65 kilos l'hectolitre.

Les Choux Rutabaga se conservent en tas pendant l'hiver; on les sème en *mars-avril*. Dans nos contrées du littoral, on peut les laisser en terre l'hiver, et on les arrache à mesure des besoins.

Chou-Rave blanc et **Chou-Rave violet** (*Brassica campestris*). Racine hors de terre, ronde, blanche; cultivés pour la nourriture des bestiaux. Les semis se font en *avril-mai-juin*. Les feuilles sont presque aussi nourrissantes que les racines. On emploie 1 kilo de graine en ligne, 2 kilos à la volée.

Le Chou-Rave violet ne diffère du Chou-Rave blanc que par la couleur des feuilles et de la racine.

Citrouille de Touraine (*Cucurbita Pepo*). Très grosse variété de Courge, à écorce verte, à chair blanc jaunâtre; excellente nourriture pour les bestiaux. Les amandes qui constituent les graines sont très oléagineuses et sont très employées en médecine et en confiserie. Semer en *avril-mai* en fosses bien terreautées. On met 4 à 5 graines par fosse; il faut environ 1 kilo 500 grammes à 2 kilos de graine à l'hectare.

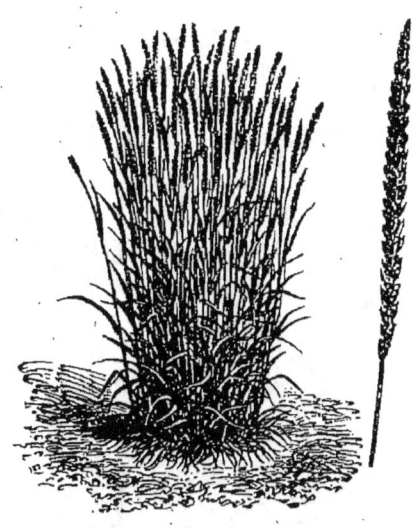

Cretelle des Prés.

Consoude à feuilles rudes du Caucase (*Symphitum asperrimum*). Plante vivace de longue durée; fourrage vert très précoce et donnant plusieurs coupes, abondant en bonne terre profonde et fraîche; ne produisant pas beaucoup de graines et par conséquent difficile à multiplier, si ce n'est par éclat de vieux pieds. La graine pèse 400 à 450 grammes le litre. Quoique très préconisé depuis longtemps, ce fourrage ne s'est pas répandu.

Coton de Géorgie (*Gossypium maritimum*) (à longue soie). Ne réussit que dans les pays du sud-est de l'Amérique; il fournit la fibre la plus longue et la plus soyeuse.

Coton de la Louisiane (à courte soie). Le Coton est annuel; demande un climat chaud et des terres profondes;

des graines servent de nourriture à la volaille; on en extrait aussi de l'huile. Les semis s'effectuent suivant les climats de *mars* en *juin*, en lignes ou en paquets, à raison de 6 à 10 kilos à l'hectare. Les tourteaux sont très estimés pour fumer les terres et pour donner en nourriture aux bêtes à l'engrais.

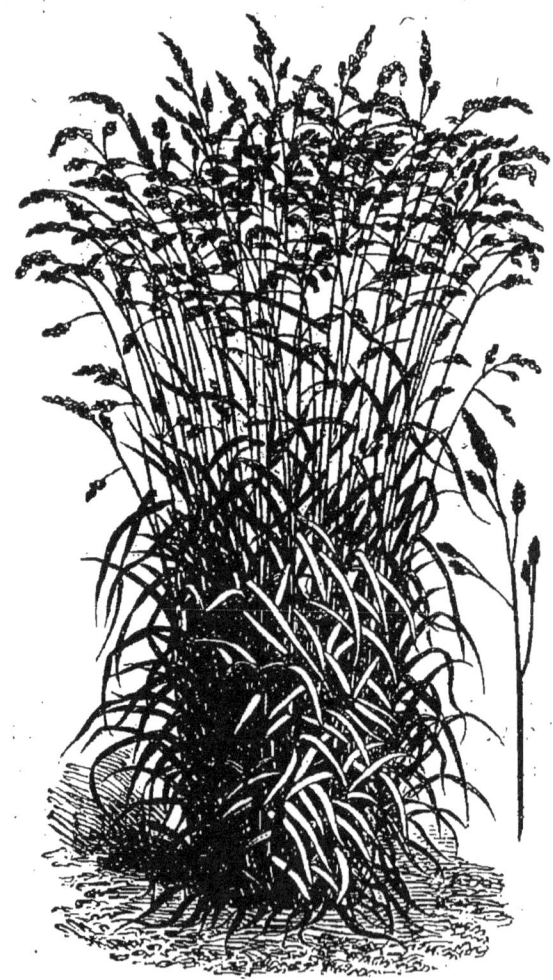

Dactyle pelotonné.

Cretelle des prés (*Cynosurus cristatus*). Graminée vivace, demi-hâtive; réussit dans tous terrains; foin fin de bonne qualité pour pâturages; forme les gazons en terrains frais et préférablement en terrains secs. Les semis se font au *printemps* et à *l'automne,* à raison de 25 kilos de graine à l'hectare. L'hectolitre pèse environ 37 kilos.

Dactyle pelotonné (*Dactylis glomerata*). Vivace, hâtif, très productif; foin un peu gros, excellent fourrage pour être consommé en vert; forme prés et pâturages; réussit en tous terrains, mais préfère une terre fraîche et ombragée. Le Dactyle se sème au *printemps* et à *l'automne*, quelquefois seul ou mélangé à la lupuline minette; à raison de 40 kilos de graine à l'hectare si on le sème seul. Le litre pèse 190 à 200 grammes.

Elyme des Sables (*Elymus arenarius*). Graminée très traçante, usitée pour fixer les sables des dunes; fourrage sans valeur à cause de sa dureté et malgré ses qualités nutritives et son goût agréable. On utilise cette plante pour couvrir les habitations sur le littoral et pour confectionner des nattes ou paillassons. Les semis se font au *printemps* et à *l'automne,* à raison de 50 kilos de graine à l'hectare.

Épeautre; *Blé vêtu* (*Triticum Spelta*). Très rustique et très précieux dans les pays froids et montagneux; convient aussi pour fourrage vert; farine très blanche et très fine; on en fait l'amidon. *Semis d'hiver jusqu'en février*, à raison de 170 kilos de graine à l'hectare, ce qui équivaut à 400 litres; l'hectolitre de Blé vêtu pèse de 40 à 45 kilogrammes.

Fétuque des Prés. Graminée vivace, productive; foin un peu gros, d'excellente qualité, base de bonne prairie; demande un terrain frais et riche. C'est une des graminées les plus utiles pour prairies durables. La graine ressemble à celle du ray-grass. Les semis se font à *l'automne* et au *printemps*. 50 kilos de graine à l'hectare.

Fétuque élevée (*Festuca elatior*). Demande une terre humide ou fraîche et fertile. *Semis d'automne et de printemps.* 50 kilos de graine à l'hectare; le foin de cette variété est gros et de bonne qualité; il fait le fond de tous les bons prés et pâturages. Très productive; vivace, demi-tardive.

Fétuque durette (*Festuca rubra*). On l'appelle aussi Fétuque traçante; réussit dans les plus mauvais terrains; foin fin, de bonne qualité; garnit très bien les gazons à l'ombre et sous bois. On emploie 30 kilos de graine à l'hectare.

Fétuque des Prés.

Fétuque ovine (*Fetuca ovina*). Graminée vivace; vient dans les terres sablonneuses, sèches et siliceuses ou calcaires; ce fourrage dure longtemps dans le même terrain; foin fin pour pâturages; forme des touffes compactes; convient aux mélanges pour prairie et pour gazon. 30 kilos de graine à l'hectare; l'hectolitre pèse de 15 à 18 kilos.

Fétuque hétérophylle (*Festuca heterophylla*). Vivace, hâtive, productive; demande un terrain siliceux frais et même sec et pauvre; vient sous bois; s'emploie avec succès pour la formation des gazons à l'ombre. Les graines se sèment à *l'automne* et au *printemps*; on met 40 kilos par hectare.

Fenugrec (*Trigonella fœnum græcum*). Plante très odorante, annuelle; fourrage de peu de valeur; excellent engrais pour être enfoui en vert dans le sol; la graine est recherchée pour donner de l'embonpoint et de la vigueur aux chevaux; semer de *février en mars* et *d'août en octobre*. En ligne, on emploie 8 à 10 kilos de graine à l'hectare, à la volée 15 kilos. L'hectolitre de graine pèse environ 78 kilos.

Fève cultivée (*Faba vulgaris; Vicia Faba*). (Voir au *Potager*.) L'hectolitre de graine pèse 65 à 70 kilos et l'on sème de 150 à 200 kilos par hectare.

Féverole (*Faba vulgaris equina*). Cette plante coupée en fleur donne un bon fourrage; s'emploie mélangée avec d'autres plantes pour fourrage; sa graine est excellente pour l'alimentation des animaux, remplace l'avoine pour les chevaux; excellent engrais végétal pour enfouir en vert. *Semis d'automne*. A la volée, 150 kilos de graine à l'hectare; en ligne, 120 kilos. L'hectolitre de graine pèse 75 à 80 kilos.

Flouve odorante (*Anthoxanthum odoratum*). Graminée vivace, hâtive; réclame de préférence une terre sèche et sablonneuse; foin fin et odorant; bon pour pâturages; vient bien à l'ombre. Doit toujours se trouver dans un bon mélange de graines de foin. Les semis se font au *printemps* et à *l'automne*. 40 kilos de graine à l'hectare. L'hectolitre de graine pèse 14 kilos.

Fléole des Prés (*Thimothy ; Phleum pratense*). Graminée vivace, tardive, très productive; foin un peu gros, bon pour pâturages; se plaît en terrains frais; vient même très bien dans les terres froides, humides et argileuses;

Fléole des Prés.

cette graminée mérite d'être cultivée. La Fléole des Prés se cultive seule ou associée au trèfle commun et se sème au *printemps* et à l'*automne*. La graine en étant très fine devra être très peu enterrée. Il faut 10 kilos de graine à l'hectare. Elle pèse 45 à 55 kilos l'hectolitre.

Foin. Graine de pré ou graine de foin recueillie dans des prairies de choix; on sème la graine de foin au *printemps* et à l'*automne*. Il faut 300 kilos de graine à l'hectare. La graine de foin comprend le mélange des graminées que nous décrivons dans cette étude. L'hectolitre de ces graines, convenablement nettoyées, pèse en moyenne de 12 à 15 kilogrammes.

Fromental; *Avoine élevée (Avena elatior).* Graminée vivace, très hâtive, très productive; foin haut, un peu gros; bon pâturage; craint l'humidité; on s'en sert pour former des gazons dans les endroits secs et élevés, les dunes et les coteaux; remonte facilement après fauchaison. Le Fromental se sème à l'*automne* et au *printemps*. 100 kilos de graines à l'hectare; si on l'emploie pour gazon, il faut 200 kilos de graine à l'hectare, parce qu'il est alors nécessaire de semer plus épais. Le litre pèse environ 140 grammes.

Galega officinal; *Rue de Chèvre.* Vivace; végétation très vigoureuse; fourrage très durable et productif, mais de qualité contestée; excellent engrais vert très riche en azote. On fait les semis d'*avril* en *juin* en employant 30 kilos de graine à l'hectare. L'hectolitre de graine pèse environ 80 kilos.

Genêt commun (*Genista scoparia*). Vivace; les jeunes pousse sont très recherchées par les bestiaux; les tiges servent pour la litière; les rameaux sont employés pour la fabrication des balais. Les tiges séchées sont un bon combustible pour le four. Bon engrais à enfouir en vert, dans les terres sablonneuses surtout. Le Genêt vient dans les landes et les terrains sablonneux. Semer au *printemps* ou en *juin* dans le sarrasin. 15 kilos de graine à l'hectare. L'hectolitre de graine pèse environ 75 kilos.

Genêt épineux. (Voir *Ajonc.*)

Gesse velue; *Gesse cultivée blanche* (*Lathyrus sativus; L. hirsutus*). Cette plante vient dans toute terre; craint seulement l'humidité; bon fourrage en vert très abondant; son grain est un très bon aliment pour les animaux à l'engrais. Semer en *mars* et en *avril*. Il faut 100 kilos de graine à l'hectare. L'hectolitre pèse 75 kilogrammes.

Gesse; *Jarosse; Garrousse; Garaube; Jarat; Pois Gesse; Pois cornu (Lathyrus Cicera).* Annuelle; fourrage très estimé dans certaines contrées pour les moutons et les vaches, trop échauffant pour les chevaux; grain très dangereux pour la nourriture de l'homme (peut produire la paralysie); nuisible aussi à la plupart des animaux; réussit en tous terrains très sains et même dans les mauvaises terres soit calcaires, soit siliceuses. Le semis s'effectue à l'*automne* et aussi en *mars-avril*. Entre souvent dans les mélanges des fourrages à couper.

L'hectolitre de graine pèse 75 à 80 kilos. On sème ordinairement 175 à 250 kilos par hectare.

Gourbet; *Roseau des Sables (Arundo arenaria).* Très racineux, très traçant; employé pour retenir les sables et arrêter les dunes; avec les tiges on confectionne des paillassons et divers objets de sparterie. On s'en sert aussi pour couvrir les habitations pauvres du littoral. *Semis d'automne et de printemps.* 40 kilos de graine à l'hectare. L'hectolitre pèse 20 kilogrammes.

Houblon (*Humulus lupulus*). Tige vivace dont on peut extraire des fibres textiles pour faire de la filasse; les sarments ramollis par macération font de bons liens; les fleurs servent à la fabrication de la bière. Planter au *printemps*. 3,000 plants à l'hectare. Le houblon demande un terrain plutôt humide que sec; un sol argilo-siliceux ou sablonneux lui convient mieux que des terres trop fortes.

Houque laineuse (*Holcus lanatus*). Vivace et demi-hâtive; très productive; donne un fourrage abondant; réussit dans les terres fraîches et humides; on l'associe au trèfle et surtout aux mélanges de graminées. Foin de bonne qualité. *Semis d'automne et de printemps.* 25 kilos à l'hectare. L'hectolitre pèse de 8 à 11 kilos.

Lathyrus sylvestris amélioré de Wagner. C'est une plante d'une extraordinaire végétation; les racines s'étendent très profondément dans le sol, qui doit être défoncé à 50 centimètres de profondeur et bien ameubli. Tous les climats, tous les terrains conviennent à ce fourrage, pourvu que les sous-sols soient perméables. Cette plante vit de nombreuses années et son rendement est considérable; on la coupe à partir de la deuxième année, lorsqu'elle a atteint 60 à 70 centimètres de hauteur. On fait de trois à cinq coupes par an, qui produisent de 250 à 300 quintaux de fourrage sec. Les Lathyrus se plantent ordinairement dans notre région, en *automne*, à 25 ou 30 centimètres carrés de tous côtés. On se sert de plants qui ont six mois de pépinière. Il faut 5 kilogrammes de graine par hectare, qu'on sème au *printemps* en raies ou sillons espacés de 2 à 3 centimètres de distance. Les graines doivent être placées de 2 à 4 centimètres de profondeur, pas plus; elles s'étoufferaient.

Lentillon de Printemps et **L. d'Hiver** (*Ervum lens*). Ce fourrage qui se plaît en terres sèches, siliceuses et graveleuses, est surtout cultivé dans l'Est et le Nord. Dans notre région, il n'est pas assez abondant; on lui préfère le pezillon.

Lawn-grass (*Lathyrus sylvestris*). Beau gazon rustique; c'est un mélange de diverses graminées pouvant réussir dans tous les terrains et de longue durée. *Semis de printemps et d'automne.* 75 kilos à l'hectare. Les graminées telles que les Agrostis, le Brome des prés, la Cretelle, les Fétuques, la Flouve, les Pâturins, qui composent ce mélange sont plus durables que le Ray-grass anglais employé seul, qui est destiné à garnir le terrain promptement.

Lin annuel (*Linum usitatissimum*). Cultivé pour sa filasse et pour sa graine oléagineuse; exige une terre fraîche, légère et substantielle. Le Lin se sème en *mars-avril*. 130 kilos à l'hectare. L'hectolitre de graine pèse de 65 à 70 kilogrammes. Les meilleures variétés sont : le *Lin de Riga;* — *L. de printemps ou d'été;* — *L. des Pskoff;* — *L. à fleurs blanches;* — *L. à graine jaune;* — *L. royal; L. bleu.*

Lotier corniculé (*Lotus corniculatus*). Très résistant à la sécheresse; réussit dans les mauvaises terres; dans les friches calcaires, les landes, les bruyères, les sables des dunes, etc.; on le mélange dans les graines pour prairie. On emploie 8 à 10 kilos de graine à l'hectare. Graine difficile à récolter, pesant 75 kilos l'hectolitre.

Lotier velu (*Lotus uliginosus*). Très bonne plante; demande un terrain frais; réussit dans les landes et les terrains arides et tourbeux. Semer de *mars en mai* et à *l'automne*. 8 à 10 kilos de graine à l'hectare.

Lupin blanc (*Lupinus albus*). Ce fourrage réussit dans les plus mauvais terrains, pourvu qu'ils ne soient ni calcaires, ni humides; excellent engrais pour enfouir en vert; pâturage pour les moutons. Le Lupin se sème au *printemps* pour la récolte du grain, et à *l'automne* pour enfouir comme engrais. L'enfouissement s'exécute au moment de la floraison, c'est-à-dire au printemps. Il faut 100 à 125 kilos de graine à l'hectare comme engrais vert; pour la récolte de la graine, on sème 60 kilos. La graine pèse de 65 à 70 kilogrammes.

Lupin jaune (*Lupinus luteus*). Très cultivé en Allemagne; on le ramasse à l'automne et on le fait consommer pendant l'hiver aux moutons. Il mûrit sa graine dans les climats plus froids que le Lupin blanc; il réussit dans les plus mauvais terrains, excepté dans les sols calcaires et humides. Même proportion de semences à l'hectare que pour le Lupin blanc.

Lupuline Minette (*Medicago Lupulina*). Bisannuelle. Trèfle jaune, appelé aussi *Triolet*, bon pour pâturage et fourrage; très précoce; venant mieux que le trèfle de Hollande; réussit dans tous les terrains de médiocre qualité, arides, calcaires, crayeux, sablonneux. C'est surtout comme fourrage vert qu'il faut l'utiliser. On le sème presque toujours sur des terres couvertes par des céréales en végétation au printemps et à l'automne, à raison de 15 kilos de graine à l'hectare. La graine pèse 75 à 80 kilos l'hectolitre; fourrage fin, de bonne qualité;

n'est pas toujours fauchable, mais étant pâturée elle repousse rapidement sous la dent des animaux.

Lupuline-Minette.

Luzerne (*Medicago sativa*); *L. de Provence*; *L. du Poitou*. Plante vivace; vient partout, mais produit beaucoup dans les terrains bien défoncés; il faut à la Luzerne une terre profonde, perméable : ses racines atteignent quelquefois jusqu'à 4 mètres de profondeur. Les terrains d'alluvion, limoneux, argilo-calcaires, argilo-siliceux et calcaires siliceux, les terres cailloutouses, riches et profondes, les sables des dunes, lui conviennent parfaitement.

Il faut bien se garder de semer la Luzerne dans un sol compact et humide, bourbeux et marécageux : elle y viendrait mal. La Luzerne demande une terre meuble et bien défoncée; on la sème au *printemps* ou à *l'automne*; on emploie par hectare 24 à 25 kilos de graine. En semant la Luzerne au printemps, les graines semées à cette époque peuvent être brûlées par la sécheresse. Quelquefois à l'automne on sème la Luzerne avec du blé, de l'avoine ou de l'orge, de manière que la tige et la feuille de la céréale protègent la jeune plante fourragère contre les gelées et les mauvais temps de l'hiver. La Luzerne donne jusqu'à cinq coupes et dure jusqu'à quinze ans.

L'usage de la Luzerne verte demande les mêmes précautions que celles qu'on pratique pour l'emploi du *Trèfle de Hollande* : consommée mouillée ou trop tendre, elle peut faire périr les bêtes à cornes par l'enflure ou météorisation. Le fourrage sec n'a plus le même inconvénient : c'est au contraire une nourriture excellente pour l'alimentation des chevaux. La Luzerne mélangée au foin forme le fourrage estimé qu'on appelle le *foin luzerné*. Le plâtre répandu sur la Luzerne au printemps exerce une action très marquée sur sa végétation.

La Luzerne redoute surtout les mauvaises herbes, le chiendent et surtout la cuscute qui ravage en peu de temps un champ de luzerne ou de trèfle.

Les mauvaises herbes sont détruites par un hersage vigoureux et par un arrosage au purin pratiqués au printemps. On ne plâtre pas cette année-là.

Voici plusieurs moyens de destruction de la cuscute :

1° Faucher la partie infestée ras de terre et y répandre le mélange suivant de manière à ce que la terre en soit légèrement couverte :

Superphosphate de chaux	50 kilos
Chlorure de potassium	75
Cendre de bois non lessivée	75
	200 kilos

2° Lorsqu'une tache blanchâtre paraît dans un trèfle de Hollande, ou dans une luzernière, on arrose l'emplacement (après avoir fait brûler l'endroit contaminé) avec un mélange de 2 kilos de sulfate de fer dans 20 litres d'eau ; on laboure ensuite le terrain et on ressème de la Luzerne qui repousse promptement.

La graine de Luzerne de Provence est plus nourrie et plus régulièrement bonne que celle du Poitou. La graine pèse 75 à 80 kilogrammes l'hectolitre.

Madia du Chili (*Madia sativa*). Fourrage annuel à croissance rapide, d'un grand produit; bonne pâture pour les moutons, qui s'accommodent aussi fort bien de la paille sèche, après battage des graines qui sont oléagineuses. Cette plante est rustique, peu difficile sur le choix du terrain, à croissance rapide, productive en graines; demande un terrain sain et léger; craint les terres froides. Le feuillage de cette plante a une odeur forte qui éloigne les insectes. Aussi les animaux ne sont pas très avides de ce fourrage. Enfoui en vert, c'est surtout un engrais végétal recommandable. *Semis de printemps et d'automne.* A la volée 18 à 20 kilos à l'hectare; en ligne 8 à 10 kilos. La graine pèse de 45 à 50 kilogrammes l'hectolitre.

Maïs quarantain; *Blé de Turquie* (*Zea maïs*). Demande une terre fraîche, profonde, ni trop calcaire, ni trop compacte, bien fumée. Semé au *printemps* et pendant *l'été* à intervalle de quelques jours, ce fourrage très rafraîchissant en vert est une ressource précieuse pour le bétail pendant tout l'été; son grain est la meilleure des nourritures pour la volaille. Pour graine, on sème le maïs en *mai-juin* en ligne pour pouvoir labourer entre les rangs, à raison de 14 à 20 kilos à l'hectare; à la volée, on emploie 50 à 70 kilos. Pour fourrage, on sème en *avril-mai-juin*, en ligne 70 à 100 kilos; à la volée 120 à 200 kilos. L'hectolitre pèse 70 à 75 kilos.

Pour le Maïs qu'on cultive pour la graine, pendant la végétation on donne deux ou trois façons ou binages en rechaussant et buttant progressivement les plantes, qui ont été suffisamment éclaircies pour permettre leur développement normal.

Maïs quarantain ou *Maïs à poulet*. Le plus nain et le plus précoce de tous les Maïs; il ne porte qu'un ou deux épis par pied; la plante entière ne dépasse pas souvent 1 mètre de hauteur. C'est le seul qui puisse mûrir dans toute la France.

Maïs jaune des Landes. Demi-hâtif; 1^m,30 à 1^m,50 de hauteur; porte habituellement un ou deux épis, pas très longs; grain gros et arrondi.

Maïs gros blanc des Landes. Très productif; farine d'excellente qualité.

Maïs géant.

Maïs gros jaune. Produisant un fourrage abondant; tige forte de 2 mètres environ de hauteur.

Maïs Dent de Cheval blanc. Épi moins gros que celui du Maïs Caragua; très productif comme fourrage, mais mûrissant très difficilement dans nos contrées.

Maïs Caragua géant d'Amérique. Très élevé, atteignant 3 ou 4 mètres de hauteur; recommandé seulement pour être donné en vert aux animaux; croissance rapide et fourrage excessivement abondant. On sème environ 80 kilos à l'hectare.

Ce Maïs demande un été très chaud pour mûrir son grain. On l'importe de l'Amérique du Nord où il fait l'objet d'une culture immense.

Maïs improved King Philip. Très hâtif; très fourrageux; hauteur de $1^m,50$ à 2 mètres, mûrissant même dans le nord de la France; variété très méritante; grain jaune brun fumé. Les semis se font en *avril-mai*.

Mil blanc d'Italie. (Voir *Sorgho à balai*.)

Mélilot blanc de Sibérie (*Melilotus alba*). Trèfle de Bokhara, bisannuel; vigoureux, très fourrageux; foin grossier, bon en vert, devenant dur et ligneux si on le coupe tard. Comme la luzerne, il peut amener la météorisation quand il est consommé en vert. Les fleurs sont très recherchées par les abeilles; réussit dans les plus mauvais terrains, dans les sols calcaires, arides et improductifs. Le Mélilot peut être enfoui en vert. *Semis d'automne ou de printemps*. 20 kilos de graine à l'hectare. La graine pèse 80 kilos l'hectolitre.

Mélanges spéciaux de graminées et légumineuses *pour formation de prairies naturelles et de pâturages*. Selon la nature du terrain et les variétés de graines employées, il en faut de 140 à 160 kilos par hectare (environ de 90 à 120 francs par hectare). Les prairies se font au printemps et à l'automne. Ces graminées mélangées constituent la graine de foin. Mais elles sont composées de graines pures de chaque espèce récoltées séparément. Elles ont donc le grand avantage d'être dépourvues de mauvaises herbes et de débris de feuilles. On peut ainsi choisir les meilleures plantes suivant la nature du sol.

Les semis d'automne pour la formation des prairies sont les meilleurs pour notre région. Les jeunes plantes sont déjà assez fortes pour se bien défendre contre l'hiver et la prairie est tout établie au retour de la belle saison, pour pouvoir donner une bonne coupe de foin dès le mois de juin. Tandis qu'un semis de printemps ne peut donner qu'une très petite coupe, vers la fin de l'été, et même ce regain n'existe pas si la température a été très chaude.

Méteil. C'est le nom donné à un mélange de froment et de seigle semés ensemble, dont la culture est usitée dans beaucoup de pays pauvres.

Moha. (Voir *Panis.*)

Moutarde blanche (*Sinapis alba*). Très bon fourrage de fin d'été et d'automne pour les vaches. On sème en *juillet-août* en culture dérobée sur un chaume de céréales. Semence à employer pour la récolte de la graine, 6 kilos par hectare; pour fourrage vert ou pour enfouir, on sème 12 à 15 kilos à l'hectare. La graine pèse de 65 à 70 kilos.

Navet Turnep (*Brassica Napus*). Rabioule blanche à collet vert, racine aplatie, chair blanche et sucrée. Semer de *juin en octobre* en terre légère et profonde, sablonneuse; résiste au froid; grande ressource pour nourrir les animaux pendant l'hiver; c'est un aliment excellent. C'est une bonne culture pour préparer le sol à une céréale et le débarrasser des mauvaises herbes. On sème en ligne 3 kilos de graine à l'hectare; à la volée, on emploie 4 kilos. La graine pèse 65 kilos l'hectolitre.

Navet-Rave d'Auvergne. Racine aplatie, à collet rouge; excellente variété hâtive, très cultivée dans les terres fortes et argileuses; passe bien l'hiver en terre.

Navet-Rave du Limousin. Racine sphéroïde blanche à collet verdâtre. Grosse variété tardive; semer de préférence en *juin-juillet.*

Navet de Norfolk blanc. *Navet Globe blanc.* Racine sphérique, très grosse, sortant à moitié de terre, toute blanche, chair blanche assez ferme.

Navet de Norfolk à collet vert. Variété très grosse à chair blanche.

Navet de Norfolk à collet rouge. Très estimé.

Ces trois dernières espèces sont un peu tardives et exigent un terrain sain et fertile.

Navet gros d'Alsace *et de Berlin*. Racine blanche, grosse, demi-longue, fusiforme; peut se semer en *juillet* sur un chaume ou en culture dérobée. Ce Navet est long à se former, mais ensuite il prend un grand développement.

Navet rose du Palatinat. Racine blanche à collet rouge, grosse, oblongue, au tiers hors de terre; ce Navet est un peu tardif; très estimé et très productif. Les Navets fourragers se sèment en *juillet-août-septembre*. 3 kilos de graine à l'hectare.

Navette d'hiver (*Brassica Napus sylvestris*). Semer en *juillet-août* sur les chaumes; fournit un excellent fourrage à l'automne ou au premier printemps; très rustique; se contente d'une terre légère, graveleuse, légèrement fumée; on peut l'enfouir comme engrais. 7 kilos de graine à l'hectare. On extrait de la graine de Navette de l'huile propre aux mêmes usages que celle du colza. La graine pèse de 65 à 67 kilos l'hectolitre.

Navette d'été. Semer au *printemps*. Vient promptement; réussit dans les terres légères et sablonneuses; bon fourrage printanier; on l'associe avec d'autres plantes. On donne cette graine comme nourriture aux oiseaux. Pour récolter la graine, il faut semer 5 kilos de graine à l'hectare; pour fourrage, il faut semer 10 à 12 kilos.

Orge (*Hordeum*). Excellent fourrage vert; semer à l'*automne* dans une terre chaude et légère. Les terrains de consistance moyenne et un peu calcaires sont ceux qui lui conviennent le mieux. Le grain est recherché pour la fabrication de la bière. On l'appelle aussi Escourgeon d'hiver. Cette variété est très précoce; on la mélange souvent avec la luzerne semée à l'automne pour la garantir du froid. Il faut 130 kilos de graine à l'hectare ou 200 à 225 litres. L'Orge pèse de 55 à 75 kilos l'hectolitre suivant les espèces.

Ortie dioïque (*Urtica dioica*); *Grande Ortie*. Vivace, traçante; donne plusieurs coupes de fourrage vert; sa graine est recherchée pour la volaille, et employée par les maquignons pour la nourriture des chevaux. L'Ortie se sème dans les plus mauvais terrains, arides, sablonneux, pierreux, dans les décombres, le long des chemins, des lisières des bois, dans des endroits très secs ou très frais; dans des conditions où aucune autre plante ne réussirait; les semis se font au *printemps* et à l'*automne* en recouvrant très peu la graine. Il faut 10 kilos de graine à l'hectare. La graine pèse 20 kilos l'hectolitre.

Ortie de Java; *Ramie* (*Urtica tenacissima*). Plante textile, vivace, pouvant remplacer le coton avec la fibre qu'on en extrait.

Panais long (*Pastinaca sativa*). Excellente nourriture-racine pour les animaux, ne souffrant pas des gelées et pouvant rester tout l'hiver en terre; culture de la carotte. Le Panais exige une terre profonde, un peu argileuse, riche, fraîche et bien fumée. Cette plante bien cultivée et bien fumée produit autant que la carotte et fournit un fourrage d'une qualité supérieure. Il faut 5 à 6 kilos de graines à l'hectare.

Panais rond. Même culture. Les semis de Panais se font de *février en mars*. On arrache les Panais à mesure des besoins. Le Panais rond n'est pas aussi exigeant sur le choix du terrain et vient bien dans les sols peu profonds. Il faut 5 à 6 kilos de graines à l'hectare. La graine pèse 20 kilos l'hectolitre.

Panis Millet blanc rond (*Panicum miliaceum*). Semer en *mai* en bonne terre légère bien ameublie et bien fumée; très employé pour la nourriture des oiseaux et des petits poulets. On sème pour récolter la graine 10 à 12 kilos; pour fourrage, 25 kilos de graine à l'hectare. L'hectolitre de graine pèse de 62 à 70 kilos.

Panis Millet noir ou gris. Variété du précédent; à grain gris ou noir; mais plus vigoureuse et préférée pour fourrage. 25 kilos de graine à l'hectare; on sème pour la récolte des graines 10 à 12 kilos.

Panis Millade; *Millet d'Italie en grappe*. Fourrage vert très estimé dans les Landes; aime les terres légères et sèches; on donne ce Mil en grappe aux oiseaux. Les semis se font en *mai-juin*. 10 à 12 kilos de graine à l'hectare.

Moha de Hongrie.

Panis Moha de Hongrie (*Panicum germanicum*). Uniquement employé pour le fourrage, qui est très bon;

très résistant à la sécheresse; réussit en terrains secs et calcaires; très estimé pour les chevaux. Semer de *mai en juillet*. Deux mois après le semis, on peut le faucher pour le donner en vert; on peut aussi faire sécher cet excellent fourrage. On sème 25 kilos de graine à l'hectare; en ligne, 10 à 12 kilos. L'hectolitre de Moha pèse de 60 à 65 kilos.

Le Moha est plus nourrissant que le maïs. C'est à l'époque qui précède immédiatement la floraison que les plantes sont le plus nutritives et donnent le meilleur fourrage; c'est à cette époque qu'il faudra donc faucher le Moha.

Le Moha mûrit sa graine de juillet en août; lorsque les tiges jaunissent, on les coupe à la faux ou à la faucille; on les réunit en javelles dressées sur le sol, et on les laisse dans cet état jusqu'à ce qu'elles soient sèches et les graines complètement mûres. Ensuite, on procède à l'opération du battage. Les semences de Moha peuvent être données aux volailles, poules, dindons, qui sont très avides de cette nourriture.

Moha vert de Californie. Simple variété du précédent; à épi vert et noir teinté de brun; de végétation plus rapide; feuillage plus ample, plus étoffé dans toutes ses parties. Le Moha vert produit un fourrage plus abondant, mais exige une terre meilleure.

Pastel tinctorial (*Isatis tinctoria*). Bisannuel. Le Pastel tinctorial est une plante dont l'emploi était autrefois considérable pour la teinture en bleu; il est presque remplacé par l'indigo de l'Inde et de l'Amérique. Lorsqu'il est cultivé pour la teinture, il demande des terres riches, bien amendées et surtout très saines. Les semis se font en rayons, au *printemps*, en *mars*, ou à *l'automne*, de *septembre en novembre*; il exige de fréquents binages. La récolte s'effectue de juin en juillet de l'année suivante. On sème 10 à 12 kilos de graines à l'hectare; cette semence est très légère; elle pèse 10 à 12 kilos l'hectolitre.

Mais c'est surtout comme fourrage vert, excessivement

précoce, très dur à la gelée et rustique, qu'il faut préconiser le Pastel.

Bonne pâture d'hiver et de printemps, pour les moutons et les bêtes à cornes, en terres très sèches et calcaires; s'accommode des sols médiocres, sablonneux, caillouteux et calcaires. Cette plante, qui est bisannuelle, donne deux coupes par an; ce n'est pas un fourrage de première qualité, mais il peut rendre de très grands services.

Les semis peuvent se faire de *mars en juillet;* on peut alors le faucher au commencement de l'hiver. Si on effectue les semailles en automne, on le fauchera au printemps.

Comme engrais vert pour enfouir dans les vignes, cette crucifère doit être recommandée. Comme fourrage engrais vert, on répandra à la volée 20 kilos de semence à l'hectare.

Pâturin Poa (*Poa nemoralis*); *Pâturin commun*. Vivace, très hâtif, productif; foin fin, de bonne qualité; forme pâtures et prés; vient bien à l'ombre; très traçant. Réussit en tous terrains; se convient mieux que le Pâturin des prés en terre humide. Le Pâturin se sème au *printemps* et à *l'automne*. 25 kilos de graine à l'hectare. L'hectolitre de graine pèse 18 kilos.

Pâturin des Prés; *Poa*. On le sème souvent seul ou on l'associe à un mélange de graminées; foin fin; très productif, très traçant, résistant à la sécheresse. Il sèche très vite sur pied et doit être fauché assez tôt. On sème 25 kilos de graines à l'hectare.

Pâturin des Bois. Ce fourrage vient dans tous terrains secs ou sains; craint l'humidité; croît bien sous l'ombrage des arbres; foin de première qualité. 25 kilos de graine à l'hectare. Les Pâturins se sèment à *l'automne* et au *printemps*.

Pavot Œillette grise (*Papaver somniferum*). Demande une terre douce, substantielle et bien ameublie; se cultive pour sa graine dont on fait une huile douce et agréable.

Semis en *février*, à la volée. 3 kilos de graine à l'hectare. En ligne, 2 kilos à 2 kilos 500. La graine pèse 55 à 65 kilos l'hectolitre. C'est après une récolte fourragère que le Pavot réussit le mieux.

On donne deux ou trois binages, selon les besoins; on éclaircit aussi les plantes, de manière à ce qu'elles soient à 20 centimètres les unes des autres. Le Pavot s'élève de 1 mètre à 1^m,50; il est ramifié à 20 ou 30 centimètres du sol et l'extrémité de ses tiges est terminée par une capsule appelée *tête de pavot*; un pied porte de six à neuf capsules.

La floraison a lieu en mai-juin et la récolte se fait six semaines ou deux mois après la floraison, c'est-à-dire fin juillet et commencement du mois d'août.

Pavot blanc *ou à opium* (*Papaver somniferum candidum*). Cultivé pour ses têtes et pour ses graines dont on fait usage en médecine et pour en extraire de l'opium. Même culture que pour le Pavot Œillette; exige aussi un terrain doux, léger, substantiel, profondément ameubli par les labours et bien fumé. On sème 3 kilos de graine à l'hectare.

Pimprenelle (*Poterium sanguisorba*). Vivace; cette plante fournit un excellent pâturage dans les plus mauvais terrains secs, sablonneux ou calcaires, résistant aux extrêmes de la sécheresse et du froid; elle est d'une grande ressource dans les pays pauvres; se mêle au sainfoin, avec lequel elle a beaucoup de ressemblance, mais résiste mieux que lui à la sécheresse et au froid; elle peut rendre de très grands services dans nos contrées, où on devrait la recommander. Elle peut durer six ans dans le même endroit. Se sème de *mars en septembre*. 30 kilos de graine à l'hectare. La graine pèse environ 30 kilos l'hectolitre.

Pois gris de printemps; *Pois agneau; Bisaille* (*Pisum arvense*). Annuel; fourrage vert ou à sécher. Semer en *mars*; se mélange aussi avec d'autres fourrages. Les Pois réussissent mieux dans les sols argilo-calcaires que dans tout autre terrain.

Pois gris d'hiver. Semer en *automne*; plus rustique et plus productif que le précédent. Fourrage abondant dans les terres fraîches; on sème les Pois pour fourrage à la volée, à raison de 150 kilos de graine par hectare. L'hectolitre pèse de 70 à 80 kilos.

Pomme de terre Chardon (*Solanum tuberosum*). Très grosse, très productive, très recherchée par les animaux; tardive. Se plante en *février-mars-avril*. 1,000 kilos de semence à l'hectare ou 14 hectolitres. L'hectolitre pèse de 70 à 75 kilos.

Nous avons indiqué au *Potager* les diverses méthodes de culture de la Pomme de terre; nous n'y reviendrons pas.

Les variétés les plus productives pour la grande culture sont :

Pomme de terre Institut de Beauvais. Tubercule oblong, gros ou très gros, médiocre en fécule, mais rachetant cette faiblesse par un rendement cultural excessivement élevé.

Richter's Imperator. Production considérable, très riche en fécule; la plus estimée dans l'industrie.

Van den Veer. Bonne race fourragère, vigoureuse et productive; peu riche en fécule.

La Czarine. De grand mérite comme rendement et conservation; tubercules énormes et farineux.

Merveille d'Amérique. Très productive.

Géante bleue. Rendement considérable; très riche en fécule.

Éléphant blanc. D'une bonne richesse aussi pour en retirer de l'alcool.

Raifort champêtre ou *Radis de Campagne* (*Raphanus sativus campestris*). Réussit mieux que les navets dans les terres légères et pauvres où cette racine vient très bien; elle atteint la longueur de 30 à 40 centimètres; recherché des animaux; procure du lait aux vaches. On le sème en *juillet-août*, en récolte dérobée, à raison de 4 à 5 kilos de graine à l'hectare. On l'enfouit aussi comme engrais vert. La graine pèse 65 à 70 kilos l'hectolitre.

Ray-grass anglais; *Ivraie vivace (Lolium perenne).* Demande un terrain frais; foin ordinaire, bon pour pâturage; seul ne dure que trois ans; très utile et très employé pour former de beaux gazons et des tapis de verdure. Le Ray-grass doit entrer pour une bonne partie dans la composition des mélanges de graminées pour prairie fraîche, car il donne promptement un abondant fourrage. On sème le Ray-grass au *printemps* et à l'automne. 100 à 125 kilos à l'hectare pour gazon; 80 kilos pour fourrage. L'hectolitre pèse de 20 à 25 kilos.

Ray-grass d'Italie.

Ray-grass de Pacey. — Variété très vivace du Ray-grass anglais; plus robuste, plus durable que le Ray-grass ordinaire; préférable pour la formation des gazons. 100 kilos de graine à l'hectare. L'hectolitre de graine pèse 35 à 40 kilos.

Ray-grass d'Italie (*Lolium Italicum*). Fourrage bon et productif; on en forme des prairies artificielles, des gazons, des prés dans les terrains secs; foin de bonne qualité tant en vert qu'en sec. Se distingue par une disposition spéciale à remonter et une remarquable continuité de végétation. On l'emploie seul ou mélangé avec le trèfle rouge, le trèfle incarnat, la fléole, etc. Feuilles plus larges que le Ray-Grass anglais. *Semis d'automne et de printemps.*

Sainfoin ordinaire; *Esparcette* (*Hedysarum Onobrychis*). Vivace, très rustique. Ce bon fourrage réussit dans les terres marneuses, calcaires et sur les terrains en pente, pour faucher ou faire pâturer; ses racines enfouies dans le sol sont pour les terres un amendement recommandable. Le Sainfoin se sème au *printemps* ou de bonne heure à l'*automne*, à raison de 120 kilos de graine à l'hectare. L'hectolitre pèse 28 à 30 kilos. Il dure quatre ou cinq ans et résiste aux plus grandes sécheresses. Après une culture de Sainfoin les blés ou autres céréales donneront dans ce même terrain un rendement abondant.

Sainfoin à deux coupes (*Hedysarum Onobrychis biferum*). Plus vigoureux que le précédent; donne ordinairement deux coupes, mais demande une terre plus riche, plus profonde; sa graine est plus brune. L'hectolitre de Sainfoin pèse 30 kilos; il faut 4 hectolitres par hectare ou 120 kilos. On mélange le Sainfoin à deux coupes au trèfle et à la luzerne.

Sarrasin; *Blé noir* (*Polygonum fagopyrum*). Demande une terre humide, froide et sablonneuse; bon fourrage en vert pour les bêtes à cornes; grain utile à la nourriture de l'homme, des animaux et des oiseaux. Semis de *mai en août*. 70 kilos de graines à l'hectare. La fleur est très recherchée des abeilles. On peut l'employer aussi comme engrais vert. L'hectolitre pèse 70 kilos.

Seigle (*Secale cereale*). Céréale annuelle; c'est un des premiers fourrages au printemps; très abondant, vient bien dans les terres légères et les sables des landes, où il est d'une grande ressource pour la nourriture des habitants. On doit le couper dès l'apparition des épis ou mieux un peu avant, sans attendre que les tiges soient devenues trop dures. Semer en *novembre*, à raison de 140 kilos de graines à l'hectare. Le poids de la graine de Seigle varie de 70 à 75 kilos l'hectolitre.

Serradelle (*Ornithopus sativus*). Légumineuse annuelle; fourrage fin et de bonne qualité; réussit dans les terrains sablonneux et arides; produit beaucoup dans les sables profonds à sous-sol frais; donne une coupe et un regain et quelquefois deux bonnes coupes; se ressème quelquefois d'elle-même; recommandable pour être cultivée dans nos landes de Gascogne. Semer fin de l'été et en automne. 30 kilos de graine à l'hectare; la graine pèse 45 à 50 kilos l'hectolitre.

Soja hispida; *Pois oléagineux de la Chine*. La vigueur de sa végétation, sa grande production et la richesse de son grain en principes nutritifs, le font justement apprécier comme plante agricole et économique. Très riche en azote, son grain en contient beaucoup plus que la fève qui était jusqu'à présent le légume qui en contenait le plus (30 % de matière grasse). Or, le Soja contient 35 % de matière azotée et 65 % de matière grasse. On en extrait 18 % d'huile. En Chine, on en fait un fromage très nourrissant.

Le Soja se cultive exactement à la manière des haricots. On le sème du *15 avril* au *15 mai*, en ligne; il faut 150 à 200 kilogrammes à l'hectare. La graine pèse de 75 à 80 kilogrammes l'hectolitre.

On utilise la graine pour la nourriture des animaux. La paille de cette plante est consommée avec avidité par les bêtes à cornes et les moutons.

Sorgho jaune à balai (*Holcus sorghum*). Demande un terrain frais et profond, une terre d'alluvion; se cultive pour ses panicules qui servent à confectionner des balais;

donne, dans l'espace de trois ou quatre mois, un revenu des plus lucratifs; les graines sont très employées pour la nourriture de la volaille. Semer en *mai*, en ligne, comme le maïs; il faut 20 kilos de graine à l'hectare; l'hectolitre de graine pèse environ 65 kilogrammes.

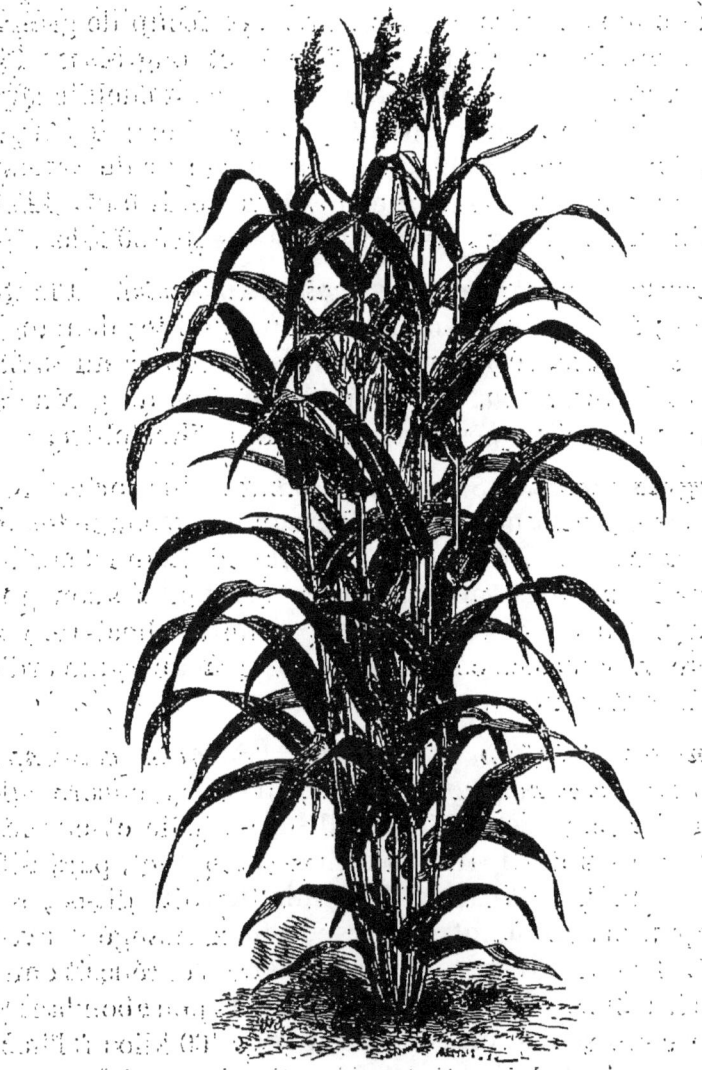

Sorgho sucré.

Sorgho noir sucré; *Sorgho de Chine* (*Holcus saccharatus*). Fourrage de bonne qualité, très abondant;

demande un terrain frais et substantiel. On fait avec les tiges coupées à petits morceaux une boisson très estimée. Semer en *avril-mai*. Il faut 15 kilos de graine à l'hectare.

Soleil Tournesol ; *Hélianthe annuel* (*Helianthus annuus*). Réussit dans tous terrains et à une bonne exposition ; donne dans les bonnes terres beaucoup de graine qu'on emploie pour faire de l'huile et engraisser les volailles. Feuillage très abondant qu'on peut cueillir sans beaucoup nuire à la production des graines ; les tiges sont un bon combustible et peuvent servir de tuteur. Semer en *avril-mai*, en ligne ou à la volée. Il faut 5 kilos de graine à l'hectare ; l'hectolitre pèse de 40 à 50 kilos.

Spergule ordinaire (*Spergula arvensis*). Plante annuelle ; fourrage vert de très bonne qualité ; demande un terrain frais, léger et sablonneux. Semer au *printemps* et à *l'automne*, à raison de 30 kilos de graine à l'hectare ; la graine pèse environ 60 kilos l'hectolitre.

Spergule géante (*Spergula maxima*). Plus forte, plus vigoureuse que la précédente ; demande une bonne terre. Ce fourrage se consomme en vert ; il produit un excellent effet sur le lait des vaches, le beurre est plus abondant et exquis. On sème 30 kilos de graine à l'hectare. On mélange avec succès cette espèce avec la Spergule ordinaire ; il faut semer dru.

Sulla *ou Sainfoin d'Espagne ; Sainfoin couronné* (*Hedysarum coronarium*). Vivace ; n'est pas encore cultivé en France ; est surtout utilisé en Sicile et sur les coteaux arides d'Algérie. Les tiges atteignent, paraît-il, plus de 1 mètre de haut. Le Sulla fournit, dit-on, un fourrage très abondant que les bestiaux mangent avec avidité. Il est très résistant à la sécheresse et réussit dans les sols les plus calcaires. Les graines sont peu abondantes dans le commerce ; on doit ensemencer 100 kilos à l'hectare. Les graines doivent être décortiquées ou échaudées légèrement pour en faciliter l'éclosion. On sème en automne avec une céréale ou seul ; la graine est enterrée par un hersage. Le Sulla ne produit pas la première année.

Téosinté (*Reana luxurians*). Plante annuelle du Guatemala; vient de graines qu'on fait lever en serre en *février-mars*; on repique les plants qui forment de grosses touffes et donnent un fourrage abondant pendant les grandes chaleurs. A mesure qu'on les coupe, les feuilles repoussent jusqu'aux premiers froids. Cette culture n'est pas pratique; nous l'indiquons à titre de curiosité.

Topinambour (*Helianthus tuberosus*). Racine vivace tuberculeuse, ne gelant jamais, mais se conservant difficilement plus d'une quinzaine de jours hors de terre; excellente nourriture pour tous les animaux; sert surtout à les engraisser. On retire de cette plante, par la distillation, une forte proportion d'alcool. Le Topinambour vient en tous terrains, se sème au *printemps* à raison de 20 à 25 hectolitres à l'hectare (de 1,300 à 1,700 kilos); les tubercules pèsent de 60 à 65 kilos l'hectolitre.

Trèfle violet ordinaire de Hollande (*Trifolium pratense*). Demande une assez bonne terre; on le sème en *automne* avec le blé, ou bien sur le blé au *printemps*, ou avec un autre fourrage au mois de *mars*; on en fait aussi un mélange avec la minette et le ray-grass d'Italie des prairies temporaires. Il donne jusqu'à trois coupes par an; on récolte la graine après la première coupe; c'est un excellent revenu. Le Trèfle de Hollande dure deux ou trois ans; il est cependant préférable de le couper après la deuxième année, car il enrichit le terrain par les racines qu'il laisse dans le sol, par les feuilles et les fragments de tiges qui restent sur la terre après fauchaison. Les terrains compacts et sablonneux lui sont également nuisibles. Dans les terres argilo-calcaires ou argileuses, le Trèfle de Hollande donne un fourrage des plus abondants; il demande un bon sol, de consistance moyenne, et n'aime pas à revenir sur le même terrain avant quatre ans. On sème 20 kilos de graine à l'hectare. La graine pèse de 75 à 80 kilos l'hectolitre.

Trèfle hybride; *Trèfle d'Alsike* (*Trifolium hybridum*). Bisannuel, vivace; se développe plus facilement que les autres Trèfles dans les terrains froids, humides, en même temps que dans les terrains secs; bon produit. Ce n'est qu'à la seconde coupe de la deuxième année qu'on le fauche pour récolter la graine qui est d'un grand rapport. Semer au *printemps* et à *l'automne*. 10 kilos de graine à l'hectare. L'hectolitre pèse 80 kilos.

Trèfle blanc (*Trifolium repens*). Petit Trèfle de Hollande, très traçant; très bon pâturage à introduire dans les mélanges pour prés et gazons; très durable et très nourrissant; tous terrains humides ou secs. Semer au *printemps* et à *l'automne*. Seul, on emploie 12 kilos de graine à l'hectare.

Trèfle incarnat hâtif; *Farouch* (*Trifolium incarnatum*). Réussit dans tous les terrains qui ne sont pas trop secs et arides; vient très bien dans les sables des landes; excellent fourrage de premier printemps, très apprécié pour les chevaux; peut être utilisé comme engrais vert à enfouir; se sème au mois d'*août* ou de *septembre* sur les chaumes retournés. Cette plante semée en février nous a donné un bon résultat. 25 kilos de graine à l'hectare. L'hectolitre pèse de 75 à 80 kilos.

Trèfle incarnat tardif; *Farouch*. Variété ayant le grand avantage de donner ses produits quinze jours plus tard que le Farouch hâtif.

Trèfle incarnat tardif à fleurs blanches. Vient dix jours plus tard que le Farouch tardif à fleurs rouges; moins rustique que le précédent.

Trèfle incarnat extra-tardif. Donnant un excellent produit au commencement de juillet, quinze jours après le Farouch tardif.

Tous les semis de Trèfle incarnat se font ordinairement en *août-septembre-octobre*. On pourrait semer encore du Trèfle incarnat au mois de *février*. Ces fourrages peuvent être préconisés pour être enfouis comme engrais verts.

Vesce rousse de printemps; *Pezillon; Pezille* (*Vicia sativa*). Plante annuelle; excellent et abondant fourrage vert, soit seul, soit semé avec de l'orge ou de l'avoine pour le soutenir; aime un terrain de bonne qualité.

Semer en *mars-avril* à raison de 120 kilos à l'hectare. La graine pèse 80 kilos l'hectolitre.

Vesce noire d'hiver (*Vicia sativa hyemalis*). Réussit dans les terres légères, sablonneuses et sèches; résiste aux gelées. *Semis d'automne.* Ce fourrage se coupe quand il est en fleur. Nous ne saurions trop recommander pour notre région ce fourrage qui y réussit si bien. On se sert du Pezillon comme engrais vert.

Vulpin des Prés.

Vesce velue (*Vicia villosa; Cracca villosa*). Annuelle et bisannuelle. Plante très fourragère dont la culture a pris une grande extension. Elle donne deux coupes si on la sème en automne à raison de 80 kilos de graine à l'hectare, mélangée à 40 kilos de seigle ou d'avoine pour la soutenir, car la Vesce velue est élevée, vigoureuse;

fourrage plus gras et beaucoup plus abondant que le pezillon; elle se recommande aussi par sa résistance au froid et par sa précocité. Elle précède de près d'un mois le trèfle incarnat. Elle se plaît dans tous les sols, si frais et couverts d'eau qu'ils soient pendant l'hiver. La sécheresse et le froid ne l'incommodent nullement. Les terrains très calcaires ne lui conviennent pas. La première coupe de la Vesce velue doit être fauchée un peu haut, si l'on veut en obtenir une deuxième qui peut être fauchée aussi, ou servir à la production de la graine ou être enfouie dans le sol comme engrais vert. Elle peut également se semer au printemps, mélangée au seigle et à l'avoine, en vue d'obtenir de la semence en juillet.

Vulpin des Prés (*Alopecurus agrostis*). Vivace, très hâtif, assez productif; foin un peu gros, de très bonne qualité; prés et pâtures en terrains frais ou même humides; repousse promptement; très apprécié dans les mélanges de graminées. Se sème au *printemps* et à *l'automne*, à raison de 25 kilos à l'hectare. La graine pèse de 8 à 9 kilos l'hectolitre.

PLANTES POUR ENFOUIR EN VERT

(Cet engrais est très employé dans les vignes.)

	Quant. à sem. par hect.		Quant. à sem. par hect.
Navette............	12 kilos.	Madia du Chili........	18 kilos.
Colza d'hiver........	6 »	Pastel.............	12 »
Trèfle Farouch......	25 »	Raifort de l'Ardèche..	6 »
Vesce ou Pezillon.....	100 »	Pois gris bisaille......	150 »
Lupin blanc.........	100 »	Sainfoin	120 »
Féverole	100 »	Spergule...........	50 »
Moutarde blanche....	21 »	Serradelle	30 »

CINQUIÈME PARTIE

NOTES SUR LA FORMATION DES GAZONS

Le gazon étant d'une grande importance dans les jardins d'agrément, nous devons parler ici de la manière de l'établir. Aucune plante ne forme un aussi agréable tapis de verdure que le Ray-grass. Toutes les fois qu'on voudra former un gazon près de la vue ou de la façade d'une maison, on devra donner la préférence à cette plante ; mais nous devons ajouter qu'il faut un terrain de bonne qualité, consistant et pour le mieux un peu frais. Si le sol était trop sec, trop léger et surtout trop brûlant, il faudrait recourir à d'autres plantes de nature à résister sur des sols semblables, tels que le Brome des prés et le Fromental.

Avant de semer un gazon, le terrain doit être bien préparé, c'est-à-dire qu'après lui avoir donné un bon labour, on enlève toutes les pierres et racines, on égalise parfaitement la surface, et on amende au besoin. On recouvre la graine au râteau ou à la herse, et l'on passe le rouleau si la terre est légère ou très meuble et a besoin d'être tassée. Si l'on peut recouvrir ensuite le terrain d'une couche mince de terreau consommé, cette opération est très avantageuse, surtout dans les terres fortes, pour la levée et le succès des semis.

Lorsqu'un gazon est bien établi, les soins principaux pour le maintenir en bon état consistent à le couper fréquemment et surtout à éviter de le laisser monter à graine, à le rouler chaque fois que la faux y a passé, et aussi à l'arroser dans les grandes sécheresses. Le sarclage est également indispensable, s'il y était né de mauvaises plantes provenant du sol ou des engrais.

L'ombrage des arbres tue le gazon de Ray-grass en très peu de temps. Quand on veut avoir un gazon sous les arbres, on doit le former avec le Pâturin des bois, le Dactyle pelotonné, la Fétuque à feuille menue, la Fétuque hétérophylle, la Flouve odorante, l'Agrostis vulgaire, le Brome des prés.

Les semis de gazon en terrain sec et de mauvaise qualité doivent se faire de préférence en automne; autrement les semis de printemps sont préférables. Dans les terrains secs et arides, on peut associer aux graminées le Trèfle blanc qui a l'avantage de combler les vides et de soutenir les mélanges faits avec d'autres graines.

Pour ensemencer de grandes pelouses exposées à la sécheresse, on peut quelquefois employer avec le plus grand succès les graines de Foin qui, en même temps, sont un ornement et l'objet d'un rapport immédiat. On emploie aussi le Ray-grass d'Italie dans les terres sèches et exposées au grand soleil.

S'il s'agit de garnir des falaises, des pentes arides et des terrains au bord de la mer, on se sert de la Luzerne qui avec ses racines traçantes fixe le sol et fournit une verdure de longue durée.

Dans un terrain frais, en semant le Ray-grass anglais, on est assuré d'avoir pendant trois années un gazon très fin et très joli; après ce temps il grossit et on doit songer à le renouveler.

On emploie 1 kilo de Ray-grass par are. En bordure 1 kilo de Ray-grass sème de 80 à 100 mètres de longueur. Dans les mélanges de différentes graines, le Ray-grass garnit la première année; plus tard il laisse la place aux autres graminées.

Lawn-grass. — Dans un terrain sec et sablonneux on sème le Lawn-grass qui est un mélange de Pâturin, de Fétuque durette, de Fétuque ovine, de Fétuque à feuille menue, de Brome des prés, d'Agrostis, de Flouve odorante, de Cretelle, qui résistent à la sécheresse et se contentent d'un terrain plus maigre que le Ray-grass. On sème 1 kilo ou 1 kilo 500 grammes de Lawn-grass par are.

Si le terrain est très sec, on peut semer seul du Dactyle pelotonné, 50 kilos par hectare; on peut y associer le Brome des prés.

Mélange de gazons pour terrain sec.

Agrostis traçante	5 kilos par hectare	
Cretelle des prés	6 »	—
Fétuque à feuille menue	6 »	—
Brome des prés	10 »	—
Dactyle pelotonné	10 »	—
Ray-grass d'Italie	60 »	—
Pâturin commun	10 »	—
Trèfle blanc	2 »	—
	109 kilos à l'hectare	

Mélange de gazons pour semer sous bois en terrain frais.

Pâturin des bois	10 kilos par hectare	
Flouve odorante	8 »	—
Fétuque à feuille menue	6 »	—
Fétuque hétérophylle	10 »	—
Fléole des prés	5 »	—
Brome	15 »	—
Ray-grass anglais	40 »	—
Dactyle pelotonné	10 »	—
	104 kilos à l'hectare	

Mélange de gazons pour terrains de qualité ordinaire.

Ray-grass anglais．	60 kilos	par hectare
Agrostis traçante．	5 »	—
Cretelle des prés	5 »	—
Fétuque durette．	5 »	—
Fétuque rouge．	5 »	—
Pâturin des prés．	10 »	—
Pâturin commun．	8 »	—
Trèfle hybride．	2 »	—
	100 kilos	à l'hectare

Ces diverses compositions sont pour des pelouses qui seront fauchées et roulées régulièrement; il est très important de ne jamais laisser des graminées porter graine, parce que quelques-unes meurent dès que leur graine a mûri.

Dans les pelouses qu'on ne pourra soigner et qu'on ne fauchera pas souvent, comme cela doit se faire pour un gazon d'agrément bien entretenu, on fera entrer dans leur composition une plus grande quantité de Brome des prés, et on diminuera le Ray-grass anglais; ce sera un peu moins joli, surtout la première année, mais néanmoins cela fera de bons gazons. Le Brome des prés peut s'employer seul dans des terrains en pente où il résiste très bien; le Dactyle pelotonné est aussi une graminée très rustique, qui réussit dans presque tous les sols et à toutes les expositions; on l'emploie beaucoup dans les prairies permanentes; on peut aussi l'associer au Brome des prés dans des endroits en pente et dans de mauvais sols.

SIXIÈME PARTIE

NOTES SUR LES ARBRES FRUITIERS

LES PLUS

RECOMMANDABLES POUR NOTRE RÉGION

L'arbre fruitier n'empêche pas les autres cultures; il ne demande presque aucun soin particulier, surtout lorsqu'il a été conduit et formé jusqu'à l'âge de cinq ans. Les façons d'entretien qu'on donne aux autres plantes lui suffisent. En un mot, l'arbre fruitier en plein vent est un accessoire rémunérateur.

On devra cependant choisir, autant que possible, les terres qui conviennent à la nourriture de chaque espèce d'arbre. Ainsi on ne devra pas planter les espèces de fruits à noyau dans les terres humides et froides. Les fruits sont moins bons, et les sujets, principalement les Cerisiers, ne vivent pas longtemps, car les champignons se développent surtout sur les racines. Les Figuiers cependant donnent de très bons fruits dans les terres tourbeuses et marécageuses, tandis que les Pommiers et les Poiriers se développent vigoureusement dans l'argile. Les fruits sont beaux et excellents.

DESCRIPTION

DES

FRUITS PAR ORDRE DE MÉRITE

ABRICOTIER (*Armeniaca vulgaris*).

Il réussit bien dans les terres sèches, légères, chaudes, pierreuses et profondes. On le greffe sur franc pour les sols secs, calcaires et pierreux. Dans les terres humides, les bons terrains, on le greffe sur amandier. En espalier, l'Abricotier doit être placé au levant ou au midi, pour que les fruits deviennent d'une bonne grosseur.

Abricot-Pêche de Nancy. Arbre bien vigoureux et très fertile; fruit très bon à amande amère, gros, bien coloré, chair très juteuse; à saveur sucrée et relevée. Mûrit en juillet.

Abricot du Commerce ou Abricot commun. Arbre vigoureux, rustique, fertile; fruit assez gros, presque rond; chair citronnée assez juteuse, relevée; très employé pour la confection des confitures, des pâtes d'abricot et des fruits à l'eau-de-vie. Maturité en juillet.

Abricot de Hollande ou à amande douce. Fertile; fruit petit, plus large que haut, déprimé au sommet; très bon pour les conserves. Maturité en juillet.

Abricot de Boulbon. Fertile; fruit très gros, bon. Mûrit en juillet.

Abricot royal. Fertile; fruit gros, ovoïde, très bon; chair jaune parfumée. Vient en juillet.

Abricot Alberge. Fertile ; fruit moyen, très bon. Maturité fin juillet.

Abricot du Chancelier. Gros et excellent fruit.

AMANDIER (*Amygdalus communis*).

Cet arbre ne réussit bien que dans les terres sèches, chaudes, pierreuses et sablonneuses ou calcaires ; il craint les gelées, exige un climat chaud. Se greffe sur franc ou sauvageon.

Amande à gros fruit. A coque dure, grosse, très bonne. Arbre vigoureux et fertile.

Amande des Dames. A coque tendre, très bonne. Précoce.

Amande Princesse. Fruit gros ou moyen, à coque très tendre ; amande blanche, douce et agréable. Maturité précoce.

CERISIER (*Cerasus avium*).

Greffé sur merisier sauvage, il convient pour haute tige ou plein vent ; prospère dans les terres substantielles, fraîches, sableuses et siliceuses. Greffé sur Sainte-Lucie ou Mahaleb, il convient pour quenouille et espalier ; il réussit dans les sols arides, rocailleux, calcaires. Greffé sur franc, il vient dans les bons terrains. Le Cerisier réussit dans tous les terrains, à la condition cependant qu'ils ne soient pas marécageux, trop argileux ou constamment humides.

Bigarreautier (*Cerasus duracina*).

Le Bigarreautier est un arbre vigoureux, élancé, productif, à cultiver sur tige non taillée ; il réussit dans les sols arides par suite de sa vigueur qui se maintient au greffage sur le Mahaleb. Le fruit est à chair ferme et croquante; il supporte bien les transports. Ce fruit est exposé au ver de la mouche dite *Ortalide des cerises.*

Cerise Bigarreau de Bouliac. Fruit très noir, très beau, croquant, sucré, parfumé; variété locale très estimée.

C. Bigarreau Jaboulay. Fertile, gros, carmin foncé, doux, bon. Mûrit fin mai.

C. Bigarreau Esperen. Fruit gros en forme de cœur, partagé en deux parties; peau ferme, jaune; fruit très bon. Mûrit au commencement de juin.

C. Bigarreau de Doenissen. Très fertile; assez gros, jaune pâle, doux, bon; variété très recherchée pour la conserve. Fin juin.

C. Bigarreau Napoléon. Très fertile; fruit gros ou très gros, rouge ambré, doux, bon. Fin juin.

C. Bigarreau noir. Fertile; fruit gros, noirâtre, doux acidulé, bon. En juin.

Citons encore, dans les bonnes variétés : *Bigarreau de Mezel. — B. marbré. — B. commun ou Cœur de Poulet. — B. gros Cœuret. — B. grand. — B. Elton. — B. Pélissier*, variété d'un grand avenir pour l'exportation, l'un des plus gros Bigarreaux connus; fruit très ferme, ce qui permet de le conserver longtemps.

Le Cerisier est un arbre à branchage court, d'un port sphérique, ovalaire, conique et étalé. Le fruit est à chair douce ou légèrement acidulée, à jus incolore.

Anglaise hâtive; Royale hâtive (May Duke). Très fertile; fruit gros, rouge foncé, doux légèrement acidulé, très bon. Fin mai.

Belle de Choisy. Fertile; assez gros, carmin clair, doux, très bon. Fin mai.

Montmorency. Fertile; fruit assez gros, rouge, doux, acidulé, bon. Fin juin.

Reine Hortense. Fruit gros ou très gros, rouge carminé, doux, très bon. Commencement de juin.

Duchesse de Palluau. Gros fruit pour la confiture ou pour mettre à l'eau-de-vie.

Guigne Garcine. Fertile; gros, pourpre noir, jus coloré; doux, très bon. Mûrit au commencement de juin.

COGNASSIER (*Cydonia communis*).

Réussit très bien à une exposition chaude, sur un sol léger et frais.

On le greffe sur franc ; s'emploie généralement comme sujet et non comme greffe.

Le *Coing du Portugal* et le *Coing commun* sont les plus répandus.

Les *Coings Bourgeaut* et *Champion* sont de beaux fruits ; leur arbre est vigoureux et fertile.

Coing de Chine. Variété d'ornement par son fruit très gros et très odorant.

FIGUIER (*Ficus Carica*).

Cet arbre se plaît surtout dans les pays chauds, sur un sol léger, exposé au midi. Se greffe sur franc, dit *sauvageon;* se multiplie aussi par boutures.

Figue de Versailles ou Madeleine (bifère). Chair blanche, sirupeuse, très sucrée ; fruit très bon. Mûrit en juillet.

Figue Dauphine (bifère). Chair rose, juteuse. Maturité de juillet en septembre.

Figue Blanquette ou Marseillaise (non bifère). Fruit très bon et excellent à sécher, à peau jaune verdâtre ; chair d'un rose saumoné. Maturité en septembre.

Figue Bourjassotte (non bifère). Fruit arrondi, moyen, à peau d'un violet noirâtre, très bon ; chair juteuse, sucrée. Maturité d'avril en octobre.

Citons encore la *Figue violette* longue et la *Figue Saint-Dominique* ou *San-Pietro*, très grosse espèce bifère.

FRAISIER (*Fragaria*).

Le Fraisier aime une terre franche, douce, siliceuse. L'humidité naturelle du sol et les pluies fréquentes lui sont contraires.

Nous recommandons :

Petites Fraises. — *Fraisier des Quatre-Saisons ou de tous les mois*, à fruit rouge.

Grosses Fraises hatives. — *Héricart de Thury*. — *Victoria*. — *Princesse Royale*. — *Général Chanzy*. — *May Queen* (*Reine de Mai*), spécialement pour sa précocité. — *Louis Vilmorin*. — *Marguerite*, spécialement pour sa beauté.

Grosses Fraises de demi-saison. — *Ananas*. — *Docteur Morère*. — *La France*. — *Docteur Nicaise*. — *Sir Harry*. — *Maréchal de Mac-Mahon*. — *Sir Joseph Paxton*. — *Britannia*.

Grosses Fraises tardives. — *Jucunda*. — *Lucie*. — *Cérès*. — *Elton*. — *La Chalonnaise*. — *Berthe Montjoie*.

Caprons (*Fragaria elatior*). — *Belle Bordelaise*. Plante robuste et productive.

FRAMBOISIER (*Rubus Idæus*).

Il demande une exposition ombragée sur un sol léger et frais ; réussit très bien sous les arbres, contre un mur au nord. Il craint les sols trop brûlants. Le Framboisier se multiplie par les drageons produits l'année précédente. Pour avoir de beaux fruits, il faut changer les sujets de place tous les quatre ans, les fumer et les lever au printemps ; supprimer à ce moment les tiges trop nombreuses et le bois mort, pour ne laisser que cinq jeunes scions environ, qu'on taille au printemps à 5 centimètres de haut. Quand les bourgeons commencent à sortir du pied, on en conserve cinq ou six et on détruit tous les autres.

Il y a deux catégories de Framboisiers :

Les Framboisiers *ordinaires*, fructifiant une seule fois.

Les Framboisiers *bifères* ou *remontants*, fructifiant au moins deux fois dans l'année.

Framboisiers non remontants ordinaires (à fruits rouges).
— *F. ordinaire à gros fruits,* variété la plus répandue.
— *Falstoff,* fruit très bon, assez gros. — *Hornet,* fruit très bon; une des meilleures Framboises. — *Clark,* variété nouvelle, à gros fruits. — *Royale de Herrenhausen,* variété très recommandable. — *Jaune de Hollande,* à gros fruits jaunes.

Framboisiers remontants (bifères, à fruits rouges). — *Merveille des Quatre Saisons.* — *Belle de Fontenay,* plante naine, ne fructifiant bien qu'à l'automne. — *Perpétuelle de Billard,* fruit très gros, de première qualité. — *Surpasse-Falstoff,* fruit rouge, gros, sphérique, de toute première qualité. — *Surpasse-Merveille,* fruit jaune. — *Surprise d'Automne,* jaune; la plus belle des framboises bifères.

GROSEILLIER (*Ribes*).

Groseillier à grappes (*Ribes rubrum*).

Toutes les variétés de Groseilliers sont rustiques et s'accommodent de toutes les situations comme de tous les sols. Ils ont besoin d'air et de lumière. On les cultive en touffe ou cépée, qu'on rajeunit successivement et partiellement. On les taille en buisson, en corbeille et palmette. On les multiplie surtout par éclats.

Variétés a grappes rouges. — *Cerise rouge.* — *Fertile de Palluau.* — *Hâtive de Berlin.* — *Gendouin rouge.* — *Hollandaise rouge.* — *Versaillaise,* à gros grains rouges.

Variétés a grappes blanches. — *Hollande.* — *Blanche hâtive de Versailles.* — *Transparente blanche.* — *Impériale blanche,* belle grappe; grains très gros.

Groseillier-Cassis (*Ribes nigrum*).

Cassis commun, fruit noir; très productif. — *Cassis royal de Naples*, fruit noir; grappe courte; grains gros; le plus beau des Cassis.

Groseillier épineux (*Groseillier à maquereau; Ribes uva crispa*).

Le Groseillier épineux est bien plus rustique que celui à grappes. Il sert à former des haies, pour défense et pour limite. Ses fruits sont très appréciés en Angleterre et en Amérique. On en a créé un grand nombre de variétés, dont les fruits sont ronds ou oblongs, lisses ou poilus, blancs, verts ou jaunes, roses ou rouges, suivant les variétés.

Whinham Industry. Nouvelle variété anglaise, extrêmement productive; à fruit très gros, rouge vif, hérissé.

Dans les Groseilliers à maquereau sans épines, nous citerons :

Souvenir de Billard. — *Ed. Lefort*. — *Belle de Meaux*.

NÉFLIER (*Mespilus Germanica*).

Arbre très fructifère; supprimer les branches mortes ou superflues. On peut le greffer sur aubépine. Son fruit, quoique bon à manger, peut fournir une bonne boisson, quand on le fait macérer à demi mûr.

Nèfle à gros fruit. Fruit gros, très bon; arbre vigoureux. Les Nèfles doivent être cueillies au moment des premières gelées et ne se mangent que lorsqu'elles sont arrivées à l'état blet.

Nèfle de Hollande. Moins productif; fruit plus gros; osselets plus volumineux.

Nèfle sans pépins. Branchage ramifié; fruit petit, privé d'ossicules; d'un assez bon goût.

NOISETIER (*Corylus avellana*).

Réussit sans soin dans tous terrains, mais pas trop argileux ou marécageux; demande une exposition au nord; le planter à 2 mètres de distance. Croît rapidement. On doit le rabattre tous les douze ans, afin de faire naître de nouveaux drageons, d'une fructification alors plus avantageuse que les vieux pieds. On le multiplie par marcotte. Pour conserver les Noisettes, il est nécessaire de les cueillir bien mûres.

Noisette blanche longue ou *Noisette franche blanche*; *Aveline de Provence*; *Atlas*; *Aveline d'Angleterre*. — *N. grosse ronde du Piémont*. — *N. Merveille de Bollwiller*. — *N. Impériale de Trébizonde*. — *N. rouge longue*.

NOYER (*Juglans regia*).

Grand arbre, que l'on plante isolément sur un sol léger et profond; les terres calcaires, granitiques, lui conviennent aussi. Les argiles compactes et les terrains froids ne sont pas favorables à l'aoûtement de ses tissus et par suite à sa fructification. Le Noyer ne supporte pas la taille. Il se plante à 16 mètres de distance, se greffe sur franc, dit sauvageon. On le multiplie également par le semis.

N. à coque tendre. — *N. Chaberte*, fournissant une huile de première qualité. — *N. Barthère*, à fruit allongé, à coque demi-dure et pleine; très bon. — *N. Franquette*. — *N. Mayette*, fruit gros, elliptique; coque demi-dure et pleine. — *N. Parisienne*.

PÊCHER (*Persica vulgaris; Amygdalus Persica*).

Il se greffe sur amandier, pour terrains profonds, calcaires, secs, pierreux, sains et légers ; sur prunier, pour les terres fortes et humides ; et sur franc, pour réussir dans tous les terrains ; il est très fertile, mais de peu de durée.

Dans notre région, on cultive surtout avec succès le Pêcher en plein vent ; on ne le greffe que sur franc ; on l'obtient aussi de semis de noyau. Se greffe aussi sur abricotier dans les bons terrains. Les terrains froids, marécageux, trop argileux, lui donnent la gomme et empêchent la complète lignification de ses tissus. Les meilleurs amendements pour le Pêcher sont les plâtras, les éléments salpêtreux, calcaires et siliceux.

Le Pêcher en plein vent tendant à se dégarnir, on lui applique la taille annuelle en vert, sur bois de l'année (en août-septembre) ; les branches et les rameaux de production sont écimés. D'une fécondité extraordinaire, il demande qu'on retranche une partie de ses fruits ; on obtiendra alors des fruits plus gros, plus beaux et plus savoureux.

Les Pêches se divisent en quatre groupes :

A peau duveteuse. — 1° A noyau libre : *Pêches ordinaires*, chair rouge, blanche, jaune ; — 2° à noyau adhérent : *Pêches Pavies*, chair rouge ou blanche ; *Persèques*, chair jaune adhérente au noyau.

A peau lisse. — 3° A noyau libre : *Pêches nectarines*, appelées improprement *Brugnons* ; — 4° à noyau adhérent : *Pêches Brugnons*.

Les *Alberges* sont les Pêches ordinaires à chair jaune.

Les Sanguines sont aussi des Pêches ordinaires à chair rouge.

Pêches a peau duveteuse (ordre de maturité des meilleures Pêches hâtives, de la fin de juin à la mi-août). —

Amsdem. — *Early Alexander.* — *Rouge de Mai.* — *Précoce de Rivers.* — *Downing.* — *Précoce de Hale.* — *Cumberland.* — *Early Pearl.* — *Avant Pêche rouge.* — *Avant Pêche jaune.* — *Madeleine du Pays.* — *Madeleine rouge.* — *Cardonnel*, variété locale de Bouliac.— *Royale de Barsac.*

Ces variétés américaines ou locales sont très appréciées sur nos marchés à cause de leur précocité.

Pêches de moyenne saison (du 10 août au 10 septembre). *Grosse mignonne.* — *Admirable jaune.* — *Admirable.* — *Galande.* — *P. de Malte.* — *Belle Beausse.* — *Baron Dufour.* — *Alexis Lepère.* — *Belle de Vitry.* — *Daun*, très recommandable. — *Nobless.* — *Blondeau*, variété appréciée à Paris. — *Doumergue*, excellente nouveauté, arbre très fertile.

Pêches tardives (du 10 septembre à la mi-octobre). — *Madame Bernède.* — *Ballet.* — *Bourdine.* — *Bonouvrier*. — *Reine des Vergers.* — *Tessier.* — *Teton de Vénus.* — *Belle de Toulouse.* — *Fine Jaboulay.* — *Vilmorin.* — *Princesse de Galles.* — *Madame Daurel*, grosse jaune. — *Salvay.* — *Tardive d'Oullins.* — *Nivette.* — *Lady Palmerston.* — *Tardive Béraud*, fruit excessivement tardif et beau.

En août-septembre mûrissent les *Pavies* blancs, précoces, rouges ; — les *Persèques jaunes* ; — *P. de Tonneins* ; — *P. de Pomponne.* — Ces Pêches dures supportent les voyages et sont très appréciées par les confiseurs.

Pêches nectarines a peau non duveteuse, à chair non adhérente. — *Lord Napier.* — *Grosse violette.* — *Galopin.* — *P. de Coosa*, précoce. — *P. précoce de Croncels.* — *Victoria.* — *Jaune magnifique de Padoue.* — Les fruits de cette dernière variété ont le défaut de pourrir sur arbre en plein vent.

Brugnons a peau lisse, à chair adhérente. — *Brugnon blanc.* — *B. violet.*

POIRIER (*Pirus communis*).

Se greffe sur franc, dit sauvageon, pour terrains calcaires, pierreux ; mais il lui faut une couche de terre profonde qui lui permette d'y enfoncer ses racines pivotantes pour hautes tiges, mi-tiges, fuseau, pyramide. Se greffe aussi sur cognassier pour terrain profond et de bonne qualité, pour quenouille et espalier. Cette dernière greffe est préférable et donne de beaux et bons fruits, mais dure moins longtemps.

Le Poirier sur franc est plus long à se mettre à fruit; mais il constitue des arbres plus vigoureux à grand développement et d'une durée plus longue.

Pour conserver les fruits, il faut les cueillir avant leur complète maturité; autrement, en peu de temps, on les verrait mollir. Les Poires d'hiver doivent être cueillies quand elles ont atteint leur entier développement, c'est-à-dire vers la fin d'octobre, et choisir le moment où le pédoncule se détache facilement de l'arbre. La fruiterie où les fruits doivent séjourner réclame une température toujours uniforme. Pour assurer cette égalité de température, il faut construire ce local avec un double plancher, un double mur, une double porte.

Nous classons les Poires suivant l'époque de maturité. Si on ne veut planter que quelques arbres et des meilleurs, en prenant deux ou trois variétés pour chaque saison, on possédera une collection de choix.

Poires d'été (ordre de maturité des meilleures Poires d'été, murissant de juillet en août). — *P. Beurré Giffard.* — *Brandy Wine.* — *Précoce de Trévoux.* — *Mouille-Bouche*, fruit local, d'une vente facile. — *Épargne.* — *Gros Blanquet*, très employé par les confiseurs. — *P. de l'Assomption.* — *Favorite Joanon.* — *Sainte-Anne.* — *André Desportes.*

Poires de fin d'été (mûrissant en août-septembre). — *Beurré d'Amanlis.* — *Favorite de Clapp.* — *Monchallard.* — *Williams.* — *Souvenir de Madame Treyve.* — *Docteur Jules Guyot.* — *Beurré Capiaumont ou Aurore.* — *Beurré d'Angleterre.* — *Beurré Goubault.* — *Beurré Hardy.* — *Beurré superfin.* — *Doyenné blanc.* — *Jalousie de Fontenay.* — *Duchesse d'Angoulême.*

Poires d'automne (mûrissant en octobre et novembre). — *Duchesse d'Angoulême.* — *Beurré Diel.* — *Louise Bonne d'Avranches.* — *Baronne de Mello.* — *Beurré Bachelier.* — *Doyenné du Comice.* — *Marguerite Marillat.* — *Ferdinand Gaillard*, nouveauté recommandable. — *Fondante Thiriot.* — *Fondante du Bois.* — *Saint Michel Archange.* — *Seigneur Esperen.* — *Soldat Laboureur.* — *Beurré Clairgeau.* — *Urbaniste ou Beurré Piquery.* — *Épine Dumas.* — *Alexandrine Douillard.* — *Napoléon.* — *Beurré Fouqueray.* — *Beurré Six.* — *Beurré gris.* — *Van Mons Léon Leclerc de Laval.* — *Sucré de Montluçon.* — *La France.* — *Nec plus Meuris.* — *Nouveau Poiteau.* — *Charles Ernest.* — *Délices de Lowenjoul.*

Poires d'hiver (mûrissant de décembre à janvier). — *Beurré de Hardenpont ou d'Arenberg.* — *Beurré gris de Luçon.* — *Beurré Perrault (Duchesse de Bordeaux).* — *Bési de Chaumontel.* — *Beurré Millet.* — *Beurré Goubault.* — *Comtesse de Paris*, nouvelle Poire excellente. — *Bonne de Malines.* — *Joséphine de Malines.* — *Passe-Colmar.* — *Président Pouyer-Quertier.* — *Royale d'hiver.* — *Royale Vendée.* — *Saint-Germain.* — *Triomphe de Jadoigne.* — *Bergamote Hérault*, fruit gros, chair fondante et très parfumée.

Poires de fin d'hiver (mûrissant de février à mars). — *Bergamote d'Austrasie ou Jaminette.* — *Président de la Baslie*, nouveauté très recommandable. — *Bergamote Esperen.* — *Le Lectier.* — *Nouvelle Fulvie.* — *Doyenné d'Alençon.* — *Notaire Lepin.* — *Olivier de Serre.* — *Passe-Crassane.* — *Suzette de Bavay.* — *Doyenné de Montjeau,* ou *Doyenné Perrault*. — *Doyenné Flon*. — *Président Drouard*, fruit très gros, d'un beau jaune d'or ; chair blanche, fine, fondante ; de première qualité. — *Bergamote Liabaud*.

Variétés se conservant jusqu'en avril-mai. — *Alexandrine Mas*. — *Bergamote Esperen*. — *Doyenné d'hiver ou de la Pentecôte*. — *Bon Chrétien d'hiver*. — *Bon Chrétien de Rance*. — *Fortunée*. — *Charles Cognée*. — *Léon Leclerc de Laval*.

Poires a cuire ou a compotes. — *Belle Angevine*, fruit énorme et de longue conservation. — *Bon Chrétien d'hiver*. — *Catillac*. — *P. de Curé*, arbre très fertile. — *Louise Bonne*. — *Martin sec ou Rousselet d'hiver*. — *Rateau gris*.

POMMIER (*Malus communis*).

Demande un sol profond, substantiel, argilo-calcaire, argilo-siliceux et frais. Greffé sur franc et destiné à la haute tige, il se plaît dans les terres substantielles et consistantes comme les terres à blé. Greffé sur doucin ou paradis, on le destine aux formes naines, mais sur paradis il craint les sols arides ou trop calcaires ; dans ce cas, le doucin, sujet plus vigoureux et plus rustique, convient mieux. Les Pommiers en général demandent une exposition froide et humide.

Comme il y a beaucoup d'autres fruits, en été et en automne, dans notre région, on conserve les Pommes pour l'hiver.

Cependant nous croyons devoir indiquer quelques variétés méritantes de Pommes d'été : *Madeleine*. — *Astrakan rouge*. — *Transparente de Croncels*. — *Rambourg d'été*.

Pommes d'automne et d'hiver. — *Reine des Reinettes*. — *Reinette du Canada*. — *Reinette grise de Saintonge*. —

Dean's Coodling, ou la Fameuse. — *Reinette de Caux.* — *Rose de Benauge,* variété locale. — *P. d'Isle.* — *Redondelle,* beau fruit cultivé à Langon et à Saint-Macaire. — *Maltranche,* bon fruit répandu dans le Blayais. — *Azeroly anisé.* — *Reinette franche.* — *Reinette grise d'hiver.* — *Fenouillet gris.* — *Reinette dorée.* — *Bonne de Mai,* variété locale. — *Bellefleur jaune.*

Fruits d'ornement très gros. — *Grand Alexandre.* — *Ménagère.* — Ces variétés sont de qualité inférieure, mais les arbres sont très fertiles.

PRUNIER (*Prunus sativa*).

Réussit dans toute espèce de terre, mais de préférence dans celles qui sont un peu fortes et froides. Se cultive en plein vent.

La multiplication du Prunier se fait par le semis, par les drageons et surtout par le greffage. Le sujet propre à recevoir la greffe le plus généralement employé est le Prunier Saint-Julien. Une autre sorte qui convient aux sols calcaires est le *Prunier Mirobolan*. La taille du Prunier se fait pendant les premières années de la plantation et sur de jeunes sujets, afin que l'on puisse leur donner la forme que l'on désire obtenir plus tard.

Quand l'arbre est vieux ou épuisé, on le renouvelle en rabattant les grosses branches à la troisième bifurcation du tronc. Dans ce cas, on laisse toujours quelques bourgeons.

Les Prunes s'emploient de trois manières différentes : à l'état frais pour desserts; à l'état sec pour pruneaux; à l'état cuit pour conserves et confitures.

Prunes pour desserts. — *Reine-Claude verte.* — *Reine-Claude diaphane.* — *Reine-Claude de Bavay.* — *Reine-Claude violette,* très bonne, tardive. — *Belsiana,* très hâtive, juteuse et fondante — *P. de Montfort.* — *Jefferson.* — *Monsieur de la Gironde.* — *Abricot.* — *des Béjonnières.*

— *Verdanne*, variété locale appréciée sur le marché de Bordeaux. — *Coës Golden Drop* ; cette Prune se conserve bien au fruitier ; la cueillir alors avant complète maturité.

Prunes a sécher. — *Robe de Sergent ou Prune d'Agen*, la plus estimée à l'état sec. — *Quetsche d'Allemagne*. — *Sainte-Catherine*, pruneau renommé dans l'ouest de la France sous le nom de pruneau de Tours. — *Prune Englebert*.

Prunes pour conserves et confitures. — *Mirabelle petite*. — *Mirabelle grosse*. — *Reine-Claude verte*. — *Reine-Claude de Bavay*. — *P. d'Agen*.

VIGNE (*Vitis vinifera*).

Même dans un jardin, ce serait de la témérité, à moins que le sol soit complètement sablonneux, de planter des vignes franches de pied. Partout aujourd'hui la vigne greffée s'impose ; le produit du reste en est plus précoce et plus abondant. Si les vignes de table greffées ont le défaut de porter des grappes plus grosses et plus serrées, on peut éviter cet inconvénient en ciselant les raisins lorsque le grain a atteint la grosseur d'un petit grain de plomb.

Nous renvoyons nos lecteurs à notre *Traité pratique de Viticulture*.

Cependant nous dirons que pour les sols moyens, ayant 40 centimètres de profondeur, et pour les terrains sains, pas trop compacts ni trop humides, d'où les eaux s'écoulent, le *Riparia* est le porte-greffe par excellence.

Le *Jacquez* est un bon porte-greffe dans les sous-sols pierreux, les terres fortes, argileuses, argilo-calcaires, humides, mouillées, tourbeuses ; il aime avoir le pied humide et la tête au soleil ; redoute peu la chlorose.

Le *Rupestris du Lot* résiste sur le rocher et dans les sols très secs.

L'*Aramon Rupestris Ganzin* se contente de sols superficiels et réussit dans des argiles compactes.

Les Raisins de table.

De tous les Raisins de consommation ou de spéculation, aucun ne rivalise avec le Chasselas doré. Dans le plus petit jardin on rencontre ce délicieux cépage, et les grands vignobles lui font une bonne place sur leurs coteaux ensoleillés.

Il y a des régions qui possèdent des cultures très importantes de Chasselas; aussi ont-elles donné leurs noms à ce cépage, suivant la contrée d'où il provient et où sa culture a été perfectionnée. Qu'il s'appelle : *Chasselas de Bordeaux, Chasselas de Fontainebleau, Chasselas de Thomery, Raisin de Champagne,* c'est toujours le *Chasselas doré.*

Les Raisins de table par ordre de mérite sont : *Chasselas doré. — Chasselas rose,* de très longue garde. — *Chasselas violet. — Chasselas rose de Falloux,* le plus recommandable des Chasselas roses. — *Madeleine royale. — Malvoisie rose. — Clairette musquée Talabot. — Le Commandeur. — Chasselas musqué. — Duc de Malakoff. — Chasselas des Bouches-du-Rhône. — Clairette Mazel. — Malvoisie blanche,* de très longue garde. — *Muscat blanc. — Muscat rouge de Madère. — Muscat noir ou Caillaba. — Muscat de Hambourg. — Muscat d'Alexandrie ou Malaga d'Espagne. — Malbec. — Cinsaut. — Œillade. — Portugais bleu. — Hardy. — Frankental. — Sauvignon rose.*

Raisins de table à cultiver en serre.

Chasselas blanc. — Frankental. — Black Alicante. — Diamant Straub. — Lady Downe. — Muscat Caminada, grain très gros, allongé, blanc. — *Gros Guillaume,* noir. — *Muscat d'Alexandrie. — Rosaky. — Schaaus. — Valencia blanc.*

SEPTIÈME PARTIE

PLANTES OFFICINALES

CLASSÉES

DANS L'ORDRE DE LEURS PROPRIÉTÉS

Emollients. — Guimauve, Mauve à feuilles rondes, Mauve frisée, Lin (on emploie les graines), Consoude grande.

Pectoraux émollients. — Violette, Bouillon blanc, Buglose, Carotte.

Diurétiques émollients. — Asperge (racine d'), Chiendent, Pariétaire officinale, Bourrache.

Narcotiques. — Jusquiame noire, Belladone, Ciguë, Digitale pourprée, Pomme épineuse (Stramoine ou Datura), Pavot blanc ou à Opium, Morelle noire (Solanum nigrum).

Antispasmodiques excitants. — Menthe poivrée, Maroute ou Camomille puante, Matricaire, Valériane officinale, Pivoine officinale, Safran (Crocus sativus), Rue (Ruta graveolens), Persil (la racine).

Excitants aromatiques. — Sauge officinale, Sauge hormin rouge, Romarin, Lavande, Mélisse ou Citronnelle, Marjolaine ou Origan, Serpolet.

Stomachiques toniques. — Gentiane grande, Centaurée petite, Absinthe, Camomille romaine, Scrophularia nodosa (remède proposé contre la rage).

Astringents. — Salicaire, Feuilles de ronce, Renouée, employée contre la dysenterie dans les campagnes; Potentille (la racine), Prunellier (écorce de la tige), tonique.

Dépuratifs. — Chicorée sauvage, Pissenlit, Houblon, Patience, Saponaire, Morelle, Douce-Amère.

Purgatifs. — Rhubarbe, Ellébore noir, Ricin (Palma Christi).

Antiscorbutiques. — Raifort sauvage, Cochlearia, Moutarde, Cresson de fontaine, Ail.

Expectorants excitants. — Hyssope, Marrube blanc, Scille (on emploie l'oignon).

Diurétiques excitants toniques. — Céleri, Anis, Angélique, Coriandre, Fenouil.

HUITIÈME PARTIE

NOTIONS UTILES D'HORTICULTURE

Destruction des limaces et des loches.

Étendre du beurre rance ou de la mauvaise graisse sur une feuille de chou ou sur une planche que vous déposez dans l'endroit où se trouvent ces animaux, en en mettant aux quatre coins. Les loches se réunissent par milliers sur les feuilles de chou ou sur les planches préparées.

Il est reconnu, par tous les viticulteurs, que depuis l'emploi du sulfate de cuivre dans les vignes, pour combattre le mildew, il n'y a plus de limaçons; donc le sulfate de cuivre est souverain pour débarrasser de ces ennemis les jeunes pousses des plantes.

Destruction des courtilières.

On remplit de fumier de vieilles caisses percées de nombreux trous; on enterre les caisses aux endroits infestés de ces insectes qui ne manqueront pas de s'y introduire, car on sait qu'ils affectionnent tout particulièrement le fumier comme abri. On visite le fumier des caisses jusqu'à ce que la destruction soit complète.

Fumigations et lotions au jus de tabac pour détruire les insectes dans les serres.

Prendre deux litres de jus de tabac, le faire bouillir à petit feu une heure et demie, jusqu'à ce que la masse soit réduite au tiers dans un état visqueux presque solide. Ensuite délayer ce résidu de tabac dans un litre et demi d'eau et faire bouillir ce mélange dans la serre ou le châssis où sont les plantes jusqu'à ce que tout se soit converti en vapeur et fixé sous forme de buée sur toutes les parties des végétaux. Aucun insecte ne résiste à cette fumigation et la plante n'en souffre nullement.

De l'emploi de l'huile de pétrole.

L'huile de pétrole est un *insecticide* d'une efficacité incomparable. La meilleure pour cet effet est la non épurée, qui se vend à très bas prix. Une quantité minime détruit les puces et les punaises des appartements. L'arrosage des fraisiers avec de l'eau à laquelle on a ajouté, par arrosoir, quelques grammes d'huile de pétrole, détruit ou éloigne le ver blanc du hanneton. Trente grammes de pétrole par litre d'eau sont un poison sûr pour les courtilières. Avec un entonnoir on verse un peu de ce mélange dans leurs trous, et elles ne tardent pas à périr. Prendre un verre de pétrole pur et le verser dans le trou fait par la taupe sous le monticule de terre, les détruit; elles disparaissent des parterres, potagers et prairies; il en est de même des vers blancs. La peste immonde des cafards, cette vermine si tenace, bat en retraite devant le pétrole. Des injections d'eau additionnée de soixante grammes de pétrole par litre, sous les fourneaux et dans les crevasses ou trous des murs, purgent infailliblement les maisons de ces hôtes incommodes; mais il faut y revenir à plusieurs reprises, afin de détruire les jeunes générations, écloses des œufs pondus avant une première opération. Des frictions d'eau pétrolisée nettoient instantanément les animaux domestiques des insectes parasites qui les incommodent; on doit savonner l'animal quelques jours après la friction. Une personne dont la maison était infestée de rats et de souris fut débarrassée de ces rongeurs après l'introduction dans sa cave d'un dépôt d'huile de pétrole; ayant eu l'idée d'arroser son jardin avec de l'eau qui avait séjourné dans des tonneaux vides de pétrole, elle en a vu disparaître toutes les limaces.

Engrais chimique horticole Jeannel.

Azotate d'ammoniaque brut...............	380 grammes
Biphosphate d'ammoniaque brut..........	300
Azotate de potasse brut..................	260
Biphosphate de chaux en poudre fine.......	50
Sulfate de fer (couperose verte)..........	10
Total..........	1000 grammes

Pulvérisez; mêlez. Gardez à l'abri de l'air.

Nota. — Les sels bruts étant achetés dans le commerce de la droguerie, le mélange revient à moins de 2 francs le kilo.

Faites dissoudre le mélange dans la proportion de 1 à 2 grammes par litre d'eau pour l'arrosage des plantes une ou deux fois par semaine et même plus fréquemment, selon les effets obtenus.

Il est entendu que les conditions de température, de lumière et d'humidité, etc., doivent être favorables à la végétation. Le sol peut être maigre et même purement sablonneux; la seule condition essentielle est qu'il soit perméable aux racines.

Traitement du mildew de la vigne.

Le traitement doit être fait au moment de la floraison ou quelques jours avant.

Eau	100 litres
Sulfate de cuivre	3 kilos
Chaux	2 kilos

Le deuxième traitement se fera avec la même formule vers le 10 juillet, et nous sommes convaincu que l'on réussira sans avoir besoin de recourir à une troisième opération, si l'on observe ponctuellement ces deux époques de traitement.

Traitement contre l'anthracnose de la vigne.

Versez dans 90 litres d'eau 5 litres d'acide sulfurique dont le litre pèse 1 k. 800 grammes, soit 9 kilogrammes.

Ne pas verser l'eau sur l'acide sulfurique, mais mettre l'eau d'abord, autant que possible dans un réservoir d'étain.

Badigeonner le pied de vigne et les sarments, après la taille, avec cette solution.

On obtiendra les meilleurs résultats; ce badigeonnage nettoie le pied de vigne, le débarrasse des larves des insectes, des mousses et des lichens, et lui donne une grande vigueur.

Traitement contre le black-rot.

Le black-rot se manifeste d'abord sur les feuilles de la vigne, par des taches d'une teinte couleur feuille morte, uniforme sur les deux faces et se desséchant rapidement.

La caractéristique du black-rot, ce qui le distingue des brûlures ordinaires de la feuille, c'est qu'on remarque sur ces taches des pustules, des points noirs disposés régulièrement et concentriquement cinq ou six par taches. Sur les raisins, le black-rot apparaît sous la forme d'une petite tache circulaire décolorée; elle s'agrandit, on dirait une meurtrissure; puis le grain entier flétrit et se dessèche, en prenant une teinte noire avec un reflet bleuâtre. Le grain au bout de quelques jours se détache, soit avec la grappe entière, soit avec un fragment plus ou moins considérable; parfois même il n'entraîne dans sa chute que le pédicelle auquel il est attaché.

On a conseillé pour arrêter cette maladie :

1º Les traitements préventifs au moment de la pousse de la vigne, lorsque les sarments ont 8 à 10 centimètres de long, avec une solution de 3 kilos sulfate de cuivre, et 1 kilo 500 à 2 kilos de chaux vive.
Soufrer ensuite la vigne après le sulfatage.

2º Traitement sur la floraison. Lorsque les pétales de la fleur tombent en se détachant du grain, il est nécessaire alors de bien imprégner la grappe de sulfate de cuivre. Car le jeune grain, qui n'était pas encore formé, n'a encore reçu le bénéfice d'aucun traitement. Il est bien entendu qu'il faut toujours intercaler un soufrage sur les grappes après le traitement liquide cuprique.

3º Traitement qui combat en même temps le mildew, vers le 10 juillet, toujours dans les mêmes proportions de 3 kilos sulfate de cuivre et 2 kilos de chaux.
Si le besoin s'en fait sentir, on donne un quatrième traitement vers la fin de juillet, commencement d'août.

M. VIALLA, le distingué professeur de l'Institut Agronomique, combat les doses excessives de sulfate de cuivre, et est partisan des traitements normaux que nous recommandons plus haut. Il est d'accord avec tous les autres professeurs pour préconiser les bonnes façons culturales : labours fréquents à donner à la vigne, la tenir très propre, exempte de mauvaises herbes ; l'aérer, la mettre sur fil de fer, etc. Pratiquer surtout les traitements le matin à la rosée, lorsque les feuilles de la vigne sont mouillées, par exemple après la pluie : le sulfate de cuivre devient alors plus adhérent.

Musa ensete.

TABLE ALPHABÉTIQUE

	Pages		Pages
Abricots (meilleures variétés)	588	Amorphophallus Rivieri	264
Abricotier	588	Ancolie bleue	27
Abronia umbellata	16	Ancolie des Jardins	26
Acanthe épineuse	17	Ancolie de Skinner	26
Acanthe molle	17	Ancolie du Canada	26
Achillée	17	Anémone des Fleuristes ...27	264
Achimenes	256	Anémone double	262
Aconit napel	18	Anémone du Japon	262
Acroclinium roseum	18	Anémone éclatante	262
Adonide d'automne	19	Anémone simple	27
Adonide d'été	19	Angélique................329	500
Agapanthe en ombelle	257	Anthémis d'Arabie	27
Agérate du Mexique	20	Anthémis des Teinturiers	27
Agérate naine à fleurs bleues	20	Arabette des Sables	28
Agrostis d'Amérique	543	Arachide	330
Agrostis elegans	20	Argémone	29
Agrostis nebulosa	20	Armeria; Statice Armeria.. 29	230
Agrostis traçante	543	Arroche ou Belle Dame blonde	330
Agrostis vulgaire	543	Arroche rouge	331
Ail blanc.............327	499	Artichaut................331	500
Ail rose hâtif..........327	499	Artichaut camus de Bretagne	333
Ajonc	543	Artichaut de Provence	333
Alisma; Plantain d'eau	21	Artichaut de Macau	333
Alkekenge	328	Artichaut gros vert de Laon	332
Alonsoa Warsewiczii	21	Artichaut violet	333
Alpiste	544	Asclepias curassavica	30
Alstroëmere du Chili	21	Asclepias tuberosa	30
Alysse Corbeille d'or	22	Asperge................333	500
Alysse odorante	22	Asperge hâtive d'Argenteuil	338
Amandier (et ses variétés)	589	Asperge violette de Hollande	337
Amarante Célosie	22	Aster des Alpes	30
Amarante à feuille rouge	22	Aubergine	339
Amarante tricolore	22	Aubergine à fruit écarlate	31
Amarantoïde orange	25	Aubergine blanche	31
Amarantoïde violette	25	Aubergine noire de Pékin	339
Amaryllis Belladone	258	Aubergine violette longue et ronde	339
Amaryllis Saint-Jacques	259		
Ammobium ailé	25	Aubrietie deltoïde	32

	Pages		Pages
Auricule	32	Brome de Schrader	546
Avoine	544	Brome des Bois	546
Avoine blanche de Sibérie	544	Brome des Prés	546
Avoine noire de Brie	544	Browallie	41
Balisier	33	Cacalie	41
Balisier à fleurs d'iris	33	Caladium esculentum	265
Balisier Canne d'Inde	263	Calandrinia	42
Balsamine	34	Calcéolaire	42
Barbeau Bleuet	34	Callirrhoë	44
Baselle	340	Caltha des Marais	45
Basilic	35 500	Calystégie	45
Basilic grand vert	340	Campanule à grandes fleurs	45
Basilic fin vert	340	Campanule pyramidale	47
Basilic fin frisé	340	Canche élevée	546
Bégonia discolor	36 263	Canche flexueuse	547
Bégonia semperflorens	36	Cantua	47
Bégonia tuberculeux	35 263	Câprier	343
Belle-de-Jour	37	Capucine grande	47 501
Belle-de-Nuit des Jardins	38	Capucine hybride	50
Benoite	39	Capucine naine	48 501
Betterave blanche, collet rose	546	Caracole grimpante	50
Betterave blanche, collet vert	545	Cardon	344
Betterave Corne de Bœuf	545	Cardon de Tours	345
Betterave champêtre	545	Cardon d'Espagne	345
Betterave de Cheltenham	342	Cardon Puvis	345
Betterave de Silésie	545	Cardon plein inerme	345
Betterave de Vauriac	545	Carotte	346 501
Betterave Disette Mammouth	545	Carotte blanche à collet vert.	349 547
Betterave Éclipse	342	Carotte blanche améliorée d'Orthe	349 547
Betterave jaune ronde	342	Carotte blanche des Vosges	349 547
Betterave jaune de Castelnaudary	342	Carotte de Hollande	347
Betterave jaune grosse longue	343	Carotte demi-courte de Guérande	348
Betterave jaune globe	545	Carotte demi-longue de Carentan	348
Betterave jaune ovoïde	545	Carotte demi-longue de Chantenay	348
Betterave jaune Tankard	545	Carotte demi-longue Nantaise	347
Betterave ovoïde des Barres	545	Carotte demi-longue de Toulouse	348
Betterave potagère	341	Carotte d'Eysines	347
Betterave rouge ronde	342	Carotte jaune d'Achicourt	346
Betterave rouge crapaudine	342	Carotte jaune obtuse du Doubs	348 548
Betterave rouge globe	545	Carotte longue du Luc	348
Betterave rouge de Castelnaudary	342	Carotte rouge courte à châssis	348
Betterave rouge grosse et rouge longue	343	Carotte rouge longue d'Altringham	348
Betterave à sucre améliorée	546	Carotte rouge lisse de Meaux	348
Bigarreau (les meilleures variétés)	590	Carotte rouge longue de Saint-Valéry	348
Bigarreautier	589	Carotte rouge longue de Toulouse	544
Blé noir	575		
Blé vêtu	553		
Bourrache	501		
Boussingaultia grimpant	264		
Brachycome à feuille d'ibéride	39		
Brize à gros épillets	40		
Brize à grandes fleurs	40		

	Pages		Pages
Carotte rouge pâle de Flandre.	348	Chicorée frisée bâtarde de Bordeaux...	362
Carthame...	50	Chicorée sauvage........365	548
Casse...	51	Chicorée sauvage améliorée.	366
Céleri d'Arezzo...	352	Chicorée scarole...	363
Céleri gros lisse de Paris amélioré...	353	Chicorée scarole ronde verte d'automne...	364
Céleri Pascal...	352	Chicorée scarole large à feuille de laitue...	364
Céleri plein blanc d'Amérique	351		
Céleri plein blanc doré Chemin...	351	Chicorée scarole en cornet de Bordeaux ou Béglaise...	364
Céleri plein blanc hâtif...	350		
Céleri plein blanc court hâtif.	351	Chicorée scarole Witteloof ou de Bruxelles...	366
Céleri-Rave; Céleri-Navet...	352		
Céleri-Rave d'Erfurt...	353	Chou Amager...	373
Céleri-Rave géant de Prague	353	Chou Bacalan gros...	367
Céleri-Rave pommé à petite feuille...	353	Chou Bacalan hâtif...	367
		Chou branchu de la Sarthe	376
Céleri-Rave à feuille panachée	353	Chou branchu du Poitou..378	548
Céleri violet à grosses côtes.	352	Chou brocoli...	384
Céleri violet de Tours...	351	Chou brocoli blanc de Saint-Brieuc...	382
Célosie à panache...	51		
Centaurée musquée...	51	Chou brocoli blanc hâtif...	385
Centaurée-Bleuet des Jardins.	52	Chou brocoli Mammouth...	385
Centranthus macrosiphon...	52	Chou brocoli branchu...	386
Cerfeuil bulbeux de Prescott.	356	Chou cabbage...369	504
Cerfeuil commun...	354	Chou cabus...	367
Cerfeuil frisé...	354	Chou cabus panaché...	373
Cerfeuil musqué...	354	Chou cavalier; Chou vache 377	548
Cerfeuil tubéreux...	355	Chou Cœur de Bœuf gros...	369
Cerisier (et les meilleures variétés de Cerises)...589	590	Chou-Colza d'hiver...	549
		Chou-Colza de printemps...	549
Champignon cultivé...	357	Chou conique de Poméranie.	372
Chanvre...	548	Chou crambé maritime...	378
Chélone...	92	Chou d'Angers...	383
Chenostoma multiflor...	53	Chou d'Aire...	375
Chervis...	360	Chou d'Aubervilliers...	375
Chicon...	417	Chou de Bonneuil...	370
Chicorée frisée...	360	Chou de Brunswick...	370
Chicorée frisée de Meaux...	362	Chou de Bruxelles...	376
Chicorée frisée d'Italie, race d'Anjou...	362	Chou de Dax...	372
		Chou de Fumel...	369
Chicorée frisée d'Italie, race de Paris...	362	Chou de Habas...	369
		Chou de Hollande...	369
Chicorée frisée d'été à cœur jaune...	362	Chou de Lannilis...	376
		Chou de Malte...	385
Chicorée frisée grosse pancalière...	362	Chou de Malte violet...	385
		Chou de Milan court hâtif...	375
Chicorée frisée de Ruffec...	363	Chou de Milan frisé...	374
Chicorée frisée de Louviers...	362	Chou de Noël...	372
Chicorée frisée fine de Bordeaux...	362	Chou de Norwège...	375
		Chou de Pâques...	384
Chicorée frisée Corne de Cerf ou Rouennaise...	363	Chou de Pontoise...	375
		Chou de Saint-Denis...	370
Chicorée frisée impériale...	363	Chou de Saint-Jean...	375
Chicorée frisée toujours blanche...	363	Chou de Schweinfurth...	371
		Chou de Tourlaville...	367
Chicorée frisée de Guilande...	363	Chou de Vaugirard...	372
Chicorée frisée de Picpus...	363	Chou des Vertus...	374

	Pages		Pages
Chou doré	375	Chou-Rave blanc hâtif de Vienne	380
Chou du Cap	375	Chou-Rave violet Goliath	380
Chou d'Utrecht	373	Chou-Rave violet de Vienne. 380	550
Chou d'York gros	368	Chou-Rave violet de Skirwing 380	550
Chou d'York petit hâtif	368		
Chou Express	369	Chou rouge gros	373
Chou-Fleur	382	Chou rouge hâtif d'Erfurt	373
Chou-Fleur d'Alger	384	Chou rouge petit	373
Chou-Fleur d'Alleaume	383	Chou très hâtif de Paris	369
Chou-Fleur de Walcheren	384	Chou très hâtif d'Ulm	375
Chou-Fleur demi-dur de Paris	382	Chou très hâtif Victoria	374
Chou-Fleur demi-dur de Saint-Brieuc	382	Chou rosette	376
Chou-Fleur dur d'Angleterre	382	Chou vache 377	548
Chou-Fleur dur de Hollande	384	Chrysanthème d'été ou des Jardins double	54
Chou-Fleur dur de Paris	383	Chrysanthème de l'Inde	55
Chou-Fleur géant de Naples	382	Ciboule blanche hâtive	386
Chou-Fleur impérial	384	Ciboule vivace	386
Chou-Fleur Lenormand pied court	383	Ciboulette	387
Chou-Fleur nain hâtif d'Erfurt	383	Cinéraire hybride	59
Chou-Fleur tendre de Paris	382	Cinéraire maritime	60
Chou-Fleur tendre de Russie	384	Citrouille de Touraine 393	551
Chou frisé panaché 53	377	Clarkia	61
Chou frisé vert grand du Nord 376	549	Clématite	62
Chou gaufré d'hiver	373	Cléome violet	62
Chou hâtif d'Etampes	369	Clianthe	63
Chou hâtif de Joulin	375	Clintonia pulchella	63
Chou Joanet ou Nantais	370	Clivie	266
Chou moellier	548	Cobée grimpante	64
Chou moellier rouge	549	Colchique d'automne	266
Chou-Navet	381	Coleus	64
Chou-Navet blanc hâtif 381	549	Cognassier	594
Chou-Navet à collet rouge 382	550	Coings (les meilleurs)	594
Chou-Navet rutabaga 381	550	Collinsia	65
Chou-Navet rutabaga Champion	550	Collomie	65
		Coloquinte uniforme	70
		Coloquinte-Poire	70
Chou-Navet rutabaga à collet vert	381	Coloquinte plate rayée	70
		Coloquinte-Pomme hâtive	70
Chou-Navet rutabaga à collet violet	381	Coloquinte	70
		Commeline tubéreuse	66
Chou-Navet rutabaga Skirwing	381	Coquelicot double varié	66
		Coquelourde des Jardins	67
Chou non-pareil	369	Coquelourde Rose du ciel	67
Chou noir de Sicile	385	Concombre blanc très gros de Bonneuil	389
Chou Palmier	54		
Chou Pain de Sucre	367	Concombre brodé de Russie	388
Chou pancalier petit	373	Concombre Fournier	389
Chou petit hâtif d'Erfurt	369	Concombre long vert d'Athènes	389
Chou petit très frisé de Limay	375	Concombre Serpent	387
Chou pointu de Winnigstadt	371	Concombre vert long anglais	387
Chou potager	367	Concombre vert long maraîcher	389
Chou préfin de Boulogne-sur-Mer	369		
Chou Quintal d'Allemagne	371	Consoude du Caucase	551
Chou Quintal d'Auvergne	373	Corbeille d'argent	68
Chou-Rave blanc 379	550	Corbeille d'or	68

— 617 —

	Pages		Pages
Coréopsis élégant............	68	Courge Siphon...............	391
Cornichon amélioré de Bourbonne...............	387	Courge sucrière du Brésil....	391
Cornichon fin de Meaux.....	389	Courge Turban...............	393
Cornichon gros vert hâtif...	387	Courge verte de Hubbard...	390
Cornichon vert petit de Paris..	388	Couronne impériale; Fritillaire.	267
Cosmidium de Buridge.. ..	69	Crambé....................	378
Cosmos bipinné à grande fleur.......................	69	Crépis annuel des Jardins...	71
		Crépis barbu jaune d'or.. ...	71
Coton de Georgie...........	551	Cresson alénois..............	394
Coton de la Louisiane......	551	Cresson commun.............	394
Courge.....................	389	Cresson doré................	394
Courge à la moelle..........	392	Cresson de Fontaine.....395	502
Courge blanche non coureuse	391	Cresson de Terre............	395
Courge Bouteille............	391	Cresson des Prés............	395
Courge brodée galeuse......	390	Cresson frisé................	394
Courge Citrouille de Touraine	393	Cretelle des Prés............	552
Courge-Coloquinte...........	70	Crocus; Safran..........269	304
Courge Cou tors............	391	Croix de Jérusalem..........	71
Courge Cucurbita maxima..	390	Crosnes du Japon............	492
Courge de Genève...........	391	Cucurbita maxima...........	390
Courge de l'Ohio............	392	Cucurbita moschata.........	390
Courge des Missions........	392	Cucurbita Pepo	391
Courge des Patagons........	391	Cuphæa pourpre.............	72
Courge de Valence..........	390	Cupidone bleue..............	73
Courge de Valparaiso.......	390	Cyclamen varié..........74	270
Courge de Yokohama........	393	Cyclanthère.................	75
Courge d'Italie..............	392	Cynoglosse..................	76
Courge Giraumont de Chine..	390		
Courge Giraumont d'Eysines	392	Dactyle pelotonné...........	553
Courge jaune grosse d'Espagne.......................	393	Dahlia......................	271
		Dahlia double varié.........	76
Courge Marron	390	Dahlia Lilliput..............	79
Courge Massue d'Hercule....	391	Dahlia simple...............	79
Courge Melonnette de Bordeaux....................	390	Datura fastuosa.............	79
		Didiscus cœruleus...........	80
Courge Moschata musquée..	390	Dielytra spectabilis..........	272
Courge Patisson blanc américain......................	393	Digitale variée..............	81
		Dolique d'Egypte............	82
Courge Patisson jaune Bonnet d'électeur.................	393	Dolique (V. Haricot)........	406
		Doucette (V. Mâche)......396	421
Courge Patisson panaché amélioré.....................	393	Dracocéphale................	82
Courge pèlerine.............	391		
Courge Pepo................	391	Eccremocarpus grimpant ...	83
Courge plate de Corée.......	390	Echalote de Jersey..........	396
Courge pleine de Naples... .	390	Echalote ordinaire...........	396
Courge Porte-Manteau de Naples	392	Elyme des Sables...........	553
Courge Potiron jaune gros 390	475	Endive (V. Chicorée).....360	397
Courge Potiron blanc gros...	390	Enothère....................	83
Courge Potiron gris de Boulogne	393	Epeautre (Blé vêtu).........	553
Courge Potiron rouge vif d'Étampes.....................	393	Epervière...................	84
		Epinard d'Angleterre........	397
Courge Potiron vert d'Espagne	392	Epinard d'été...............	493
Courge Potiron vert gros.....	390	Epinard de Hollande........	397
Courge Potiron Mammouth..	393	Epinard de Flandre..... ...	398
Courge Potiron bronzé de Montlhéry................	393	Epinard à feuille de laitue...	398
		Epinard à feuille d'oseille...	398

— 618 —

	Pages		Pages
Epinard à feuille cloquée...	397	Fritillaire : Couronne impériale	274
Epinard monstrueux de Viroflay...................	398	Fritillaire Damier............	274
Epinard lent à monter.......	398	Fromental...................	557
Epinard paresseux de Catillon.	398		
Eragrostis....................	85	Gaillarde peinte.............	90
Eryngium....................	85	Galane.....................	92
Erysimum....................	85	Galega officinal.............	557
Erythrine Crête de Coq......	86	Gaura Lindheimeri..........	92
Eschsholtzie de Californie...	86	Gazanie.....................	93
Esparcette..................	575	Genêt commun..............	557
Estragon....................	398	Genêt épineux (V. Ajonc)....	543
Eucharidium.................	87	Gentiane....................	93
Eupatoire...................	87	Géranium zonale............	94
Euphorbe panachée..........	87	Gesse à grandes fleurs.......	200
Eutoca visqueux.............	88	Gesse cultivée..............	403
		Gesse Jarosse..............	558
		Gesse velue..............403	557
Faux Héliotrope......... 106	236	Gilia........................	94
Farouch.....................	580	Giraumont (V. Courge)...389	403
Fenouil amer ou commun...	399	Giroflée annuelle ou Quarantaine	95
Fenouil de Florence.........	399	Giroflée jaune..............	97
Fenouil doux................	399	Glaïeul de Gand.............	274
Ferraria.....................	273	Glaciale (V. Ficoïde).........	98
Fétuque des Prés...........	553	Gloxinia..................98	277
Fétuque élevée..............	553	Godetie.....................	99
Fétuque durette.............	554	Godetie Lady Albemarle.....	100
Fétuque ovine...............	554	Gombo à fruit long..........	403
Fétuque hétérophylle........	555	Gombo à fruit rond..........	403
Fenugrec....................	555	Gombo nain.................	403
Fève cultivée................	555	Gourbet.....................	558
Fève d'Aguadulce............	401	Groseillier..................	593
Fève de Séville..............	400	Groseillier à fruit blanc.....	593
Fève de Marais..............	400	Groseillier à fruit rouge.....	593
Fève de Windsor.............	400	Groseillier Cassis...........	594
Fève hâtive de Mazagran....	400	Groseillier Cerise blanche...	593
Fève Julienne...............	400	Groseillier Cerise rouge.....	593
Fève naine verte de Beck....	400	Groseillier épineux..........	594
Fève Perfection..............	401	Groseillier fertile de Palluau.	593
Féverole.....................	555	Groseillier Versaillaise.......	593
Ficoïde.....................	88	Gynerium argenteum........	101
Ficoïde glaciale.............	89	Gypsophile élégant..........	102
Figues (les meilleures variétés)	591		
Figuier.....................	591		
Fléole des Prés..............	556	Haricot.....................	404
Flouve odorante.............	555	Haricot Asperge.............	409
Foin (graine de).............	557	Haricot à écosser à rames à parchemin..................	405
Fraises (les meilleures variétés)	591	Haricot à l'Aigle............	408
Fraisiers............401, 591		Haricot à rames à parchemin.	405
Fraisier Ananas..............	401	Haricot à rames sans parchemin.	405
Fraisier des Quatre-Saisons..	401	Haricot Bagnolet............	405
Fraisier Capron..............	401	Haricot beurre blanc à rames	405
Fraisier Janus...............	401	Haricot beurre blanc nain...	407
Framboises (les meilleures variétés)....................	593	Haricot beurre du Mont-d'Or.	405
Framboisier.................	592	Haricot beurre ivoire........	408
Fraxinelle...................	90	Haricot Bonnemain..........	405
Freesia.................90	274	Haricot Capucine blanc......	407

	Pages		Pages
Haricot Capucine café	407	Immortelle de la Malmaison	108
Haricot Capucine rouge	407	Impatiente	109
Haricot Cornille nain	406	Ionopsidium	110
Haricot Chevrier	407	Ipomée du Mexique	111
Haricot Comtesse de Chambord	405	Ipomée Nil	112
Haricot d'Alger nain	406	Ipomée Quamoclit	112
Haricot de Chine jaune	408	Ipomée variée 111	245
Haricot de Cuba 406	409	Ipomopsis élégant	112
Haricot d'Égypte	103	Iris	279
Haricot d'Espagne blanc	103	Iris d'Allemagne	279
Haricot d'Espagne rouge	103	Iris d'Angleterre	283
Haricot de Lablad	103	Iris Germanique	279
Haricot de Liancourt	405	Iris de Florence	281
Haricot de Lima	405	Iris des Marais	282
Haricot de Prague blanc	405	Iris nain	282
Haricot de Prague marbré	405	Iris de Perse	283
Haricot de Prague marbré nain	405	Iris de Suse	281
Haricot de Prague marbre rouge	405	Iris Xiphion	283
Haricot de Sieva	405	Ivraie vivace	574
Haricot de Soissons à rames	405	Ixia	284
Haricot de Soissons nains	405	Ixia bulbocode	284
Haricot Dolique 103	406		
Haricot Dolique ou H. Asperge	406		
Haricot du Canada jaune	405	Jacinthe	285
Haricot flageolet blanc	409	Jacinthe du Cap	290
Haricot flageolet à feuille gaufrée	408	Jacinthes de Hollande (liste des principales)	288
Haricot flageolet Chevrier	407	Jonquille	290
Haricot flageolet jaune	407	Joute	455
Haricot flageolet nain de Paris	407	Julienne blanche	115
Haricot flageolet noir	407	Julienne des Jardins	113
Haricot flageolet rouge	405	Julienne de Mahon	115
Haricot flageolet à grain vert	407	Julienne rose vif	115
Haricot mongeon blanc ou Coco	409		
Haricot nain sans parchemin	405		
Haricot noir de Belgique	407		
Haricot Princesse	408	Ketmie	116
Haricot Prédome	406	Ketmie d'Afrique	116
Haricot Riz	409	Ketmie vésiculeuse	117
Haricot Sabre	408		
Haricot Saint-Esprit	408		
Haricot très hâtif d'Étampes	407		
Hélénie	104	Lachenalia	291
Hélianthus	104	Lagurus ovatus	117
Héliotrope varié	104	Laitue à bord rouge ou cordon rouge	413
Hellébore noir	277		
Hémérocalle	278	Laitue à couper ou petite	420
Hibiscus	106	Laitue Babiane	412
Hordeum jubatum	106	Laitue Batavia frisée allemande	414
Hoteia du Japon	278	Laitue blonde de Batavia	414
Houblon 106	558	Laitue blonde de Berlin	414
Horique laineuse	558	Laitue blonde de Chavigné	415
Hugélie	107	Laitue blonde trapue	414
Hyacinthus candicans	290	Laitue blonde de Versailles	413
		Laitue Bossin	415
		Laitue brune	415
Igname de la Chine	409	Laitue brune de Bordeaux	416
Immortelle	107	Laitue brune d'hiver	416
Immortelle annuelle	109	Laitue Chou de Naples	414

	Pages
Laitue Crêpe à graine noire et blanche	413
Laitue cultivée	410 502
Laitue de Bellegarde	414
Laitue de Fontenay	416
Laitue de Malte	414
Laitue de l'Ohio	415
Laitue du Trocadéro	415
Laitue Fidèle	413
Laitue frisée à couper	419
Laitue frisée d'Amérique	420
Laitue frisée de Californie	420
Laitue gotte à graine noire	412
Laitue gotte lente à monter	413
Laitue grosse blonde paresseuse	413
Laitue grosse brune paresseuse	414
Laitue lente à monter	418
Laitue Merveille des Quatre Saisons	414
Laitue Méterelle	414 416
Laitue morine	416
Laitue naissante	419
Laitue palatine à graine noire	416
Laitue Passion à graine blanche	416
Laitue pommée de printemps	410
Laitue pommée d'été	413
Laitue pommée d'automne	416
Laitue pommée d'hiver	416
Laitue romaine Alphange	417
Laitue romaine Ballon ou de Bougival	419
Laitue romaine blonde de Brunoy	418
Laitue romaine blonde maraîchère	418
Laitue romaine Gigogne	419
Laitue romaine grise maraîchère	417
Laitue romaine hâtive de Trianon	418
Laitue romaine de la Madeleine	417
Laitue romaine monstrueuse	419
Laitue romaine panachée sang et flagellée	417
Laitue romaine pomme en terre	417
Laitue romaine rouge et verte d'hiver	419
Laitue romaine verte du Bouscat	418
Laitue romaine verte maraîchère	417
Laitue rousse monte à peine	416
Laitue royale brune	413
Laitue royale brune d'hiver	416
Laitue sanguine améliorée	416

	Pages
Laitue Tom Pouce	413
Laitue Turque	414
Laitue verte grasse	415
Laitue verte monte à peine	415
Lamarkia doré	117
Lantana camara	118
Larme de Job	119
Lavatère à grande fleur	119
Lavatère en arbre	120
Lathyrus sylvestris	558
Layia	120
Lawn-grass	559
Lentille large	420
Lentillon de printemps et d'hiver	559
Leptosiphon androsace	121
Leptosiphon à grande fleur	121
Limnanthe	122
Lin à grande fleur	122
Lin à grande fleur rose et rouge	123
Lin annuel	559
Lin vivace	123
Lin à fleur campanulée	124
Linaire	124
Linaire cymbalaire	125
Lippia	291
Lippie	126
Lis	126 291
Lis à bandes dorées	294
Lis de Harris	296
Lis Martagon	295
Lis orangé ou safrané	292
Lis superbe; Lis à feuilles lancéolées	295
Lis tigré	293
Loasa orangé	126
Lobélie cardinale éclate	129
Lobélie Cristal Palace	128
Lobélie érine	127
Lobélie rameuse	127
Lobélie syphilitique	130
Lophosperme grimpant	130
Lophosperme à fleur rose	131
Lotier corniculé	560
Lotier pourpre	131
Lotier Saint-Jacques	131
Lotier velu	560
Lunaire annuelle	132
Lunaire vivace	132
Lupin	133
Lupin blanc	560
Lupin changeant	134
Lupin de Cruikshank	134
Lupin jaune	560
Lupin jaune odorant	134
Lupin polyphylle	134
Lupuline minette	560

	Pages		Pages
Luzerne	561	Melon Cantaloup Prescott à fond blanc de Paris	425
Lychnis	135	Melon de Cavaillon à chair rouge	423
Mâche à feuille ronde	421	Melon de Cavaillon à chair verte	423
Mâche d'Italie à feuille de laitue.	421	Melon de Chypre	427
Mâche d'Italie ou Régence	421	Melon commun; Melon maraîcher	422
Mâche dorée	421	Melon d'eau; Pastèque	430
Mâche doucette	421	Melon de Honfleur	423
Mâche verte d'Étampes	421	Melon de Malte à côtes	426
Mâche verte à cœur plein	421	Melon de Malte d'hiver à chair rouge	427
Madia	135	Melon de Malte d'hiver à chair verte	427
Madia sativa ou du Chili	563	Melon de Perse	426
Maïs à grain ridé	422	Melon de Valence	427
Maïs à poulet	422	Melon à graine noire	430
Maïs Caragua	565	Melon à graine rouge	430
Maïs Dent de Cheval	564	Melon maraîcher de Saint-Laud	422
Maïs du Minnesota	422	Melon Muscade des États-Unis	423
Maïs gros blanc des Landes	564	Melon petit hâtif à châssis	424
Maïs improved King Philip	565	Melon sucrin	423
Maïs jaune des Landes	564	Melon sucrin à chair verte	423
Maïs panaché	135	Melon sucrin à chair blanche	424
Maïs Quarantain	563	Melon sucrin de Tours	423
Maïs Quarantain jaune	422	Melon vert à rames	424
Malope à grande fleur	136	Ményanthe	140
Mandevillea	136	Méteil	566
Martynia	137	Mil blanc d'Italie	565
Matricaire double	138	Mimosa	224
Maurandia	139	Mimulus à grande fleur	141
Maurandia de Barclay	139	Mimulus cuivré	142
Mauve	139	Mimulus musqué	142
Mauve frisée	140	Mina lobata	142
Mauve musquée	140	Moha	566 569
Mélange de Graminées et de Légumineuses	565	Momordica balsamina	143
Mélilot	140	Momordica charantia	143
Mélilot blanc de Sibérie	565	Montbretia	143 296
Melon	422	Morelle	227 431
Melon Ananas	424	Mouron bleu et rouge	144
Melon Ananas d'Amérique à chair rouge	423	Moutarde blanche	432 566
Melon Ananas d'Amérique à chair verte	423	Muflier des Jardins	145
Melon Boule d'Or	424	Muflier nain	146
Melon brodé	422	Muguet de Mai	296 146
Melon Cantaloup à chair verte	426	Muguet Sceau de Salomon	147
Melon Cantaloup d'Alger	426	Muscari odorant	297
Melon Cantaloup de Bellegarde	426	Myosotis	148
Melon Cantaloup Orange	424	Myosotis des Alpes bleu	149
Melon Cantaloup de Pierre-Bénite	424	Myosotis blanc	149
Melon Cantaloup noir de Portugal	424	Myosotis rose	149
Melon Cantaloup noir de Hollande	424	Myosotis palustris	149
Melon Cantaloup des Carmes	426	Narcisse	297
Melon Cantaloup Prescott à fond blanc argenté	425	Narcisse à bouquets de Constantinople	298

— 622 —

	Pages		Pages
Narcisse (faux Narcisse à fleur double)	299	Navette d'été	567
Narcisse doré ; Soleil d'or	299	Navette d'hiver	567
Narcisse des Poètes	298	Néflier	594
Narcisse jaune double	299 502	Nèfles (les meilleurs fruits)	594
Narcisse jonquille	299	Nelombo	299
Navet	433 502	Némophile atomaria	150
Navet blanc dur d'hiver	437	Némophile bleu	150
Navet blanc globe à feuille entière	433	Némophile blanc	150
		Némophile à grande tache	150
Navet blanc de Milan	436	Nénuphar	151 154
Navet blanc plat hâtif	433	Nierembergie	151
Navet d'Aberdeen, collet rouge	433	Nierembergie frutescente	151
Navet de Clairfontaine	433	Nigelle de Damas	152
Navet de Freneuse	433	Nigelle d'Espagne	153
Navet de Malteau	433	Noisettes (les meilleures variétés)	595
Navet de Marigny	433	Noisetier	595
Navet de Meaux	433 566	Noix (les meilleurs fruits)	595
Navet demi-long blanc à forcer.	436	Nolane	153
Navet demi-long des Vertus.	434	Nolane couchée	154
Navet de Norfolk collet blanc.	435 566	Noyer	595
		Nyctérinie	154
Navet de Norfolk collet rouge.	567	Nymphæa blanc	454
Navet de Norfolk collet vert.	433 567	Nymphæa jaune	155
Navet de Teltau	433		
Navet gros long d'Alsace	436 567	Obeliscaria pulcherrima	156
Navet jaune d'Aberdeen collet vert	433	OEillet	156
		OEillet de Fantaisie	156 157
Navet jaune Boule d'Or	436	OEillet de la Chine	162
Navet jaune de Finlande	436	OEillet de la Chine Heddewig.	163
Navet jaune de Hollande	433	OEillet des Fleuristes	156
Navet jaune long	433	OEillet d'Inde grand	165
Navet jaune de Malte	433	OEillet d'Inde luisant	170
Navet jaune de Montmagny	436	OEillet d'Inde nain	166
Navet long des Vertus Marteau	433	OEillet d'Inde rayé	168
Navet noir long	433	OEillet d'Inde taché	169
Navet noir rond ou plat	433	OEillet d'Inde; Rose d'Inde.	167 212
Navet petit de Rulin	433	OEillet de Poète	164
Navet-Rave d'Auvergne hâtif.	433 566	OEillet flamand ou d'Amateur.	156
		OEillet Marguerite	158
Navet-Rave d'Auvergne à collet rouge	435 566	OEillet Mignardise	161
		OEillet remontant	157
Navet-Rave d'Auvergne tardif	433	Oignon	438 502
Navet-Rave du Limousin	434	Oignon blanc hâtif de mai	443
Navet rond blanc Boule de Neige	436	Oignon blanc gros	442
		Oignon blanc gros plat d'Italie	438
Navet rond sec à collet vert.	433	Oignon blanc hâtif de Nocera	442
Navet rond des Vertus ou de Croissy	434	Oignon blanc hâtif de Paris	442
		Oignon blanc rond dur de Hollande	441
Navet rose du Palatinat	437 567	Oignon blanc très hâtif à la Reine	442
Navet rouge de Milan	436		
Navet rouge plat de mai ou de Munich	435	Oignon très hâtif de Barletta	442
		Oignon de Cambrai	438
Navet rouge plat hâtif	433	Oignon de Catawissa	439
Navet rouge plat hâtif à feuille entière	433	Oignon de Côme	441
Navet Turnep	434 566	Oignon d'Égypte	439

	Pages		Pages
Oignon de Madère rond	442	Pâturin des Prés	571
Oignon de Mulhouse	439	Pâturin Poa	571
Oignon de Port-Sainte-Marie	440	Pavot blanc ou à opium	572
Oignon de Saint-Urgent	439	Pavot double des Jardins	175
Oignon dur de Russie	438	Pavot de la Chine	176
Oignon géant de Rocca	441	Pavot de Tournefort	176
Oignon géant de Zittau	441	Pavot OEillette grise	571
Oignon jaune de Danvers	441	Pavot nain	176
Oignon jaune Globe	441	Pavot jaune des Pyrénées	177
Oignon jaune de Lescure	439	Pavot vivace à bractées	176
Oignon jaune de Trébons	438	Pêcher	596
Oignon jaune des Vertus	441	Pêches (les meilleures variétés)	596
Oignon jaune paille	441	Pêches: Nectarines; Brugnons	597
Oignon jaune soufre d'Espagne	441	Pélargonium	177
Oignon-Patate	439	Pélargonium Odier	178
Oignon piriforme	441	Pensée à grande fleur	179
Oignon rose de bonne garde	441	Pensée anglaise	180
Oignon rouge pâle	441	Pensée Bugnot	180
Oignon rouge foncé	441	Pensée à grandes macules	180
Oignon rouge de Castillon	441	Penstemon	180
Oignon rouge pâle de Niort	441	Penstemon feuille de gentiane	182
Oreille d'Ours	170	Perce-Neige	300
Orge	567	Perilla de Nankin	183
Orge à épi en crinière	170	Persicaire du Levant	184
Ortie dioïque	568	Persil à feuille de fougère	449
Ortie de Java	568	Persil à grosse racine	449
Oseille large de Belleville	444	Persil commun 449	502
Oseille à feuille de laitue	443	Persil frisé	449
Oseille Patience	444	Persil grand de Naples	449
Oseille vierge	444	Persil nain très frisé	449
Oxalis 300	445	Pervenche grande et petite	186
Oxalis crénelé	445	Pervenche de Madagascar	185
Oxalis de Deppe	171	Pétunia	187
Oxalis rose	171	Pétunia blanc odorant	189
		Pétunia double	190
		Pétunia à grande fleur superbe	190
Panais de Guernesey	447	Pétunia double nain panaché	190
Panais long 446	568	Pétunia Gloire de Segrez	190
Panais rond 447	568	Pétunia nain	190
Panais Sutton's Student	447	Pezillon	581
Panis Millet blanc rond	568	Phacélie bipinnatifide	190
Panis Millade	569	Phlox	191
Panis Moha de Hongrie	569	Phlox de Drummond	193
Panis Moha vert de Californie	569	Phlox d'Italie	193
Pâquerette simple des Champs	172	Pied d'Alouette des Jardins	194
Pâquerette double des Jardins	172	Pied d'Alouette grand	194
Passiflore grimpante	174	Pied d'Alouette nain	195
Passerose	175	Pied d'Alouette vivace	195
Pastel tinctorial	570	Piment à bouquets rouge. 196	451
Pastèque	430	Piment Cerise	451
Patate douce	447	Piment chinois	451
Patate de Malaga	447	Piment commun	450
Patate Igname	409	Piment de Cayenne	450
Patate violette	448	Piment doux d'Espagne	451
Patte d'Araignée	175	Piment du Chili	451
Patience 444	448	Piment enragé	450
Patisson 393	448	Piment gros carré doux	451
Pâturin des Bois	571	Piment jaune long	450

	Pages		Pages
Piment Mammouth jaune d'or	451	Pois de Senteur	199
Piment monstrueux	451	Pois Eclair	461
Piment rouge long	450	Pois Express...........457	461
Piment Tomate	451	Pois Fillbasket	464
Piment violet	451	Pois-Fleurs	199
Pimprenelle petite	451	Pois Fleuriste	460
Pimprenelle	572	Pois gris d'hiver	573
Pissenlit	452	Pois gris de printemps	572
Pissenlit amélioré à cœur plein	452	Pois Invincible de Sharpe	464
Pissenlit Chicorée	453	Pois Laxton Alpha	463
Pissenlit très hâtif	453	Pois Léopold II	461
Pissenlit vert de Montmagny	453	Pois Mac Clean	457
Pistache de terre	453	Pois Mangetout	464
Pivoine herbacée	301	Pois Merveille d'Amérique	464
Pivoine en arbre	302	Pois Merveille d'Etampes	460
Plantain d'Eau	197	Pois Michaux de Hollande	461
Plante aux OEufs......31, 197	339	Pois Michaux de Ruelle	460
Platycodon...............45	197	Pois Michaux ordinaire	461
Podolepis	197	Pois nain Bishop	464
Poinciana de Gillies	198	Pois nain	463
Poireau 453	502	Pois nain à grain ridé....458	463
Poireau géant d'Italie	454	Pois nain à grain rond blanc	458
Poireau gros court	454	Pois nain à grain rond vert	458
Poireau jaune du Poitou	453	Pois nain hâtif anglais	463
Poireau long d'hiver	454	Pois nain hâtif breton	465
Poireau très gros de Rouen	454	Pois nain très hâtif à châssis	463
Poireau monstrueux de Carentan	454	Pois nain vert gros de Prusse	464
Poirée d'ornement........198	457	Pois nain vert Impérial	466
Poirée à carde blanche de Lyon	456	Pois nain Oméga	458
Poirée à carde du Chili	456	Pois Orgueil du Marché	464
Poirée blonde ou commune	455	Pois oléagineux	491
Poirée à carde du Brésil rouge	457	Pois Prince Albert	461
Poires (les meilleures variétés)	598	Pois Plein le Panier	464
Poiriers	598	Pois ridé vert grand Mammouth	463
Pois	457	Pois ridé très nain à bordures	463
Pois Agneau ou Bisaille	572	Pois ridé vert à rames	463
Pois à rames à écosser, à grain ridé blanc	458	Pois Sabre	462
Pois à rames à grain ridé vert. 458	460	Pois Sainte-Catherine....457	460
Pois à rames à grain rond blanc	458	Pois sans parchemin	464
Pois à rames à grain rond vert	457	Pois Serpette vert	462
Pois Beurre	465	Pois Serpette nain	463
Pois Bishop's	464	Pois Shah de Perse	466
Pois Caractacus	461	Pois Stratagème	464
Pois Champion d'Angleterre	463	Pois supplanter	464
Pois Charge bas........458	464	Pois vert Cent pour Un	462
Pois chiche	466	Pois vivace	200
Pois Corne de Bélier	465	Pois Téléphone	463
Pois Criterion	463	Pois William	462
Pois d'Auvergne	462	Pois Wilson	458
Pois Daniel O'Rourke	465	Poivron	450
Pois de Cérons	457	Pommes (les meilleures variétés)	600
Pois de Clamart tardif	462	Pomme de terre 465	573
Pois de Clamart hâtif	460	Pomme de terre à feuille d'ortie	471
Pois de Knight sucré	463	Pomme de terre Blanchard	473
Pois de Marly	462	Pomme de terre Caillou blanc	473
Pois de Quarante Jours	465		

	Pages		Pages
Pomme de terre Champion..	474	Pomme de terre Saint-Jean..	473
Pomme de terre Chardon. 468	573	Pomme de terre Segonzac...	473
Pomme de terre Czarine. 474	573	Pomme de terre Seguin.....	473
Pomme de terre de Hollande	475	Pomme de terre Shaw......	473
Pomme de terre Early rose..	471	Pomme de terre Van der Veer. 474	573
Pomme de terre Éléphant blanc..............474	573	Pomme de terre Victor......	471
Pomme de terre farineuse rouge..................	474	Pomme de terre violette.....	468
		Pomme de terre Vitelotte...	473
Pomme de terre Flocon de Neige..................	473	Pommiers..................	600
		Potiron jaune gros.......393	475
Pomme de terre géante bleue	474	Pourpier doré.............	475
Pomme de terre géante sans pareille................	475	Pourpier à grande fleur.....	201
		Primevère des Jardins......	202
Pomme de terre Grampian..	474	Primevère de Chine........	203
Pomme de terre Institut de Beauvais...........473	573	Prunes (les meilleures variétés)	601
		Pruniers.................	601
Pomme de terre jaune longue.	468	Pyrèthre doré.............	203
Pomme de terre jaune ronde d'Eysines................	471	Pyrèthre gazonnant........	204
Pomme de terre Jeancé.....	468		
Pomme de terre Joseph Rigault..................	471	Rabioule..................	433
		Radis..................476	502
Pomme de terre Kidney rouge hâtive.................	467	Radis à forcer rond écarlate à bout blanc.........	478
Pomme de terre La Bretonne	474	Radis à forcer demi-long blanc très hâtif.............	479
Pomme de terre Magnum Bonum.................	472	Radis blanc de Russie......	480
Pomme de terre Marjolin....	470	Radis blanc rond d'été......	479
Pomme de terre Marjolin têtard	471	Radis blanc de Stuttgard....	480
Pomme de terre Merveille d'Amérique..............	573	Radis de campagne........	573
		Radis d'été...............	476
Pomme de terre Modèle.....	474	Radis d'hiver.............	476
Pomme de terre Pousse-debout...................	475	Radis demi-long blanc......	473
		Radis demi-long écarlate à bout blanc...............	479
Pomme de terre Prince de Galles..................	473	Radis demi-long écarlate hâtif	479
Pomme de terre Princesse...	471	Radis demi-long rose.......	476
Pomme de terre prolifique de Bresse...........471	473	Radis demi-long rose à bout blanc..................	479
Pomme de terre Quarantaine plate hâtive.............	472	Radis Globe écarlate........	478
		Radis gris d'été rond........	480
Pomme de terre Quarantaine de la Halle.............	471	Radis gros blanc d'Augsbourg.	480
		Radis jaune hâtif de tous les mois...................	479
Pomme de terre Quarantaine de Noisy...............	471	Radis jaune ou roux d'été...	480
Pomme de terre Quarantaine violette..................		Radis long rose............	480
		Radis long violet à bout blanc	479
Pomme de terre Reine des Polders.................	467	Radis noir gros rond d'hiver. 477	480
Pomme de terre Richter's Imperator............474	573	Radis noir long d'hiver...479	480
		Radis noir long d'été.......	480
Pomme de terre Rognon....	468	Radis noir rond d'été.......	480
Pomme de terre rose hâtive.	471	Radis-Rave d'Amiens.......	481
Pomme de terre roussette...	473	Radis-Rave des Marais.....	481
Pomme de terre Royale Kidney....................	471	Radis-Rave de Vienne.....	481
Pomme de terre Saucisse....	475	Radis-Rave gros d'hiver de Laon..................	481

40

	Pages		Pages
Radis-Rave long ou saumoné.	477	Sainfoin ordinaire: Esparcette.	575
Radis-Rave tortillé du Mans.	477	Salpiglossis	215
Radis-Rave violet	481	Salpiglossis nain	216
Radis rond rose de tous les mois	478	Salsifis blanc	486
Radis rond blanc	479	Salsifis noir	487 490
Radis rond blanc petit hâtif.	479	Saponaire	217
Radis rond écarlate	480	Sarrasin	575
Radis rond écarlate hâtif	478	Sarriette	488
Radis rond rose à bout blanc.	478	Sauge cardinale	218
Radis rond rose hâtif	478	Sauge coccinée ou écarlate	217
Radis rose d'hiver de Chine.	479	Sauge Hormin	219
Radis rond rose ou saumoné.	476	Sauge patens	218
Radis rond rouge sang de bœuf	478	Saxifrage	219
Radis rond violet	476	Scabieuse des Jardins	220
Radis rond violet à bout blanc	478	Scabieuse double naine	221
Radis roux d'été	480	Schizanthe ailé	221
Raifort champêtre	573	Scille du Pérou	304
Raifort sauvage	481 502	Scolyme d'Espagne	489
Raiponce	482 502	Scorsonère: Salsifis noir.	487 490
Raisins	603	Seigle	576
Raisins de table	603	Seneçon double	222
Rave-Navet	380 433	Seneçon pourpre	223
Ray-grass anglais	574	Sensitive	224
Ray-grass d'Italie	575	Serradelle	576
Ray-grass de Pacey	574	Shortie	225
Reine-Marguerite	204	Silène	226
Reine-Marguerite Anémone	206	Silène d'Orient	226
Reine-Marguerite couronnée.	206	Silène Schafta	227
Reine-Marguerite demi-naine variée	205	Soja	491 576
		Solanum	227
Reine-Marguerite Lilliput	206	Soleil double	228
Reine-Marguerite naine	205	Soleil; Tournesol	228 578
Reine-Marguerite Pivoine	205	Soleil cucumerifolius	229
Reine-Marguerite pyramidale.	205	Soleil d'or	299
Renoncule des Fleuristes.	207 303	Soleil double nain	228
Renoncule des Jardins	207	Sorgho jaune à balai	576
Renoncule-Pivoine	209	Sorgho noir sucré	577
Réséda à fleurs rouges	210	Sorgho de Chine	577
Réséda odorant à grande fleur.	210	Souchet comestible	492
Réséda pyramidal	210	Souci double	229
Rhodanthe de Mangle	210	Souci Le Proust	230
Rhubarbe hybride	483	Souci à la Reine	230
Rhubarbe du Népaul	483	Souci pluvial	230
Ricin	211	Sparaxis	305
Ricin sanguin	212	Spergule ordinaire	578
Ricin Gibsoni	212	Spergule géante	578
Romarin	485	Stachys affinis: Crosnes du Japon	492
Roquette	486		
Rose d'Inde	167 212	Statice armeria	29 230
Rose trémière	212	Stevie	231
Rudbeckia de Drummond	214	Stipe	231
Rudbeckia élégant	214	Sulla	578
		Tabac géant	232
Safran; Crocus	269 304	Tagetes signata	165 233
Sainfoin d'Espagne à bouquet	215	Téosinté	579
Sainfoin à deux coupes	575	Tétragone cornue; Epinard d'été.	493

	Pages
Thalie	234
Thlaspi blanc	234
Thlaspi violet foncé	235
Thlaspi nain lilas	235
Thlaspi nain rose	235
Thumbergia	235
Thym 494	502
Tigridia 273	306
Tomate	495
Tomate à tige raide de Laye	495
Tomate Champion	498
Tomate Cerise	495
Tomate Chemin rouge hâtive	498
Tomate Greengage	498
Tomate grosse rouge Trophy lisse	497
Tomate Hataway Excelsior	498
Tomate jaune ronde lisse	498
Tomate Mikado rouge écarlate	498
Tomate Mikado violette ..495	498
Tomate Perfection	498
Tomate Poire	495
Tomate Pomme rose	498
Tomate Pomme rouge	498
Tomate Ponderosa de Henderson	498
Tomate Président Garfield	498
Tomate rouge grosse Bayonnaise	497
Tomate rouge grosse hâtive	498
Tomate rouge naine hâtive	498
Tomate Reine des Hâtives	498
Tomate Roi Humbert	498
Topinambour 499	579
Torenia	236
Tournefortie	236
Tournesol............228	578
Trachélie bleue	237
Trèfle blanc	580
Trèfle de Hollande violet	579
Trèfle hybride	579
Trèfle incarnat hâtif	580
Trèfle incarnat tardif	580

	Pages
Trèfle incarnat tardif à fleur blanche	580
Trèfle extra-tardif	580
Tricosanthe	237
Triteleia uniflora	306
Tritoma	237
Tritoma uvaria	307
Tropœolum 238	308
Tubéreuse	309
Tulipe	310
Tulipe Dragonne ou Perroquet	311
Tulipe Duc de Thol	311
Tunica saxifraga	238
Turnep................434	566
Valériane	238
Venidium	239
Verge d'or	240
Véronique	241
Verveine	242
Verveine Italienne	243
Vesce noire ou Pezillon	581
Vesce rousse de printemps	580
Vesce velue	581
Vigne	602
Violette	244
Violette des Quatre Saisons	244
Viscaria	245
Volubilis............111	245
Vulpin des Prés	582
Whitlavie	246
Wigandia	246
Wigandia de Caracas	246
Wigandia Vigieri	247
Witteloof	365
Zauchsneria de Californie	248
Zinnia double	249
Zinnia du Mexique	250
Zinnia nain	250

TABLE MÉTHODIQUE DES MATIÈRES

PREMIÈRE PARTIE

CULTURE DES FLEURS

	Pages
Avis...	5
Notes sur les Semis de graines de Fleurs...............	7
Plantes annuelles, bisannuelles ou vivaces.................	8
Époque des semis...	9
Multiplication des plantes.................................	9
Semis sur couches..	9
Semis des graines..	9
Semis en plein air...	10
Repiquage..	10
Bouturage..	11
Éclatage...	11
Marcottage...	12
Greffage...	12
Stratification...	12
Composts...	13
Engrais..	13
Terre franche..	14
Terre légère ou siliceuse...................................	14
Terre forte..	14
Terre de bruyère...	14
Terre calcaire...	14
Terreau..	14
Analyse chimique des principales terres.....................	15

	Pages
Description sommaire des Fleurs de pleine terre (Ces fleurs sont classées par ordre alphabétique, avec l'indication de leur culture et de leur emploi)...........................16 à	250
Espèces recommandables.................................	251
Plantes pour pelouses, corbeilles ou massifs...............	251
Plantes pour la confection des bouquets....................	251
Plantes pour bordures.....................................	252
Plantes grimpantes..	252
Plantes graminées...	253
Plantes aquatiques..	253
Plantes à feuilles ornementales	253
Plantes à fruits d'ornement................................	253
Choix de grandes plantes pour décorer les pelouses et les grands jardins...	254

DEUXIÈME PARTIE

CULTURE DES OIGNONS A FLEURS

Plantations à faire depuis octobre jusqu'en décembre...............	255
Description des Oignons à fleurs et des plantes bulbeuses...256 à	311

TROISIÈME PARTIE

CULTURE MARAICHÈRE

Du jardin potager.......................................	313
De la qualité de terre propre au jardin potager.............	313
Du terrain..	314
Des terres composées.....................................	315
Des défoncements...	315
Des labours..	316
Du fumier..	316
Divers engrais recommandés...............................	318
Des engrais chimiques....................................	318

	Pages
Des engrais chimiques pour la culture maraîchère	320
De l'eau et des arrosements	323
Des couches, réchauds et ados	324
Quantités de graines à semer pour une superficie de terrain déterminée	326
Description des Plantes potagères par ordre alphabétique, avec l'indication de leur culture et de leur emploi........ 327 à	499
Plantes pour mettre en bordures dans le jardin potager.	499
Plantes médicinales du potager........................499 à	502

QUATRIÈME PARTIE

AGRICULTURE — DESCRIPTION DES PLANTES FOURRAGÈRES

Notions agricoles	503
I. — DES TERRAINS EN GÉNÉRAL	504
Terre franche	504
Terre forte ou argileuse	504
Terre sablonneuse ou siliceuse	505
Terre calcaire	506
Terre marneuse	506
Terrains marécageux ou tourbeux	507
Sols granitiques ou schisteux	507
Mélange de ces divers terrains	508
Profondeur des terrains	510
II. — DES AMENDEMENTS ET DES ENGRAIS	510
Des amendements	510
La chaux et le chaulage	512
Le marnage	513
Les phosphates	513
Le plâtre	513
Les cendres et la suie	514
L'écobuage	514
Le drainage	515
L'irrigation	515
Des engrais	516
Les engrais végétaux	516
Engrais verts	517

	Pages
Varechs ou goémons...	519
Tourteaux...	519
Terreaux de ville...	519
Les engrais animaux...	520
Vidanges-engrais ; gadoues...	521
Poudrettes...	521
Déjections des bestiaux...	521
Parcage...	521
Urines ; purins...	521
Déjections des oiseaux...	522
Guano du Pérou...	522
Guano artificiel...	522
Issues et extraits d'animaux...	522
Les chiffons de laine...	523
Les engrais mixtes...	523
Du fumier de ferme...	523
Des engrais mixtes...	523
Des composts...	524
Les engrais chimiques...	524
III. — DES LABOURS...	528
Hersage...	530
Roulage...	530
Binages et sarclages...	531
Buttage...	531
IV. — DES CULTURES...	532
Des assolements...	532
Les plantes culturales...	533
Des prairies artificielles ou fourrages artificiels et des prairies naturelles...	534
Des prairies artificielles...	534
Quantité de graines mondées de fourrages à semer seul par hectares et par journal...	536
Des prairies naturelles...	537
Mélange de graminées suivant la nature du sol...	539
Mesures agraires...	542
Description des Plantes fourragères et économiques par ordre alphabétique...543 à	582

CINQUIÈME PARTIE

NOTES SUR LA FORMATION DES GAZONS

	Pages
Mélange de gazons pour terrain sec	585
Mélange de gazons pour semer sous bois en terrain frais	585
Mélange de gazons pour terrains de qualité ordinaire	586

SIXIÈME PARTIE

NOTES SUR LES ARBRES FRUITIERS

Description des Fruits par ordre de mérite ....588 à	602
Raisins de table	603

SEPTIÈME PARTIE

ÉNUMÉRATION DE QUELQUES PLANTES OFFICINALES

Plantes officinales classées dans l'ordre de leurs propriétés (Voir les Plantes médicinales du Potager, p. 499)	605

HUITIÈME PARTIE

NOTIONS UTILES D'HORTICULTURE

Destruction des limaces et des loches	607
Destruction des courtilières	607
Fumigations et lotions au jus de tabac pour détruire les insectes des serres	608
De l'emploi de l'huile de pétrole	608
Engrais chimique horticole Jeannel	609
Traitement du mildew de la vigne	610
Traitement contre l'anthracnose de la vigne	610
Traitement contre le black-rot	610

LES RAISINS DE CUVE DE LA GIRONDE
ET DU SUD-OUEST DE LA FRANCE
Par Joseph DAUREL

16 planches coloriées, 5 phototypies. Prix : 7 fr. broché ; 9 fr. relié.
Par la poste, 60 centimes en plus.

Cet Ouvrage a obtenu une MÉDAILLE D'OR de l'Académie de Bordeaux.

NOTES SUR LES PORTE-GREFFES
Avec la détermination des terrains qui leur conviennent

Prix : 50 centimes.

Par Joseph DAUREL, *président de la Société d'Horticulture de la Gironde.*

Vient de paraître :
TRAITÉ PRATIQUE DE VITICULTURE
Par Joseph DAUREL
Président de la Société d'Horticulture de la Gironde.

Prix : 1 fr. 50 — Par la poste, 1 fr. 90

DU MÊME AUTEUR *(Ouvrages épuisés)*

Quelques mots sur les Vignes américaines, 5e édition..	1f 50
Des Plantes maraîchères, alimentaires, industrielles, fourragères et de la culture intercalaire dans les vignes, 1 vol. in-12 de 200 pages (*Prix Agronomique des Agriculteurs de France*)...............................	2 »
Essai sur quelques bonnes variétés de Blés............	» 50
Des Plantes maraîchères de grande culture et de la Culture intercalaire dans les vignes................	» 50
Manuel pratique des Jardins et des Champs, 2e édition, ornée de nombreuses gravures, 1 vol. in-18 jésus.............	3 50
Éléments de Viticulture, in-8°, orné de gravures........	2 50

DERNIÈRES PUBLICATIONS
VITICOLES, VINICOLES & AGRICOLES
DE LA

Librairie FERET et FILS à Bordeaux.

Dictionnaire-Manuel du Négociant en vins et spiritueux et du Maître de chai, par Édouard FERET, guide utile à quiconque veut vendre ou manipuler des vins ou des spiritueux ; 1 vol. in-18, illustré de 300 vignettes. — Prix broché, **6** fr. ; cartonné, **7** fr.

Un extrait spécialement fait pour les Maîtres de chai coûte **3** fr. **50** broché et **4** fr. **50** cartonné ; ajouter 60 centimes pour le port.

Étude sur les Appareils de pasteurisation des vins en bouteilles et en fûts, par U. GAYON ; in-8°, avec nombreuses vignettes, **2** fr. ; franco, **2** fr. **15**.

Expériences sur la pasteurisation des vins de la Gironde, par U. GAYON. Bordeaux, 1894 : in-8°, 59 p., **1** fr. **25** ; franco, **1** fr. **40**.

La Cochylis, des moyens de la combattre, par H. KEHRIG. 3e édit. Bordeaux, 1893 ; in-8°, 61 p. avec 2 pl. dont une chromo-lithog., **2** fr. **50** ; franco, **2** fr. **75**.

Traitement pratique du mildew, par H. KEHRIG. Bordeaux, 1889 ; in-8°, br., 27 p. et 2 chromos, **1** fr. ; franco, **1** fr. **10**.
Le même ouvrage sans gravures, **40** centimes ; franco, **50** centimes.

Histoire des principales variétés et espèces de vignes d'origine américaine qui résistent au phylloxera, par A. MILLARDET ; gr. in-4° richement illustré de 24 pl. lithographiées par Arnoult. Bordeaux, 1886. **25** fr. ; franco gare, **25** fr. **60**.

Notes sur l'hybridation sans croisement ou fausse hybridation, par A. MILLARDET. Bordeaux, 1894 ; in-8°, 28 p., **1** fr. **50** ; franco, **1** fr. **70**.

Un porte-greffe pour les terrains crayeux et marneux les plus chlorosants, par A. MILLARDET et Ch. de GRASSET ; in-8°, 1894 ; **1** fr. ; franco poste, **1** fr. **10**.

Le Vin, décuvaison, enfûtage, garde des vins, par E. PETIT DE FOREST ; in-8°, **50** centimes.

Bordeaux et ses vins classés par ordre de mérite, par COCKS et FERET ; 6e édit. Bordeaux, 1893 ; in-12 br., avec 400 vues de châteaux et 11 cartes vinicoles de la Gironde, **8** fr. ; franco, **8** fr. **80**.
Le même relié à l'anglaise, **9** fr. **50** ; franco, **10** fr. **35**.

Bordeaux and its Wines classed by order of merit, 2nd english edition improved by Édouard FERET, illustrated by Eug. Vergez ; in-12. **10** fr. **50**.

Bordeaux und seine Weine, trad. sur la 6e édit. franç., par Paul Wendt. Bordeaux et Stettin, 1893 ; in-12 br. 851 p., enrichi de 400 vues de châteaux vinicoles, **12** fr. **50**.
Le même relié, **15** fr.

Traité pratique de Viticulture, par J. DAUREL. Bordeaux, 1895 ; in-8°, br., 205 p., **1** fr. **50** ; franco, **1** fr. **85**.

Album des raisins de cuve de la Gironde et de la région du Sud-Ouest, avec leur description et leur synonymie, par J. DAUREL ; 15 gravures coloriées, grandeur naturelle ; 5 gravures en phototypie. Bordeaux, 1892 ; in-4°, br., **7** fr. ; franco gare, **7** fr. **60**.
Le même, in-4° toile, **9** fr. **50**.

BORDEAUX

Imprimerie Demachy, Pech et Cie

16 — rue Cabirol

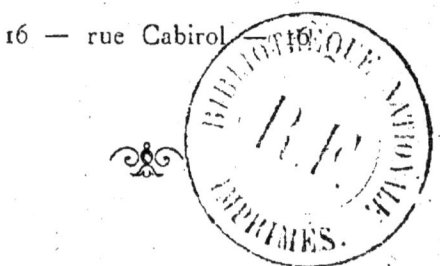

www.ingramcontent.com/pod-product-compliance
Lightning Source LLC
Chambersburg PA
CBHW071159230426
43668CB00009B/1014